■ 嵌入式人工智能开发丛书

零基础趣学Linux

孙亚洲 著

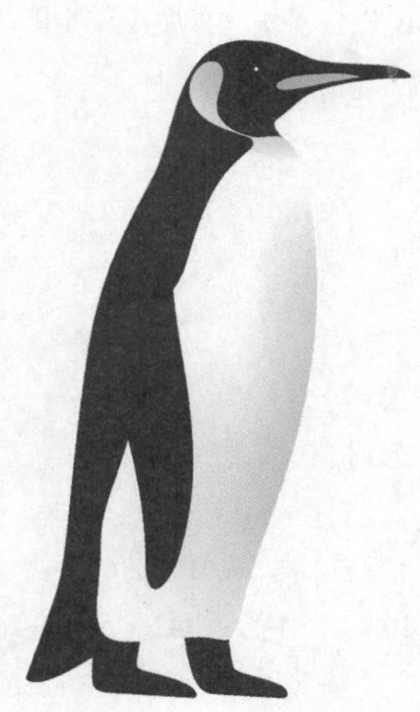

電子工業出版社
Publishing House of Electronics Industry
北京·BEIJING

内 容 简 介

本书根据著者多年 Linux 操作系统实战经验，以实用高效为原则，从走进 Linux 世界、熟练使用 Linux、玩转 Shell 编程、掌握企业主流 Web 架构、部署常见的企业服务五个方面徐徐展开，详细讲解了 Linux 操作系统的安装、命令、权限和软件管理，数据库，防火墙，文本处理，Shell 脚本编程，Web 服务器架构以及常见的企业服务等内容，全书共 23 章，每一章都包含大量企业实战演示案例。

本书内容源于企业实际工作需要，侧重于快速掌握 Linux 系统操作、提高系统操作效率以及解决在企业实战中常遇到的疑难问题，本书配套搭建了专用网站，提供视频课程、日常答疑、工具与 Linux 命令速查平台、在线实验平台等资源和服务，可供 Linux 开发工程师、行业从业人员和对编程感兴趣的读者参考，也可作为高等院校相关专业的教材。

图书在版编目（CIP）数据

零基础趣学 Linux / 孙亚洲著.—北京：电子工业出版社，2023.1
（嵌入式人工智能开发丛书）
ISBN 978-7-121-44787-7
Ⅰ. ①零… Ⅱ. ①孙… Ⅲ. ①Linux 操作系统－程序设计 Ⅳ. ①TP316.85
中国版本图书馆 CIP 数据核字（2022）第 247807 号

责任编辑：钱维扬
印　　刷：三河市双峰印刷装订有限公司
装　　订：三河市双峰印刷装订有限公司
出版发行：电子工业出版社
　　　　　北京市海淀区万寿路 173 信箱　　邮编：100036
开　　本：787×1092　1/16　印张：29　　字数：742.4 千字
版　　次：2023 年 1 月第 1 版
印　　次：2023 年 1 月第 1 次印刷
定　　价：118.00 元

凡所购买电子工业出版社图书有缺损问题，请向购买书店调换。若书店售缺，请与本社发行部联系，联系及邮购电话：（010）88254888，88258888。

质量投诉请发邮件至 zlts@phei.com.cn，盗版侵权举报请发邮件至 dbqq@phei.com.cn。

本书咨询和投稿联系方式：qianwy@phei.com.cn。

前　言

笔者从事 Linux 运维行业已有七年的时间，此间拜读了不少相关技术图书，但少有畅快之感。有些图书更适合给行业内人士参考，对于初学者来说，内容过于艰深，起点或门槛过高，让人望而却步；还有些图书写得非常精彩，但并没有创造出一个良好的学习环境，这就导致很多初学者看完之后或许可以“纸上谈兵”但不具备实战能力。

基于以上种种原因，笔者萌生了专门为准备迈入这个行业的朋友写一本书的想法。本书从制定大纲到撰写结束历时三年时间，中途因为 Linux 技术更新的原因迭代过无数次，不过这也保证了本书的“与时俱进”。

本书中的内容并不是单纯的 Linux 技术的“原理+实现”，其中也包含了笔者多年来的企业实战经验，希望能让各位读者朋友对企业的工作方式和注意事项有个清晰的认识，更快地在入行、入职后上手实操。

本书的叙述很少使用官方用语，力求营造一个轻松愉快的学习氛围，通过聊天的方式将 Linux 技术带给书前的您，让大家在一个个生活化的比喻中理解知识点，在趣味中学习，在快乐中成长，这是笔者动笔的初衷和愿景。若是在阅读的过程能让您产生一种和老友聊天的感受，那便是笔者最大的欣慰了。

正如上文所说，创造良好的学习环境是一件非常重要的事情，笔者常常问自己：学习 Linux 技术，学好 Linux 技术，需要大家怎么做到，笔者又能帮大家做些什么呢？

首先，光读书是不够的，还要勤问，将读书过程中遇到的每一个疑惑全部问出来。那“读+问”就可以了吗？还不够！还得动手实战，练习过程中遇到的每一个报错根源都需要有人帮您指正，这样才能真正地实现 Linux 技术的从入门到精通。

因此，除了本书已有的内容外，笔者还搭建了学习配套的专用网站，提供视频课程、日常答疑、工具与 Linux 命令速查平台、在线实验平台等服务。总而言之，就是尽我之所能，尽“毕生之所学”，为各位打造一个良好的学习、交流 Linux 技术的平台。

上述内容资源，尽在本书配套网站（扫描下方二维码），期待您的加入！

孙亚洲

2022 年 10 月

目　录

第一部分　走进 Linux 世界

第二部分　熟练使用 Linux

第三部分 玩转 Shell 编程

第四部分 掌握企业主流 Web 架构

第五部分 部署常见的企业服务

第 1 章 Linux 的来龙去脉

1.1 Linux 简介

我们通常把 GNU/Linux 简称为 Linux，Linux 对于一些没有接触过 IT 行业的读者朋友来说，或许会一时之间不知道该如何入手，特别是看到密密麻麻的一行行代码，仿佛看到了“无字天书”。

其实，Linux 是一个开源的操作系统。提到操作系统，我们总会情不自禁地联想到 Microsoft Windows，而本书介绍的 Linux 是一个相比于 Windows 而言，非常与众不同的操作系统，具体有哪些不同之处呢？容我细细道来。

1. 区别一：操作方式

众所周知，Windows 的操作方式主要是在图形界面靠鼠标“点点点”，Windows 操作界面如图 1-1 所示。这种操作方式对于新手而言非常友好，因为几乎没有门槛，不论是大人还是小孩，都能轻松上手。Windows 虽然也有命令行界面，但属于附属品，用的频率极少。

虽然 Linux 操作系统带有图形界面，但操作主要还是在命令行界面以输入命令的方式完成，如图 1-2 所示。这种操作方式确实有一定的门槛，但并没有各位想象中那么高，也不需要有多好的英语基础。

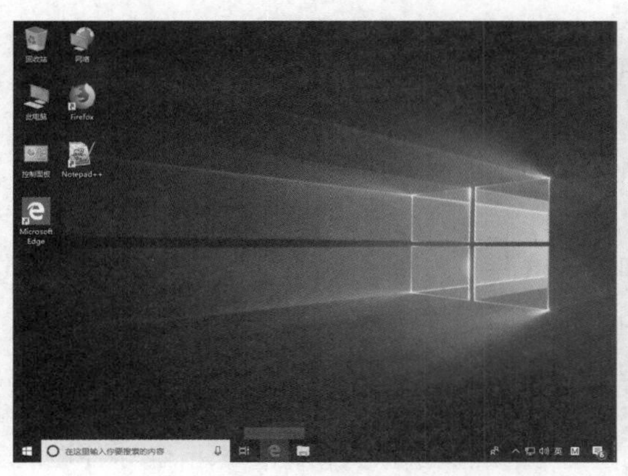

图 1-1 Windows 操作界面

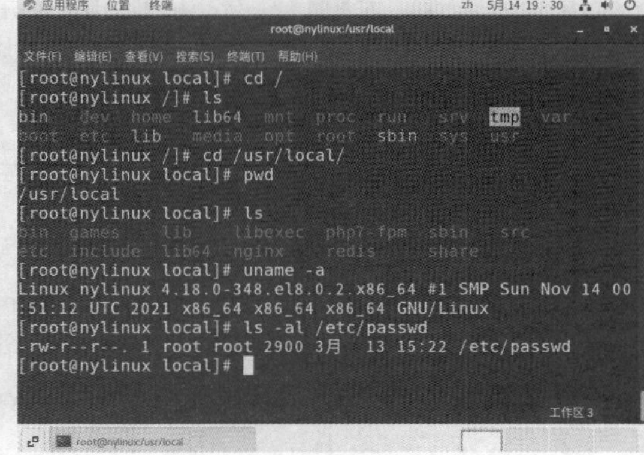

图 1-2 Linux 的命令行界面

命令行操作的优势在于功能强大，可以做任何事情，而且效率高。这效率可不是一般的高，一条命令可以同时完成多条任务，且速度极快。比如创建用户，在 Windows 上创建用户需要用鼠标点击大约 10 次，而通过命令行操作的话只需 1 条命令就搞定了，整个过程就像与计算机聊天一样。这种执行速度快、操作逻辑简单，又可以同时处理多条任务的操作方式，深受 Linux 运维工程师和程序员的欢迎。

2．区别二：应用领域

如果说 Microsoft Windows 在家庭台式机（见图 1-3）领域是主力军的话，那 Linux 在服务器（见图 1-4）领域绝对是首屈一指的。

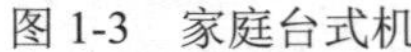

图 1-3　家庭台式机

图 1-4　服务器

在任何一家互联网企业中，服务器都属于核心的硬件资产，服务器中运行着企业的核心业务软件。属于业务软件范畴的有很多，比如网上商城、在线视频网站、文化社区平台、在线论坛等。总而言之，服务器中运行的都是企业的核心业务，也是一家互联网企业能够吃饭的饭碗，Linux 能在服务器领域做到首屈一指，绝对是不容小觑的。

Linux 在嵌入式领域中也占有很大的市场，目前已应用到手机、平板电脑、路由器、电视机、机顶盒、树莓派、智能家居等设备中。其中，大家最为熟知的 Android 系统就是基于 Linux 研发的。

其实还有两个高端领域也在使用 Linux。其中一个是航天领域，据了解，NASA 国际空间站上的大部分计算机都在使用定制版的 Linux 操作系统。另一个就是超级计算机领域了。全球超级计算机竞赛每年会在全球评选出计算速度最快的 500 台超级计算机。我国目前最快的超级计算机“神威·太湖之光”位于江苏省无锡市的国家超级计算中心，除此之外还有天河二号、天河一号等，这些超级计算机都在使用 Linux 操作系统。其实不仅在中国，自 2017 年起，每年在全球评选出来的这些超级计算机大都在用 Linux 操作系统。

Linux 和 Windows 之间还有很多其他的区别，这里就不一一讲解了。

那么问题来了，为什么越来越多的领域都在使用 Linux？综合起来还是因为 Linux 本身具备这几个特性：**安全、稳定、开源**。

Linux 的安全性来源于严格的权限控制和开源这两个方面。大家都知道 Windows 系统上一定要装杀毒软件，就算你不装，Windows 自带的杀毒软件也会默认启动。但在 Linux 中就不用杀毒软件，因为 Linux 是一个严格控制权限的操作系统，这使得病毒无法对系统造成大规模破坏。而且相对于制造 Windows 病毒而言，制造 Linux 病毒的成本是相当高的，这要归功于开源。开源为 Linux 的安全性提供了很大帮助，来自全球各地的顶级黑客和知名厂商都参与到 Linux 源代码的维护工作中，这不仅提升了 Linux 的更新维护效率，还能在最短的时间内发现漏洞并将其修复。这就导致 Linux 病毒制造的难度系数极高，除此之外 Linux 还采用了多项措施来保护系统内部的安全性。

Linux 的稳定性是出了名的。安装了 Linux 操作系统的服务器可以连续运行一年以上不必关机或重启，并且运行这么长时间也不会出现反应慢、卡顿之类的现象。而安装了 Windows 操作系统的服务器可能在运行半年后速度就跟不上了，这时就需要重启服务器来进行缓解。

还有一点能够突出 Linux 稳定性的就是系统更新。Windows 中关于“Windows 更新”的操作其实就是在给自己打补丁，Windows 每次更新都必须重启服务器后才生效。而 Linux 操作系统的更新操作完全不需要重启服务器，而且整个更新的过程也不会影响企业业务软件的正常运行，这就从另一方面保证了系统的稳定性。

Linux 本身是开源的，所谓的“开源”就是源代码全部公布在互联网上，这也就意味着任何人都可以对其进行查看、分享、修改、复用，还可以去检查源代码有没有漏洞、后门等，这些操作不会涉及版权问题。而 Windows 是一款需要授权的操作系统，授权是需要花钱购买的，而且就算购买了也只有使用权，Windows 的源代码是受到版权保护的，买了也无法看到源代码，更别说对其进行修改了。

Linux 的开源特性就注定了不会被某个人或者某家公司所拥有，它属于全世界每个人，所有人都有权利去使用它。参与到 Linux 源代码开发维护的人员都统一称为“贡献者”，这里面既有个人也有企业，像 Google、Intel、IBM、Oracle 等都在积极参与 Linux 源代码的开发维护，中国也有很多程序员和开源组织参与其中。众多“贡献者”参与到 Linux 源代码维护和开发的队伍当中，使得 Linux 相对安全和稳定；即使在使用的过程中发现了漏洞，也能在第一时间将其修复。

本章主要的目的是带领大家全面地了解 Linux，了解它的诞生过程、它的版本号、它的系统结构和发行版本。

1.2 Linux 内核的诞生史与版本号

UNIX 商业化是 Linux 诞生的一个重要因素。

AT&T 公司，也就是 UNIX 操作系统的拥有者，为了与加州伯克利大学合作开发 UNIX 系统套件，将其核心源代码给共享了，因为当时并没有太严谨的限制规定，导致市面上陆续出现了许多通过 UNIX 演变出来的操作系统。

陆续出现的衍生版本的类 UNIX 操作系统对于 AT&T 公司而言，不仅会使其行业地位受到威胁，还会瓜分掉很多市场。所以在 1979 年，AT&T 公司出于商业考量，决定将 UNIX 的版权收回，并且还提出了不可以向学生提供原始代码的严格限制。

AT&T 公司政策的变化使得当时整个学术界都深受影响。影响最严重的就属教学生操作系统相关知识的教授们，因为当时的教材和工具都以 UNIX 为主，然而随着 UNIX 商业化，这些教授再也没办法给学生讲解 UNIX 的内部原理了，因为购买 UNIX 版权的价格过于昂贵，这种尴尬的局面导致课程难以为继。

就在这个时候，荷兰阿姆斯特丹自由大学的 Andrew S. Tanenbaum 教授为了能继续操作系统的教学，决定在不使用任何 UNIX 源代码的前提下，自行开发一款与 UNIX 兼容的操作系统。为避免版权上的争议，他将这款操作系统命名为 Minix（小型的 UNIX），并且将源代码全部开放，免费给各所大学教学和研究。这款操作系统虽然可以免费获取，但是 Andrew S. Tanenbaum 教授却严格规定它的用途（仅限于教学使用）。因此，Minix 虽然是一款很不错的操作系统，但并没有获得很好的发展。

1988 年，Linux 的发明者 Linus Benedict Torvalds 进入芬兰赫尔辛基大学深造，并且选读计算机科学系，在学习期间接触到了 UNIX 操作系统。因为在当时 UNIX 已经商业化，1991 年，Linus Benedict Torvalds 在学习了操作系统原理之后，完全不满足这些概念性的知识，于是购买了一台计算机，安装上 Minix 操作系统，花费大量时间去研究 Minix 源代码，并尝试做一些开发。在此期间他积累了很多与内核程序设计相关的知识和经验，并且也认识到 Minix 虽然很不错，但只是一个用来教学的简单操作系统，所具备的功能并不完善，而且因为 Andrew S. Tanenbaum 教授严格规定它仅限于教学使用，所以也无法修改完善。说到底，还是因为版权的问题。这使得 Linus Benedict Torvalds 萌发了开发一款新操作系统的念头。

说做就做，1991 年 4 月他便开始规划新操作系统的内核，到了 9 月份终于发布了第一个版本——Linux 0.01 版，并邀请其他人一起来完善它，内核的源代码允许任何人自由地下载和修改，社区管理员为了便于管理就将其称为“Linux”。初期的 Linux 仅有 1 万行代码，虽然是个简易的开始，但由于 Linus Benedict Torvalds 的持续维护和世界各地程序员的无私贡献，原本由一个人撰写核心程序，竟然在不知不觉中逐渐转化成“虚拟团队”的运作模式。

由于在短时间内获得了大量反馈，同年 10 月份 Linus Benedict Torvalds 又发布了第一个正式稳定版——Linux 0.02 版，并且正式对外宣布 Linux 内核的诞生。在世界各地程序员的支持下，Linux 迅速发展，同时还形成了 Linux 的社区文化。

Linus Benedict Torvalds 和社区里这群来自世界各地的程序员终于在 1994 年创作完成了 Linux 内核的正式版——Linux 1.0 版。这个版本的源代码达到了 17 万行，同时还加入了 X Window System 的支持，当时是按照完全自由免费的协议进行发布的，随后正式采用 GPL 协议。

1996 年，Linux 2.0 版本发布，这是第一个在单系统中支持多处理器的稳定内核版本，同时也兼容更多的处理器类型。在发布 Linux 2.0 版本的同时，还将一只可爱的企鹅作为 Linux 内核的标识（Logo）和吉祥物同步发布，并取名为 Tux，如图 1-5 所示。

浏览 Linux 内核官网容易发现，Linux 内核版本号是由三组数字组成的，其格式为 AA.BB.CC，如图 1-6 所示。版本类型又分成两种：一种是稳定版，另一种是开发版。

图 1-5　Linux 内核的 Logo 和吉祥物

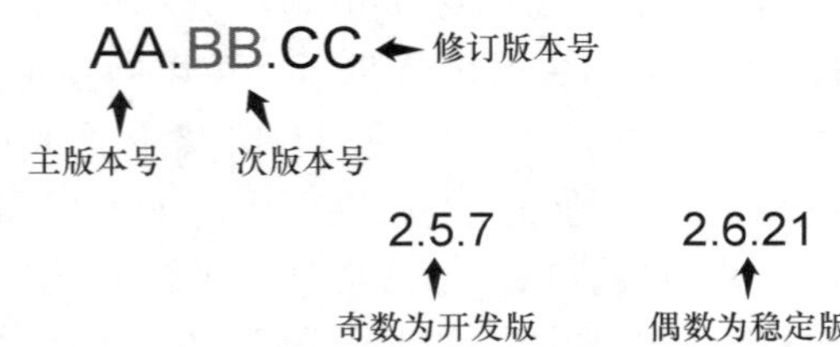

图 1-6　Linux 内核版本号

（1）稳定版：系统本身已经十分稳定，可以广泛地在企业中使用，较旧的稳定版过渡到新稳定版只需要修正一些小 Bug（漏洞）即可。

（2）开发版：这一类型的版本会向内核中加入了一些新功能，本身不很稳定，可能存在严重 Bug，需要进行大量测试。

在图 1-6 中，主版本号的改变标志着 Linux 内核有重要的功能变动；次版本号主要用来区别内核是开发版还是稳定版，开发版用奇数表示，稳定版用偶数表示；修订版本号的改变表示较小的功能变动或者漏洞的修补次数。

这种通过奇数和偶数来表示开发版和稳定版的方案在 Linux 2.6 版本之后就被放弃了，现在开发版的内核用"-rc"表示。

Linux 稳定版和开发版之间的升级路径如下：以一个稳定版的内核为基础，往这个内核中添加新的功能，在添加这些新功能的过程中会产生很多大大小小的 Bug，通过不断测试，将严重的、致命的 Bug 修复了，这样一个开发版就完成了。将完成的开发版通过不断测试，不断地修复漏洞，使内核的运行越来越稳定，这样就逐步升级为一个稳定版。

稳定版本的升级迭代就是为了修复一些小 Bug。那么开发版的升级又是怎么完成的呢？

> ➢ 开发版最初是稳定版的拷贝，随后不断添加新功能、修正错误；
> ➢ 开发版趋于稳定后将升级为稳定版。

Linux 内核版本的升级路径如图 1-7 所示。

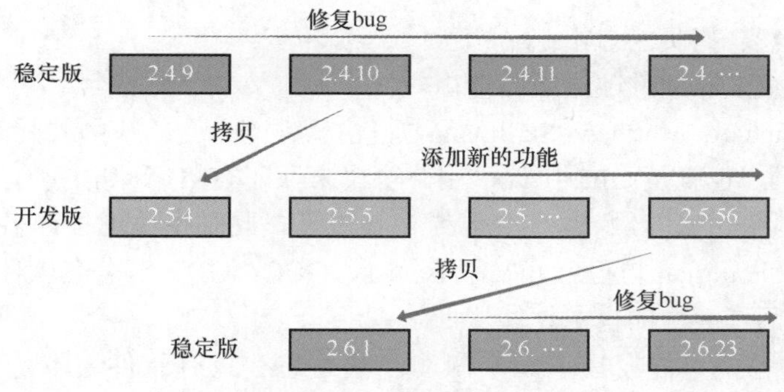

图 1-7　Linux 内核版本的升级路径

图 1-6 和 1-7 仅用于演示，并不直接对应实际的内核版本号。

1.3　"GNU is Not UNIX"

GNU 计划又译为革奴计划，"GNU"源于"GNU is Not UNIX"的递归缩写。这项计划的目标是创建一套完全自由的操作系统。

我们将时间线拉回到 1979 年，正如上文介绍的，在 1979 年 AT&T 公司收回了 UNIX 的版权，并且将 UNIX 打造成商品进行售卖，价格非常昂贵。而且当时不仅操作系统如此，由操作系统衍生出来的软件也是一样，在那个软件逐渐商业化的年代，越来越多的软件被打造成商品进行售卖。

麻省理工学院的一位职业黑客逐渐忍受不了操作系统和软件的商业化转变，他认为私藏源代码是一种违反人性的罪恶行为，分享源代码可以让原创作者和所有参与者都受益良多，他立志要把运行、复制、发布、研究和改进软件的权利重新赋予世界上的每一个人。

1983 年，他在 net.unix-wizards 新闻组上公开发布了 GNU 计划，并附带了一份《GNU 宣言》，这个计划的 Logo 是一头非洲牛羚，如图 1-8 所示。

图 1-8　GNU 计划的 Logo

这个著名的黑客名为 Richard Matthew Stallman，他被人们称为自由软件运动的精神领袖，同时也是自由软件基金会（Free Software Foundation）的创立者。

GNU 计划的软件开发工作于 1984 年开始，称为 GNU 工程。GNU 的许多软件程序是在 GNU 工程下发布的，我们称之为“GNU 软件包”。

1985 年，为了更好地实施 GNU 计划，自由软件基金会应运而生，该基金会的主要工作就是执行 GNU 计划，开发更多的自由软件，同时该基金会赋予软件使用者 4 项基本自由：

（1）不论目的为何，有运行软件的自由；

（2）有研究该软件如何工作和按需改写软件的自由，取得该软件源代码是达成此目的的前提；

（3）有重新发布拷贝的自由；

（4）有向公众发布软件改进版的自由。

1989 年，Richard Matthew Stallman 与自由软件基金会的律师共同起草了《GNU 通用公共协议证书》，也就是 GPL 协议，用此协议来保证 GNU 计划中所有软件的自由性。

到了 1990 年，自由软件基金会已经初具规模，同时也出现了许多优秀的软件，仅 Richard Matthew Stallman 自己就开发了 Emacs、GCC、GDB 等著名软件，世界各地被激励的黑客们也编写了大量的自由软件。

说到这里，各位可能发现了一个问题：咦？怎么只有软件，不是说要创建一个完全自由的、完整的、类似 UNIX 的操作系统嘛，只有软件而没有内核，能叫完整的操作系统？

其实 Richard Matthew Stallman 并没有忘记这个初衷，他们也开发了一款叫 Hurd 的内核，但是正在开发的这个 Hurd 内核不论是工程进度还是所具备的功能都没有达到预期效果，当时自由软件基金会汇集了很多的软件，但是迟迟没能开发出满意的内核，没有内核就组不成一套完整的操作系统，这种尴尬的状态一直持续到 1991 年，这一年发生的事情相信大家都清楚，那就是 Linux 内核在网上公开发布。

在 Linux 内核公开发布时，GNU 工程已经几乎完成了除系统内核之外的各种必备软件的开发，到了这个时候，系统开发和软件开发两条时间线就已经开始重合了。

1992 年，在 Linus Benedict Torvalds 和世界各地的程序员、黑客们的共同努力下，Linux 内核成功与自由软件基金会下数以百计的软件工具相结合，完全自由的操作系统正式诞生了！

由于 Linux 内核使用了许多 GNU 软件，GNU 计划的开创者 Richard Matthew Stallman 提议将 Linux 操作系统更名为“GNU/Linux”，但是绝大多数人还是习惯称为“Linux”。

在整个 GNU 计划的发展史中，有两个协议（GPL、LGPL）非常重要，对它们必须了解清楚。

“GPL”是 GNU General Public License（GNU 通用公共许可证）的缩写。GPL 协议的特点是具有“传染性”，该协议规定，只要软件中包含了遵循 GPL 协议的产品或代码，该软件就必须也遵循 GPL 许可协议。打个比方就是，我若是遵循了 GPL 许可协议，我未来的子子孙孙也必须遵循，因此这个协议并不适用于商用软件。GPL 协议的图标如 图 1-9 所示。

GPL 协议的出发点是源代码的开源和免费引用以及修改后衍生代码的开源和免费引用，不允许修改后将衍生的源代码作为闭源的商业软件进行发布和销售。GPL 开源协议的特点见表 1-1。

图 1-9　GPL 协议的图标

表 1-1　GPL 开源协议的特点

特　点	说　明
自由使用	允许自由地按自己的意愿使用软件
自由修改	允许自由地按自己的需要修改软件，但修改后的软件必须也是基于 GPL 协议授权的
自由传播	允许自由地把软件和源代码分享给其他人； 允许自由地分享自己对软件源代码的修改
收费自由	允许在各种媒介上出售，但必须提前让买家知道软件可以被免费获取

“LGPL”是 GNU Lesser General Public License（GNU 宽通用公共许可证）的缩写。LGPL 协议是 GPL 协议的变种，也是 GNU 为了得到更多商用软件开发商的支持而提出的。与 GPL 的最大不同就是，LGPL 协议授权的自由软件可以私有化，而不必公布全部源代码。LGPL 协议的图标如图 1-10 所示。

图 1-10　LGPL 协议的图标

到现在为止，开源精神已经蔓延至全球，国内国外出现了许许多多的开源社区，比较著名的有 GitHub、Gitee、开源中国社区、MySQL 社区等。随着各种开源社区的出现，开源软件也借着这股东风发展起来了，著名的开源软件有 Apache、火狐浏览器、OpenOffice、Nginx、MariaDB 等，其中前三者的 Logo 如图 1-11 所示。

图 1-11　部分开源软件的 Logo

至此，GNU 计划的内容就讲完了，整条时间线已经与 1.2 节重合起来，通过这条时间线可以基本掌握完整的 Linux 发展史。

1.4 Linux 操作系统的结构

上文已经为大家简单介绍了 Linux 操作系统的各个组成部分，本节完整介绍 Linux 操作系统的结构。

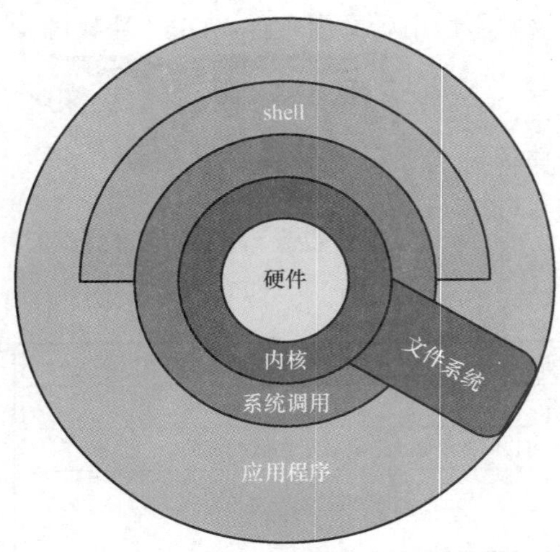

图 1-12 Linux 操作系统的完整结构

图 1-12 给出了 Linux 操作系统的完整结构。如前所述，Linux 只是一个操作系统的内核，而 GNU 工程提供了大量的软件来丰富在 Linux 内核之上的各种应用程序。

我们根据图 1-12，从内往外依次给大家解释各部分的作用：

（1）硬件。硬件设备相信大家已经非常熟悉了，平常接触较多的硬件设备包括 CPU、主板、内存、硬盘、显卡及鼠标、键盘等，这里就不再赘述。

（2）内核。内核是整个操作系统的核心，从本质上看内核就是一个计算机程序，这个程序用来控制计算机中各个硬件的资源，并给上层的应用程序提供运行环境。反过来讲，应用程序在运行时必须依托内核提供的资源，比如 CPU、磁盘空间、内存空间等，当内核给应用程序提供了这些资源之后，应用程序才能够运行起来，这就是内核的作用。那么就引出一个问题：应用程序要怎么跟内核沟通才能让内核合理分配资源呢？

（3）系统调用。为了使应用程序能够随时与内核进行沟通，从而获取硬件资源，内核为应用程序提供了一些访问接口，这些接口有个统一的称呼，叫“系统调用”。应用程序正是通过系统调用与内核进行沟通来请求资源的。

（4）文件系统。文件系统也属于内核的一部分，是一种存储和组织计算机数据的方法。文件系统使用文件和树形目录的抽象逻辑概念代替硬盘和光盘等物理设备使用数据块的概念；用户使用文件系统来保存数据不必关心数据实际保存在硬盘的哪些数据块上，只需要记住这个文件的所属目录和文件名即可。具体地说，它负责为用户建立文件，存入、读出、修改、转储文件，控制文件的存取，当用户不再使用时撤销文件。

（5）Shell。Shell 本身是一个应用程序，但也是一个特殊的应用程序，它的作用是将用户输入的语言转换成内核能看懂的语言，Shell 扮演了“翻译官”的角色。

（6）应用程序。应用程序对应的是大量的软件。

这就是完整的 Linux 操作系统结构。简单来讲，完整的 Linux 操作系统就是 Linux 内核加各种应用程序。

1.5 常见的 Linux 发行版

由于 Linux 内核是开源的，GNU 工程中的软件也是开源的，所以许多组织和企业就嗅到了商机，他们将 Linux 内核与各种软件以及说明文档包装起来，并提供安装界面和管理工具等，这就构成了基于 Linux 内核的 Linux 发行版（Linux Distribution）。

最典型的一家公司是 Red Hat（红帽），他们利用公开发布的 Linux 内核加上一些开源的周边软件做出了一款著名的 Linux 操作系统，叫作 Red Hat Enterprise Linux，也就是红帽操作系统。

但是，Linux 是遵循 GPL 协议的，那么这家公司做出这款操作系统之后怎么去赚钱呢？

其实这是可以实现的。Red Hat 先把红帽操作系统公布到网络上供人免费下载，GPL 协议规定无法通过卖软件挣钱，那就卖服务，比如技术支持、技术咨询等。举个例子，假如在使用红帽操作系统的过程中出现问题了，自己解决不了，那怎么办呢？可以来找技术支持帮你解决，当然这不是免费的，需要先购买相应的服务，这就是 Red Hat 公司的赢利之道。除此之外，收费服务项目还包括技术培训、技术认证等。

Red Hat 公司还推出了“Red Hat 认证”机制，主要包括：初级的红帽认证系统管理员（RHCSA），中级的红帽认证工程师（RHCE），高级的红帽认证架构师（RHCA），如图 1-13 所示。

用过红帽操作系统的都知道，它是一款商业操作系统，既然是商业的，那有些功能必然是要收费的，例如 Yum 软件包管理器。

这时，有一批“好心人”把红帽操作系统的源码拿出来，重新编译成另一款操作系统后再放到互联网上，这就是 CentOS，CentOS 也叫社区版的 Red Hat Enterprise Linux，是目前主流的 Linux 操作系统之一。CentOS 中的所有功能都是免费的，而且除了 Red Hat 商标之外，其他功能跟 Red Hat 完全一样。但 CentOS 并不向用户提供售后服务，当然也不会承担任何商业责任。

当然了，Linux 发行版并不只有 Red Hat 和 CentOS，还有很多热门的 Linux 操作系统，这里给大家介绍几种目前主流的 Linux 操作系统，如图 1-14 所示。

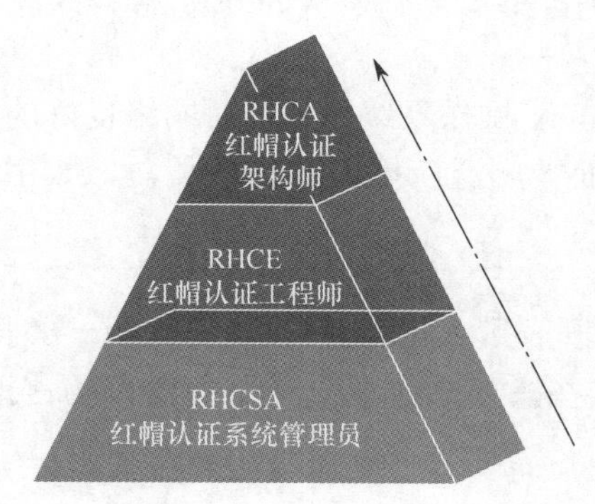

图 1-13 Red Hat 认证

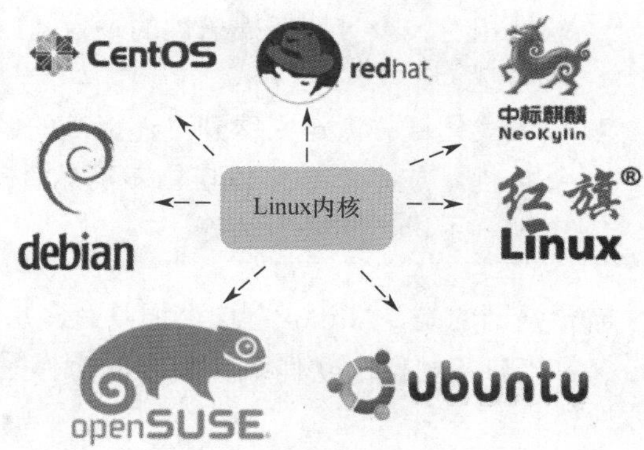

图 1-14 主流的 Linux 操作系统

➢ CentOS：CentOS 是 Community Enterprise Operating System 的缩写，译为社区企业操作系统。它是由 Red Hat Enterprise Linux（RHEL）依照开放源代码规定发布的源代码编译而成的。由于出自同样的源代码，因此有些要求高度稳定性的服务器以 CentOS 替代商业版的 Red Hat Enterprise Linux 使用。两者的不同在于，CentOS 并不包含封闭源代码软件。目前国内很多企业都在使用这款操作系统，选择的理由就是它相当稳定，还免费，并且在互联网上有很多技术帮助资料。

- Red Hat Enterprise Linux：由 Red Hat 公司开发的面向商业市场的 Linux 发行版，简称为 RHEL。
- 中标麒麟：国产化操作系统，采用强化的 Linux 内核，分成桌面版、通用版、高级版和安全版等，满足不同客户的要求，已经广泛应用在能源、金融、交通、政府等领域。
- Debian：由 Ian Ashley Murdock 在 1993 年开发，以其坚守 UNIX 和自由软件的精神而闻名，其特点是自由和稳定。
- 红旗 Linux：由北京中科红旗开发的一系列 Linux 发行版，包括桌面版、工作站版、数据中心服务器版、HA 集群版和红旗嵌入式 Linux 等产品。
- openSUSE：其前身为 SUSE Linux 和 SUSE Linux Professional，它的开发重心是为软件开发者和系统管理者创造适用的开放源代码的工具，并提供易于使用的桌面环境和功能丰富的服务器环境。openSUSE 针对桌面环境进行了一系列的优化，是一个对 Linux 新手较为友好的 Linux 发行版。
- Ubuntu：是基于 Debian、以桌面应用为主的 Linux 发行版，有 3 个正式版本，包括桌面版、服务器版以及用于物联网设备和机器人的 Core 版。

还有一些其他的发行版，这里就不一一介绍了。Linux 发行版的应用领域主要包含以下 3 个方面：

- 服务器领域：Linux 操作系统在服务器领域的应用占非常大比例，因为其本身开源、稳定、高效的特点，在服务器领域可以得到很好的体现。
- 个人桌面领域：此领域是 Linux 操作系统的薄弱环节。因为其界面简单、应用软件相对较少且缺乏娱乐性的缺点，Linux 操作系统一直被 Windows 操作系统所压制。
- 嵌入式领域：近年来得到飞速提高的领域。Linux 操作系统因为其对网络良好的支持性、成本低和可以自由裁剪软件等特点而被广泛应用，包括机顶盒、数字电视、手机、网络电话等。

需要强调的是，“Linux”这个词具有多层含义，既表示 Linux 内核，又表示一类将 Linux 内核与各种自由软件组合起来的操作系统，这些操作系统在全球服务器市场占据重要地位。

第 2 章

VMware Workstation 虚拟机

2.1 虚拟机简介

俗话说，“工欲善其事，必先利其器”，本节给大家介绍一款 Linux 运维工程师必备的利器——VMware Workstation 虚拟机。听到这个名字大家可能会有些陌生，不用着急，看完本节内容后，就明白这款工具的神奇之处了。

虚拟机的诞生是因为出现了虚拟化技术，而虚拟化技术的产生是为了解决服务器硬件资源使用率过低的问题。

一般企业中使用的服务器的性能都很高，但是技术人员在使用服务器的过程中根本没有把服务器的性能完全利用起来，这是普遍存在的现象。举个例子，如果服务器的内存有 128 GB，那么技术人员在平常的使用过程中可能只用了 64 GB，甚至更少，其他没有被用到的内存被闲置，这就造成了系统资源的浪费。有什么方法可以解决服务器硬件资源使用率过低的问题吗？有的。

这里按笔者的理解解释 3 个技术名词，大家也可以融入自己的想法去理解。

（1）虚拟化：通过虚拟化技术在一台硬件计算机上虚拟出多台逻辑计算机，也可以理解为在一台计算机上同时运行多个逻辑计算机，每个逻辑计算机可运行不同的操作系统，并且每个逻辑计算机都可以在相互独立的空间内运行而互相不受影响，这样就提高了计算机硬件资源的利用率。

（2）虚拟化技术：一种资源管理技术，它本质上不是对计算机硬件的改变，而是通过软件的方法抽象、虚拟出计算机资源，并与底层硬件相隔离。所以，虚拟化技术能够实现计算机硬件资源的自动化分配、调度、共享和监控等。

（3）虚拟机：通过软件模拟出一套具有完整硬件和系统功能的、运行在一个完全隔离环境中的完整计算机系统。虚拟机是虚拟化技术的一种实现形式，它的优势在于可以模拟出逻辑计算机，并安装很多不同类型的操作系统。

综上所述，虚拟机是虚拟化技术的一种实现形式，而虚拟化是一个概念，VMware Workstation 就是实现这个概念的主流软件之一。

由于 VMware Workstation 简单易操作，且非常适合新手使用，所以本书就用这款工具给大家进行教学演示。

2.2 虚拟机的运行架构

虚拟机的运行架构主要有两种：寄居架构（Hosted Architecture）和裸金属架构

(Bare Metal Architecture)，这两种运行架构决定了虚拟机的安装方式。计算机的普遍运行架构如图 2-1 所示。

由图 2-1 可见，运行架构最底层的是计算机硬件设备，在硬件设备上安装操作系统，再在操作系统上安装一些常用的软件，如 QQ、微信、浏览器和迅雷等，这种运行架构是最常见的。

图 2-2 中的架构叫作寄居架构（Hosted Architecture)，寄居架构偏向于部署在台式机或笔记本上，虚拟机作为一个应用软件安装到宿主操作系统上，位于宿主操作系统的上面。虚拟机中可以安装多个操作系统，在这些操作系统上可以安装各种软件，操作系统之间互不影响。寄居架构具有以下特点：

(1) 安装简单，只需要像安装软件一样安装即可。

(2) 兼容性好，只要宿主操作系统能使用的硬件设备，虚拟机中的操作系统都能够使用，另外它对物理硬件的要求也很低，几乎所有的计算机都可以运行。

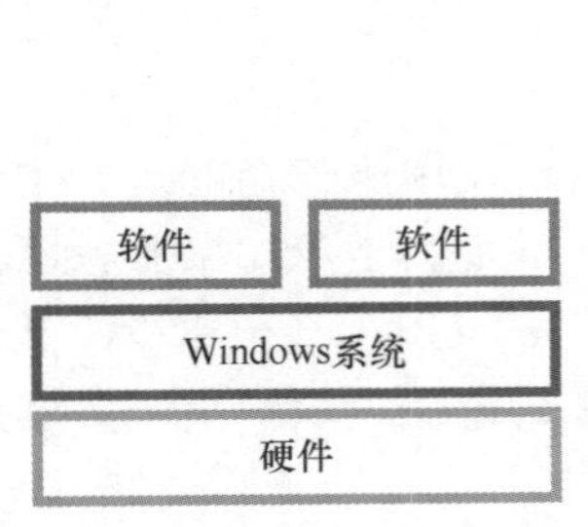

图 2-1　计算机的普遍运行架构

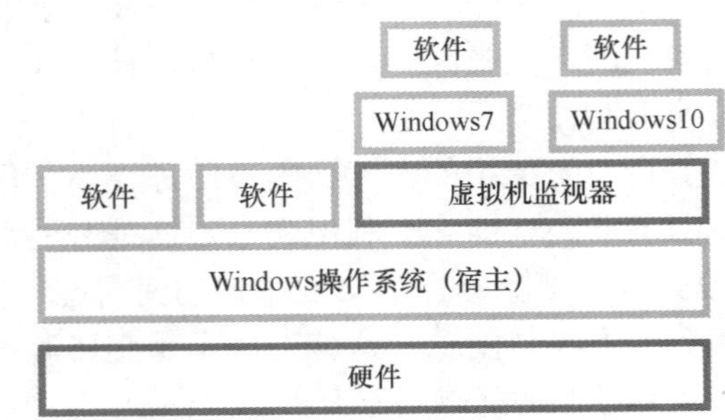

图 2-2　寄居架构

但是寄居架构也有缺点，当宿主操作系统出现问题而无法使用时，虚拟机中的操作系统都将无法使用。

寄居架构的虚拟机产品有 VMware Workstation、Oracle VM VirtualBox、Microsoft Virtual PC 和 Citrix XenDesktop 等。

图 2-3 中的架构叫作裸金属架构（Bare Metal Architecture)，也称为原生架构，部署在硬件服务器中，虚拟机作为一种操作系统安装到硬件设备上，接管所有的硬件资源，并在其上安装各种操作系统及应用程序，各个操作系统之间互不影响。裸金属架构具有以下特点：

(1) 虚拟机上面的任何一个操作系统出现故障，都不会影响其他操作系统。

(2) 裸金属架构的虚拟机性能与物理主机基本相当，这是寄居架构的虚拟机远远无法比拟的。

裸金属架构的缺点是硬件兼容问题，为了保持稳定性和微内核，不会将所有硬件产品的驱动程序都放进去，仅支持主流服务器及存储设备。一般个人计算机所使用的硬件，在很多裸金属架构的虚拟机下都无法运行。

裸金属架构的虚拟机产品有 VMware vSphere、XenServer 和 Microsoft Hyper-V 等。

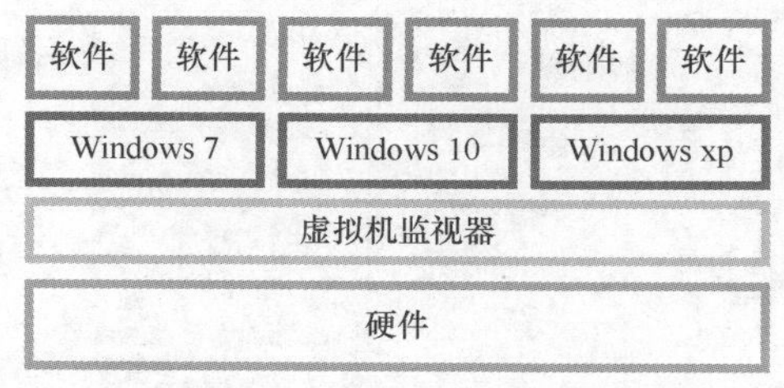

图 2-3 裸金属架构

一般在公司里，个人台式机会选择安装寄居架构的虚拟机产品，而硬件服务器则会选择使用裸金属架构的虚拟机产品。

2.3 安装 VMware Workstation 虚拟机

VMware Workstation 虚拟机采用的是寄居架构，这是一款功能强大的桌面虚拟化软件，笔者强烈推荐各位使用这款工具，其人性化的界面布局加上中文支持，十分适合新手入门使用。而且 VMware Workstation 虚拟机在虚拟网络配置、拖曳共享文件夹、快照、克隆、迁移等方面的表现都非常优秀。

接下来介绍 VMware Workstation 的安装过程，安装包可以去官网下载，也可以大到本书配套网站下载。

（1）双击 VMware WorkStation 安装包，进入安装界面，单击“下一步”按钮，再单击“下一步”按钮，接受许可协议，如图 2-4 所示。

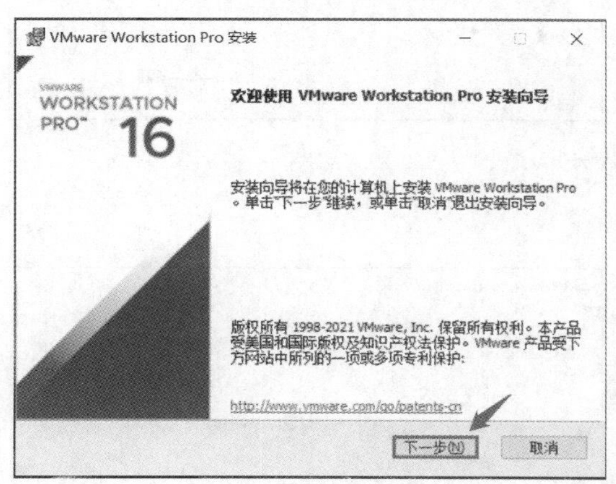

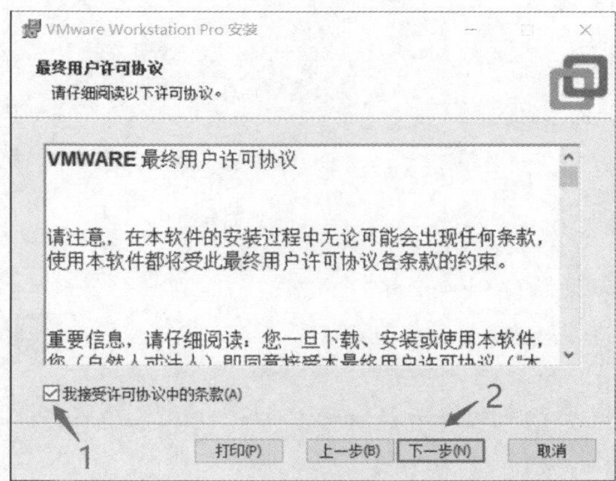

图 2-4 进入安装界面接受许可协议

（2）选择 VMware Workstation 软件安装位置，单击“下一步”按钮。检查产品更新与客户体验提升计划（可以不选），继续单击“下一步”按钮，如图 2-5 所示。

（3）快捷方式选为默认即可，单击“下一步”按钮进行安装，如图 2-6 所示。

（4）安装完毕，单击“完成”按钮或直接输入许可证，如图 2-7 所示。

（5）至此，VMware Workstation 安装完毕，此时界面如图 2-8 所示。

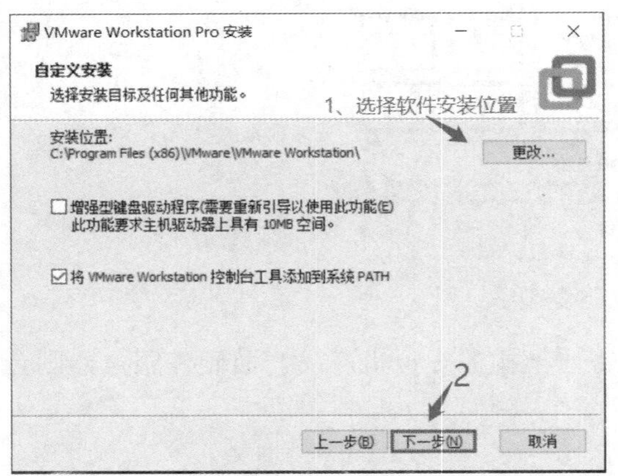

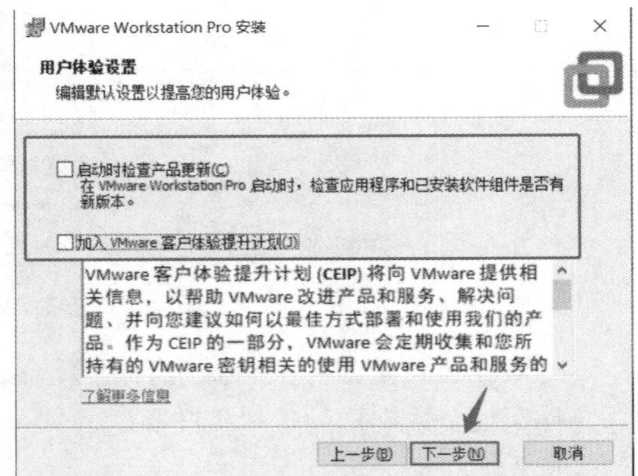

图 2-5　选择软件安装位置

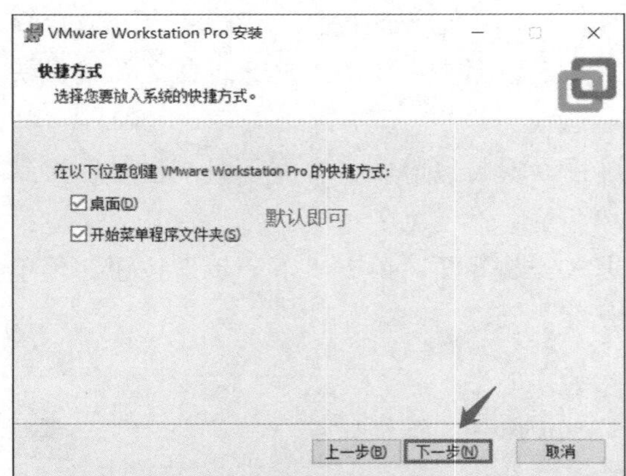

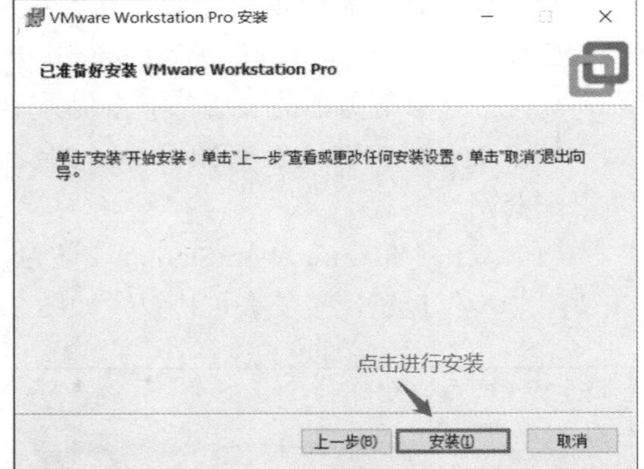

图 2-6　默认快捷方式

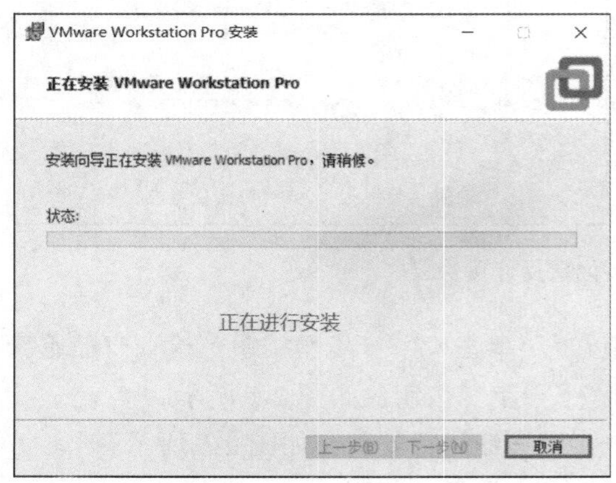

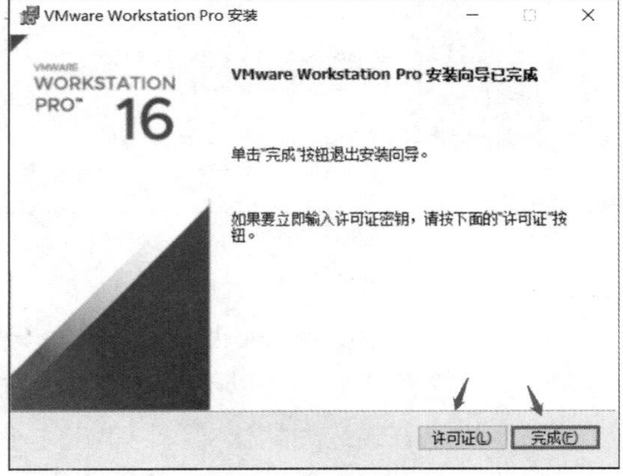

图 2-7　单击“完成”按钮或直接输入许可证

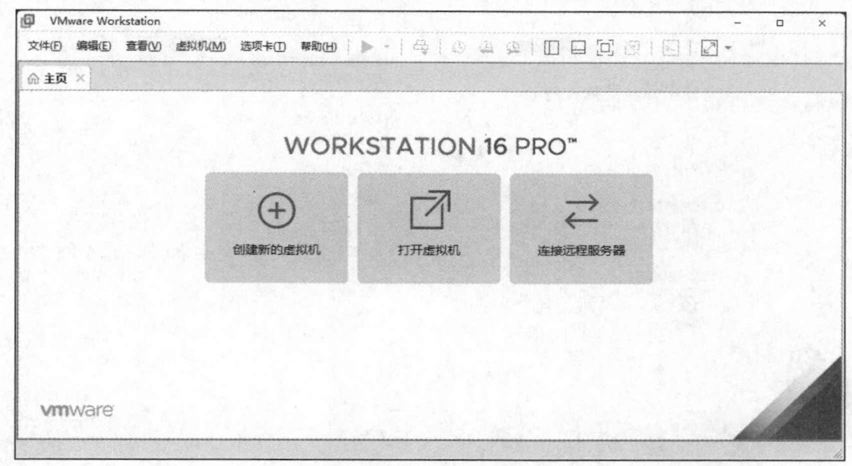

图 2-8　安装完毕后的界面

2.4　创建一个新的虚拟机

VMware Workstation 的安装已经完成了，接下来就要去创建一个虚拟机，具体步骤如下。

（1）双击打开 VMware WorkStation，单击“文件（F）”选项中的“新建虚拟机（N）...”，如图 2-9 所示。

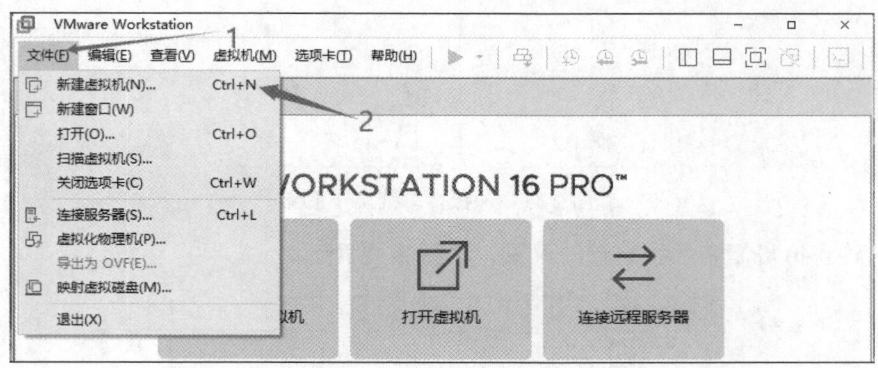

图 2-9　单击“新建虚拟机（N）...”选项

（2）进入新建虚拟机向导界面，此处有两个选项，我们选择“自定义（高级）”的配置。典型配置是高级配置的缩减版；高级的都能学会，典型的还搞不定吗？单击“下一步”按钮，选择虚拟机硬件兼容性，这里直接用对应的虚拟机版本即可，如图 2-10 所示。单击“下一步”按钮。

（3）安装客户机操作系统，选择“稍后安装操作系统”。单击“下一步”按钮，选择将要安装的操作系统类型，这里选择 Linux 类型的操作系统，再选择操作系统的版本。因为准备的是 CentOS 8 64 位的镜像文件，所以这台虚拟机的操作系统版本选择 CentOS 8 64 位即可，如图 2-11 所示。镜像文件已经放在本书配套网站上了，大家可自行下载。

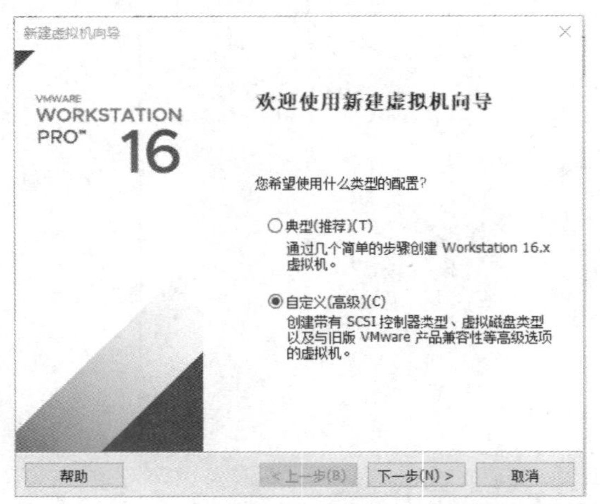

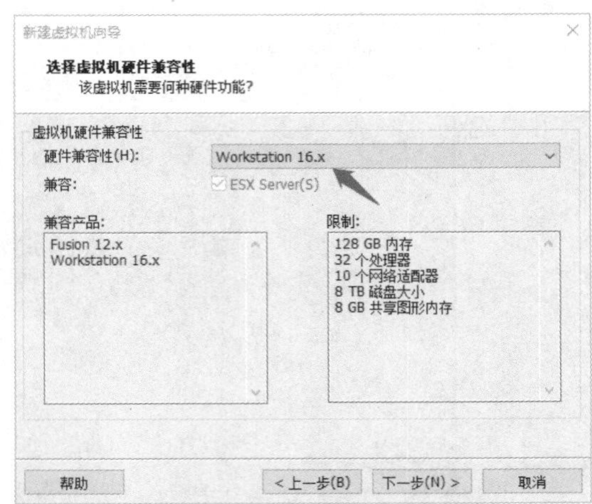

图 2-10　选择虚拟机配置方式和硬件兼容性

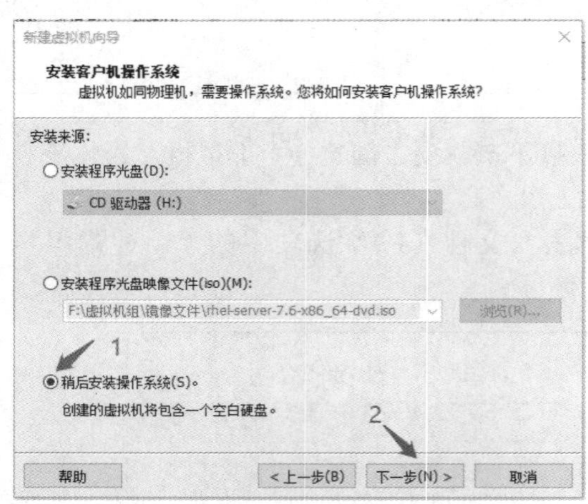

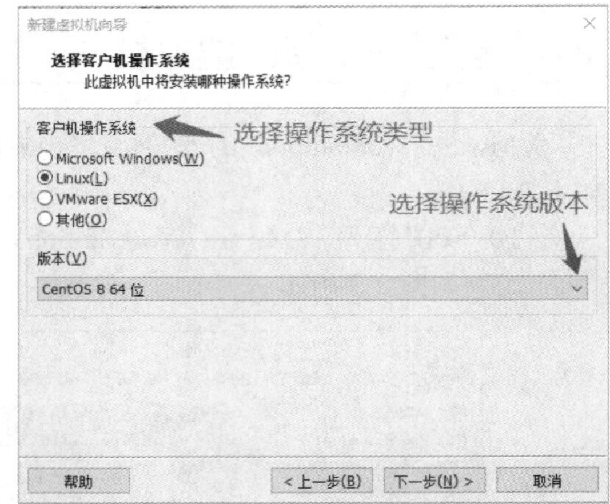

图 2-11　选择客户机操作系统

（4）给虚拟机命名并指定存放位置，如图 2-12 所示。

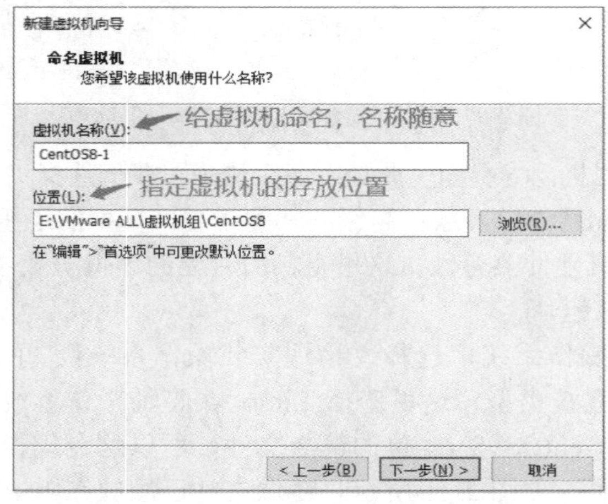

图 2-12　给虚拟机命名并指定存放位置

（5）为虚拟机指定处理器数量，这里建议设置为宿主机处理器数量的 1/3，切记不要把宿主机上所有处理器都分配给虚拟机。宿主机处理器的数量的查看方式：在任务栏单击鼠标右键，选择任务管理器→性能→CPU，查看宿主机处理器数量，如图 2-13 所示。

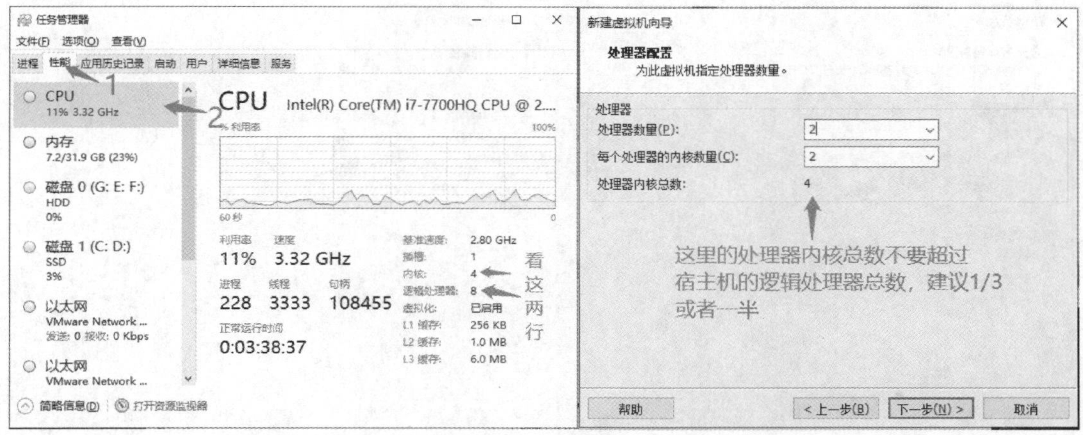

图 2-13 为虚拟机指定处理器数量

（6）给虚拟机分配内存的方式跟上面一样，建议为宿主机处理器数量的 1/3 或一半，切记不要把宿主机上所有内存都分配给虚拟机，此处给虚拟机分配了 8 GB 内存。接下来就是配置虚拟网络，VMware Workstation 为用户提供了 3 种网络类型，分别是网络地址转换（NAT）、桥接网络和仅主机模式网络。我们选择使用网络地址转换（NAT），如图 2-14 所示。

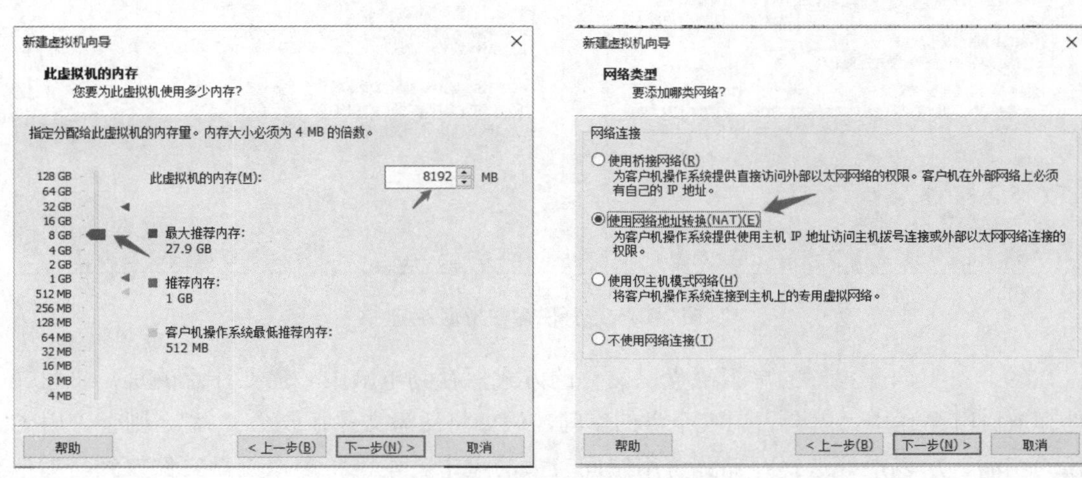

图 2-14 给虚拟机分配内存并配置虚拟网络

（7）I/O 控制器类型选择推荐的即可，单击“下一步”按钮。接下来创建磁盘，需要选择磁盘的类型，有 4 种硬盘类型可供选择，我们选择推荐的“SCSI（S）”，如图 2-15 所示。

（8）选择创建新虚拟磁盘，单击“下一步”按钮。指定虚拟磁盘的大小，这里要根据宿主机磁盘的大小来分配，不要超出可用的磁盘空间，如图 2-16 所示。注意不要选择“立即分配所有磁盘空间”，此选项会立即占用宿主机的磁盘空间。不选择此选项的话，会根据虚拟机的实际空间大小动态占用磁盘容量。

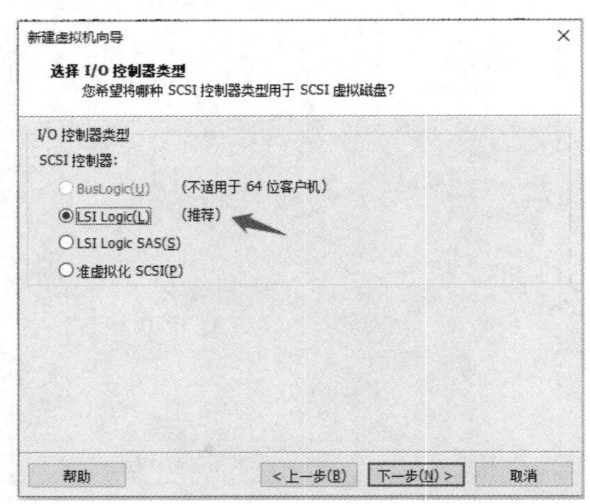

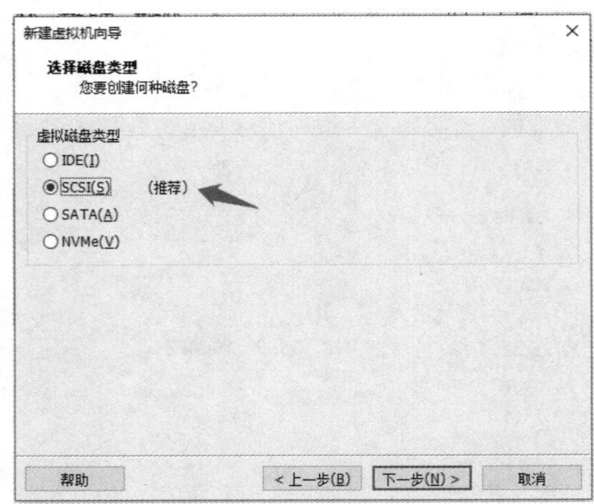

图 2-15 选择 I/O 控制器类型和磁盘类型

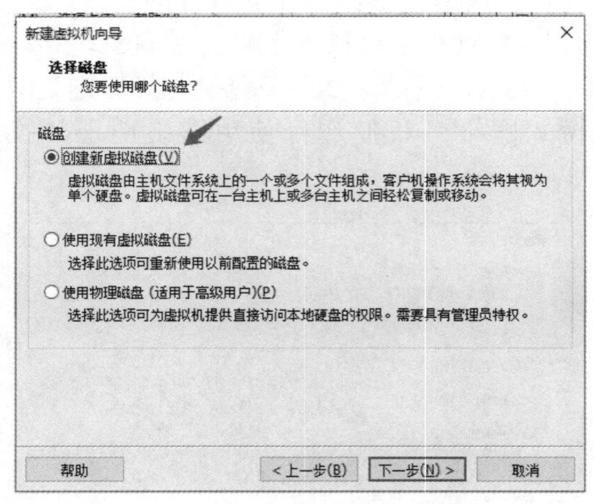

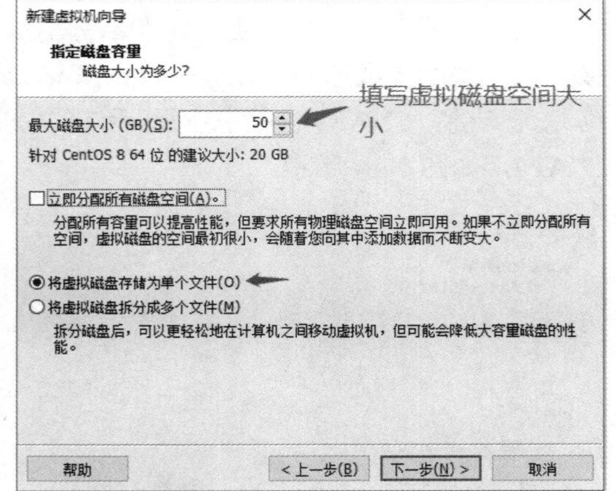

图 2-16 选择磁盘并指定容量

（9）将上面配置好的虚拟磁盘以文件的方式保存到电脑中。需要注意的是，磁盘文件存放到哪个盘中，就会占用哪个盘的空间，假如将磁盘文件存放至 C 盘，则会占用 C 盘的空间，所以最好选择存储到可用空间较大的盘中。建议将虚拟磁盘文件放到与虚拟机相同的文件夹中，配置好之后单击“下一步”按钮，则将展示之前配置的内容，单击“完成”按钮即可创建好虚拟机，如图 2-17 所示。

至此，虚拟机创建完毕，如图 2-18 所示。目前虚拟机并没有安装操作系统，之前选择操作系统版本的步骤只是告诉 VMware Workstation 我准备在这台虚拟机中安装这种操作系统。

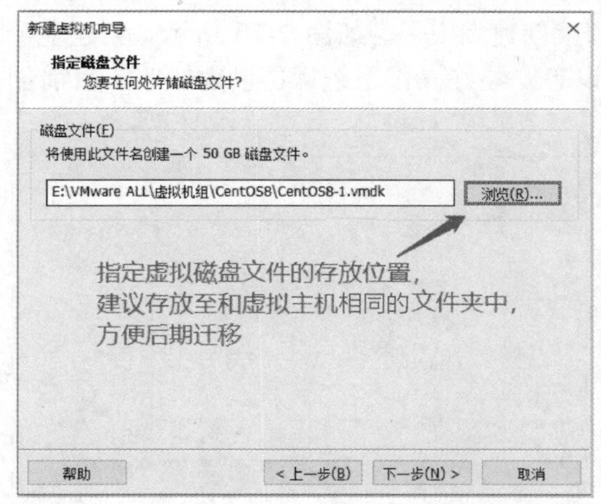

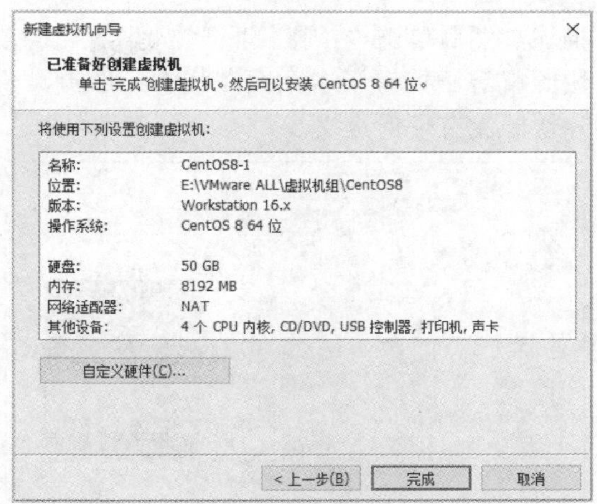

图 2-17　指定磁盘文件位置完成虚拟机创建

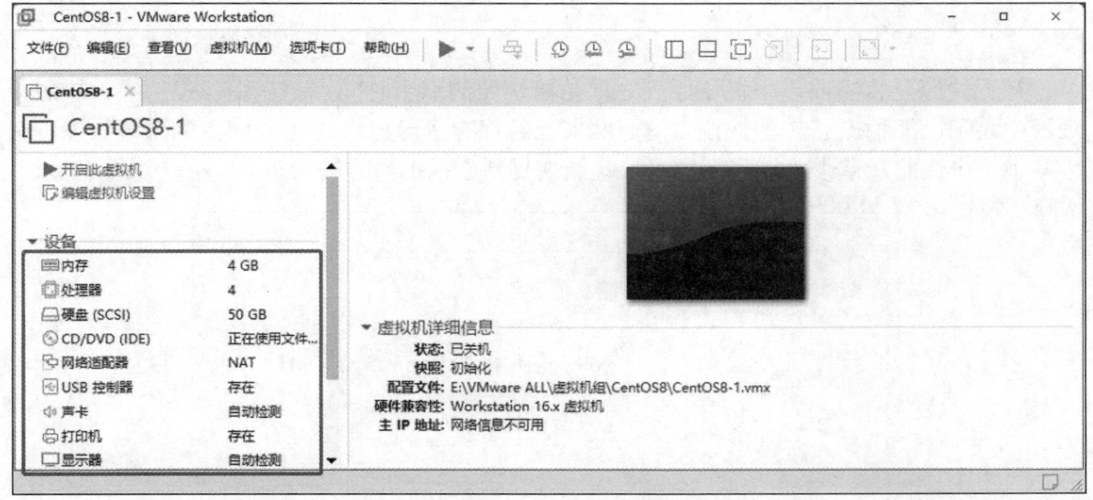

图 2-18　新创建的虚拟机

2.5　虚拟机的快照、克隆和迁移功能

本节介绍 VMware Workstation 中常用的 3 个功能，分别是快照、克隆和迁移。

2.5.1　快照

快照是 VMware Workstation 为用户提供的快速系统备份与还原功能，它的操作方式有两种，分别是拍摄快照和恢复快照。拍摄快照的过程是记录并保存当前时间点虚拟机的状态和数据，而恢复快照则是将虚拟机的状态和数据恢复到之前保存的时间点。

按照图 2-19 中步骤 1～4 在选项中打开快照管理器，也可按步骤 5 单击快照管理器快捷图标（VMware Workstation 中关于快照的 3 个快捷图标，从左向右分别是创建快照、还原快照和快照管理器）。

在快照管理器窗口单击“拍摄快照”按钮，在弹出的拍摄快照框中输入快照名称及描述，然后单击“拍摄快照”按钮，一个快照就创建完成了，如图 2-20 所示。创建多个快照就等于拥有了多个系统状态还原点，建议等安装好操作系统后再创建快照，目前创建快照没有任何意义。

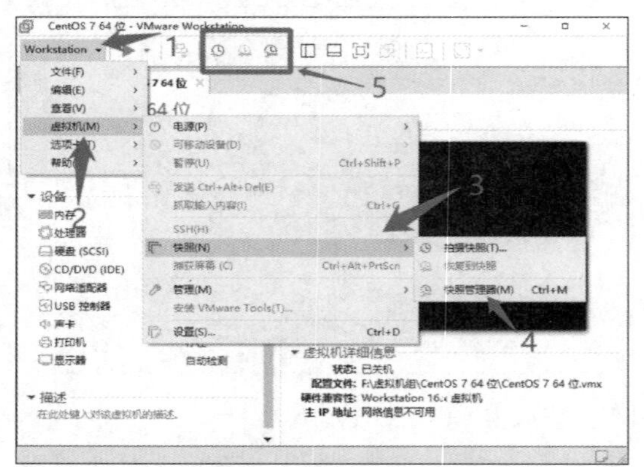

图 2-19　打开快照管理器

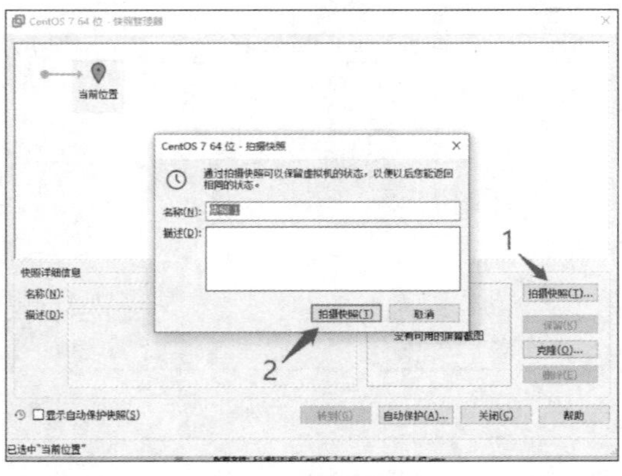

图 2-20　创建快照

还原快照是将当前虚拟机还原到之前拍摄快照的那个时间点。在图 2-21 中，快照管理器中显示已经拍摄了 3 个快照，这意味着已经保存了虚拟机 3 个时间点的系统状态，选中其中一个快照，单击“转到”按钮，就能恢复到虚拟机当时的状态。

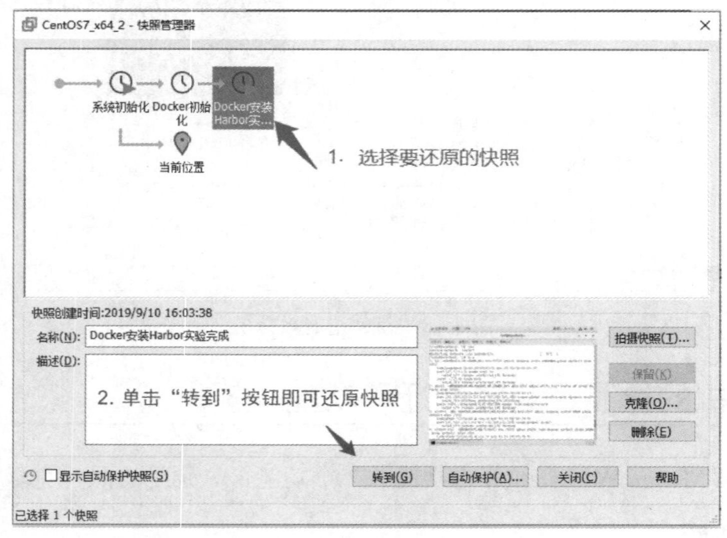

图 2-21　还原快照

2.5.2　克隆

顾名思义，克隆就是复制出一台一模一样的虚拟机，而克隆又分为链接克隆与完整克隆两种类型：

（1）链接克隆：克隆的虚拟机与原虚拟机在一些资源上会共用；

（2）完整克隆：克隆出一个完全独立的新虚拟机。

按照图 2-22 中步骤 1～4 操作，打开克隆虚拟机向导。

克隆一台虚拟机需要在虚拟机关机的情况下进行操作。

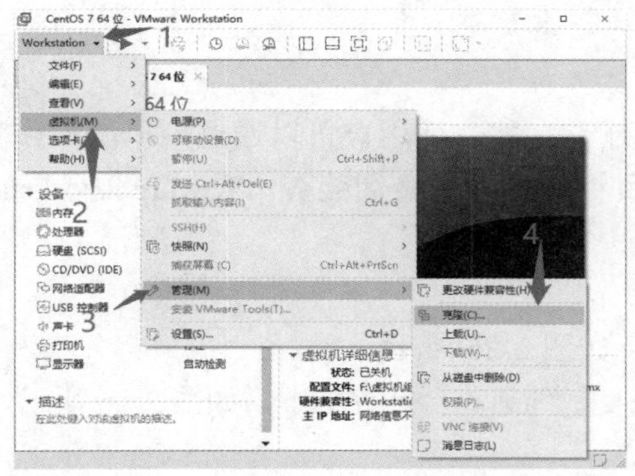

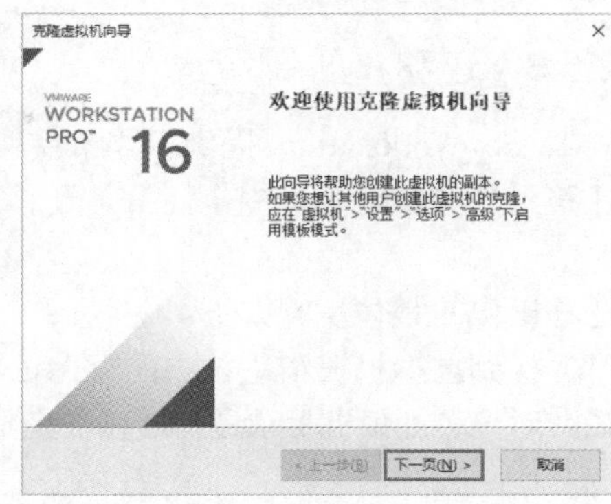

图 2-22　打开克隆虚拟机向导

可以选择克隆虚拟机中的当前状态，也可以选择克隆拍摄快照时的虚拟机状态，单击“下一步”按钮，选择克隆虚拟机的类型，可以使用链接克隆，也可以选择完整克隆，这里选择“完整克隆”，如图 2-23 所示。

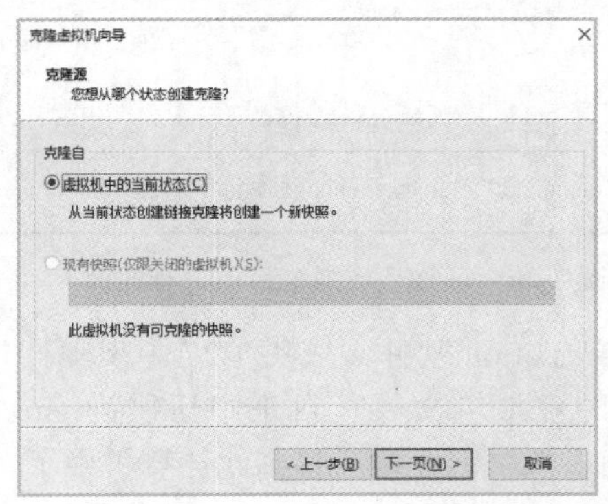

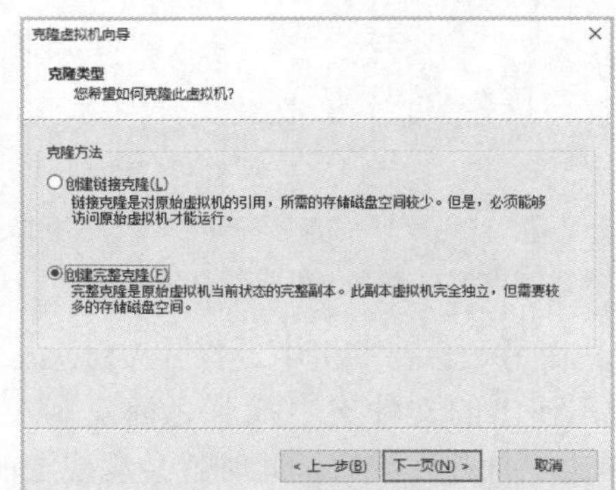

图 2-23　选择克隆状态和克隆类型

填写克隆的新虚拟机的名称和存储位置，单击“完成”按钮，如图 2-24 所示。至此，虚拟机克隆完毕。

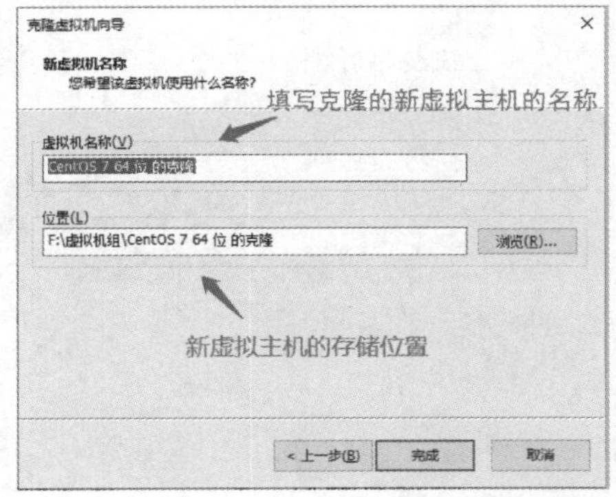

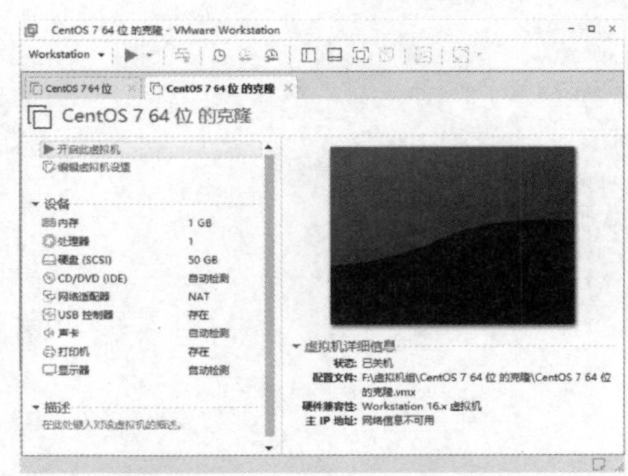

图 2-24　填写克隆的新虚拟机的名称和存储位置

克隆的目的是方便快速复制出一台一模一样的虚拟机，克隆的目标是虚拟机本身，所以无论虚拟机有没有安装操作系统均可克隆，当然了，未安装操作系统的虚拟机克隆了也没有什么实际意义。

2.5.3 迁移

VMware Workstation 提供了非常便捷的迁移功能，使用户可以通过简单的操作将虚拟机迁移至另一台计算机中。注意，迁移的目标主机中也必须装有 VMware Workstation 软件。

迁移操作的具体步骤如下。

（1）找到虚拟机在宿主机中的存储位置，如图 2-25 所示。

（2）对整个虚拟机目录进行迁移，完整地复制到另一台计算机中，如图 2-26 所示。

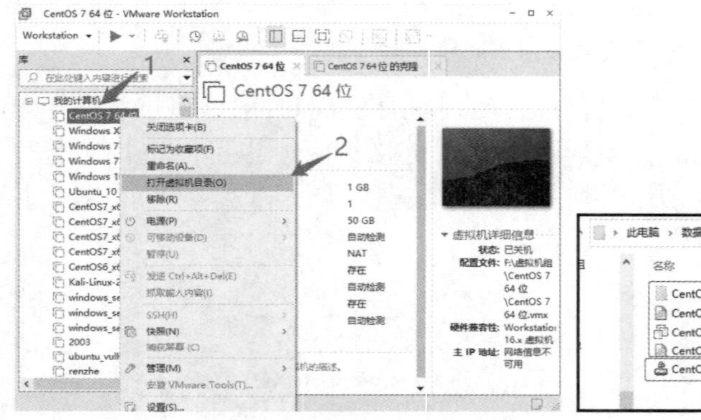

图 2-25　找到虚拟机在宿主机中的存储位置

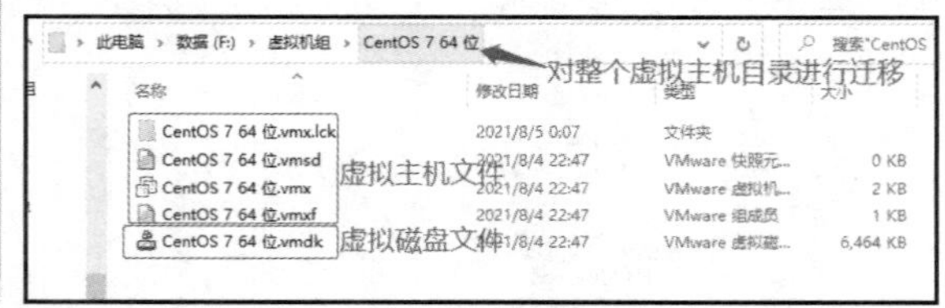

图 2-26　对整个虚拟机目录进行迁移

（3）在另一台计算机中，打开 VMware Workstation 软件，按图 2-27 中步骤打开虚拟机组，在弹出的文件夹中找到之前复制过来的虚拟机文件（目录中后缀为.vmx 的文件），单击“打开”按钮，此时就会发现之前的虚拟机已直接迁移到此计算机中了。

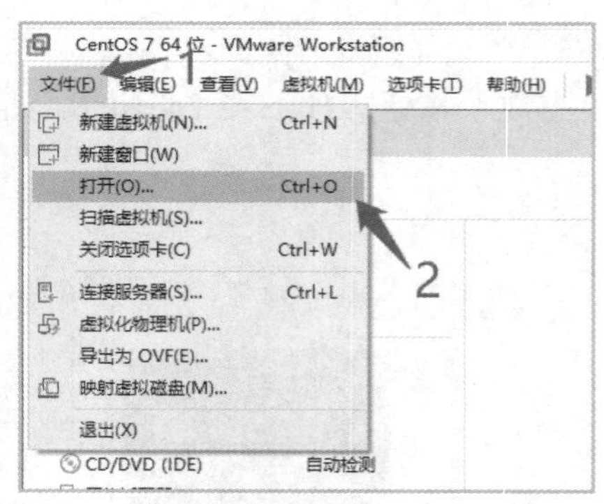

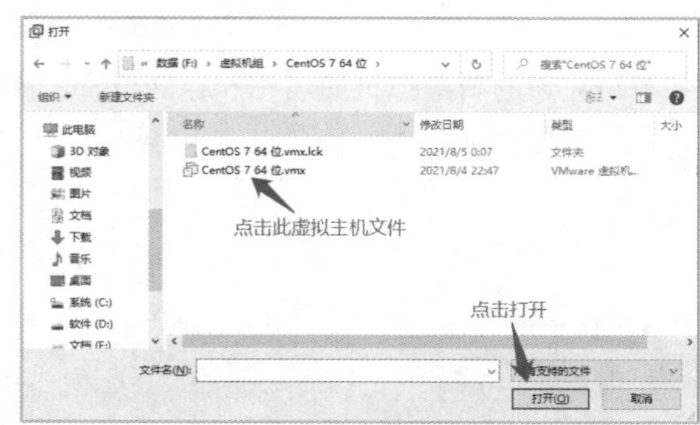

图 2-27　打开迁移的虚拟机文件

第3章 初窥门径之 Linux 操作系统的安装部署

3.1 引言

虚拟机创建好之后，下一步就该安装操作系统了。作为一名 Linux 运维工程师，在企业中安装操作系统是一件家常便饭的事。本章将完完整整地给大家演示怎么去安装 Linux 操作系统，其中要注意的许多细节会在图中标记出来。

CentOS Linux 8 镜像文件需要去 CentOS 官网下载。由于 CentOS 官网服务器在国外，下载速度较慢，因此笔者将 Linux 各个发行版本的镜像文件都提前下载好并上传到本书配套网站上，大家可以直接取用，速度会快很多。

安装过 CentOS Linux 7 和 Rocky Linux 操作系统的朋友会发现，整个安装过程基本上没什么差别。下面就给各位详细演示一遍 CentOS Linux 8 的安装过程。

3.2 安装 CentOS Linux 8 操作系统

在之前创建好的虚拟机中安装 CentOS Linux 8，按下列步骤进行操作：编辑虚拟机设置→硬件→CD/DVD（IDE）→使用 ISO 镜像文件→浏览→选择已下载好的 CentOS Linux 8 镜像文件→打开→确定→开启此虚拟机，如图 3-1 所示。

> **注**
>
> CentOS Linux 8 安装所需的最低配置为 2 GB 内存、x86_64 架构、2 GHz 的 CPU，20 GB 硬盘空间。

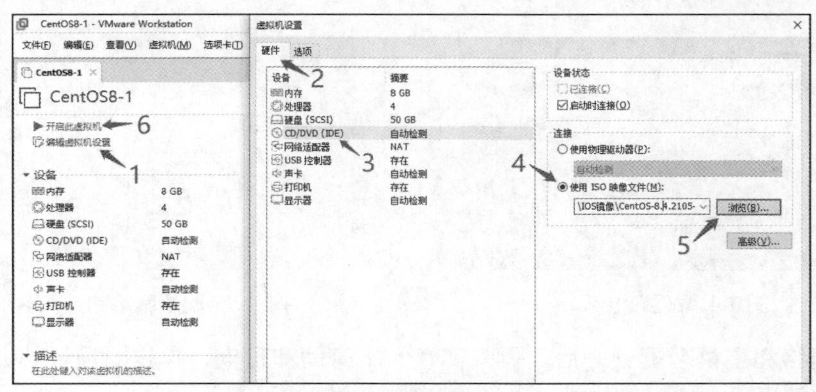

图 3-1 启动虚拟机

当虚拟机启动后，可以看到 CentOS Linux 8 的安装界面，此安装界面有 3 个选项：

（1）安装 CentOS Linux 8；

（2）检测系统镜像并安装 CentOS Linux 8；

（3）排除故障。

通过键盘的上下键移动到第一行，按回车键进行确认，如图 3-2 所示。选择想要在 CentOS Linux 8 安装过程中使用的语言，单击“继续”按钮。这里我们选择简体中文界面来进行安装，如图 3-3 所示。

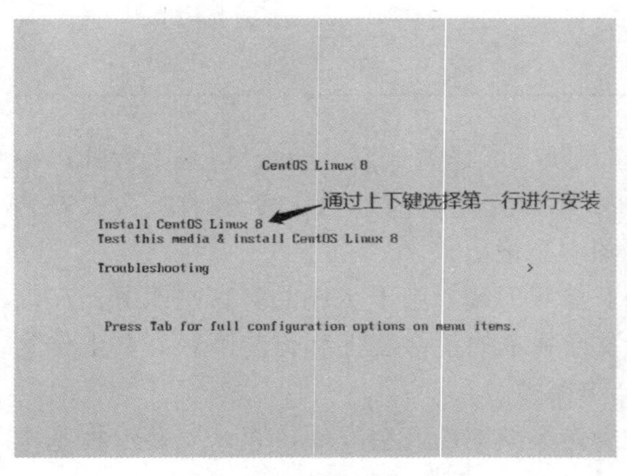

图 3-2　选择第一行进行安装

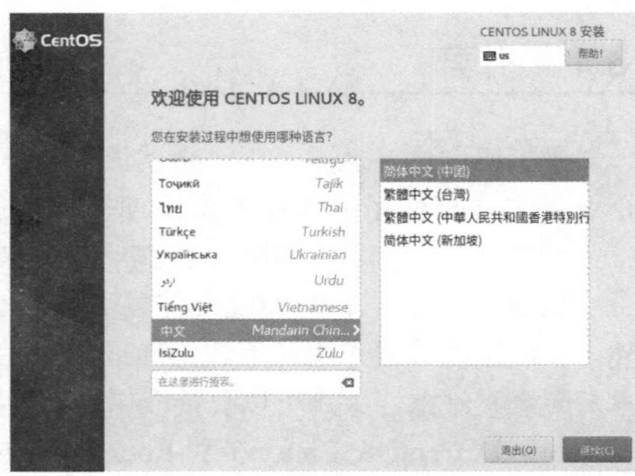

图 3-3　选择简体中文界面

接下来配置以下内容：键盘、时间和日期、软件选择、安装目的地、KDUMP、网络和主机名以及根密码等，如图 3-4 所示。

安装向导界面已经自动提供了键盘、时间和日期、安装来源和软件选择的默认值，若需要更改这些默认值，单击对应的图标进行修改即可。

（1）配置网络和主机名。单击对应的图标，进入配置网络和主机名的界面，如图 3-5 所示。网络可以选择自动获取，也可以手动配置。

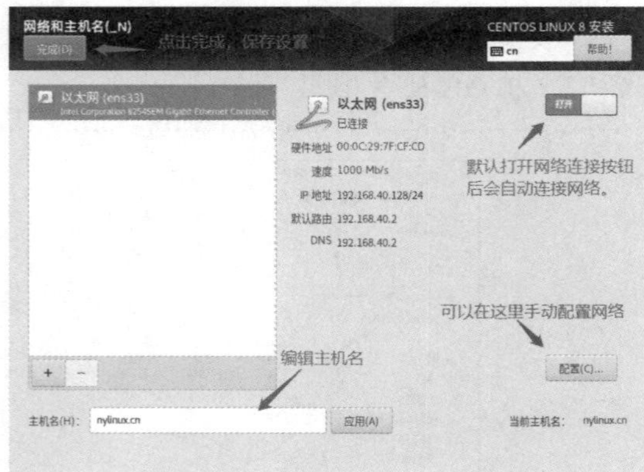

图 3-4　配置内容　　图 3-5　配置网络和主机名

（2）网络和主机名配置好后，再来调整一下时间和日期，单击对应图标，进入设置时间和日期的界面，这里选择对应上海的时间，如图 3-6 所示。

（3）配置软件。单击软件选择图标进入对应的界面，基本环境中有这么几项：带 GUI 的服务器、服务器、最小安装、工作站、定制操作系统和虚拟化主机，如图 3-7 所示。

图 3-6　配置时间和日期

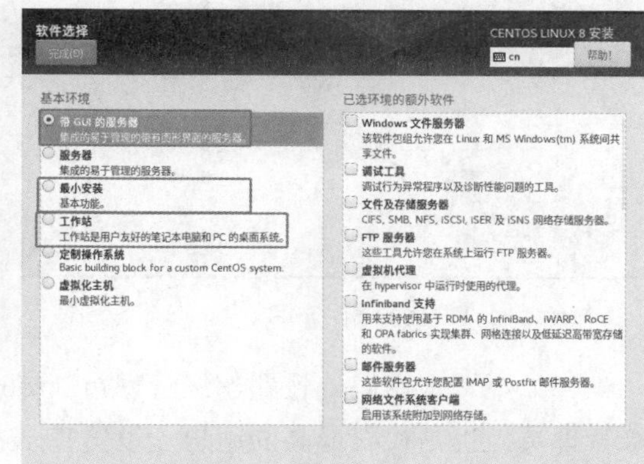

图 3-7　配置软件

新入门的读者建议选择包含图形界面的“带 GUI 的服务器”选项；有一定 Linux 操作经验的读者，建议选择“最小安装”选项。这里我们选择“带 GUI 的服务器”。在额外软件处按需勾选，也可以不选择，后期需要时再手动安装，选好之后单击“完成”按钮。

（4）配置安装目的地。指定要将 CentOS Linux 8 安装到哪一个硬盘上，以及相关的分区方式，类似于 Windows 系统安装时的磁盘分区。单击相应图标之后会看到磁盘信息，在存储配置这里我们选择“自定义”（见图 3-8），单击“完成”按钮，进入分配磁盘空间的界面，用鼠标单击“点击这里自动创建它们”（见图 3-9），系统会自动对磁盘空间进行分配，这里我们就使用自动分配的方案，如有特殊需求，可以手动调整空间大小、挂载目录、文件系统类型等（见图 3-10）。配置完成后单击“完成”按钮，会弹出更改摘要界面，单击“接受更改”按钮即可，如图 3-11 所示。

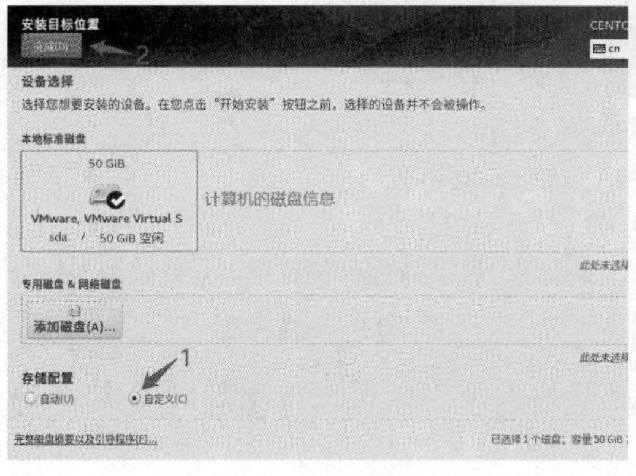

图 3-8　选择“自定义”

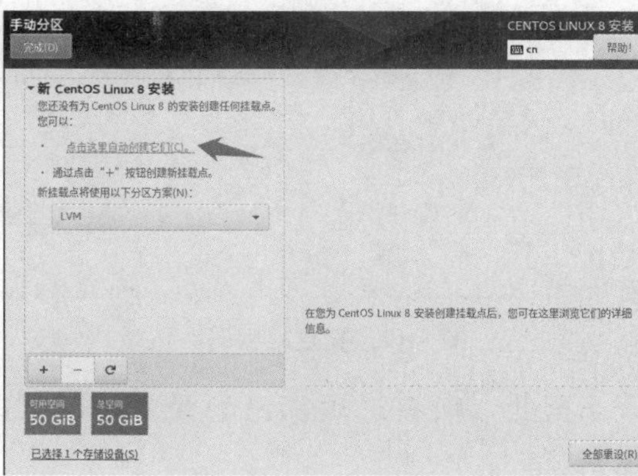

图 3-9　单击“点击这里自动创建它们”

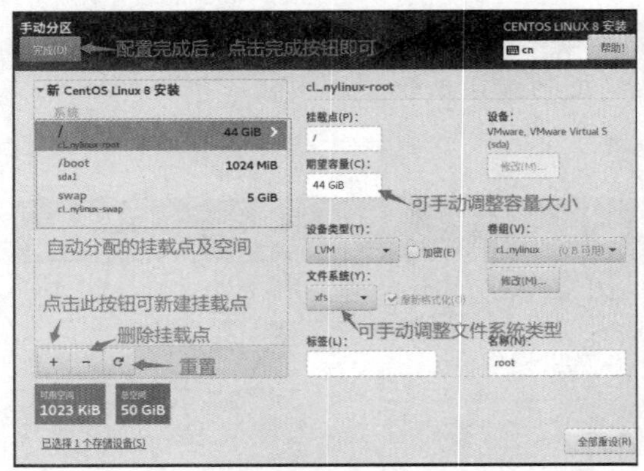

图 3-10 手动分区

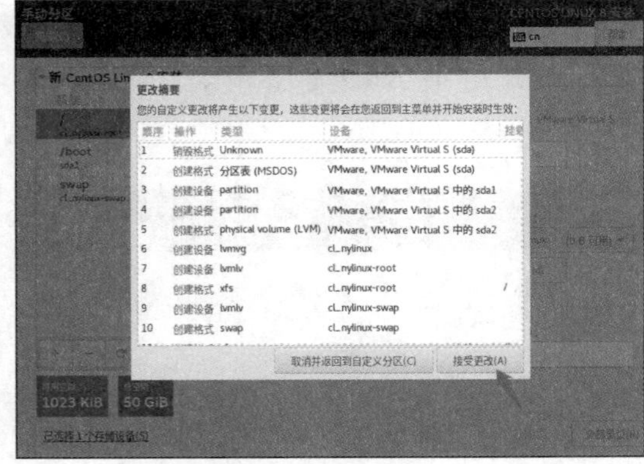

图 3-11 接受更改

（5）配置根密码。设置超级管理员（root）的密码，root 用户是 Linux 操作系统的超级管理员，也是权限最高的用户，设置完 root 密码后单击“完成”按钮即可，如图 3-12 所示。

> **注**
>
> 在企业中安装 Linux 操作系统时，root 密码一定要设置成复杂密码，建议设置成 7 位以上“大小写字母+数字+符号”的组合密码。

（6）创建用户。配置好超级管理员的密码之后，再来创建普通用户，单击“创建用户”图标进入对应的界面，如图 3-13 所示。一般在企业中，只有 Linux 运维经理或 Linux 运维工程师才有权限使用 root 用户登录系统，而企业中的其他技术人员只能以普通用户身份进行登录。

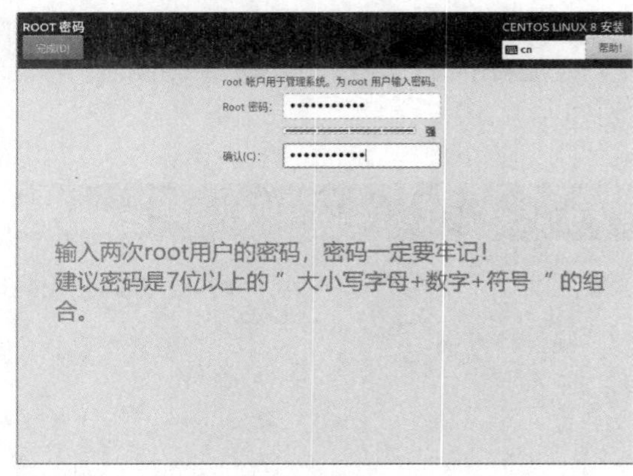

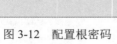

图 3-12 配置根密码

图 3-13 创建用户

至此，所有选项都已配置完毕，单击“开始安装”按钮进行安装，如图 3-14 所示。

CentOS Linux 8 安装完成后需要单击“重启系统”按钮（见图 3-15），系统重启之后出现初始设置界面，单击“许可信息”图标→单击“我同意许可协议”→单击“完成”按钮，如图 3-16 和图 3-17 所示。此时会出现操作系统的用户登录界面，如图 3-18 所示。

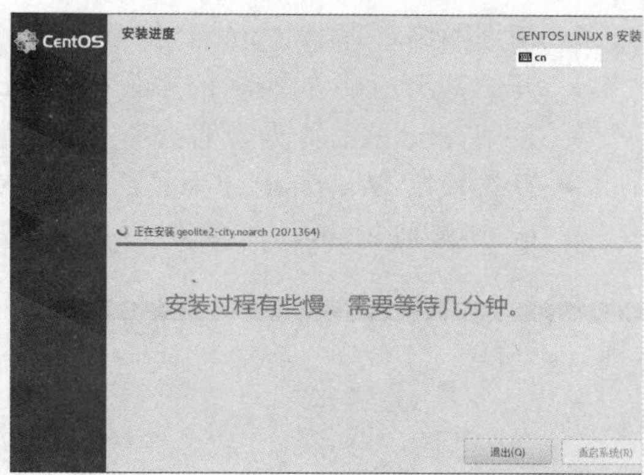

图 3-14　开始安装

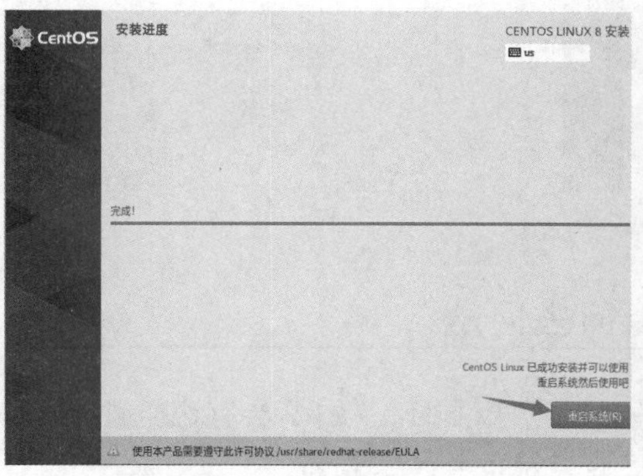

图 3-15　重启系统

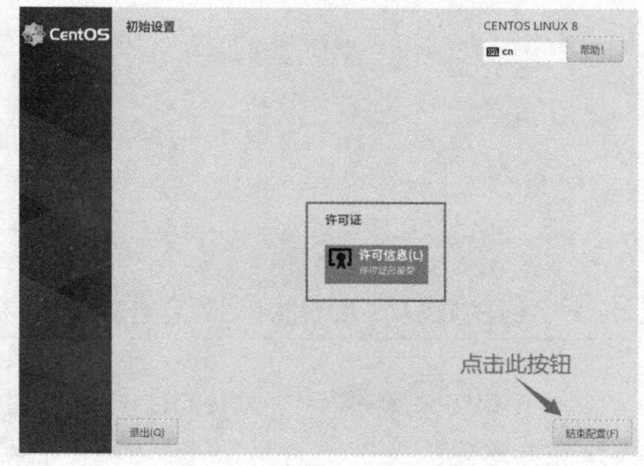

图 3-16　初始设置界面

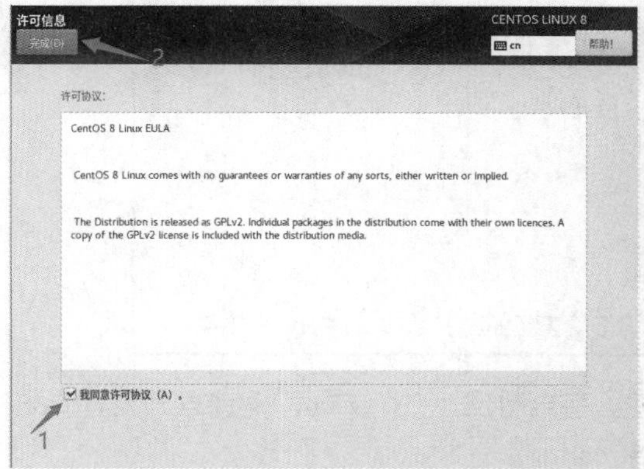

图 3-17　单击“我同意许可协议”

图 3-18　用户登录界面

输入用户名和密码之后，出现欢迎界面，按照提示进行操作，最后单击“开始使用 CentOS Linux”按钮，至此 CentOS Linux 8 就安装完成了，如图 3-19 所示。

最后让我们来看一下 CentOS Linux 8 的一些特性：

- DNF 已成为默认的软件包管理器，同时 YUM 仍然可用；
- 使用网络管理器（nmcli 和 nmtui）进行网络配置，废弃 network.service；
- 开放基于 Web 的控制台界面 Cockpit；
- 使用 Podman 作为容器管理工具；
- 默认使用 Wayland 作为显示服务器；
- iptables 被 nftables 框架取代，作为默认的网络包过滤工具。

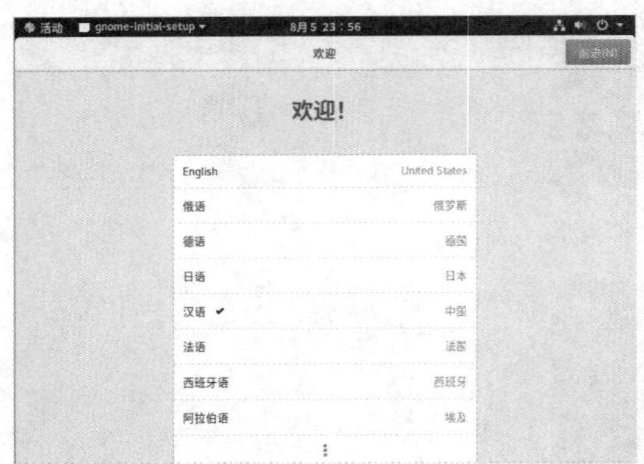

图 3-19　安装完成

3.3　CentOS Linux 8 之后我们将何去何从

本节其实是笔者写到 MySQL 数据库时回过头来补上的，为什么会有这样谜一般的操作呢？这是因为在笔者写作过程中，CentOS 官方发布了一则通告：

生命的尽头

正如2020 年 12 月宣布的那样，CentOS 计划已将重点从 CentOS Linux 转移到 CentOS Stream。以下是我们各种版本的预期寿命终止 (EOL) 日期。

- CentOS Linux 7 停产：2024-06-30
- CentOS Linux 8 停产：2021-12-31
- CentOS Stream 8 停产：2024-05-31
- CentOS Stream 9 EOL：预计 2027 年，取决于"全面支持阶段"的 RHEL9 结束

是的，你没有看错，CentOS Linux 8 结束了它短暂的一生，CentOS 官方开发团队将停止对其进行维护，并且将重心放到 CentOS Stream 上。

这中间到底发生什么呢？

2004 年，红帽公司发布了自己的商业 Linux 发行版 Red Hat；同年 Gregory Kurtzer 宣布 Community ENTerprise Operating System 项目诞生，简称为 CentOS 项目。说白了，就是将 Red Hat 企业版所有源代码下载下来，修复一些 Bug，然后重新编译一遍，因为

版权原因需要将所有关于红帽公司的 Logo 和商标改成自己的，最后发布出去免费供别人使用。虽然 CentOS 更新比 Red Hat 慢一些，但相对更稳定一些。

于是，IT 界出现了很有意思的一幕，每当红帽公司宣布推出 Red Hat 新版本时，过不了多久，CentOS 社区就会发布相同的版本出来，而且功能以及特性一模一样。Fedora、Red Hat、CentOS 之间的关系图如图 3-20 所示。

Fedora系统作为实验版本，会快速迭代更新各种新功能和特性。

在Fedora系统中实验的这些新功能和特性被评估为稳定版本后会被添加到Red Hat系统中去，作为面向企业收费的稳定商业版本。

CentOS Linux系统则是去除商标、Logo等标识信息之后的Red Hat 企业级"免费"版本。

图 3-20　Fedora、Red Hat、CentOS 之间的关系图

CentOS 社区的这番"神操作"使全球各个公司都用上了免费的企业级 Red Hat 操作系统。

在红帽公司眼里，CentOS 自然是非常可恶的，大家试想一下，你费时费力地推出一款商业版操作系统，心里对未来充满了向往，想象着通过这一操作系统席卷全球市场，结果却被半路杀出的 CentOS 截胡了，换作是你，生不生气？

> Red Hat 没办法不公开源代码，因为要遵守 GNU 通用公共许可证（GPL）。

2014 年初，红帽公司收购 CentOS，包含项目商标的所有权和大量核心开发人员。由图 3-21 可见，收购 CentOS 之后新推出来的 CentOS Stream 是一个滚动发布的 Linux 发行版，它介于 Fedora 和 Red Hat 之间，CentOS Stream 通过增加 Fedora 实验的一些新功能和特性来发布很多小版本，以开源社区的力量来帮助 Red Hat 发布得更快更稳定。

Fedora系统作为实验版本，会快速迭代更新各种新功能和特性。

CentOS Stream系统则变成了稍微稳定的滚动发行版本，此阶段的系统还不足以面向企业使用，因为还不够稳定，可能会出现各种问题。

从CentOS Stream中测试和修复的这些新功能和特性被评估为稳定版本后会被添加到Red Hat系统中去，作为面向企业收费的稳定商业版本。

图 3-21　收购后的 Fedora、Red Hat、CentOS 关系图

红帽公司的算盘打得还是不错的，让 CentOS Stream 系统成为 Red Hat 系统的基石，使 Red Hat 系统在开源社区的帮助下变得更稳定，并且发布新功能的速度更快。那 CentOS Linux 操作系统还有必要留着吗？果然到了 2020 年末，官方宣布未来不再维护 CentOS Linux，这也就是为什么在本节的开头会看到这样一则通告；因为对于红帽公司而言 CentOS Linux 系列已经没什么作用了，所以就将重心放到 CentOS Stream 系统上。

这样，红帽公司又可以开始愉快地挣钱了。

可能有读者朋友会问：如果 CentOS Linux 不再维护了，还可以在企业的生产环境中使用 CentOS Stream 吗？个人建议是不要使用，因为企业的生产环境需要的是稳定的运行环境，而 CentOS Stream 作为一个介于实验性版本和稳定商业版本之间的产物，本身会存在很多不稳定因素；因此 CentOS Stream 不再适合作为企业生产环境的操作系统来使用，而且官方也发布过相关的提示，不推荐将 CentOS Stream 用于企业的生产环境！

随之而来的新问题又产生了，以后我们该怎么办呢？ 特别是对于那些没有做好准备，还在继续使用和维护 CentOS Linux 8 系统的企业及技术人员。

2020 年 12 月 8 日，红帽公司宣布未来停止开发和维护 CentOS Linux 的通知发布后，CentOS 的创始人 Gregory Kurtzer 紧接着就宣布了 Rocky Linux 计划，旨在提供一个与 Red Hat Enterprise Linux 操作系统 100%兼容，由社区支持且可用于生产的企业操作系统。

既然红帽公司收购了 CentOS 却不继续维护，那就再创造一个新的 CentOS 操作系统出来，称作 Rocky Linux 操作系统。

就这样，一个原汁原味的“CentOS Linux”操作系统从创始人 Gregory Kurtzer 手中以全新的面貌再次呈现在大家眼前，Rocky Linux 操作系统的 Logo 如图 3-22 所示。

图 3-22　Rocky Linux 操作系统的 Logo

大家有没有发现？经过红帽公司和 Gregory Kurtzer 的这一番操作之后，其实什么也没有改变。Rocky Linux 操作系统替代了原先 CentOS Linux 操作系统的位置，现在红帽系列的操作系统更新迭代的流程变成了图 3-23 中的关系。

Fedora系统作为实验版本，会快速迭代更新各种新功能和特性。

CentOS Stream系统则变成了稍微稳定的滚动发行版本，此阶段的系统还不足以面向企业使用，因为还不够稳定，可能会出现各种问题。

从CentOS Stream中测试和修复的这些新功能和特性被评估为稳定版本后会被添加到Red Hat系统中去，作为面向企业收费的稳定商业版本。

Rocky Linux系统则是去除商标、Logo等标识信息之后的Red Hat 企业级“免费”版本。

图 3-23　Fedora、CentOS、Red Hat、Rocky 之间的关系图

在 Rocky 官网将 Rocky Linux 操作系统下载并安装后（见图 3-24 和图 3-25），不出意外的话，大家会得出这样的结论：“这就是换了皮的、原汁原味的 CentOS Linux 操作系统。”仔细查看图 3-24 和图 3-25，大家有没有发现，除了名字和商标之外，什么都没变。

就如 Rocky 官网上介绍的，Rocky Linux 直接从 RHEL 重建源代码，因此可以断言，无论怎样去使用，您都将获得如 CentOS Linux 系统般稳定的体验。

目前 Rocky Linux 项目受到了亚马逊、Google、VMware、Arm 和微软等企业的支持。

Rocky Linux 就是笔者个人建议的 CentOS Linux 的最适合的替换方案，千万不要担心刚用习惯 CentOS Linux 8 版本之后又得重新开始学习新的系统。CentOS Linux 8 与 Rocky Linux 之间除了名称和 Logo 不同外，其他部分完全一样，不需要增加额外的学习成本，只需要像安装 CentOS Linux 一样安装 Rocky Linux，像使用 CentOS Linux 一样去

使用 Rocky Linux 即可。

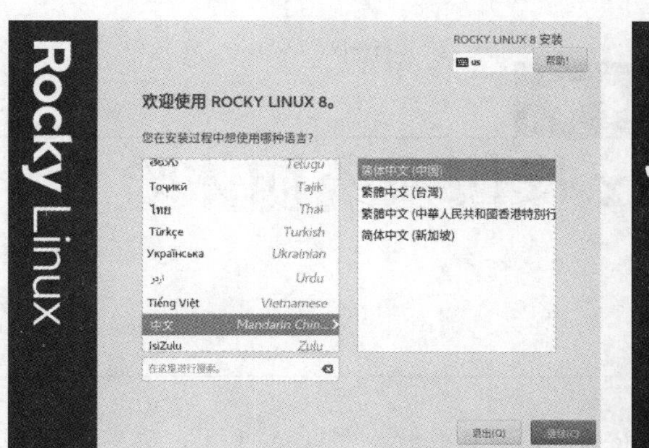

图 3-24　Rocky Linux 安装界面

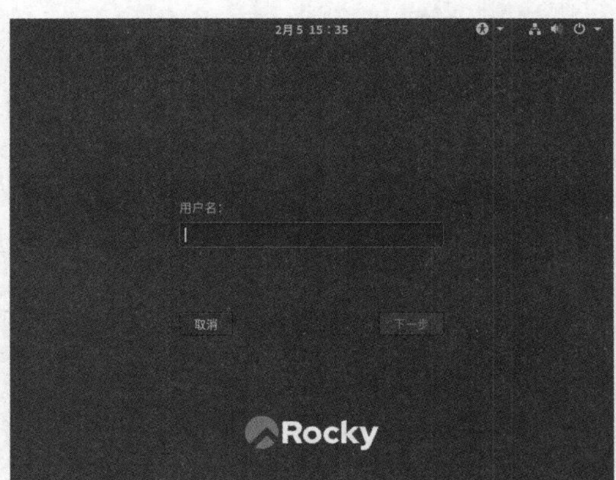

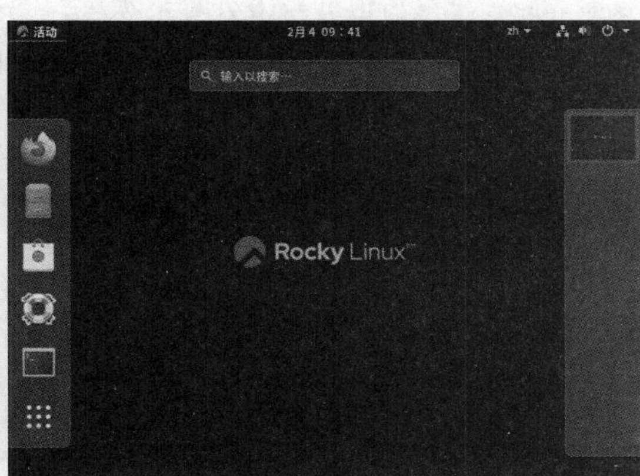

图 3-25　Rocky Linux 登录界面和桌面

第 4 章

略有小成之 Linux 操作系统初体验

4.1 引言

正如上文所述，Linux 与 Windows 有很大差别。Windows 更容易上手，靠着鼠标点点点，就能完成一些操作；而 Linux 操作系统则需要执行各种命令完成操作，相比起来需要一些训练，但也没有想象中那么难。

笔者使用 CentOS 操作系统已有 8 年时间，直到最近才换成 Rocky Linux 系统。最开始接触 CentOS 操作系统的时候感觉这“玩意”挺有意思，于是花了半个多月的时间琢磨、研究、“折腾”它，各位不要怕把操作系统弄坏，大不了就重新装一次。勇于尝试，善于总结，有不明白的地方就查阅资料寻找答案。学习嘛，就不能轻易放弃，只要坚持下去就会有意想不到的收获。

下面正式进入 Linux 操作系统的入门学习，整章的理论知识会偏多一些，需要反复体会和理解。

4.2 理解 Shell

之前在第 1 章也跟各位提到过 Shell，但是并没有细致地介绍，本节结合图 4-1 中的结构图完整、详细地学习、理解 Shell。

Shell 俗称壳，取这个名字是用来区别内核的“核”字，它是 Linux 操作系统的命令语言，同时又是该命令语言的解释器程序的简称。也就是说，Shell 既是一门编程语言，又是一个用 C 语言编写的程序软件。

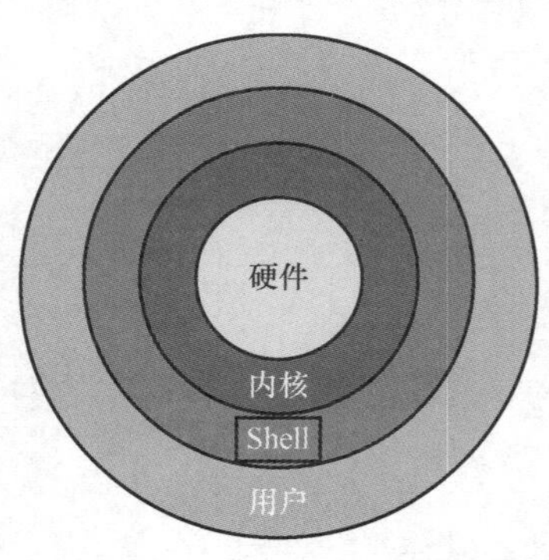

图 4-1　Linux 操作系统结构图

Shell 的位置处在用户与内核之间，起到承上启下的作用。由于安全性、复杂性和步骤烦琐等各种原因，普通用户是不能直接接触 Linux 内核的，那就需要另外再开发一个程序，这个程序的作用就是接收用户的操作命令，进行一些处理，最终将这些操作信息传递给内核。这里的处理过程可以理解为“将用户的各种操作转换为内核能看懂的语言”，相当于一个翻译官的角色，这样用户就能间接地使用操作系统内核了。Shell 是在用户和内核之间增加的一层“代理”，既能简化用户的操作，又能保障内核的安全，两全其美。

总之，Shell 是一个程序软件，它连接了用户和 Linux 内核，让用户能够更加高效、安全、低成本地使用 Linux 内核，这就是 Shell 的本质。使用 Shell 可以实现对 Linux 操作系统的大部分管理。

Linux 操作系统有多种发行版本，这些发行版是由不同的组织机构开发的。不同的组织机构为了发展出自己的 Linux 操作系统特色，就会开发出功能类似但特性不同的软件，Shell 就是其中之一。不同特性的 Shell 各有所长，有的占用资源少，有的支持高级编程功能，有的兼容性好，有的重视用户体验等。常见的 Shell 类型见表 4-1。

表 4-1　常见的 Shell 类型

常见的 Shell 类型	介　绍
sh	全称叫 Bourne Shell，由 AT&T 公司的 Steve Bourne 开发，是 UNIX 系统上的标准 Shell
csh	由柏克莱大学的 Bill Joy 设计，语法有点类似于 C 语言，所以才得名为 C Shell，简称为 csh
tcsh	csh 的增强版，加入了命令补全功能，提供了更强大的语法支持
ash	一个简单的、轻量级的 Shell，占用资源少，适合运行于低内存环境
bash	由 Brian Fox 为 GNU 项目编写的 UNIX Shell 和命令语言，保持了对 sh 的兼容性，是许多 Linux 发行版的默认 Shell。

Bash 作为许多 Linux 发行版的默认 Shell，它的特性如下：

- 自动补齐：使用 Tab 键可以自动补全命令和路径；
- 命令行历史：使用上下键可以翻看最近执行的命令，用 Ctrl+R 组合键可以搜索历史命令，用 history 命令可以调出之前执行的历史命令记录；
- 命令别名：用一个短命令去代替执行一段很长的命令；
- 输入输出重定向和管道：改变数据流的输入输出方向；
- 支持使用通配符和特殊符号；
- 支持变量用于条件测试以及迭代的控制结构。

这些特性后面会经常用到，这里可先了解，不明白也没关系，之后边实践边学习，很快就能掌握。

最后再讲个小知识，Shell 程序一般都是放在/bin 或者/usr/bin 目录下，当前的 Linux 操作系统都支持哪些 Shell 程序，可以在/etc/shells 文件中通过 cat 命令查看。

```
[root@noylinux ~]# cat /etc/shells
/bin/sh
/bin/bash
-----省略部分内容-----
/bin/zsh
```

4.3　命令提示符与语法格式

各位有没有发现，当打开命令行终端时，第一眼看到的肯定是图 4-2 中的内容，这叫命令提示符，它的出现意味着可以开始输入命令了。命令提示符并不是命令的一部分，只是起到了提示作用。

图 4-2　命令提示符

先来说说在图 4-2 中各部分分别代表什么含义（按图中标注的序号依次说明），见表 4-2。

表 4-2　命令提示符各部分含义

序　号	含　义
1	当前登录的用户名
2	@与[ ] 都表示提示符的分隔符号，固定不变，没有特殊含义
3	主机名称
4	当前所在的位置，图 4-2 中用户当前所在的目录是家目录
5	用来标识当前登录的是普通用户还是超级管理员，如果是普通用户就用符号 $ 表示，如果是超级管理员就用符号 # 表示

注

家目录又称为主目录，因为 Linux 操作系统当初是纯字符界面，用户登录后需要有一个初始登录的位置，这个初始登录位置就称为用户的家，超级管理员用户的家目录是“/root”，而普通用户的家目录是“/home/用户名”。

命令提示符大家都明白了，那命令的语法格式又是什么呢？

command　[选项]　[参数]

图 4-3　命令的语法格式

由图 4-3 可见，语法格式中的[ ]代表可选项，也就是有些命令可以不写选项或参数，也能执行（执行命令的默认功能）。接下来介绍命令格式的组成部分。

（1）command：称为命令，是必须写的，代表想要执行的操作。

（2）选项：对命令的功能进行微调，决定这个命令将如何执行，同一个命令配合不同的选项（用空格进行分隔）可以获得不同的结果。而不同的命令使用的选项也会有所不同。

（3）参数：命令的处理对象，可以是文件、文件夹、用户等，可以同时操作多个目标对象，参数可以是 0 个或多个。

执行命令的方式：按回车键（Enter）表示输入结束，提交操作系统执行；若命令输入一半发现输错了，可以按删除键（Backspace）删除单个字符；若命令太长只记得一半，可以用 Tab 键进行命令补全；若命令执行的过程中不想让它执行了，使用 Ctrl + C 组合键进行中断；若整条命令的长度太长，可以使用反斜杠“\” 进行换行。

command、选项和参数之间需要用空格进行分隔。

4.4　内置命令和外部命令以及命令帮助

在 Linux 操作系统中，命令可以分为内置命令和外部命令两种类型。内置命令是操作系统自带的，它们存在于操作系统内部，操作系统安装好后就可以直接使用。外部命令相当于 Windows 操作系统上的 QQ、迅雷、微信等软件程序，需要下载安装包完成安装，之后才可以使用。

这两种命令的差别见表 4-3。

表 4-3 内置命令与外部命令的差别

内 置 命 令	外 部 命 令
Shell 程序的一部分，系统中自带	下载安装包进行安装使用
操作系统启动时加载进内存，由于是常驻内存，所以执行效率高	只有当用户需要时才从硬盘中读入内存，执行效率相对较低
命令的数量偏少	命令的数量非常多

在命令行中执行 help 命令可以查看所有的内置命令，包括其使用方式：

```
[root@noylinux ~]# help
GNU bash，版本 4.4.20(1)-release (x86_64-redhat-linux-gnu)
这些命令是内部定义的。输入 help 命令获取内置命令列表
 help [-dms] [模式 ...]          history [-c] [-d 偏移量] [n]
 alias [-p] [名称[=值] ... ]     logout [n]
 exit [n]                        cd [-L|[-P [-e]] [-@]] [目录]
 break [n]                       echo [-neE] [参数 ...]
 pwd [-LP]                       for (( 表达式 1; 表达式 2; 表达式 3 )); do 命令; done
-----省略部分内容-----
```

（1）help 帮助命令。它用来查看内置命令的帮助文档，下面我们随便找一条命令（如 pwd）查看其帮助文档，执行 help 命令后，屏幕会显示出关于这条命令的详细信息和使用方式。建议大家多使用 help 命令去熟悉这些内置命令。

语法格式：

命令 --help

示例如下：

```
[root@noylinux ~]# pwd --help
pwd: pwd [-LP]
    打印当前工作目录的名字。
    选项：
      -L 打印 $PWD 变量的值，如果它包含了当前的工作目录
      -P 打印当前的物理路径，不带有任何的符号链接
    默认情况下，`pwd' 的行为和带 `-L' 选项一致
    退出状态：除非使用了无效选项或者当前目录不可读，否则返回状态为 0。
```

（2）man 手册。它是以全屏方式显示的在线帮助，按 q 键可以退出，按上下键进行移动翻阅。比如，我们还是查 pwd 这条命令，执行 man pwd 就可以了。

语法格式：

man 命令

示例如下：

```
PWD(1)                          User Commands                        PWD(1)
NAME
       pwd - print name of current/working directory
SYNOPSIS
```

```
        pwd [OPTION]...
DESCRIPTION
        Print the full filename of the current working directory.
        -L, --logical
                use PWD from environment, even if it contains symlinks
-----省略部分内容-----
REPORTING BUGS
        GNU coreutils online help: <https://www.gnu.org/software/coreutils/>
 Manual page pwd(1) line 1 (press h for help or q to quit)
```

（3）info 命令。它是另一种形式的在线帮助，和 man 手册的功能及操作方式类似，但是更加详细。使用的语法格式为“info 命令”，同样按 q 键退出。

一般获取命令帮助信息的流程为：先用 help 命令来获取帮助信息，用 man 手册来进行补充；若还不明白，就去网上找中文资料；info 命令较为冷门，用得很少。

4.5 目录结构详解

本节主要介绍 Linux 操作系统的目录结构，掌握目录结构知识在 Linux 的学习中非常重要。在本节一开始，笔者将通过对比 Windows 操作系统的目录架构，慢慢引导大家熟悉 Linux 操作系统的目录结构，这两种操作系统的目录结构还是有很大差别的。

Windows 操作系统的目录结构相信各位应该很熟悉（见图 4-3），它在设计的时候是有盘符的概念的，打开“我的电脑”之后就能看到 C 盘、D 盘、E 盘等。当大家仔细去看这些盘符下面的文件时，就能发现无论是文件还是目录，Windows 操作系统中的路径都是从盘符开始的。比如，在 C 盘目录下查找 Windows 文件夹，路径是“C:\Windows”，其他的盘符同样如此。

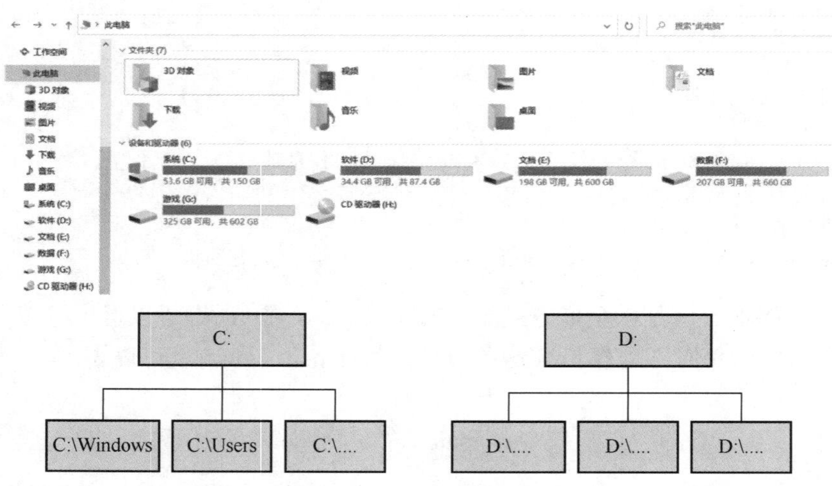

图 4-3 Windows 操作系统的目录结构

Linux 操作系统的目录结构则大不相同，它采用的是层级式树状目录结构，在此结构中最上层是根目录“/”，在此目录下再创建其他的目录。也就是说，Linux 操作系统中所有的目录、文件都在根目录之下，根目录“/”是唯一的，也是顶级的目录，所有的文件和目录都以根目录“/”为起点，如图 4-4 所示。

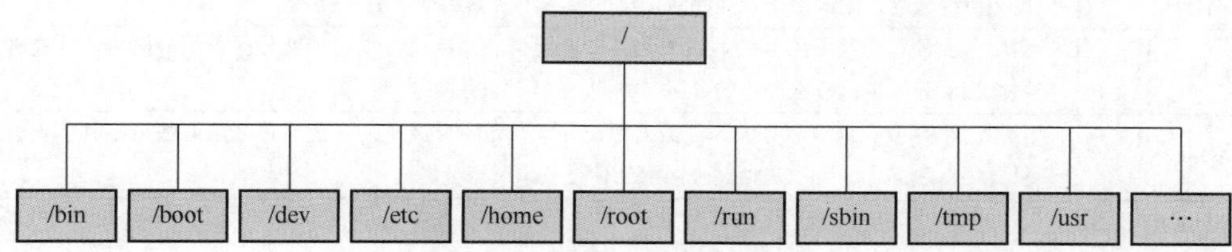

图 4-4 Linux 操作系统的目录结构

在 Linux 操作系统中，根目录“/”是顶级目录，根目录的下面是一级目录，我们使用“ls /”命令就可以看到根目录中所有的一级目录。这些目录可不是随随便便就创建出来的，它们各自存放的内容都是已经规划好的，不能胡乱存放文件。各一级目录及其说明见表 4-4。

表 4-4 一级目录

目录	说明
/bin	此目录存放着用户经常使用的命令
/boot	存放内核和引导系统启动的相关核心文件
/dev	存放各种设备文件
/etc	存放配置文件，系统配置文件也在这个目录下，例如用户账号密码文件等
/home	所有普通用户的家目录
/root	root 用户（超级管理员）的家目录
/sbin	存放 root 或其他需要 root 权限来运行的各种命令
/tmp	存放各种临时文件的目录，是公用的临时文件存储点
/usr	存放系统应用程序和文档
/mnt	临时挂载点，让用户临时挂载其他的文件系统使用
/var	存放系统运行过程中经常变化的文件，如日志、进程 ID 文件等
/media	用于挂载可移动设备的临时目录，如 U 盘、光盘等
/opt	存放额外安装软件的目录
/proc	虚拟的目录，是系统内存的映射，可通过访问这个目录来获取系统的各种信息
/lib	存放库文件

介绍完这些一级目录各自的作用之后，需要大家记住各个目录下存放的到底是什么内容。而且在使用 Linux 操作系统的时候一定要记住，它的目录结构是层级式树状目录结构。

4.6 磁盘分区概念

本节补充介绍 Linux 操作系统分区的知识。首先我们要对磁盘分区有一个初步的了解，在 Linux 操作系统中，磁盘的分区主要分为主分区、扩展分区和逻辑分区 3 种类型，见表 4-5。

表 4-5 磁盘分区类型

磁盘分区类型	说 明
主分区	也叫引导分区，用来启动操作系统，里面放的主要是启动和引导程序
扩展分区	实际上在硬盘中是看不到的，也无法直接使用扩展分区；必须对扩展分区再次分区后，才能真正使用。扩展分区再次分区产生的分区名称叫作逻辑分区
逻辑分区	专门用来存放数据，而且大部分数据都是存放在逻辑分区中的。逻辑分区没有数量限制，也就是说只要硬盘足够大，可以在扩展分区中创建无数个逻辑分区

注

每一块磁盘中主分区和扩展分区的数量总和不能超过 4 个，逻辑分区可以有无数个。

再来看磁盘的表现形式，上文提到过，在 Linux 操作系统中一切皆文件，硬盘设备也是以设备文件的形式存放在“/dev”目录下的。

Linux 操作系统通过“字母+数字”的组合方式来标识磁盘分区（见图 4-5），与 Windows 操作系统上的盘符不一样，这种标识方式更加详细，也更加灵活。Linux 磁盘分区标识包含以下内容：

- 硬盘设备所在目录。
- 设备类型。硬盘有 IDE 类型的，还有 SCSI/SATA 类型的。IDE 类型的硬盘表示为 hd，SCSI/SATA 类型的硬盘表示为 sd。
- 磁盘号。也就是磁盘的顺序号，在 Linux 操作系统中第一块硬盘为 a、第二块为 b、第三块为 c、第四块为 d……
- 用数字区分分区类型与数量。其中主分区的数字范围为 1～4，逻辑分区的数字从 5 开始。

举两个例子：hda1 表示第一块 IDE 硬盘中的第一个主分区；sdc7 表示第三块 SCSI 硬盘中的第三个逻辑分区。

最后通过图 4-6 总结上述知识，图中有两块已经分区的 IDE 类型硬盘，大家可以结合上面所讲的内容，理解一下这幅图。第一块 IDE 类型的硬盘是 hda，第二块 IDE 类型的硬盘是 hdb。前两个主分区分别是数字 1 和 2，逻辑分区是从数字 5 开始的，所以第一个逻辑分区的分区号是 5，第二个逻辑分区的分区号是 6。

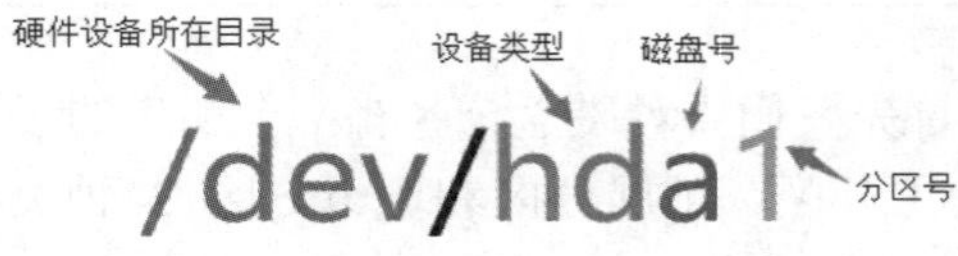

图 4-5 Linux 磁盘分区标识方式

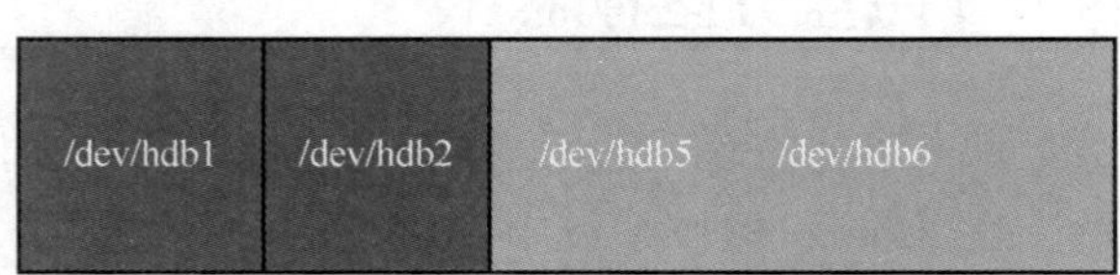

图 4-6 IDE 硬盘设备分区标识

4.7 绝对路径与相对路径

上文介绍了 Linux 操作系统的目录结构，大家熟悉了目录结构后便可以随意进入这些目录查看相关内容了。而目录与目录之间的移动是有许多诀窍的，这里给大家普及一下。

在 Linux 操作系统中分为绝对路径和相对路径两种类型，绝对路径（见图 4-7）的优势在于：

- 永远都是相对于根目录。它的标志就是第一个字符永远都是“/”。
- 绝对路径的正确度更好，虽然绝对路径相对较长但是能减少错误的发生。

而相对路径（见图 4-8）的优势在于：

- 永远都是相对于现在所处的目录位置。它的第一个字符没有“/”。
- 相对于当前所在的位置给出目的地指向。
- 比绝对路径短一些，可以当成迅速找到文件/目录的捷径。
- 相对路径只对当前所在的目录有效。

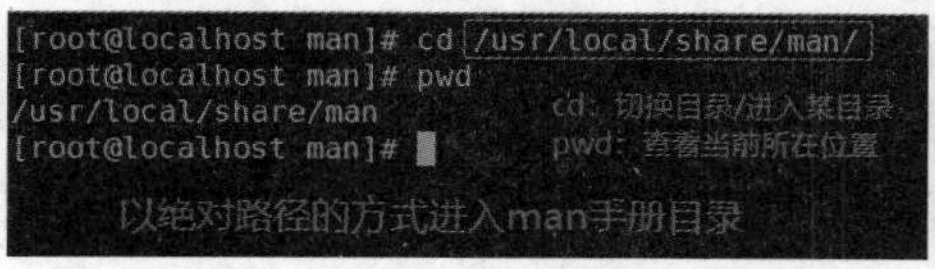

```
[root@localhost man]# cd /usr/local/share/man/
[root@localhost man]# pwd
/usr/local/share/man              cd: 切换目录/进入某目录
[root@localhost man]#             pwd: 查看当前所在位置
  以绝对路径的方式进入man手册目录
```

图 4-7 绝对路径

```
[root@localhost /]# pwd  ← 当前在“/”目录下
/
[root@localhost /]# cd usr/local/share/man/
[root@localhost man]# pwd
/usr/local/share/man        以相对路径的方式进入man手册目录，
[root@localhost man]#       所谓的相对路径就是以当前位置为起点
```

图 4-8 相对路径

关于路径的符号有以下 3 种：

- ～（潮水符号）：当前用户家目录的快捷符号；
- .（点）：当前目录；
- ..（两点）：当前所处目录的上一级目录。

由图 4-9 可见，在 Linux 操作系统中每个目录都有“.”和“..”这两个符号，但是这两个符号默认是隐藏起来的，需要通过“ll -al”命令进行查看。若想快速切换到上一级目录，直接执行“cd ..” 命令即可；若想快速回到家目录，则执行“cd ～”命令。

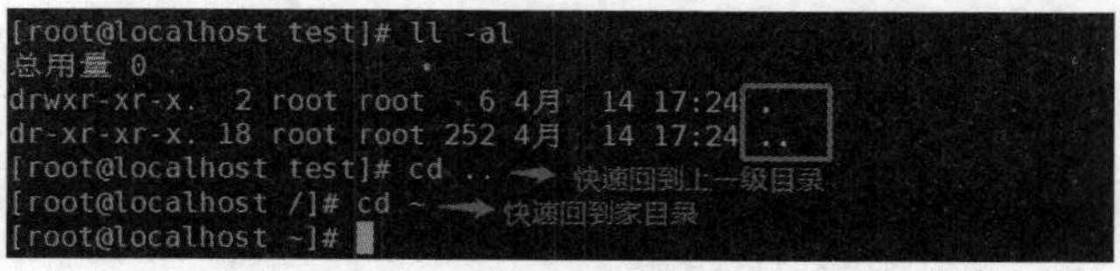

```
[root@localhost test]# ll -al
总用量 0
drwxr-xr-x.  2 root root   6 4月  14 17:24 .
dr-xr-xr-x. 18 root root 252 4月  14 17:24 ..
[root@localhost test]# cd .. → 快速回到上一级目录
[root@localhost /]# cd ~ → 快速回到家目录
[root@localhost ~]#
```

图 4-9 路径符号

第 5 章

渐入佳境之务必掌握的 Linux 命令

想玩转 Linux 操作系统，熟悉各种操作命令是必不可少的环节，也是必须踏出去的一步。或许学习 Linux 命令的过程略显枯燥，但是要相信，成功的道路上势必会伴随着许多绊脚石，我们要做的就是一个接一个地迈过去。

5.1 系统基本管理、显示的相关命令

1．shutdown

语法格式：

shutdown　[选项]　[时间/数字/now]

描述：常用于关机重启操作，并且在关机或重启的同时，已登录用户全都可以看到提示信息。需要由超级管理员 root 或具有管理员权限的用户来执行。

shutdown 命令的常用选项见表 5-1。

表 5-1　shutdown 命令的常用选项

常用选项	说　明
-h	关机。参数是 now 表示立即关机，参数是时间表示在规定时间点关机，参数是数字表示多少分钟后关机
-r	重启。参数是 now 表示立即重启，参数是时间表示在规定的时间点进行重启操作，参数是数字表示多少分钟后重启
-t	延迟关机时间
-k	发送警告信息给所有已登录的用户，只用来提示
-c	取消已经在进行的 shutdown 指令。例如，对已经执行的延迟关机或重启操作，可以使用此选项进行取消

让 Linux 操作系统 5 分钟后关机，接着再取消 5 分钟后的关机操作。

```
[root@noylinux ~]# date
2022年 08月 15日 星期日 17:41:50 CST
[root@noylinux ~]# shutdown -h 5
Shutdown scheduled for Sun 2022-08-15 17:46:58 CST, use 'shutdown -c' to cancel.
[root@noylinux ~]# shutdown -c
```

2．reboot

语法格式：

reboot [选项]

描述：用来对正在运行的 Linux 操作系统执行重启操作。一般在企业中执行这条命令不用加任何选项。需要由超级管理员 root 或具有管理员权限的用户来执行。

reboot 命令的常用选项见表 5-2。

表 5-2 reboot 命令的常用选项

常用选项	说 明
-f	强制重启系统
-i	关闭网络连接后再重启系统
-n	保存数据后再重启系统
-w	模拟系统重启操作，并不会真的将系统重启

3. poweroff

语法格式：

poweroff [选项]

描述：关闭 Linux 操作系统，关闭记录会被写入/var/log/wtmp 日志文件中。使用该命令后会立即关闭系统，不给一点反应时间，因此一般很少用这个命令来进行关机操作。需要由超级管理员 root 或具有管理员权限的用户来执行。

poweroff 命令的常用选项见表 5-3。

表 5-3 poweroff 命令的常用选项

常用选项	说 明
-w	模拟系统关机操作，并不会真的将系统关机

4. logout

语法格式：

logout

描述：退出当前登录的 Shell，等效于 Windows 中的注销命令。

```
[root@noylinux ~]# logout
```

5. exit

语法格式：

exit [状态值]

描述：以指定的状态退出当前 Shell 或在 Shell 脚本中终止当前脚本的执行。

```
[root@noylinux ~]# exit
```

6. uname

语法格式：

uname [选项]

描述：打印系统信息。

uname 命令的常用选项见表 5-4。

表 5-4　uname 命令的常用选项

常用选项	说　明
-a	显示全部信息
-m	显示机器的处理器架构
-n	显示主机名称
-r	显示操作系统的发行编号

使用 uname 命令。

```
[root@noylinux ~]# uname -a
Linux noylinux 4.18.0-305.3.1.el8.x86_64 #1 SMP Tue Jun 1 16:14:33 UTC 2022
x86_64 x86_64 x86_64 GNU/Linux
[root@noylinux ~]# uname -m
x86_64
[root@noylinux ~]# uname -n
noylinux
[root@noylinux ~]# uname -r
4.18.0-305.3.1.el8.x86_64
```

7. lscpu

语法格式：

lscpu　[选项]

描述：显示有关 CPU 架构的信息。

lscpu 命令的常用选项见表 5-5。

表 5-5　lscpu 命令的常用选项

常用选项	说　明
-a	打印在线和离线 CPU
-e	以人类易读的方式显示 CPU 信息

使用 lscpu 命令。

```
[root@noylinux ~]# lscpu
架构:     x86_64
CPU 运行模式:      32-bit, 64-bit
字节序:            Little Endian
CPU:               4
在线 CPU 列表:     0-3
每个核的线程数:    1
```

```
每个座的核数:      2
厂商 ID:          GenuineIntel
BIOS Vendor ID:   GenuineIntel
CPU 系列:         6
型号:             158
型号名称:         Intel(R) Core(TM) i7-7700HQ CPU @ 2.80GHz
-----省略部分内容-----
```

8. free

语法格式：

free [选项]

描述：显示内存的使用情况。

free 命令的常用选项见表 5-6。

表 5-6 free 命令的常用选项

常用选项	说明
-b	以 B（字节）为单位显示内存使用情况
-k	以 KB 为单位显示内存使用情况
-m	以 MB 为单位显示内存使用情况
-o	不显示缓冲区调节列
-s N	每隔 *N* 秒打印一次内存信息，持续观察内存使用状况，使用 Ctrl+C 组合键中断循环显示
-t	显示内存总和列

案例

使用 free 命令。

```
[root@noylinux ~]# free -m
          total    used    free    shared   buff/cache   available
Mem:      7741     644     6538    10       559          6846
Swap:     5119     0       5119
```

系统内存信息含义如下：

- Mem：内存使用情况；
- Swap：交换分区使用情况；
- Total：物理内存总大小；
- Used：已经使用的内存量；
- Free：空闲的内存量；
- Shared：多个进程共享的内存总量；
- buffers/cached：缓存的内存量；
- available：还可以被进程使用的物理内存量。

9. df

语法格式：

df [选项]

描述：显示磁盘空间的使用情况。

df 命令的常用选项见表 5-7。

表 5-7 df 命令的常用选项

常用选项	说　明
-a	查看全部文件系统，单位默认为 KB
-h	以 KB、MB、GB 的单位来显示（推荐）

案例

使用 df 命令。

```
[root@noylinux ~]# df -h
文件系统                容量    已用    可用    已用（%） 挂载点
devtmpfs                3.8G     0     3.8G    0%      /dev
tmpfs                   3.8G   9.6M   3.8G    1%      /run
/dev/mapper/cl-root       44G   5.0G    40G   12%       /
/dev/sda1               1014M   243M   772M  24%      /boot
-----省略部分内容-----
```

10. date

语法格式：

date [选项] [输出形式|日期时间]

描述：用于显示或设置系统时间与日期。

date 命令的常用选项见表 5-8。

表 5-8 date 命令的常用选项

常用选项	说　明
-d <字符串>	解析字符串并按照指定格式输出。字符串必须加上双引号
-s <字符串>	根据字符串设置系统时间与日期。字符串必须加上双引号

date 命令用到的时间与日期格式符号见表 5-9。

表 5-9 时间与日期格式符号表

符号	说　明	符号	说　明
%S	秒（00～60）	%r	显示时间（12 小时制，格式为 hh:mm:ss [AP]M）
%M	分钟（00～59）	%s	从 1970 年 1 月 1 日 00:00:00 UTC 到目前为止的秒数
%H	小时（以 00～23 格式表示）	%T	显示时间（24 小时制）
%I	小时（以 01～12 格式表示）	%X	显示时间格式为 %H:%M:%S
%k	小时（以 0～23 格式表示）	%Z	显示时区
%l	小时（以 1～12 格式表示）	%c	显示日期与时间
%d	日期（01～31）	%D	显示日期（mm/dd/yy）
%m	月份（01～12）	%j	一年中的第几天（001～366）
%b	月份（Jan～Dec）缩写	%U	一年中的第几周（00～53，以星期日为一周的第一天）

（续表）

符号	说　明	符号	说　明
%B	月份（January～December）	%w	一周中的第几天（0～6）
%y	年份的最后两位数字（00～99）	%W	一年中第几周（00～53，以星期一为一周的第一天）
%Y	完整年份（0000～9999）	%x	显示日期格式为 mm/dd/yy
%a	星期几（Sun～Sat）缩写	%n	下一行
%A	星期几（Sunday～Saturday）	%t	跳格

案例

自定义格式输出时间。

```
[root@noylinux ~]# date +"%Y-%m-%d %H:%M:%S"
2022-08-15 23:12:53
```

显示历史时间。

```
[root@noylinux ~]# date +%Y-%m-%d                #显示当前年月日
2022-08-15
[root@noylinux ~]# date -d "+1 day" +%Y-%m-%d    #显示后一天的日期
2022-08-16
[root@noylinux ~]# date -d "-1 day" +%Y-%m-%d    #显示前一天的日期
2022-08-14
[root@noylinux ~]# date -d "-1 month" +%Y-%m-%d #显示上一月的日期
2022-07-15
[root@noylinux ~]# date -d "+1 month" +%Y-%m-%d #显示下一月的日期
2022-09-15
[root@noylinux ~]# date -d "-1 year" +%Y-%m-%d  #显示前一年的日期
2021-08-15
[root@noylinux ~]# date -d "+1 year" +%Y-%m-%d  #显示下一年的日期
2023-08-15
```

11. top

语法格式：

top [选项] [PID|time|...]

描述：Linux 操作系统性能分析工具，可以实时动态地查看系统的整体运行情况，是一个综合了多方信息监测系统性能和运行信息的实用工具。

top 命令的常用选项见表 5-10。

表 5-10　top 命令的常用选项

常用选项	说　明
-d	屏幕刷新间隔时间
-p <进程号>	指定进程 ID 来监控这个进程的状态
-c	显示完整的命令
-b	以批处理模式操作
-u <用户名>	指定用户名

工具中常用的交互命令如下：

- q：退出程序；
- m：切换显示内存信息；
- c：切换显示命令名称和完整命令行；
- i：忽略闲置和僵尸进程，这是一个开关式命令；
- k：终止一个进程；
- M：根据驻留内存大小进行排序；
- P：根据 CPU 使用百分比大小进行排序；
- T：根据累计时间进行排序。

案例

使用 top 命令。

```
[root@noylinux ~]# top
top - 23:40:18 up  5:32,  3 users,  load average: 0.58, 0.58, 0.25
Tasks: 268 total,   1 running, 267 sleeping,   0 stopped,   0 zombie
%Cpu(s):  0.0 us,  1.5 sy,  0.0 ni, 98.5 id,  0.0 wa,  0.0 hi,  0.0 si,  0.0 st
MiB Mem :  7742.0 total,  5720.1 free,  1074.8 used,   947.1 buff/cache
MiB Swap:  5120.0 total,  5120.0 free,     0.0 used.  6359.9 avail Mem

    PID USER  PR   NI   VIRT    RES    SHR S   %CPU   %MEM   TIME+ COMMAND
      1 root  20   0    252640  15056  9736 S  0.0    0.2    0:03.82 systemd
      2 root  20   0    0       0      0 S     0.0    0.0    0:00.03 kthreadd
      3 root  0-20      0       0      0 I     0.0    0.0    0:00.00 rcu_gp
      4 root  0-20      0       0      0 I     0.0    0.0    0:00.00 rcu_par_gp
-----省略部分内容-----
```

（1）第一行是系统运行时间和平均负载。

当前系统时间：23:40:18；系统运行时间：5 分 32 秒；当前登录用户：3 个用户；系统负载：0.58, 0.58, 0.25，这 3 个数分别是 1 分钟、5 分钟、15 分钟的负载情况（当结果大于 5 的时候表示系统在超负荷运转）。

（2）第二行是进程的相关信息。

总进程数：150；运行：1；休眠：267；停止：0；僵尸进程：0。

（3）第三行 CPU 状态相关信息。

CPU 状态参数见表 5-11。

表 5-11　CPU 状态参数

状态	说　明
us	用户空间占用 CPU 的百分比（time running un-niced user processes）
sy	内核空间占用 CPU 的百分比（time running kernel processes）
ni	改变过优先级的进程占用 CPU 的百分比（time running niced user processes）
id	空闲 CPU 百分比（time spent in the kernel idle handler）

（续表）

状态	说　明
wa	I/O 等待的 CPU 时间百分比（time waiting for I/O completion）
hi	硬中断占用 CPU 的百分比（time spent servicing hardware interrupts）
si	软中断占用 CPU 的百分比（time spent servicing software interrupts）
st	虚拟机监控程序从这个虚拟机窃取的时间（time stolen from this vm by the hypervisor）

（4）第四行是内存相关信息。

内存信息参数见表 5-12。

表 5-12　内存信息参数

状态	说　明
total	物理内存总量
free	空闲内存容量
used	使用中的内存容量
buff/cache	缓存的内存容量

（5）第五行是交换空间相关信息。

交换空间信息参数见表 5-13。

表 5-13　交换空间信息参数

状态	说　明
total	交换分区总量
free	空闲交换分区容量
used	使用中的交换分区容量
avail Mem	可用的交换分区容量

（6）第六行是空格。

（7）第七行是各个进程的状态及相关信息。

进程状态信息参数见表 5-14。

表 5-14　进程状态信息参数

列名	说　明
PID	进程 ID 号，进程的唯一标识符
USER	进程所有者的用户名
PR	进程优先级
NI	nice 值。负值为高优先级，正值为低优先级，值越小优先级越高
VIRT	进程使用的虚拟内存总量，单位为 KB。计算公式：VIRT=SWAP+RES
RES	进程所驻留的内存大小，单位为 KB。计算公式：RES=CODE+DATA
SHR	进程的共享内存大小，单位为 KB
S	进程的状态。D 表示不可中断的睡眠状态，R 表示运行，S 表示睡眠，T 表示被跟踪/已停止，Z 表示僵尸进程
%CPU	从上次更新到现在 CPU 时间占用的百分比
%MEM	进程使用的物理内存百分比
TIME+	进程使用的 CPU 时间总计
COMMAND	进程名称（命令名或完整命令行）

12．ps

语法格式：

ps [选项]

描述：显示当前时间点系统的进程状态。

ps 命令的常用选项见表 5-15。

表 5-15　ps 命令的常用选项

常用选项	说　明
-e	显示所有的进程
-f	显示 UID、PPID、C 和 STIME 栏位
-aux	显示所有进程（包含其他用户）的详细信息

显示此刻系统上所有进程的详细信息。

```
[root@noylinux ~]# ps -aux
USER    PID %CPU %MEM    VSZ   RSS  TTY  STAT START  TIME COMMAND
root    1   0.0   0.1  252404  14532  ?   Rs  8月18  0:03 /usr/lib/systemd/systemd
root    2   0.0   0.0      0       0  ?    S  8月18  0:00 [kthreadd]
root    3   0.0   0.0      0       0  ?   I<  8月18  0:00 [rcu_gp]
root    4   0.0   0.0      0       0  ?   I<  8月18  0:00 [rcu_par_gp]
-----省略部分内容-----
```

系统进程信息含义如下：

- USER：进程所属的用户；
- PID：PID 是进程的唯一标识符；
- %CPU：进程所占用的 CPU 资源百分比；
- %MEM：进程所占用的内存百分比；
- VSZ：进程所使用的虚拟内存量（KB）；
- RSS：进程所使用的固定内存量（KB）；
- TTY：进程在哪个终端上运行，若与终端无关，则显示“？”；
- STAT：进程目前的状态；
- START：进程启动的时间；
- TIME：进程实际使用 CPU 的时间；
- COMMAND：进程具体的工作指令。

在 STAT 列中，进程的状态主要有以下几种：

- R：运行状态，程序目前正在运作；
- S：睡眠状态，可被唤醒；
- T：停止状态，已停止工作；
- Z：僵尸状态。

13. netstat

语法格式：

netstat [选项]

描述：用来打印网络系统的状态信息。

netstat 命令的常用选项见表 5-16。

表 5-16 netstat 命令的常用选项

常用选项	说　明
-a	显示所有连线中的 socket，此选项默认不显示网络监听相关信息
-n	直接显示为 IP 地址
-p	显示正在使用 socket 的程序识别码和程序名称
-t	显示 TCP 传输协议的连线状况
-u	显示 UDP 传输协议的连线状况

显示出所有监听的 TCP 端口相关信息。

```
[root@noylinux ~]# netstat -anpt
Active Internet connections (servers and established)
Proto Recv-Q Send-Q Local Address      Foreign Address  State   PID/Program name
tcp        0      0 0.0.0.0:111        0.0.0.0:*         LISTEN  1/systemd
tcp        0      0 192.168.122.1:53  0.0.0.0:*         LISTEN  1849/dnsmasq
tcp        0      0 0.0.0.0:22         0.0.0.0:*         LISTEN  1126/sshd
-----省略部分内容-----
```

TCP 端口参数含义如下：

- Proto：网络连接的协议，一般就是 TCP 协议或 UDP 协议；
- Recv-Q：接收到的数据，已经在本地的缓存中，但是还没有被进程取走；
- Send-Q：从本机发送，对方还没有收到的数据，依然在本地的缓存中，不具备 ACK 标志的数据包；
- Local Address：本机的 IP 地址和端口号；
- ForeignAddress：远程主机的 IP 地址和端口号；
- State：链路状态。

在 State 列中，链路状态主要有以下几种：

- LISTEN：监听状态，只有 TCP 协议需要监听，而 UDP 协议不需要监听；
- ESTABLISHED：已经建立连接的状态；
- SYN_SENT：SYN 发起包，就是主动发起连接的数据包；
- SYN_RECV：接收到主动连接的数据包；
- FIN_WAIT1：正在中断的连接；

> ➢ FIN_WAIT2：已经中断的连接，但是正在等待对方主机进行确认；
> ➢ TIME_WAIT：连接已经中断，但是套接字依然在网络中等待结束；
> ➢ CLOSED：关闭的连接。

14．alias

语法格式：

alias　别名='命令'

> 等号两边没有空格。

描述：用于给命令定义别名。若一个命令太长，可以使用 alias 对这段长命令设置别名，直接输入别名就能执行这段长命令。若直接执行 alias 命令，则会显示当前所有的别名。切记！设置的别名不要和当前系统中的命令重名。

给 date 的长命令定义一个别名。

```
[root@noylinux ~]# date +"%Y-%m-%d %H:%M:%S"
2022-08-19 17:59:26
[root@noylinux ~]# alias dt='date +"%Y-%m-%d %H:%M:%S"'
[root@noylinux ~]# dt
2022-08-19 17:59:41
[root@noylinux ~]# alias
alias cp='cp -i'
alias dt='date +"%Y-%m-%d %H:%M:%S"'
alias egrep='egrep --color=auto'
-----省略部分内容-----
```

使用 unalias 命令取消自定义的别名。

```
[root@noylinux ~]# unalias dt
[root@noylinux ~]# dt
bash: dt: 未找到命令...
```

15．ls

语法格式：

ls　[选项]　[参数]

描述：显示目录内容列表。ls 是使用最频繁的命令，经常用它来查看目录下有什么文件或目录。若不加文件或目录，则默认显示当前路径。

ls 命令的常用选项见表 5-17。

表 5-17　ls 命令的常用选项

常用选项	说　明
-a	显示所有文件及目录（以“.”开头的隐藏文件/目录也会列出）
-A	同-a 选项效果，但不列出“.”（当前目录）和“..”（上一级目录）
-l	使用长格式显示详细信息，即列出文件和目录的详细信息
-h	以易读的方式显示文件或目录的大小，如“3K”“3M”“3G”等，分别表示 3KB、3MB 和 3GB
-R	连同子目录的内容一起显示出来，也就是将该目录下的所有文件及子目录下的所有文件都显示出来
-t	将文件按照创建时间的先后次序排列显示
--color	在字符模式中以颜色区分不同的文件，默认 ls 命令的别名“ll”中已加入此选项，可使用 alias 命令进行查看

案例

显示目录下所有文件和目录的详细信息。

```
[root@noylinux dev]# ll -al
-rw-r--r--.    1 root root          0 8月  19 21:12 123.txt
drwxr-xr-x.    2 root root        160 8月  19 20:58 block
crw-r--r--.    1 root root     10,235 8月  19 20:58 autofs
lrwxrwxrwx.    1 root root         13 8月  19 20:58 fd -> /proc/self/fd
brw-rw----.    1 root disk     8,   0 8月  19 20:58 sda
-----省略部分内容-----
```

（1）第一列：文件类型与权限（共 10 个字符）。

第 1 个字符表示文件类型。-表示普通文件；d 表示文件夹/目录；b 表示块设备；c 表示字符设备；l 表示符号链接文件；p 表示管道文件 pipe；s 表示套接字文件 sock。

第 2～4 个字符表示文件拥有者的权限，具体见表 5-18。第 5～7 个字符表示文件的所属组的权限。第 8～10 个字符表示文件除属主属组之外其他用户的权限。

表 5-18　文件拥有者的权限

权　限	目标	说　明
读权限（r）	文件	读取文件内的内容
	目录	列出目录中的内容
写权限（w）	文件	可以对文件进行修改
	目录	可以在目录下创建文件或文件夹
执行权（x）	文件	可以执行该文件（脚本/命令）
	目录	可以进入该目录内

（2）第二列：硬链接数量。文件默认从 1 开始，目录默认从 2 开始，关于硬链接的内容请参见 5.3 节中的 ln 命令。

（3）第三列：文件属主。

（4）第四列：文件属组。

（5）第五列：文件大小，加上“-h”选项后以“K”“M”“G”等形式显示，分别表示 KB、MB 和 GB。

（6）第六～八列：创建时间或最后一次修改时间。

（7）第九列：文件或目录名。

16．pwd

语法格式：

pwd [选项]

描述：以绝对路径的方式显示用户当前所在的工作目录。一般在用的时候直接执行此命令，不加选项。

pwd 命令的常用选项见表 5-19。

表 5-19 pwd 命令的常用选项

常用选项	说明
-L	打印环境变量"$PWD"的值，可能为符号链接
-P	打印当前工作目录的物理位置

显示当前所在目录。

```
[root@noylinux log]# pwd
/var/log
```

17．wc

语法格式：

wc [选项] [参数]

描述：统计指定文件中的行数、字数、字节数，并将统计结果显示输出。

wc 命令的常用选项见表 5-20。

表 5-20 wc 命令的常用选项

常用选项	说明
-c	统计字节数
-l	统计行数
-m	统计字符数
-w	统计字数，一个字被定义为由空白、跳格或换行字符分隔的字符串

统计/etc/passwd 文件的行数、单词数和字节数。

```
[root@noylinux ~]# wc /etc/passwd
  45   91 2348 /etc/passwd
```

18．whoami 和 who am i

描述：打印当前有效的用户 ID 对应的名称。

whoami 命令：

```
[root@noylinux ~]# whoami
root
```

who am i 命令：

```
[root@noylinux ~]# who am i
root     pts/0        2022-08-15 18:08 (192.168.1.1)
```

19. who 和 w

描述：显示当前所有登录用户的信息。

who 命令：

```
[root@noylinux ~]# who
root     pts/0        2022-08-15 18:08 (192.168.1.1)
root     pts/1        2022-08-15 18:09 (192.168.1.1)
```

w 命令：

```
[root@noylinux ~]# w
 01:27:29 up  7:19,  3 users,  load average: 0.00, 0.00, 0.00
USER     TTY      FROM             LOGIN@   IDLE   JCPU   PCPU WHAT
root     pts/0    192.168.1.1      18:08    0.00s  0.28s  0.00s w
root     pts/1    192.168.1.1      18:09    7:14m  0.07s  0.02s -bash
```

其中各列含义如下：

- USER：登录用户；
- TTY：终端；
- FROM：远程登录主机；
- LOGIN@：登录时间；
- IDLE：用户空闲时间；
- JCPU：在此终端的所有进程占用时间；
- PCPU：当前进程占用时间；
- WHAT：当前正在执行的命令。

5.2 查看文件内容相关命令

1. cat

语法格式：

cat [选项] [参数]

描述：文件查看和连接工具，常用于查看文件的内容。

cat 命令的常用选项见表 5-21。

表 5-21　cat 命令的常用选项

常用选项	说　明
-n	对输出的所有行进行编号，即输出的内容增加行号，从 1 开始编号
-b	只对非空行编号，从 1 开始编号
-s	遇到有连续两行以上的空白行，转换为一行的空白行

查看文件内容。

```
[root@noylinux ~]# cat  /etc/passwd
root:x:0:0:root:/root:/bin/bash
bin:x:1:1:bin:/bin:/sbin/nologin
daemon:x:2:2:daemon:/sbin:/sbin/nologin
adm:x:3:4:adm:/var/adm:/sbin/nologin
-----省略部分内容-----
[root@noylinux ~]# cat  -n /etc/passwd
     1  root:x:0:0:root:/root:/bin/bash
     2  bin:x:1:1:bin:/bin:/sbin/nologin
     3  daemon:x:2:2:daemon:/sbin:/sbin/nologin
     4  adm:x:3:4:adm:/var/adm:/sbin/nologin
-----省略部分内容-----
```

2．tac

语法格式：

tac　[选项]　[参数]

描述：将文件全部内容从尾到头反向输出到屏幕上，反向显示文件内容。

tac 命令的常用选项见表 5-22。

表 5-22　tac 命令的常用选项

常用选项	说　明
-b	在行前添加分隔符

查看和反向查看文件内容。

```
[root@noylinux opt]# cat 123.txt
1234
4321
[root@noylinux opt]# tac 123.txt
4321
1234
```

3. more

语法格式：

more [选项] [参数]

描述：用于查看较长的文件内容。more 命令是以一页一页的方式分页显示的，还内置了若干快捷键。该命令是从前向后读取文件的，所以在启动时就加载整个文件。

more 命令的常用选项见表 5-23。

表 5-23 more 命令的常用选项

常用选项	说 明
+n	从第 *n* 行开始显示，默认是从第一行开始显示
-n	限制每页显示的行数，一页只显示 *n* 行
-s	将连续的多个空行显示为一行

工具中常用的相关交互命令如下：

- 空格键：显示文本的下一页内容；
- 回车键：只显示文本的下一行内容；
- B 键：显示文本的上一页内容；
- Q 键：退出 more 命令。

案例

从文件内容的第 15 行开始显示。

```
[root@noylinux opt]# more +15 123.txt
```

4. less

语法格式：

less [选项] [参数]

描述：分屏上下翻页浏览文件内容。less 命令的用法比起 more 更加有弹性，且本身的功能十分强大。

less 命令的常用选项见表 5-24。

表 5-24 less 命令的常用选项

常用选项	说 明
-e	文件内容显示完毕后，自动退出
-N	每一行行首显示行号
-s	将连续的多个空行显示为一行

工具中常用的相关交互命令如下：

- 上下键：向上移动一行和向下移动一行；
- j 键和 k 键：分别向上移动一行和向下移动一行；
- 空格键：向下移动一页；

> - 回车键：向下移动一行；
> - d 键：向下翻半页；
> - /字符串：向下搜索该字符串；
> - ?字符串：向上搜索该字符串；
> - n：向前查找下一个匹配的字符串；
> - N：向后查找上一个匹配的字符串；
> - Q：退出 less 命令。

使用 less 命令打开文件。

```
[root@noylinux opt]# less 123.txt
```

使用 ps 命令查看进程信息并通过 less 命令进行分页显示。

```
[root@noylinux opt]# ps -ef |less
```

使用 less 命令同时打开多个文件，此时可以使用命令在多个文件之间切换（:n：切换到下一个文件。:p：切换到上一个文件）。

```
[root@noylinux opt]# less  123.txt  noylinux1.txt
```

5. head

语法格式：

head [选项] [参数]

描述：显示指定文件的开头部分内容，默认显示文件的前 10 行，文件可以是一个或多个。

head 命令的常用选项见表 5-25。

表 5-25　head 命令的常用选项

常用选项	说　明
-n X	显示文件的前 *X* 行内容
-c X	显示文件的前 *X* 字节内容

显示此文件指定行数或者字节数的内容。

```
[root@noylinux opt]# head  -n 3 /etc/passwd
root:x:0:0:root:/root:/bin/bash
bin:x:1:1:bin:/bin:/sbin/nologin
daemon:x:2:2:daemon:/sbin:/sbin/nologin
[root@noylinux opt]# head  -c 30 /etc/passwd
root:x:0:0:root:/root:/bin/bas
```

显示多个文件的前 3 行内容。

```
[root@noylinux opt]# head  -n 3  /etc/passwd  /etc/group  /etc/profile
==> /etc/passwd <==
root:x:0:0:root:/root:/bin/bash
bin:x:1:1:bin:/bin:/sbin/nologin
daemon:x:2:2:daemon:/sbin:/sbin/nologin

==> /etc/group <==
root:x:0:
bin:x:1:
daemon:x:2:

==> /etc/profile <==
# /etc/profile

# System wide environment and startup programs, for login setup
```

6. tail

语法格式：

tail [选项] [参数]

描述：显示指定文件的末尾部分内容，常用于查看日志文件内容。默认只显示文件末尾的 10 行内容。若结合“-f”选项，可以实时查看指定文件末尾的最新内容。

tail 命令的常用选项见表 5-26。

表 5-26 tail 命令的常用选项

常用选项	说 明
-f	实时查看文件末尾内容（使用快捷键 Ctrl+C 结束实时查看）
-n X	显示文件末尾的 *X* 行内容
-c X	显示文件末尾的 *X* 字节内容
-v	当有多个文件参数时，总是输出各个文件名

案例

显示文件的最后 3 行内容。

```
[root@noylinux ~]# tail -n3 /etc/passwd
sshd:x:74:74:Privilege-separated SSH:/var/empty/sshd:/sbin/nologin
tcpdump:x:72:72::/:/sbin/nologin
xiaozhou:x:1000:1000:xiaozhou:/home/xiaozhou:/bin/bash
```

若使用“-f”选项实时查看文件末尾的内容，当有新数据写入文件末尾时，会直接显示出来，常用于查看各种程序运行时产生的日志文件。

5.3 创建、移动文件目录相关命令

1. touch

语法格式：

touch [选项] [参数]

描述：创建新的空文件，可以一次性创建多个文件。touch 命令还可以用于修改文件的时间属性，不加时间戳则默认修改为当前时间。

touch 命令的常用选项见表 5-27。

表 5-27 touch 命令的常用选项

常用选项	说明
-a	修改文件或目录的访问时间
-m	修改文件或目录的修改时间
-r	将目标文件的时间属性更新到此文件
-t	将文件时间修改为指定的日期时间，时间格式为[[CC]YY]MMDDhhmm[.ss]，CC 表示世纪（可选）、YY 表示年（可选）、MM 表示月份（必写）、DD 表示日期（必写）、hh 表示小时（必写）、mm 表示分钟（必写）、ss 表示秒钟（可选）

创建文件。

```
[root@noylinux opt]# touch noylinux1.txt
[root@noylinux opt]# ls
noylinux1.txt
[root@noylinux opt]# touch noylinux2.txt  noylinux3.txt noylinux4.txt noylinux5.txt
[root@noylinux opt]# ls
noylinux1.txt  noylinux2.txt  noylinux3.txt  noylinux4.txt  noylinux5.txt
```

使用“-a”和“-m”选项修改文件的访问和修改时间。

```
[root@noylinux opt]# stat noylinux1.txt
最近访问：2022-08-17 16:09:09.232218228 +0800
最近更改：2022-08-17 16:09:09.232218228 +0800
最近改动：2022-08-17 16:09:09.232218228 +0800
[root@noylinux opt]# touch -am  noylinux1.txt
[root@noylinux opt]# stat noylinux1.txt
最近访问：2022-08-17 16:44:43.861540854 +0800
最近更改：2022-08-17 16:44:43.861540854 +0800
最近改动：2022-08-17 16:44:43.861540854 +0800
```

使用“-t”选项将文件的访问时间改为指定的日期。

```
[root@noylinux opt]# stat noylinux1.txt
最近访问：2022-08-17 16:44:43.861540854 +0800
```

```
最近更改：2022-08-17 16:44:43.861540854 +0800
最近改动：2022-08-17 16:44:43.861540854 +0800
[root@noylinux opt]# touch -at 2601071231   noylinux1.txt
[root@noylinux opt]# stat noylinux1.txt
最近访问：2026-01-07 12:31:00.000000000 +0800
最近更改：2022-08-17 16:44:43.861540854 +0800
最近改动：2022-08-17 17:00:28.977341104 +0800
```

2. mkdir

语法格式：

mkdir　[选项]　[目录...]

描述：用于创建目录。

mkdir 命令的常用选项见表 5-28。

表 5-28　mkdir 命令的常用选项

常用选项	说　明
-p	递归创建目录，若路径中的某些目录不存在，加上此选项后，系统将自动创建这些不存在的目录

案例

一次性创建多个目录。

```
[root@noylinux opt]# mkdir ny1 ny2 ny3 ny4
[root@noylinux opt]# ls
ny1  ny2  ny3  ny4
```

递归创建嵌套的多层目录，若最终目录的上一层目录不存在，则一并创建。

```
[root@noylinux opt]# mkdir -p  folder1/folder2/folder3/folder4
[root@noylinux opt]# tree folder1  #tree 命令用来以树状结构查看整个目录结构
folder1
└── folder2
    └── folder3
        └── folder4

3 directories, 0 files
```

3. ln

语法格式：

ln　[选项]　[源文件|目录]　[链接目标]

描述：用来为文件创建链接。创建的链接可以分为硬链接和软链接（也称为符号链接）。默认使用硬链接。

- 硬链接：通过索引节点进行连接的链接文件。
- 软连接：软链接文件以路径的形式存在，类似于 Windows 上的快捷方式，此文件中包含有源文件的位置信息。

> **注**
> 不论是硬链接还是软链接都不会将原本的文件完全复制，只会占用非常少的磁盘空间；在创建软链接文件时，指定源文件必须写成绝对路径的形式。

软链接和硬链接的特性比较见表 5-29。

表 5-29 特性比较

	软 链 接	硬 链 接
应用范围	文件、目录	文件
保存位置	可以与源文件处于不同的文件系统	必须与源文件处在同一文件系统
删除源文件后	失效	有效

ln 命令常用的选项见表 5-30。

表 5-30 ln 命令的常用选项

常用选项	说 明	常用选项	说 明
-s	使用软链接（符号链接）	-f	强行删除任何已存在的目标文件
-v	显示详细的处理过程	-b	为每个已存在的目标文件创建备份文件

案例

对目录和文件创建软链接。

```
[root@noylinux opt]# ls
folder1  ny1  ny2  ny3  ny4  ny5  noylinux1.txt  noylinux2.txt  noylinux3.txt
noylinux4.txt  noylinux5.txt
[root@noylinux opt]# ln -s /opt/noylinux1.txt  /opt/Symboliclink1.txt
[root@noylinux opt]# ln -s /opt/folder1   /opt/FolderSymboliclink1
[root@noylinux opt]# ls -al
lrwxrwxrwx. 1 root root 17 8月  18 13:39 Symboliclink1.txt -> /opt/noylinux1.txt
lrwxrwxrwx. 1 root root 12 8月  18 13:39 FolderSymboliclink1 -> /opt/folder1
....
```

4. cd

语法格式：

cd [选项] [绝对路径 | 相对路径 |~|.|..|-]

描述：切换用户当前工作目录。

cd 命令常用的特殊符号见表 5-31。

表 5-31 cd 命令常用的特殊符号

特殊符号	说 明	特殊符号	说 明
~	当前用户的家目录	..	上一级目录
.	当前目录	-	上一次所在的目录

案例

切换目录。

```
[root@noylinux ~]# cd /usr/local/                #使用绝对路径
[root@noylinux local]# pwd
/usr/local
[root@noylinux local]# cd ./share/man/          #使用相对路径
[root@noylinux man]# pwd
/usr/local/share/man
[root@noylinux man]# cd ..                      #切换到上一层目录
[root@noylinux share]# pwd
/usr/local/share
[root@noylinux share]# cd -                     #切换到上一次所在目录
/usr/local/share/man
[root@noylinux man]# pwd
/usr/local/share/man
[root@noylinux man]# cd ~                       #切换到家目录
[root@noylinux ~]# pwd
/root
```

5. mv

语法格式：

mv [选项] [源文件或目录] [目标文件或目录]

描述：用来对文件或目录重新命名，或者将文件从一个目录移到另一个目录中。

mv 命令的常用选项见表 5-32。

表 5-32 mv 命令的常用选项

常用选项	说　明
-b	当目标文件或目录已经存在时，先备份再完成覆盖操作
-f	强制覆盖。当目标文件或目录已经存在时，直接覆盖，不进行询问
-i	当目标文件或目录已经存在时，会先询问是否覆盖目标文件
-n	当目标文件或目录已经存在时，不进行覆盖操作

案例

对文件重命名，目录重命名也是如此。

```
[root@noylinux opt]# ls
123.txt
[root@noylinux opt]# mv 123.txt 456.txt
[root@noylinux opt]# ls
456.txt
```

移动文件到指定目录，移动目录也是如此。

```
[root@noylinux opt]# mv 456.txt   /mnt/
[root@noylinux opt]# ls /mnt/
456.txt  hgfs
```

5.4 复制、删除文件目录相关命令

1．cp

语法格式：

cp [选项] [源文件或目录] [目标文件或目录]

描述：用来将一个或多个源文件或者目录复制到指定的目标文件或目录。文件复制的过程可以进行重命名操作。

cp 命令的常用选项见表 5-33。

表 5-33 cp 命令的常用选项

常用选项	说 明
-f	强行复制文件或目录，不论目标文件或目录是否已存在
-i	覆盖目标同名文件或目录时提醒用户确认
-p	复制的过程中保留源文件或目录的属性
-r	递归复制目录，将指定目录下的所有文件与子目录一并处理
-b	覆盖已存在的目标文件前将目标文件备份

注 在复制多个文件或者目录时，目标位置必须是文件夹，且存在。

案例

复制文件。

```
[root@noylinux opt]# ls
nyinux2.txt  noylinux1.txt
[root@noylinux opt]# cp noylinux1.txt   noylinux5.txt     #复制过程中重命名
[root@noylinux opt]# ls
nyinux2.txt  noylinux1.txt  noylinux5.txt
[root@noylinux opt]# cp noylinux5.txt   /mnt/             #将文件复制到指定目录下
[root@noylinux opt]# ls /mnt/
456.txt  hgfs  nyinux1.txt  noylinux5.txt
[root@noylinux opt]# cp noylinux5.txt   /mnt/noylinux6.txt  #将文件复制到指定目录
                                                              下并重命名
[root@noylinux opt]# ls /mnt/
456.txt  hgfs  nyinux1.txt  noylinux5.txt  noylinux6.txt
[root@noylinux opt]# ls noylinux/
noylinux1.txt  noylinux5.txt
[root@noylinux opt]# cp -rf noylinux   /mnt/     #强制复制整个文件夹到指定目录下
[root@noylinux opt]# ls /mnt/noylinux/
noylinux1.txt  noylinux5.txt
```

2. rm

语法格式：

rm [选项] [文件或目录]

描述：用于删除指定的文件或目录。使用 rm 命令要格外小心，因为一旦删除了，就很难再恢复。特别是“rm -rf /”与“rm -rf /*”这两条命令，千万不要使用 root 用户或拥有超级管理员权限的用户执行，一旦执行了会删除 Linux 操作系统根目录下的所有文件，直接导致服务器瘫痪。

rm 命令的常用选项见表 5-34。

表 5-34 rm 命令的常用选项

常用选项	说明
-i	删除文件或目录之前先询问用户，得到用户肯定再进行删除
-r 或-R	递归删除，将指定目录下的所有文件和子目录一起删除
-f	强制删除文件和目录，不会进行询问
-v	显示命令执行的详细过程

执行 rm 命令时默认带有此选项，使用 alias 别名能找到“alias rm='rm -i'”这一项。

强制删除文件和目录，且不进行询问。

```
[root@noylinux opt]# ls
123.txt  nyfolder  noylinux
[root@noylinux opt]# ls noylinux/
noylinux1.txt  noylinux5.txt
[root@noylinux opt]# rm -rf 123.txt   noylinux
[root@noylinux opt]# ls
nyfolder
```

5.5 文件搜索相关命令

1. which

语法格式：

which [选项] [参数]

描述：查找并显示给定命令的绝对路径，环境变量$PATH 中保存了查找命令时需要遍历的目录，which 命令会在环境变量$PATH 设置的目录里查找符合条件的文件。一般在使用 which 命令的过程中不会加选项。

which 命令的常用选项见表 5-35。

表 5-35　which 命令的常用选项

常用选项	说　明
-n	指定文件名长度
-p	与-n 参数相同，但包括了文件的路径
-w	指定输出时栏位的宽度

搜索 bash 命令的位置。

```
[root@noylinux ~]# which bash
/usr/bin/bash
[root@noylinux ~]# echo $PATH  #在此变量路径下搜索
/usr/local/sbin:/usr/local/bin:/usr/sbin:/usr/bin:/root/bin
```

2. find

语法格式：

find　[查找范围]　[查找条件表达式]

描述：用来在指定目录下查找文件，并返回文件或目录的绝对路径。当不添加查找范围时，默认在当前目录下查找子目录和文件。

find 命令的常用选项见表 5-36。

表 5-36　find 命令的常用选项

常用选项	说　明
-name	根据文件/目录名进行查找，可以使用通配符（?,*）。 ?：匹配文件名中一个任意字符，*：匹配文件名中任意数量的任意字符
-size n	根据文件大小进行查找，使用（+ / —）设置大于或小于 *n* 的文件，常用单位为 KB、MB、GB
-user 用户名	查找符和指定的拥有者名称的文件或目录
-mtime -n +n	根据文件的更改时间来查找文件，-n 表示文件更改时间距离现在 *n* 天以内，+n 表示文件更改时间距离现在 *n* 天以前
-amin <分钟>	查找在指定时间曾被存取过的文件或目录，单位以分钟计算
-type <文件类型>	只寻找符合指定文件类型的文件

其中，在“-type”选项中，可供选择的文件类型主要有以下几种：

- d：文件夹；
- f：一般文件；
- b：块设备；
- c：字符设备文件；
- l：符号链接文件；
- p：管道文件。

案例

在/var 目录下查找以 cron 开始的文件。

```
[root@noylinux ~]# find /var -name  cron*
/var/lib/selinux/targeted/active/modules/100/cron
/var/log/cron-20130122
/var/log/cron-20220816
-----省略部分内容-----
```

在/etc 目录下查找所有的目录。

```
[root@noylinux ~]# find /etc -type d
/etc
/etc/yum
/etc/dnf/modules.d
/etc/dnf/aliases.d
/etc/dnf/modules.defaults.d
-----省略部分内容-----
```

在/var/log 目录下查找大小超过 2 MB 的文件。

```
[root@noylinux ~]# find /var/log  -size 2M
/var/log/messages-20220815
```

5.6 打包、压缩、解压相关命令

1. tar

语法格式：

tar [主选项+辅选项] [包名] [目标文件或目录]

描述：tar 命令是 Linux 下最常用的打包程序。使用 tar 命令打出来的包称为 tar 包，因为 tar 包文件的后缀通常是“.tar”。

每条 tar 命令只能有一个主选项，而辅助选项可以有多个。常用的主选项和辅助选项见表 5-37 和 5-38。

表 5-37 常用主选项

主选项	说 明
-c	新建一个归档文件，即打包
-x	从归档中解出文件
-t	列出归档内容
-r	追加文件至归档结尾
-u	更新原压缩包中的文件

表 5-38　常用辅助选项

辅助选项	说　明	辅助选项	说　明
-z	使用 gzip 压缩方式	-d	记录文件的差别
-j	使用 bzip2 压缩方式	-W	确认压缩文件的正确性
-v	显示操作过程	-k	保留源文件不覆盖
-f	指定压缩文件	-C	指定包的解压路径
-t	显示压缩文件的内容	-p	使用压缩前文件的原来属性

注

建议 tar 命令执行时的位置和要打包的文件在同一路径下。

总结一下目前各种压缩包类型的压缩和解压命令，见表 5-39。

表 5-39　各压缩包类型的压缩和解压命令

类　型	压　缩	解　压
.tar	tar -cvf	tar -xvf
.gz	gzip	gzip -d 或 gunzip
.bz2	bzip2 -z	bzip2 -d 或 bunzip2
.tar.gz	tar -zcvf	tar -zxvf
.tar.bz2	tar -jcvf	tar -jxvf
.rar	rar	unrar
.zip	zip	unzip

将整个/etc 目录全部打包，并将 tar 包文件放到/tmp/目录下。

```
[root@noylinux /]# tar  -cvf /tmp/etc.tar   /etc      #仅打包
[root@noylinux /]# tar -zcvf /tmp/etc.tar.gz /etc     #打包并以 gzip 方式压缩
[root@noylinux /]# tar -jcvf /tmp/etc.tar.bz2 /etc    #打包并以 bzip2 方式压缩
[root@noylinux /]# ll -lh /tmp/
-rw-r--r--. 1 root root  27M 8月  20 16:46 etc.tar
-rw-r--r--. 1 root root 4.4M 8月  20 16:48 etc.tar.bz2
-rw-r--r--. 1 root root 6.0M 8月  20 16:48 etc.tar.gz
-----省略部分内容-----
```

查看压缩包中的内容。

```
[root@noylinux tmp]# tar -tvf etc.tar
drwxr-xr-x root/root         0 2022-08-19 17:54 etc/
-rw-r--r-- root/root       579 2022-08-06 10:25 etc/fstab
-rw------- root/root         0 2022-08-06 10:25 etc/crypttab
-----省略部分内容-----
[root@noylinux tmp]# tar -ztvf etc.tar.gz
```

```
drwxr-xr-x root/root         0 2022-08-19 17:54 etc/
-rw-r--r-- root/root       579 2022-08-06 10:25 etc/fstab
-rw------- root/root         0 2022-08-06 10:25 etc/crypttab
-----省略部分内容-----
[root@noylinux tmp]# tar -jtvf etc.tar.bz2
drwxr-xr-x root/root         0 2022-08-19 17:54 etc/
-rw-r--r-- root/root       579 2022-08-06 10:25 etc/fstab
-rw------- root/root         0 2022-08-06 10:25 etc/crypttab
-----省略部分内容-----
[root@noylinux tmp]# tar -ztvf etc.tar.bz2  # -z 选项和压缩方式不匹配，报错！
gzip: stdin: not in gzip format
tar: Child returned status 1
tar: Error is not recoverable: exiting now
```

用什么方式压缩的 tar 包，在查看或解压的时候就要带上相对应的选项去操作！

将压缩包解压到指定目录（默认解压到当前目录）。

```
[root@noylinux tmp]# tar -xvf etc.tar    #默认解压到当前目录
[root@noylinux tmp]# tar -zxvf etc.tar.gz -C /opt/  #加上-C 选项后，将会解压到指定的目录
[root@noylinux tmp]# tar -jxvf etc.tar.bz2 -C /home/  #加上-C 选项后，将会解压到指定的目录
```

2. zip

语法格式：

zip [参数] [压缩包名] [要压缩的文件/目录]

描述：用 zip 压缩方式压缩文件或目录，或者对文件进行打包操作。文件使用该命令压缩后会另外产生具有“.zip”扩展名的压缩文件。

zip 命令的常用选项见表 5-40。

表 5-40 zip 命令的常用选项

常用选项	说　明
-h	显示帮助界面
-m	将文件压缩并加入压缩文件后，删除原始文件，即把文件移到压缩文件中
-r	递归处理，将指定的目录下的所有子目录及文件一起处理
-S	包含系统文件和隐含文件（S 是大写）
-q	安静模式，在压缩的时候不显示指令的执行过程
-d	从压缩包内删除指定的文件

将/etc 整个目录进行压缩，做成压缩包，并存放到/mnt 目录下，压缩包不加路径会

默认存储到当前目录下。

```
[root@noylinux ~]# zip -r -q   /mnt/etc.zip  /etc
[root@noylinux ~]# ll -h /mnt/
-rw-r--r--. 1 root root 11M 8月  20 22:20 etc.zip
```

压缩时不加路径。

```
[root@noylinux opt]# pwd
/opt
[root@noylinux opt]# ls
nyfolder
[root@noylinux opt]# zip -r -q etc.zip /etc
[root@noylinux opt]# ll -h
总用量 11M
-rw-r--r--. 1 root root 11M 8月  20 22:21 etc.zip
```

3. unzip

语法格式：

unzip [选项] [压缩包名]

描述：用于解压由 zip 命令压缩的".zip"压缩包。

unzip 命令的常用选项见表 5-41。

表 5-41 unzip 命令的常用选项

常用选项	说　明
-p	将解压缩的结果显示到屏幕上，但不会执行任何的转换
-l	显示压缩文件内所包含的文件
-v	执行时显示详细的信息
-P <密码>	使用 zip 的密码选项（P 是大写）
-d <目录>	指定文件解压缩后所要存储的目录
-x <文件>	指定不要处理 zip 压缩文件中的哪些文件

查看压缩包内的内容。

```
[root@noylinux opt]# unzip -l etc.zip
Archive:  etc.zip
  Length      Date    Time    Name
---------  ---------- -----   ----
        0  08-20-2022 22:18   etc/
     2889  08-20-2022 22:21   etc/mtab
      579  08-05-2022 23:24   etc/fstab
-----省略部分内容-----
```

对压缩包进行解压操作，加“-d”选项可以指定解压后存放的位置。

```
[root@noylinux opt]# ls /home/
xiaozhou
[root@noylinux opt]# unzip etc.zip -d /home/
Archive:  etc.zip
   creating: /home/etc/
 extracting: /home/etc/mtab
  inflating: /home/etc/fstab
 extracting: /home/etc/crypttab
-----省略部分内容-----
[root@noylinux opt]# ls /home/
etc  xiaozhou
```

第 6 章

"上古神器"之 Vim 编辑器

6.1 Vim 编辑器简介

Vim 的全称为"Vi IMproved"，是一款开源的、高度可定制的文本编辑工具。它本身是由 Vi 编辑器发展而来的升级版。Vim 编辑器的第一个版本由 Bram Moolenaar 在 1991 年发布，它在 Vi 编辑器的基础上增加了许多功能，使这款工具使用简单、功能强大，经过几年的发展，它已成为众多 Linux 发行版默认使用的文本编辑器。图 6-1 中就是 Vim 编辑器的 Logo。

图 6-1 Vim 编辑器的 Logo

Vim 编辑器因其代码补全、编译和错误跳转等方便编程的功能特别丰富，在程序员中被广泛使用，和 Emacs 并列成为类 UNIX 系统用户最喜欢的文本编辑器，笔者身边从事 IT 技术的朋友都在使用这款文本编辑器。能够得到这么多用户的认可离不开它的 3 种工作模式：命令模式、编辑模式和末行模式。这 3 种工作模式有各自的用途，且三者之间能够相互配合、相互切换，这使得工作效率能够得到极大的提升。

虽然刚接触的时候大家可能对这 3 种工作模式有些不适应，但用习惯后就会由衷地感觉"真不错！"

6.2 3 种工作模式

在使用 Vim 编辑器打开某个文件时，默认就处于命令模式中，在此模式下一般可对文件内容进行常规的编辑操作，例如，复制、粘贴、删除和翻页等。我们可以使用方向（上、下、左、右）键或 k、j、h、l 键来移动光标位置。

在命令模式下按 i、a、o 几个键都可以进入编辑模式，进入编辑模式的标志就是在页面的最下方出现一行字"-- 插入 --"。编辑模式就是对文件内容进行编辑操作，当文件编辑完成后按 Esc 键即可重新返回命令模式。

在命令模式下按冒号键（:）可以进入到末行模式，进入末行模式的标志就是页面的底部出现":"，并且光标会直接移动到底部冒号的位置。在此模式下可以进行保存、退出、查找、替换、显示行号、分屏和另存为等操作。若想重新回到命令模式，按 Esc 键即可，还可以在末行模式执行完命令之后自动回到命令模式（执行命令按回车键）。Vim 编辑器的 3 种工作模式如图 6-2 所示。

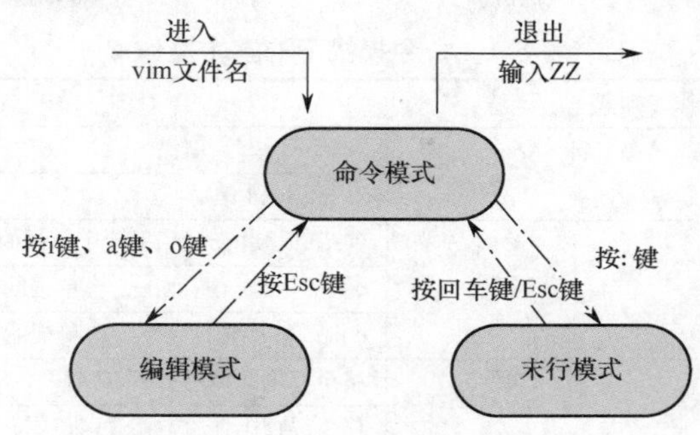

图 6-2　Vim 编辑器的 3 种工作模式

一般在企业中，Vim 编辑器除了用来编辑文档之外还有很多用途，例如写 Shell 脚本、写 Python 程序、多文档编辑和嵌入式开发等。接下来就一边介绍它的基本用法一边演示怎么去使用。

6.3　一些常用的基本操作

为了让大家尽快熟悉这 3 种工作模式，这里的基本操作就按模式分开来写，把每种模式的用法都介绍清楚，让大家直观地感受到 3 种工作模式各自的作用。

使用 Vim 编辑器打开文件的格式：

vim [+行号 | +/模式字符串] 文件名

先给大家演示使用 Vim 编辑器打开文件的各种“姿势”：

（1）直接打开文件，让光标停留在文件的首行。

```
[root@noylinux opt]# vim nypass.txt
```

（2）打开文件后，让光标停留在指定的行中。

```
[root@noylinux opt]# vim +6  nypass.txt
```

（3）打开文件后，让光标停留在最后一行。

```
[root@noylinux opt]# vim +  nypass.txt
```

（4）Vim 编辑器支持模式匹配，打开文件后将光标停留在文件中第一个与指定模式字符串匹配的那行上。

```
[root@noylinux opt]# vim  +/root  nypass.txt
```

注

这里我们用/etc/passwd 这个文件进行演示，但是因为该文件是系统中的敏感文件，乱改的话会导致用户登录报错等问题，所以我们复制这份文件到其他目录进行演示。

1. 命令模式

命令模式下的基本操作包括光标移动、删除、撤销、复制、粘贴和替换等，这些操作都有对应的按键，具体见表 6-1。

表 6-1　命令模式下的基本操作

操作	操作对象	按　键
光标移动	单个字符	上、下、左、右键
		k、j、h、l 键
	单词	w 键：移动光标到下一个单词的单词首
		b 键：移动光标到上一个单词的单词首
		e 键：移动光标到下一个单词的单词尾
	行首、行尾	移至行尾：使用“$”符号
		移至行首：使用数字“0”或符号“^”
	指定行	数字+回车键：先输入数字，然后按回车键跳转，数字为行号
		数字+G 键：先输入数字，然后按大写 G 键跳转，数字为行号
删除	光标后的单个字符	x 键
	光标所在的整行	按两下 d 键
	光标以下的 n 行	n 键＋d 键＋d 键
	光标以下的所有内容	d 键＋G 键
	从光标处到行尾	D 键
撤销	上一次的操作	u 键
	刚才的多次操作	多按几次 u 键
复制	光标所在的单行	y 键＋y 键
	光标以下的 n 行	n 键＋y 键＋y 键
粘贴	复制的内容	P 键
替换	光标所在的单个字符	r 键
	从光标所在的位置开始替换字符，输入会覆盖后面的文本内容，直到按 Esc 键结束替换操作	R 键

2．编辑模式

编辑模式下的快捷键作用见表 6-2。

表 6-2　编辑模式下的快捷键作用

按键	说　明
i	在当前光标所在的位置前面插入键盘输入的内容，光标后的文本相应向右移动
I	在光标所在行的行首插入键盘输入的内容，行首是该行的第一个非空白字符
a	在当前光标所在位置后面插入键盘输入的内容
A	在光标所在行的行尾插入键盘输入的内容
o	在光标所在行的下面新插入一行。光标停在新行的行首，等待键盘输入的内容
O	在光标所在行的上面新插入一行。光标停在新行的行首，等待键盘输入的内容

3．末行模式

在末行模式下的保存与退出指令见表 6-3。

表 6-3　末行模式下的保存与退出指令

指令	说　明
w	保存文档内容，但不退出
q	不保存修改的内容，直接退出
!	强制性操作

将文档内容保存并退出 Vim 编辑器时可以将这 3 个指令结合起来使用。

```
:wq!   #在末行模式输入 3 个指令之后，强制保存并退出，按回车键执行！
:n     表示将光标跳转到第 n 行，执行完指令将自动转到命令模式
:45   #在末行模式输入数字 45，按回车键会将光标跳转到第 45 行，并自动转到命令模式
```

末行模式下的基本操作见表 6-4。

表 6-4　末行模式下的基本操作

作　用		按键与具体格式
行号设置	显示行号	set nu
	取消显示行号	set nonu
颜色帮助（默认开启）	开启颜色帮助	syn on
	关闭颜色帮助	syn off
右下角状态	开启	set ruler
	关闭	set noruler
批量替换	自定义范围	替换起始行，替换结束行 s/源字符串/替换后的字符串/g
	全局范围	%s/源字符串/替换后的字符串/g

右下角中显示的内容有光标所在的行和列、内容显示的百分比。

其中，在批量替换中使用的两个表达式的各关键部分含义如下：

- 替换起始行：输入行号，从哪一行开始搜索。
- 替换结束行：输入行号，搜索到哪一行结束。
- 源字符串：要替换的内容。
- 替换后的字符串：替换成什么内容。
- /：分割符，固定不变。
- %：全局，整个文件。
- s：替换命令。
- g 在命令末尾：对所有搜索到的字符串进行替换。
- 不加 g：只对首次搜索到的字符串进行替换。

替换字符串的不同方式如下：

（1）在全局中只将第一个搜索到的 root 字符串替换为 noylinux。

```
:%s/root/noylinux/
```

（2）在全局中将搜索到的所有 root 字符串全部替换为 noylinux。

```
:%s/root/noylinux/g
```

（3）从第 7 行至第 23 行范围内搜索 nologin 字符串，并将其全部替换为 logout 字符串。

```
:7,23  s/nologin/logout/g
```

替换操作完成后别忘记保存文档！

在 Vim 编辑器中做代码开发工作少不了注释这个操作，Vim 编辑器可以同时进行多行注释，多行注释的操作也是在末行模式下进行的，具体的语法格式如下：

- 添加多行注释（#）：

  起始行，终止行　s/^/#/g

- 取消多行注释（#）：

  起始行，终止行　s/^#//g

- 添加多行注释（//）：

  起始行，终止行　s/^/\/\//g

- 取消多行注释（//）：

  起始行，终止行　s/^\/\///g

注

不同的开发语言用的注释符号也不一样，Bash、Python 使用“#”作为单行注释，而 C/C++、Java、PHP 这些开发语言则使用“//”作为单行注释。

案例

对 Shell 脚本中的 1～3 行进行注释操作。

```
:1,3  s/^/#/g
```

Vim 编辑器的一些常用的基本操作就介绍到这里，本节的内容需要多多练习，但是也不需要完全按照案例去操作，可以适当地做出一些改变，学习技术重在灵活应用。

6.4　可视化（Visual）模式

本节介绍 Vim 编辑器的另一种工作模式，上文介绍的针对文本内容的操作模式，要么是对单个字符进行操作，要么是对某行进行操作。那有没有一种针对某列或某块区域进行操作的模式呢？

有的！为了便于选取文本内容，Vim 编辑器引入了可视化（Visual）模式。可视化（Visual）模式就是在整个文本内容中让大家选取一块区域，这块区域可以是几个字符、几行内容或几列内容，针对整块选中的区域进行一系列的操作。

可视化模式下的操作又分为 3 种衍生模式，如图 6-3 所示。

（1）字符可视化模式：以单个字符为单位选择目标文本内容。

（2）行可视化模式：以行为单位选择目标文本内容。

（3）块可视化模式：按照块的方式选择目标文本内容。

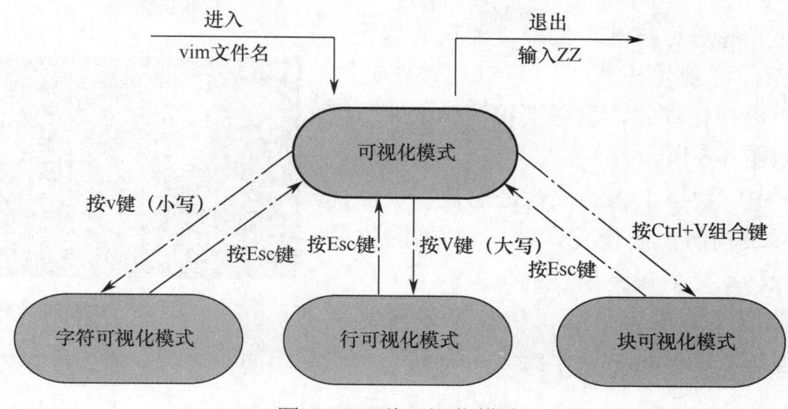

图 6-3　3 种可视化模式

那怎样选取文本内容呢？进入到可视化模式后，以光标的位置为起点，通过上、下、左、右键或 h、j、k、l 键来移动光标可进行区域选取。

在 3 种可视化模式下使用光标选取区域的选取单位是有区别的，刚才也说过，有的以字符为单位、有的以行为单位、有的按块的方式选择。这里就以“/etc/passwd”文件为例进行一个最直观的演示，把在 3 种模式下选取文本内容的区别展示给大家。

> **注**
>
> 千万不要直接编辑修改“/etc/passwd”文件，稍有不慎就会引起操作系统崩溃！为了系统安全考虑，我们将此文件拷贝一份到/opt 目录下，演示操作/opt 目录下的“passwd”文件。

```
[root@noylinux opt]# cp /etc/passwd  /opt/   #拷贝此文件到/opt 目录下
[root@noylinux opt]# vim /opt/passwd         #对拷贝的副本进行演示操作
```

使用 Vim 编辑器打开“/opt/passwd”文件后，默认是在命令模式下，按小写的 v 键进入字符可视化模式，通过方向键进行选择，如图 6-4 所示。

在图 6-4 中，数字 1 指的位置是进入可视化模式时光标最初所在的位置，数字 2 指的位置是对光标进行移动之后最终所在的位置。

目前是在字符可视化模式下，可以直接在此模式下进入行可视化模式，只需要按大写的 V 键即可（不需要先回到命令模式后再按 V 键切换），如图 6-5 所示。

```
root:x:0:0:root:/root:/bin/bash
bin:x:1:1:bin:/bin:/sbin/nologin
daemon:x:2:2:daemon:/sbin:/sbin/nologin
adm:x:3:4:adm:/var/adm:/sbin/nologin
lp:x:4:7:lp:/var/spool/lpd:/sbin/nologin
sync:x:5:0:sync:/sbin:/bin/sync
shutdown:x:6:0:shutdown:/sbin:/sbin/shutdown
halt:x:7:0:halt:/sbin:/sbin/halt
mail:x:8:12:mail:/var/spool/mail:/sbin/nologin
operator:x:11:0:operator:/root:/sbin/nologin
games:x:12:100:games:/usr/games:/sbin/nologin
-- 可视 --
```
1　2　识别标识

图 6-4　进入字符可视化模式

```
bin:x:1:1:bin:/bin:/sbin/nologin
daemon:x:2:2:daemon:/sbin:/sbin/nologin
adm:x:3:4:adm:/var/adm:/sbin/nologin
lp:x:4:7:lp:/var/spool/lpd:/sbin/nologin
sync:x:5:0:sync:/sbin:/bin/sync
shutdown:x:6:0:shutdown:/sbin:/sbin/shutdown
halt:x:7:0:halt:/sbin:/sbin/halt
mail:x:8:12:mail:/var/spool/mail:/sbin/nologin
operator:x:11:0:operator:/root:/sbin/nologin
games:x:12:100:games:/usr/games:/sbin/nologin
ftp:x:14:50:FTP User:/var/ftp:/sbin/nologin
-- 可视 行 --
```
1　2　识别标识

图 6-5　进入行可视化模式

在图 6-5 中，数字 1 指的位置是切换到行可视化模式时光标最初所在的位置，数字 2

指的位置是对光标进行移动之后最终所在的位置。

目前是在行可视化模式下，可以直接在此模式下进入到块可视化模式，只需要按“Ctrl+V”组合键即可，如图 6-6 所示。

在图 6-6 中，数字 1 指的位置是切换到块可视化模式时光标最初所在的位置，数字 2 指的位置是对光标进行移动之后最终所在的位置。

图 6-6　块可视化模式

学习完选取文本内容之后，接下来就需要学习该如何处理选取的区域，这里给大家罗列了一些常用的快捷键，见表 6-5。

表 6-5　常用的快捷键

按键	说　明
d	删除选中区域的文本
c	修改选中区域的文本，顺序是先删除选中的文本，再输入想要的内容
r	替换选中区域的文本，将选中的文本替换成单个字符
I	在选中的文本区域前面插入
A	在选中的文本区域后面插入
u	将选中区域的大写字符全部改为小写字符
U	将选中区域的小写字符全部改为大写字符
~	将选中区域的文本大小写互调
>	将选中部分右移（缩进）一个 Tab 键规定的长度
<	将选中部分左移一个 Tab 键规定的长度
y	对选中区域进行复制操作
p	将复制的内容粘贴到光标之后
P	将复制的内容粘贴到光标之前

接下来我们通过两个实用案例的演示帮助大家掌握上述操作。

把选中文本内容注释掉。

操作步骤：Ctrl+V 组合键→ 选取目标块 → I 键（大写）→ #键→ Esc 键，如图 6-7 所示。

图 6-7　将选中文本内容注释掉

将选中区域的所有小写字符转换为大写。

操作步骤：Ctrl+V 组合键→ 选取目标块 → U 键（大写），如图 6-8 所示。

```
#root:x:0:0:root:/root:/bin/bash
#bin:x:1:1:bin:/bin:/sbin/nologin
#daemon:x:2:2:daemon:/sbin:/sbin/nologin
#adm:x:3:4:adm:/var/adm:/sbin/nologin
#lp:x:4:7:lp:/var/spool/lpd:/sbin/nologir
#sync:x:5:0:sync:/sbin:/bin/sync
#shutdown:x:6:0:shutdown:/sbin:/sbin/shut
#halt:x:7:0:halt:/sbin:/sbin/halt
#mail:x:8:12:mail:/var/spool/mail:/sbin/r
#operator:x:11:0:operator:/root:/sbin/nol
#caoxiaopeng:x:1004:1005::/home/caoxiaope
~
-- 可视 块 --
```

选中目标块，按大写U键

```
#root:x:0:0:root:/root:/bin/bash
#bin:x:1:1:bin:/BIN:/SBIN/NOlogin
#daemon:x:2:2:daEMON:/SBIN:/sbin/nol
#adm:x:3:4:adm:/VAR/ADM:/SBIn/nologi
#lp:x:4:7:lp:/vaR/SPOOL/LPD:/sbin/no
#sync:x:5:0:sync:/SBIN:/BIN/sync
#shutdown:x:6:0:SHUTDOWN:/SBin:/sbin
#halt:x:7:0:halt:/SBIN:/SBIN/halt
#mail:x:8:12:maiL:/VAR/SPOOL/mail:/s
#operator:x:11:0:OPERATOR:/Root:/sbi
#caoxiaopeng:x:1004:1005::/Home/caox
```

图 6-8　将选中区域的小写字符转换为大写

在选取目标块时，按 o 键可以改变选取区域延伸的方向。

第 7 章 融会贯通之用户和用户组管理

7.1 引言

Linux 是一个多用户与多任务的分时操作系统，一般在企业中，如果有技术人员需要使用 Linux 操作系统，那必须先向 Linux 运维工程师申请一个普通账号，然后以这个普通账号的身份登录到系统中。

在企业中所有的硬件服务器，包括服务器上安装操作系统都统一归属运维工程师管理。由于大部分企业的服务器上安装的都是 Linux 操作系统，所以这个职位又叫作 Linux 运维工程师。

在企业中，Linux 运维工程师对系统账号的管理是十分严格的。在 Linux 操作系统中用户的类型一般分为超级管理员（root）、系统用户和普通用户三类：

（1）超级管理员：即 root 用户，在整个 Linux 操作系统中权限最高，权限最高也意味着风险最高，若操作失误就可能使整个系统崩溃。

（2）系统用户：默认不登录操作系统，用于运行和维护系统的各种服务。

（3）普通用户：一般供技术人员工作使用，权限会受到管理员的限制。

所以，在企业中关于 Linux 操作系统账号管理的情况一般是这样的：root 账号由 Linux 运维工程师和技术领导掌控，其他技术人员若要登录操作系统只能使用普通用户账号。

归根结底还是为了保障 Linux 操作系统的安全，让技术人员使用普通用户账号一方面可以使 Linux 运维工程师很方便地去追踪正在使用操作系统的用户，必要的时候还可以控制他们的操作。另一方面是每个普通用户都有自己的家目录且相互之间不受影响，这就为每个用户提供了安全性保护，比如用户 A 想查看用户 B 系统里的某个文件，这是不允许的，除非用户 A 授予权限，不然用户 B 没办法随意查看其他用户的文件。

7.2 用户和用户组

正如上文所述，企业中使用的 Linux 操作系统一般都会有非常多的用户，这些用户有着各自不同的作用，有的用来做测试、有的用来运行服务、有的用来做开发等。作为一名 Linux 运维工程师，就需要管理好这些用户。那么多的用户，挨个去管理会特别吃力，而且耗费精力，那怎么办呢？有办法！将一些工作内容相似的用户组成一个用户组，通过管理这个组就间接地管理了这些用户。

举个简单的例子，某个企业的技术部门中有 50 个技术人员，分别是 C 开发工程师、Java 开发工程师、Web 前端工程师和测试工程师，每个人在 Linux 操作系统上都有各自的用户账号。在操作系统上创建 C 开发组、Java 开发组、Web 开发组和测试组 4 个用户组，把相关的用户账号放到各自对应的用户组中，管理这 4 个用户组就等于管理了这 50 个用户，所以给用户分组是 Linux 操作系统对用户进行集中管理和控制访问权限的一种手段，通过自定义用户组，可以简化用户管理工作。

1. 用户

Linux 操作系统中与用户相关的配置文件有两个，分别是"/etc/passwd"和"/etc/shadow"，"/etc/passwd"文件专门用于存放操作系统中所有用户的账号信息，而且所有用户都有权限查看此文件的内容，但是只有 root 管理员才能进行修改。基于这种特性，早期一些黑客很容易地获取到密码字符串进行暴力破解，所以之后专门对此文件进行了改进，将密码专门存放到"/etc/shadow"文件中，并做了严格的权限控制，而"/etc/passwd"文件中关于密码的那一段内容改用占位符"x"做标识。

我们来看一下"/etc/passwd"文件的内容，文件中的每一行代表一个用户，每行内容用":"作为分隔符划分成 7 个字段，每个字段都有各自所代表的含义，具体见表 7-1。

```
[root@noylinux ~]# cat /etc/passwd
root:x:0:0:root:/root:/bin/bash
bin:x:1:1:bin:/bin:/sbin/nologin
daemon:x:2:2:daemon:/sbin:/sbin/nologin
-----省略部分内容-----
tcpdump:x:72:72::/:/sbin/nologin
xiaozhou:x:1000:1000:xiaozhou:/home/xiaozhou:/bin/bash
noylinux:x:1001:1001::/home/noylinux:/bin/bash
```

表 7-1 "/etc/passwd"文件 7 个字段的含义

段位置	说　明
第一段	用户名，这是用户在登录时使用的账号名称，在系统中是唯一的，不能重复
第二段	用户密码，早期该字段是用于存放账号密码的，后来由于安全原因，把密码转移到"/etc/shadow"文件中，这里改用占位符"x"做标识
第三段	用户标识号（UID），相当于身份证，UID 一般由整数表示，在不同的 Linux 发行版中，UID 值的范围也有所不同，但是在系统中每个用户都有唯一的 UID，系统管理员（root）的 UID 为 0
第四段	组标识号（GID），用户对应的初始组 ID 号，也是由整数表示的，在不同的 Linux 发行版中，GID 值的范围也有所不同，当添加账户时，默认会同时建立一个与用户同名且 UID 和 GID 相同的组。在系统中每个组都有唯一的 GID
第五段	全名或注释，包含一些关于用户的介绍信息，并无实际作用
第六段	用户家目录，登录后先进入的目录，默认为"/home/用户名"格式的目录
第七段	当前用户登录后默认使用的 Shell 解释器。如果不希望用户登录系统，可以用 usermod 命令或者手动修改 passwd 文件，将该字段改为/sbin/nologin 即可。稍微留意就会发现，大部分系统用户的这个字段都是/sbin/nologin，表示禁止登录系统，这也是出于系统安全的考虑

接下来再讲解一下"/etc/shadow"文件中各个字段的含义。同样，在文件中每一行代表一个用户，使用":"作为分隔符将每行用户信息划分为 9 个字段，具体见表 7-2。

大家要注意这个文件只有 root 用户能够读取其中的内容，其他用户没有权限，这就保证了用户密码的安全性。

```
[root@noylinux ~]# cat /etc/shadow
root:$6$JQrTGnEj3ndRUiwa$Pf5/qKwrjjADVuaUJl0QwHdXQ1i8kQSV.lmz5mLW1ZoPzJk.:18847
:0:99999:7:::
bin:*:18397:0:99999:7:::
-----省略部分内容-----
xiaozhou:$6$7/w.37JMhvkICq43j3yEZBesZ5LEIHvEMCoGhn5wPLWMXOMWbKSvQbKav/::0:99999:7:::
noylinux:!!:18867:0:99999:7:::
```

表 7-2 “/etc/shadow”文件 9 个字段的含义

段位置	说　明
第一段	用户名，与“/etc/passwd”文件中的用户名有相同的含义
第二段	加密的密码信息，这里保存的是真正加密的密码。目前密码采用的是 SHA512 散列加密算法。SHA 512 散列加密算法的加密等级高，保证了安全性。需要注意的是，这串加密后的密码千万不能手动修改，否则系统将无法识别密码导致密码失效。容易发现，系统用户的这一段显示的密码都是 "!!" 或"*"，这代表没有密码是不能登录的。新创建的用户如果不设定密码，它的密码项也是 "!!"，代表该用户未设置密码，不能登录
第三段	最后一次修改密码的时间
第四段	密码最短修改时间间隔，默认值为 0。也就是说，该字段规定了从第三字段开始，多长时间之内不能修改密码。若是 0，则表示密码可以随时修改；若是 20，则表示密码修改后的 20 天之内不能再次修改密码
第五段	密码的最长有效期，默认值为 99999
第六段	提前多少天警告用户需要修改密码，默认值为 7 天。距离需要更改密码的第 7 天开始，用户每次登录都会向该用户发出“修改密码” 的警告信息
第七段	密码过期后的宽限天数，在密码过期后，用户如果还是没有修改密码，则在此字段规定的宽限天数内，用户还可以登录系统进行工作。如果过了宽限天数，系统会将该用户的密码设为失效，密码失效后用户将无法登录系统
第八段	用户账号失效时间
第九段	保留字段（未使用）

以上就是在 Linux 操作系统中关于记录用户信息的两个配置文件，我们之前经常说 root 用户在 Linux 操作系统中拥有最高权限，但是大家可能没有体验过 root 用户的权限高到哪种程度，这次我们就玩得刺激一点（一定要在虚拟机中进行尝试并提前做好快照！因为我们这次要对操作系统进行“破坏性”实验），做好快照后使用 root 用户删除“/etc/passwd”和“/etc/shadow”这两个文件：

```
[root@noylinux ~]# rm -rf /etc/passwd  /etc/shadow
```

注销 root 用户，一般注销的作用是退出该用户的登录并返回到用户登录界面，但是当我们删除了“/etc/passwd”和“/etc/shadow”这两个配置文件之后，再进行注销操作。由图 7-1 可见，系统屏幕一片漆黑，所有按键都没反应并且系统上的所有用户都无法登录。当我们重启时就会发现，屏幕一直在转圈圈，没有任何反应。

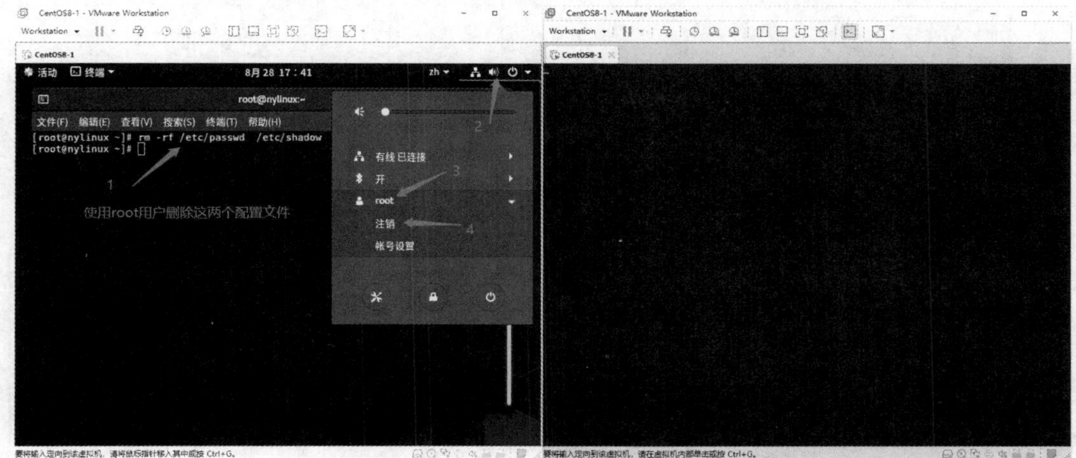

图 7-1 注销用户

现在大家能理解 root 用户的权限有多么恐怖了吧，可能一不小心敲错了的一条命令就能使整个系统瘫痪！所以说在企业中非必要的话，能不用 root 账号就不用 root 账号，因为 root 不止是拥有最高权限的账号，还是拥有最大破坏力的账号。

尝试过上述操作的读者可以直接恢复快照，快照恢复后就又可以继续愉快地“玩耍”了。没听我劝告不做快照就直接删除文件的朋友，您目前有两种选择：一种是重启进入单用户模式，从备份文件（/etc/passwd- ）中进行恢复，若是您将实验玩得更彻底把所有文件都删干净的话，那只能重装系统了。

关于用户信息相关的配置文件就先介绍到这里，接下来介绍用户组。

2. 用户组

给用户分组是 Linux 操作系统中对用户进行管理和控制访问权限的一种手段，通过自定义用户组，可以在很多程序上简化用户管理工作。

用户与用户组之间有以下 4 种对应关系：

（1）一对一：一个用户只归属在一个用户组中，是组中的唯一成员。

（2）一对多：一个用户可以是多个用户组中的成员，此用户具有多个用户组的共同权限。

（3）多对一：多个用户可以存在一个组中，这些用户具有和组相同的权限。

（4）多对多：多个用户可以存在于多个用户组中，也就是以上 3 种关系的扩展。

与用户组相关的配置文件也有两个，分别是“/etc/group”和“/etc/gshadow”。“/etc/group”文件专门用于存放系统中所有用户组的信息，而且所有用户都有权限查看这个文件的内容，但是只有 root 管理员才能进行修改。与用户密码一样，组密码也专门存放到“/etc/gshadow”文件中，并且也做了严格的权限控制，这个文件只有 root 用户才能读取其中的内容，其他用户没有任何权限，这就保证了用户组密码的安全性。

我们先来看“/etc/group”文件的内容，文件中的每一行代表一个用户组，每行内容用“:”作为分隔符划分成 4 个字段，每个字段都有各自所代表的含义，具体见表 7-3。

```
[root@noylinux ~]# cat /etc/group
root:x:0:
```

```
bin:x:1:
daemon:x:2:
-----省略部分内容-----
xiaozhou:x:1000:
noylinux:x:1001:
```

表 7-3 "/etc/group"文件 4 个字段的含义

段位置	说　明
第一段	组名，也就是用户组的名称，由字母或数字构成。与"/etc/passwd"文件中的用户名一样，组名也不能重复
第二段	组密码，与"/etc/passwd"文件一样，这里的占位符"x"仅仅是密码的标识，真正加密后的组密码默认保存在"/etc/gshadow"文件中
第三段	组标识号（GID），用户组的 ID 号，在整个操作系统中 GID 是唯一的，一般创建用户时自动创建的组 GID 会与 UID 相同
第四段	组中的用户，这里会列出该组中包含的所有用户。需要注意的是，如果该用户组是这个用户的初始组，则用户不会写入到这个字段，可以这么理解，这个字段显示的用户都是这个用户组的附加用户

用户组密码：用户设置密码是为了在登录时验证身份，那用户组设置密码的作用是什么呢？用户组密码主要用来指定组管理员，由于系统中的用户账号非常多，root 管理员可能没有时间和精力对这些用户的组进行及时的调整，这时就可以给用户组指定组管理员，如果有用户需要加入或退出某用户组，可以由该组的组管理员替代 root 管理员进行管理。但是这个功能目前已经很少使用了，因为现在有 sudo 命令，管理时基本不会设置组密码。

初始组与附加组：每个用户都可以加入多个附加组，但只能属于一个初始组。所以，若需要把用户加入其他组，就需要以附加组的形式添加进入。在一般情况下，初始组就是在创建用户的时候操作系统自动创建的和用户名同名的组。

同样，"/etc/gshadow"文件中的每一行代表一个用户组，每行内容用":"作为分隔符划分成 4 个字段，每个字段都有各自所代表的含义，具体见表 7-4。

```
[root@noylinux ~]# cat /etc/gshadow
root:::
bin:::
daemon:::
-----省略部分内容-----
xiaozhou:!::
noylinux:!::
```

表 7-4 "/etc/gshadow"文件 4 个字段的含义

段位置	说　明
第一段	组名，与"/etc/group"文件中的组名相对应
第二段	组密码，就像上文提到的，大多数管理员通常不会去设置组密码，因此该字段常为空，但有时为"!"，表示该用户组没有组密码，也没有设置组管理员
第三段	组管理员
第四段	组中的附加用户，该字段用于显示用户组中有哪些附加用户，和"/etc/group"文件中附加组显示的内容相同

至此，与用户和用户组相关的 4 个重要配置文件就介绍完了，接下来介绍与用户相关的各种命令。

7.3 用户的添加、删除与管理命令

1. useradd

语法格式：

useradd [选项] 用户名

描述：用来建立用户账号。

useradd 命令的常用选项见表 7-5。

表 7-5 useradd 命令的常用选项

常用选项	说 明
-u	指定 UID 号（默认系统递增）
-d	指定宿主目录，默认为“/home/用户名”
-e	用户账户将被禁用的日期， 日期以 YYYY-MM-DD 格式指定
-g	指定用户的初始组名（或 GID 号）
-G	指定用户的附加组名（或 GID 号）
-m	自动为用户建立并初始化宿主目录
-s	指定用户登录时默认使用的 Shell
-D	查看新建用户的默认配置项（/etc/default/useradd）

创建新用户，暂时先不设置密码。

```
[root@noylinux ~]# useradd user1
[root@noylinux ~]# tail -n 2 /etc/passwd
noylinux:x:1001:1001::/home/noylinux:/bin/bash
user1:x:1002:1002::/home/user1:/bin/bash
[root@noylinux ~]# tail -n 2 /etc/shadow
noylinux:$6$q0l8Lgs9d6Sk2DwfDspfPJyogQFy7ZfA.ROSoucXvGWzbcQcz9y7j1:18868:0:9999
9:7:::
user1:!!:18868:0:99999:7:::
```

使用 useradd 命令创建用户的详细过程如下：

（1）操作系统读取“/etc/login.defs”和“/etc/default/useradd”这两个配置文件，看这两个文件的内容就明白，存放的都是创建用户时默认的配置参数。

（2）根据这两个配置文件中定义的默认配置参数去添加用户，添加用户的过程中会自动创建对应的初始用户组，同时还会在“/etc/passwd”“/etc/group”“/etc/shadow”“/etc/gshadow”这 4 个文件中添加一行关于这个用户和组的相关信息。

（3）自动在“/etc/default/useradd”配置文件设定的目录下建立用户的家目录，默认

是在“/home”目录下。

（4）复制“/etc/skel”目录中的所有文件到此用户的家目录中，此目录下的文件是隐藏文件，所以得使用 ls -a 命令查看。

创建用户过程中涉及的几个文件如下：

（1）/etc/login.defs：设置用户账号限制相关的配置文件。

```
[root@noylinux ~]# egrep -v "^#|^$"  /etc/login.defs
MAIL_DIR            /var/spool/mail     #创建用户时要在此目录创建一个用户 mail 文件
UMASK               022                 #权限掩码初始化值
HOME_MODE           0700                #用户家目录的权限
PASS_MAX_DAYS       99999               #密码的最长有效期
PASS_MIN_DAYS       0                   #密码最短修改时间间隔
PASS_MIN_LEN5                           #密码的最小长度
PASS_WARN_AGE       7                   #提前多少天警告用户需要修改密码
UID_MIN             1000                #普通用户标识号（UID）的最小值
UID_MAX             60000               #普通用户标识号（UID）的最大值
SYS_UID_MIN         201                 #系统用户标识号（UID）的最小值
SYS_UID_MAX         999                 #系统用户标识号（UID）的最大值
GID_MIN             1000                #普通用户组标识号（GID）的最小值
GID_MAX             60000               #普通用户组标识号（GID）的最大值
SYS_GID_MIN         201                 #系统用户组标识号（GID）的最小值
SYS_GID_MAX         999                 #系统用户组标识号（GID）的最大值
CREATE_HOME  yes                        #使用 useradd 命令创建用户时自动创建家目录
USERGROUPS_ENAB yes                     #删除用户时是否同时删除初始用户组
ENCRYPT_METHOD SHA512                   #用户密码采用的加密方式，默认使用 SHA512
```

（2）/etc/default/useradd。

```
[root@noylinux ~]# cat /etc/default/useradd
# useradd defaults file
GROUP=100            #若使用 useradd 命令创建用户时没有指定组，并且/etc/login.defs
配置文件中的 USERGROUPS_ENAB 配置项为 no 或者 useradd 使用了-N 选项，此配置项将在创建用户时使
用此用户组 GID
HOME=/home           #默认创建用户时家目录存放的位置
INACTIVE=-1          #是否启用账号过期，-1 表示不启用
EXPIRE=              #账号终止日期，不设置表示不启用
SHELL=/bin/bash      #新用户默认所用的 shell 类型
SKEL=/etc/skel       #新用户家目录中的默认环境文件存放路径
CREATE_MAIL_SPOOL=yes #创建邮箱 (mail)文件
```

（3）/etc/skel 目录下的隐藏文件。

```
[root@noylinux ~]# ls -a /etc/skel/
.bash_logout       #用户每次退出登录时执行此配置文件
.bash_profile           #用户每次登录时执行此配置文件
.bashrc            #用户每次进入新的 Bash 环境时执行此配置文件
```

正如上文介绍的，所有关于用户和用户组相关的配置文件之间都是相互关联的。

2. passwd

语法格式：

passwd [选项] 用户名

描述：用 useradd 命令创建完用户后还无法登录，因为没有设置密码，passwd 命令就是用来设置用户的认证信息的，包括用户密码、密码过期时间等，除此之外还可以用此命令重置用户密码。

passwd 命令的常用选项见表 7-6。

表 7-6 passwd 命令的常用选项

常用选项	说明
-u	解开已上锁的账号
-l	锁定用户账号
-s	列出密码的相关信息，仅系统管理员才能使用
-d	删除密码，仅系统管理员才能使用

注

普通用户和超级权限用户都可以使用 passwd 命令，但普通用户只能更改自己的用户密码，而超级权限用户可以更改所有用户的密码。

案例

普通用户重置密码。

```
[user1@noylinux ~]$ passwd
更改用户 user1 的密码。
Current password:     #这里输入的是目前用户的密码
新的 密码:
无效的密码： 密码未通过字典检查，太简单或太有规律
passwd: 鉴定令牌操作错误
[user1@noylinux ~]$
[user1@noylinux ~]$ passwd
更改用户 user1 的密码。
Current password:
新的 密码:
重新输入新的 密码:
passwd: 所有的身份验证令牌已经成功更新
```

使用 root 用户强行重置普通用户的密码。

```
[root@noylinux ~]# passwd user1
更改用户 user1 的密码。
新的 密码:
重新输入新的 密码:
passwd: 所有的身份验证令牌已经成功更新
```

3. usermod

语法格式：

usermod [选项] 用户名

描述：用于修改用户的各种属性。

usermod 命令的常用选项见表 7-7。

表 7-7 usermod 命令的常用选项

常用选项	说　明
-d <目录>	修改用户的家目录，目录必须使用绝对路径
-e 日期	修改账号的有效期限，格式为 “YYYY-MM-DD”，用此选项修改失效时间就等于修改“/etc/shadow”文件中的第 8 个字段
-u UID	修改用户的 UID
-g 组名	修改用户的初始用户组，对应的“/etc/passwd”文件中用户信息的第 4 字段（GID）也会发生改变
-G 组名	修改用户的附加组，把用户加入其他用户组，对应的“/etc/group”文件也会发生改变
-l	更改用户账号的登录名称
-L	锁定用户密码，使密码无效
-U	解除用户的密码锁定
-s <Shell>	修改用户登入后所使用的 Shell

将用户 user1 的登录 Shell 修改为 sh，主目录改为“/home/tttt”，并将此用户附加到 noylinux 用户组中。

```
[root@noylinux ~]# tail -n 1 /etc/passwd
user1:x:1002:1002::/home/user1:/bin/bash
[root@noylinux ~]# tail -n 2 /etc/group
noylinux:x:1001:
user1:x:1002:
[root@noylinux home]# mkdir tttt
[root@noylinux home]# ls
noylinux  tttt  user1  xiaozhou
[root@noylinux ~]# usermod -s /bin/sh -d /home/tttt -G noylinux user1
[root@noylinux ~]# tail -n 1 /etc/passwd
user1:x:1002:1002::/home/tttt:/bin/sh
[root@noylinux ~]# tail -n 2 /etc/group
noylinux:x:1001:user1
user1:x:1002:
```

4. userdel

语法格式：

userdel [-r] 用户名

描述：用于删除给定的用户以及与用户相关的文件。若不加选项，则仅删除用户账号，而不删除相关文件。-r 选项表示删除用户的同时，删除与用户相关的所有文件。

删除用户 user2 并且连同 user2 的家目录一起删除。

```
[root@noylinux home]# ls
noylinux  tttt  user1  user2  xiaozhou
[root@noylinux home]# userdel  -r user2
[root@noylinux home]# ls
noylinux  tttt  user1  xiaozhou
```

5. id

语法格式：

id　用户名

描述：打印真实、有效的用户和所在组的信息。

查询用户 user2 的用户 ID 和相关用户组 ID。

```
[root@noylinux home]# id user2
uid=1003(user2) gid=1003(user2) 组=1003(user2),1004(group1)
```

7.4 用户组的添加、删除与管理命令

1. groupadd

语法格式：

groupadd　[选项]　组名

描述：用于创建一个新的用户组，新用户组的信息将被添加到系统文件中。

groupadd 命令的常用选项见表 7-8。

表 7-8　groupadd 命令的常用选项

常用选项	说　明
-g GID	指定新建用户组的 ID
-r	创建系统群组

添加用户组 user5。

```
[root@noylinux home]# groupadd  user5
[root@noylinux home]# tail -n 1 /etc/group
user5:x:1002:
```

2. groupmod

语法格式：

groupmod [选项] 组名

描述：用于修改用户组的各种属性。

groupmod 命令的常用选项见表 7-9。

表 7-9 groupmod 命令的常用选项

常用选项	说明
-g GID	修改组 ID
-n 新组名	修改组名

将用户组 user5 的组名修改为 user9。

```
[root@noylinux home]# groupmod  -n  user9 user5
[root@noylinux home]# tail -n 1 /etc/group
user9:x:1002:
```

3. groupdel

语法格式：

groupdel 组名

描述：用于删除指定的组，本命令可修改的组文件包括/ect/group 和/ect/gshadow。若该群组中仍包括某些用户，则必须先删除这些用户后，方能删除群组。

删除用户组 user9。

```
[root@noylinux home]# groupdel user9
[root@noylinux home]# tail -n 1 /etc/group
noylinux:x:1001:
```

4. gpasswd

语法格式：

gpasswd [选项] 组名

描述：用于管理用户组。是组文件/etc/group 和/etc/gshadow 的管理工具。

gpasswd 命令的常用选项见表 7-10。

表 7-10 gpasswd 命令的常用选项

常用选项	说明
-a 用户名 组名	将用户加入用户组中
-d 用户名 组名	将用户从用户组中移除
-A 用户 1,用户 2,… 组名	将用户组交给这些用户去管理，设置为组管理员
-M 用户 1,用户 2,… 组名	将这些用户加入此用户组中

案例

将用户 user1 和 user2 加入到新创建的 group1 群组中。

```
[root@noylinux home]# useradd user1
[root@noylinux home]# useradd user2
[root@noylinux home]# groupadd group1
[root@noylinux home]# tail -n 1 /etc/group
group1:x:1004:
[root@noylinux home]# tail -n 1 /etc/group
group1:x:1004:user1,user2
```

从用户组 group1 中删除用户 user1。

```
[root@noylinux home]# gpasswd  -d  user1  group1
正在将用户“user1”从“group1”组中删除
[root@noylinux home]# tail -n 1 /etc/group
group1:x:1004:user2
```

5. groups

语法格式：

groups　用户组名

描述：用于查询用户所属的用户组。

案例

查询用户 user2 所属的用户组：

```
[root@noylinux home]# groups user2
user2 : user2 group1
```

第8章

登堂入室之文件和文件夹的权限管理

8.1 引言

在学习文件权限管理之前要搞清楚一个问题：在 Linux 操作系统中为什么需要设定不同的权限，所有用户都直接使用管理员身份不好吗？不是更省事吗，为什么非得做权限管理呢？

在家庭环境中使用的计算机没必要进行权限控制，因为能接触到计算机的也就是几个自己信任的人，而且家庭中使用计算机也无非是玩游戏、浏览网页而已。在这种情况下，可以放心地让所有用户直接使用管理员身份登录。

但在企业环境下就不一样了，因为除了个人的办公电脑之外还会有服务器，企业的服务器上存放的都是非常重要的核心数据，能登录到服务器进行工作的人员也很多。假如人人都使用 root 账号在服务器上工作，而不做权限管理的话，那某一天有员工不小心删除了核心数据文件，可能就会导致整个企业的业务进行不下去，那损失可就大了。以笔者身边真实发生的事情为例，一个做 Java 开发的朋友（下文称小 A）就没有这种权限管理的意识，谁要是来问他要操作系统账号，小 A 图省事直接就会给 root 账号，结果某天有一个员工不小心执行了一个危险的命令（rm -rf /），直接把服务器里所有的文件全删了，Linux 操作系统当场崩溃，这就是传闻中的“删库跑路”的过程。所以，作为一名 Linux 运维工程师，一定要有权限管理的意识。

你或许会想：“不允许他们登录到服务器不就可以了”，只能说很难，因为技术人员或多或少都需要登录到 Linux 操作系统上进行工作，有的需要查看日志排查问题、有的要做测试、有的需要调整配置文件等。所以我们无论如何都绕不开权限管理这四个字，在企业中，权限管理是 Linux 运维工程师的一项重要工作，权限控制得好，一般就不会出什么问题，而且划分得越详细越好，最好能达到“什么样的人只允许做什么样的事情”这种程度。

对文件和目录做权限管理本质上就是对用户进行管理。大家试想一下，对文件和目录做了权限管理之后谁会去使用这些文件呢？还是用户，因此也就间接性地对用户做了权限管理。

权限管理的作用可归纳如下：

（1）维护数据的安全，什么样的人只允许做什么样的事情；

（2）通过权限的划分和管理来实现多用户、多任务的运行机制；

（3）区分层级，符合公司管理模型。

所以做权限管理可以根据不同的工作和职责需要，合理地分配用户等级和权限等级。

8.2 文件/目录的权限与归属

这里再给大家重新温习一下文件/目录的权限与归属，由图 8-1 可见，使用 ls –l 命令会显示文件的详细信息，此选项显示的这 7 列的含义见表 8-1。

```
drwxr-xr-x. 151 root root 8192 8月 22 13:16 etc
-rw-r--r--.   1 root root 2622 3月 14 15:16 /etc/passwd
```

图 8-1 文件的权限与归属

表 8-1 文件的权限与归属中 7 列的含义

位 置	说 明
第一列	规定了不同的用户对文件所拥有的权限
第二列	引用计数，文件的引用计数代表该文件的硬链接数，而目录的引用计数代表该目录有多少个一级子目录
第三列	属主，文件拥有者，也就是这个文件属于哪个用户。默认属主是文件的建立用户
第四列	属组，默认属组是文件属主的初始组，就是建立用户时系统自动创建的组
第五列	大小，默认单位是字节
第六列	文件修改时间，文件状态修改时间或文件数据修改时间都会更改这个时间（不是创建文件的时间）
第七列	文件名或目录名

本章讲的都是与第一列、第三列、第四列相关的内容。

8.3 权限位

在 Linux 操作系统中常见的权限有 3 种，分别是：r、w、x，除此之外还存在一些特殊权限，例如，s 和 t。具体见表 8-2。

表 8-2 Linux 系统中的权限位

权 限	目标与作用	表现形式
r（读权限）	对于文件，可读取文件的内容	字符表示：r 八进制表示：4
	对于目录，可读取整个目录结构	
w（写权限）	对于文件，可对文件内容进行更改	用字符表示：w 用八进制表示：2
	对于目录，可以在目录中进行以下操作：新建文件与文件夹、删除文件和文件夹、对文件或文件夹进行重命名、移动文件与文件夹的位置	
x（执行权限）	对于文件，可执行脚本文件、程序等	用字符表示：x 用八进制表示：1
	对于目录，表示用户可以进入此目录，也就是使用 cd 命令进入该目录	
-	没有任何权限	用字符表示：- 用八进制表示：0

（续表）

权　　限	目标与作用	表现形式
s	只针对二进制可执行文件，任何人执行这个文件产生的进程都属于文件的属主	特殊权限 Setuid
	对于二进制可执行文件，任何人执行此文件产生的进程都属于文件的属组	特殊权限 Setgid
	对于目录，有 sgid 权限时任何在此目录中建立的文件都属于目录的属组	
t（粘滞位）	此权限只针对目录，对于文件无效	—
	配置在其他用户（Other）位置上	
	目录内的文件只有属主或者 root 用户才可以删除	
	允许各用户在目录中任意写入、删除文件，但是禁止删除其他用户的文件，只能删除自己的文件	

刚开始看不明白这些权限不用着急，我们后续会通过实验来一步一步让大家理解这些权限的作用，这里先根据图 8-2 所示权限位带大家弄清如何看懂文件或目录中的权限。

-rw-r--r--.　1 root root
drwxr-xr-x. 41 root bin

图 8-2　权限位

在图 8-2 中，前半部分表示不同用户对文件所拥有的权限，共 11 个字符，其含义见表 8-3。

表 8-3　11 个字符含义

位　　置	说　　明
第一个字符	文件类型
第二个字符	属主（User）的读权限，若为“-”表示没有该权限
第三个字符	属主（User）的写权限
第四个字符	属主（User）的执行权限
第五个字符	属组（Group）的读权限
第六个字符	属组（Group）的写权限
第七个字符	属组（Group）的执行权限
第八个字符	其他人（Other）的读权限
第九个字符	其他人（Other）的写权限
第十个字符	其他人（Other）的执行权限，若有粘滞位的话也会在此位置
第十一个字符	此文件受 SELinux 的安全规则约束

Linux 操作系统中文件的基本权限由 9 个字符组成，分别为属主、属组和其他用户，用于规定是否对文件有读、写和执行权限，如图 8-3 所示。第一组也就是文件属主拥有对文件的读和写权限，但是没有执行权限；第二组是属组中的用户只拥有读权限，也就是说，属组中的这部分用户只能读取文件内容，无法修改文件；第三组是其他用户，拥有写权限。

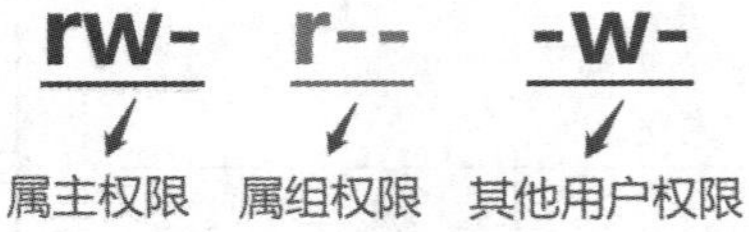

rw-　　r--　　-w-

属主权限　属组权限　其他用户权限

图 8-3　属主、属组、其他用户权限

接触 Linux 操作系统时间长了就会发现，系统中的大多数文件的属主和所属群组都是 root 用户，这也就是 root 用户能成为超级管理员且权限足够大的原因之一。

8.4 修改属主属组相关命令

chown

语法格式：

chown [选项] user[:group] file...

描述：用来变更文件或目录的属主和属组，支持通配符。

chown 命令的常用选项见表 8-4。

表 8-4 chown 命令的常用选项

常用选项	说明
-v	显示指令执行过程
-R	递归处理，将指定目录下的所有文件及子目录一并处理
-f	不显示错误信息
-h	只对符号链接的文件做修改，不更改其他任何相关文件
--help	在线帮助
--version	显示版本信息
--reference=<参考文件或目录>	把指定文件/目录的拥有者与所属群组全部设成和参考文件/目录的拥有者与所属群组相同

将文件的属主和属组改为其他用户。

```
[root@noylinux opt]# touch T1.txt
[root@noylinux opt]# ll
总用量 0
-rw-r--r--. 1 root root 0 9月   3 15:49 T1.txt
[root@noylinux opt]# chown user1:user1 T1.txt  #将文件的属主和属组转移到 user1 用户下
[root@noylinux opt]# ll
总用量 0
-rw-r--r--. 1 user1 user1 0 9月   3 15:49 T1.txt
```

注

在使用 chown 命令修改文件/目录的属主和属组时，要保证目标用户（或用户组）存在，否则该命令无法正确执行，会提示“invalid user”或者“invaild group”。

root 用户拥有最高权限，可以修改任何文件的权限，而普通用户只能修改自己的文件权限。

8.5 修改文件/目录权限相关命令

chmod

语法格式（见图 8-4）：

chmod [选项] [ugoa][+-=][rwx] file...

描述：用来变更文件或目录的权限。

```
              u
                                      r
              g      +（赋予）
chmod                -（删除）        w      文件/目录
              o      =（重新分配）
                                      x
              a
```

图 8-4 chmod 命令的语法格式

chmod 命令的常用选项见表 8-5。

表 8-5 chmod 命令的常用选项

常用选项	说　明
-v	显示指令执行过程
-R	递归处理，将指定目录下的所有文件及子目录一并处理
-f	不显示错误信息
--help	在线帮助
--version	显示版本信息

其中各部分含义如下：

- [ugoa]：u 表示该文件的拥有者（User）；g 表示与该文件的拥有者属于同一个组（Group）；o 表示其他用户（Other）；a 表示这三者皆是，全部的用户（ALL）。
- [+-=]：+表示赋予某个权限，-表示取消某个权限，=表示重新分配唯一的权限。
- [rwx]：r 表示读权限，w 表示写权限，x 表示执行权限。

给文件的属主赋予读、写、执行权限，属组赋予写权限，其他用户没有任何权限。

```
[root@noylinux opt]# touch 123.txt
[root@noylinux opt]# ll
总用量 0
-rw-r--r--. 1 root root 0 9月   3 16:30 123.txt
[root@noylinux opt]# chmod u+rwx 123.txt      #给属主增加读写执行权限
[root@noylinux opt]# chmod g=w 123.txt        #给属组重新分配为写（w）权限
[root@noylinux opt]# chmod o=- 123.txt        #其他用户设置为没有任何权限
[root@noylinux opt]# ll
-rwx-w----. 1 root root 0 9月   3 16:30 123.txt
```

使用数字修改文件权限的方式再进行一次上面的实验。

```
[root@noylinux opt]# touch 321.txt
[root@noylinux opt]# ll
总用量 0
```

```
-rwx-w----. 1 root root 0 9月   3 16:30 123.txt
-rw-r--r--. 1 root root 0 9月   3 16:35 321.txt
[root@noylinux opt]# chmod 720 321.txt    #使用数字修改文件权限的方式给文件调整权限
[root@noylinux opt]# ll
总用量 0
-rwx-w----. 1 root root 0 9月   3 16:30 123.txt
-rwx-w----. 1 root root 0 9月   3 16:35 321.txt
```

这里给大家详细说一下使用数字修改文件权限的方式，上文介绍过各个权限用八进制/数字表示的形式：r=4、w=2、x=1、-=0。

根据上面的案例，文件调整后的权限是：rwx-w----，则按数字换算可表示为

- 属主 = rwx = 4+2+1 = 7；
- 属组 = -w- = 0+2+0 = 2；
- 其他 = --- = 0+0+0 = 0。

这也就是为什么可以通过案例中的“chmod 720 321.txt”命令达到同样的效果。

再举个例子，假如要将文件/目录的权限调整为 rw--wxr-x，那使用数字表示方式就是 635：

- 属主 = rw- = 4+2+0 = 6；
- 属组 = -wx = 0+2+1 = 3；
- 其他 = r-x = 4+0+1 = 5。

在 Linux 操作系统上创建一个文件验证一下：

```
[root@noylinux opt]# ll
总用量 0
-rwx-w----. 1 root root 0 9月   3 16:30 123.txt
-rwx-w----. 1 root root 0 9月   3 16:35 321.txt
-rw-r--r--. 1 root root 0 9月   3 17:04 456.txt
[root@noylinux opt]# chmod 635 456.txt
[root@noylinux opt]# ll
-----省略部分内容-----
-rw--wxr-x. 1 root root 0 9月   3 17:04 456.txt
```

在 chmod 命令中，用字符表示权限的方式比较直观，一看就能明白是给谁赋予什么权限；而用数字表示权限的方式就相对便捷一些，需要给谁赋予什么权限通过一条命令就完成。两种方式除了权限的表示形式外没什么区别，大家习惯哪种就用哪种。

第 9 章

驾轻就熟之 Linux 操作系统的软件管理

9.1 引言

至此，大家对 Linux 操作系统已经有了一个基本的认识，也能动手实现一些简单的操作，本章主要介绍如何在 Linux 操作系统中安装和管理各种软件程序。

将本章内容放到这个位置是希望发挥承上启下的作用，上文介绍了用户和用户组的管理，系统权限的管理，接下来就应该是系统软件管理的相关内容了，这是承上；启下就是下文会讲很多在企业中常用的软件服务，这些软件服务都需要安装部署，所以就需要先学习本章内容。

笔者认为，如果一个操作系统没有安装任何的软件程序，那它的功能始终是有限的，只有安装软件程序后，系统的功能和发展才会充满无限的可能性。Linux 操作系统同样如此，它本身所具备的功能是有限的，只有在安装了各种软件程序后，才能发挥更大的作用。

在 Linux 操作系统中软件的安装方法是否和在 Windows 操作系统中一样呢？答案是不一样的，Linux 和 Windows 是完全不同的操作系统，软件包的安装和管理也是截然不同的。

所以本章就是带领大家学习一种新的、专属于 Linux 操作系统的软件包安装和管理方法，这部分内容学扎实了，后续在学习各种软件服务安装部署时就会轻松许多。

9.2 Linux 软件包分类

Linux 操作系统中的软件包非常多，而且几乎都是经 GPL 协议授权的，GPL 协议之前给大家讲过，它是具有“传染性”的，通过引用 GPL 协议下的开源程序代码开发出的新软件也必须遵循 GPL 协议。所以 GPL 协议下的开源软件扩散的方式是以树状结构无限扩散的，这也就是现如今 GPL 协议下的软件如此多的原因之一。

Linux 操作系统中的软件包大致可以分为两类：源码包与二进制包。

1. 源码包

源码包里面是一大堆源代码文件，是由程序员按照特定的格式和语法编写出来的代码文件。源码包中的代码文件是无法直接安装到操作系统上的，因为计算机只认识二进制语言，也就是 0 和 1 的组合。因此，源码包的安装需要一名“翻译官”将源代码文件翻译成二进制语言，这名“翻译官”通常被称为编译器。

编译指的就是将源代码转换为能被计算机执行的二进制程序的翻译过程。编译器的功能就是把源代码翻译为二进制代码，让计算机识别并且运行！

大家试想一下，编译操作由谁来完成呢，编译器？编译器只是一个供用户使用的工具而已，操作的过程还是由用户完成。用户可以使用编译器指定编译的选项，例如编译的时候要添加/删除程序的某个功能等。也就是说，用户可以在编译时自定义程序的功能。

这里总结一下源码包的优缺点：

（1）优点：①能接触到程序的源代码文件，可以对程序本身进行修改。②编译时能够对程序本身的功能进行自定义，只保留一些需要的功能，其他的都舍弃，也就是打造一款符合自身需求的软件程序。

（2）缺点：①编译步骤烦琐，因为编译时会用到很多选项和编译环境，没有安装编译环境或缺少必要的编译选项都没法编译成功。②编译时间长，举个例子，QQ 的安装包大小约为 82MB，安装只需要一两分钟。而 MySQL 数据库的源码包大小约为 60MB，编译安装过程需要半小时到一小时之间，具体还得看计算机性能。

通过这些优缺点的比较容易发现，源码包的编译安装对初学者是很不友好的，不仅要耗费大量的编译时间，还需要特定的编译环境。况且有很多用户并不熟悉程序语言，在安装过程中初学者只能祈祷程序编译过程不要报错，否则很难解决问题。

2．二进制包

为了解决使用源码包安装方式出现的问题，二进制包应运而生，成为 Linux 软件包的第二种安装方式。

二进制包就是源码包经过成功编译后生成的程序包。二进制包在发布之前就已经完成了所有的编译工作，因此用户安装软件的速度较快，与在 Windows 下安装软件的速度差不了多少，而且程序的安装过程报错概率也大大减小。

目前，Linux 操作系统主要的二进制包管理系统有两种：RPM 包管理系统和 DPKG 包管理系统。

（1）RPM 包管理系统：最早由 Red Hat 研发，其功能强大，安装、升级、查询和卸载非常简单方便，因此很多 Linux 发行版都默认将它作为软件包管理系统，例如 Red Hat、Fedora、CentOS、Rocky 等。

（2）DPKG 包管理系统：它是伊恩·默多克于 1993 年创建，为 Debian 操作系统专门开发的软件包管理系统。DPKG 与 RPM 十分相似，同样被用于安装、卸载和“.deb”软件包相关的信息。主要应用在 Debian 和 Ubuntu 操作系统中。

RPM 包管理系统和 DPKG 包管理系统的原理和形式大同小异，学会其中一个，另一个也就无师自通了。这里给大家总结一下二进制包的优缺点：

优点：①包管理系统简单，只通过几个命令就可以实现软件的安装、升级、查询和卸载。②安装速度比源码包安装快得多。

缺点：①经过编译之后无法直接看到源代码。②软件安装时功能的选择不如源码包灵活。③软件包与软件包之间存在依赖性。例如，在安装软件 a 时需要先安装软件 b 和软件 c，而在安装软件 b 时又需要先安装软件 d 和软件 e。这就需要先安装软件 d 和软件 e，然后安装软件 b 和软件 c，最后才能安装成功软件 a。软件包管理系统能很好地降低这种依赖性，比如说，安装软件 a，它会将软件 a 依赖的所有软件一次性都给安装上，大大减少了我们的工作量。

源码包与二进制包这两种安装方式各有优缺点，大家可以根据安装环境和自身需求来选择，一般在操作系统中能使用二进制包就尽量使用二进制包，没办法使用二进制包的情况下再选择源码包进行安装部署。

9.3 详解 RPM 包的使用方式

因为本书适用于 Rocky/CentOS/Red Hat/Fedora 等系列操作系统，所以我们重点讲一下 RPM 包。

叫 RPM 包是因为这类二进制软件包的包名统一都是以.rpm 为后缀的。除了以.rpm 为后缀，还需遵守统一的命名规则，这样用户通过名称就可以直接获取这个包的各种信息。RPM 包命名格式如下：

包名-版本号-发布次数-发行商-Linux 平台-适合的硬件平台-包后缀名

举个例子，某个 RPM 包的名称是 httpd-2.4.6-97.el7.centos.x86_64.rpm，各部分含义如下：

- httpd：包名，这里需要知道 httpd 是包名，而 httpd-2.4.6-97.el7.centos.x86_64.rpm 通常称为包全名，包名和包全名是不同的，有些命令（如包的安装和升级）使用的是包全名，而有些命令（包的查询和卸载）使用的是包名，一不小心可能就会弄错。
- 2.4.6：包的版本号，版本号的格式通常为“主版本号.次版本号.修正号”。
- 97：二进制包发布的次数，表示此 RPM 包是第几次编译生成的。
- el*：软件发行商，比如 el7 表示此包由 Red Hat 公司发布，适合在 RHEL 7.x 和 CentOS 7.x 版本上使用。
- centos：表示此包适用于 CentOS 系统。
- x86_64：表示此包适用的硬件平台。
- rpm：RPM 包的扩展名，表明这是编译好的二进制包，可以使用 rpm 命令直接安装。除此之外，还有以 src.rpm 作为扩展名的 RPM 包，这表明是源码包，需要安装生成源码，再对其编译并生成 rpm 格式的包，最后才能使用 rpm 命令进行安装。

目前的 RPM 包支持以下平台：

- i386：适用于 intel 80386 以上的 x86 架构的计算机（AI32）；
- i686：适用于 intel 80686 以上（奔腾 pro 以上）的 x86 架构的计算机（IA32）；
- x86_64：适用于 64 位 CPU 架构的计算机；
- aarch64：是 ARMv8 架构的一种执行状态，目前有一些国产服务器采用此架构；
- noarch：通用于任何硬件平台，不需要特定的硬件平台。

有读者可能会有些疑惑，Linux 操作系统不是不靠扩展名来区分文件类型嘛，那为什么包名中要包含.rpm 扩展名呢？其实，这里的扩展名仅仅是为系统管理员准备的，如果我们不对 RPM 包标注扩展名，管理员很难知道这是一个 RPM 包，当然也就无法正确使用。

下面再来说一下怎么安装 RPM 包，安装 RPM 包需要用到 rpm 命令，其语法格式为

rpm [选项...] 包全名 ...

rpm 命令还可以一次性安装多个软件包，仅需将包全名用空格分开即可。rpm 命令的用途如下：

- 安装、删除、升级和管理软件；
- 查询软件包包含哪些文件及文件存放的位置；
- 查询系统中的软件包是否安装及其版本信息；
- 依赖性检查，验证是否有软件包由于不兼容而扰乱了系统。

rpm 命令的常用主选项见表 9-1。

表 9-1 rpm 命令的常用主选项

主选项	说 明	常用选项	说 明
-i	安装软件包	-p	查询/验证指定的软件包
-v	提供更多的详细信息输出	-q	查询已安装的软件包
-h	软件包安装的时候列出哈希标记	-l	列出软件包中的文件
-e	清除（卸载）软件包	-d	只列出文本文件，需配合“-l”参数使用
-U	升级软件（不存在则安装）	-F	升级软件（不存在则不安装）
-a	查询/验证所有软件包	-R	查询软件包的依赖性

rpm 命令的常用辅助选项见表 9-2。

表 9-2 rpm 命令的常用辅助选项

辅助选项	说 明
--nodeps	不检测依赖性安装。软件安装时通常会检测依赖性，确定所需的底层软件是否安装，如果没有安装则会报错。如果想不管依赖性强制安装，则可以使用这个选项。需要注意的是，不检测依赖性安装的软件基本上是不能使用的，所以不建议这样做
--replacefiles	忽略软件包之间的冲突的文件。如果要安装的软件包中的部分文件已经存在，那么在正常安装时会报“某个文件已经存在”的错误，从而导致软件无法安装。使用这个选项可以忽略报错而替换文件安装
--replacepkgs	替换软件包安装。如果软件包已经安装，使用此选项可以把软件包重复安装一遍
--force	强制安装。不管是否已经安装，都重新安装。也就是 -replacefiles 和 -replacepkgs 的综合作用
--test	不真正安装，只是判断是否能安装，会检测依赖性
--prefix	指定安装路径。为安装软件指定安装路径，而不使用默认安装路径
--version	显示 rpm 版本号

通常情况下，RPM 包采用系统默认的安装路径，所有安装文件会按照类别分散安装到以下目录中：

- /etc/：配置文件保存位置。

- /usr/bin/：可执行文件/二进制文件保存位置。
- /usr/lib/：程序所使用的函数库文件保存位置。
- /usr/share/doc/：软件的使用手册保存位置。
- /usr/share/man/：man 帮助手册保存位置。

RPM 包的常用操作如下：

- 安装：

  rpm -ivh rpm 包名
- 升级：

  rpm -Uvh rpm 包名；rpm -Fvh rpm 包名
- 卸载：

  rpm -e rpm 包名

卸载 RPM 包之前要考虑 RPM 包与 RPM 包之间的依赖性。

RPM 包的查询命令格式为

rpm 选项 查询对象

其中，RPM 包的查询命令选项包括：

- -q：软件包是否安装。
- -qa：所有已安装的软件包。
- -qi：软件包的详细信息。
- -ql：软件包相关的文件路径。
- -qR：软件包的依赖关系。

列出在系统中所有安装过的软件包。

```
[root@noylinux ~]# rpm -qa
libwacom-1.6-2.el8.x86_64
lua-5.3.4-11.el8.x86_64
-----省略部分内容-----
xmlsec1-1.2.25-4.el8.x86_64
libreport-filesystem-2.9.5-15.el8.x86_64
[root@noylinux ~]#
```

使用 rpm 命令安装软件（以安装 httpd 服务为例，演示依赖性）。

```
[root@bogon http]# ll      # httpd 的安装包与所依赖的所有环境安装包都已准备好
-rw-r--r--. 1 root root  105968 7月  30 2020 apr-1.4.8-5.el7.x86_64.rpm
-rw-r--r--. 1 root root   94132 7月  30 2020 apr-util-1.5.2-6.el7.x86_64.rpm
-rw-r--r--. 1 root root   18976 7月  30 2020 apr-util-ldap-1.5.2-6.el7.x86_64.rpm
```

```
-rw-r--r--. 1 root root 2843664 7月  30 2020 httpd-2.4.6-93.el7.centos.x86_64.rpm
-rw-r--r--. 1 root root  94308 7月  30 2020 httpd-tools-2.4.6-93.el7.centos.x86_64.rpm
-rw-r--r--. 1 root root   31264 7月  30 2020 mailcap-2.1.41-2.el7.noarch.rpm
-rw-r--r--. 1 root root  239784 7月  30 2020 postgresql-libs-9.2.24-2.el7.x86_64.rpm
[root@noylinux http]# rpm -ivh httpd-2.4.6-93.el7.centos.x86_64.rpm
警告：httpd-2.4.6-93.el7.centos.x86_64.rpm: 头 V3 RSA/SHA256 Signature, 密钥 ID f4a80eb5: NOKEY
错误：依赖检测失败：
    /etc/mime.types 被 httpd-2.4.6-93.el7.centos.x86_64 需要
    httpd-tools = 2.4.6-93.el7.centos 被 httpd-2.4.6-93.el7.centos.x86_64 需要
    libapr-1.so.0()(64bit) 被 httpd-2.4.6-93.el7.centos.x86_64 需要
    libaprutil-1.so.0()(64bit) 被 httpd-2.4.6-93.el7.centos.x86_64 需要
#可以看到直接安装 httpd 主程序是报错的，因为缺少依赖环境，这就是前面所说的 rpm 包的依赖性。所以就要先根据提示安装所依赖的环境软件，然后再安装 httpd 程序包
[root@noylinux http]# rpm -ivh postgresql-libs-9.2.24-2.el7.x86_64.rpm
警告：postgresql-libs-9.2.24-2.el7.x86_64.rpm: 头 V3 RSA/SHA256 Signature, 密钥 ID f4a80eb5: NOKEY
准备中...                          ################################# [100%]
正在升级/安装...
   1:postgresql-libs-9.2.24-2.el7     ################################# [100%]
[root@noylinux http]# rpm -ivh mailcap-2.1.41-2.el7.noarch.rpm
警告：mailcap-2.1.41-2.el7.noarch.rpm: 头 V3 RSA/SHA256 Signature, 密钥 ID f4a80eb5: NOKEY
准备中...                          ################################# [100%]
正在升级/安装...
   1:mailcap-2.1.41-2.el7            ################################# [100%]
[root@noylinux http]# rpm -ivh httpd-tools-2.4.6-93.el7.centos.x86_64.rpm
警告：httpd-tools-2.4.6-93.el7.centos.x86_64.rpm: 头 V3 RSA/SHA256 Signature, 密钥 ID f4a80eb5: NOKEY
错误：依赖检测失败：
    libapr-1.so.0()(64bit) 被 httpd-tools-2.4.6-93.el7.centos.x86_64 需要
    libaprutil-1.so.0()(64bit) 被 httpd-tools-2.4.6-93.el7.centos.x86_64 需要
[root@noylinux http]# rpm -ivh apr-util-ldap-1.5.2-6.el7.x86_64.rpm
警告：apr-util-ldap-1.5.2-6.el7.x86_64.rpm: 头 V3 RSA/SHA256 Signature, 密钥 ID f4a80eb5: NOKEY
错误：依赖检测失败：
    apr-util(x86-64) = 1.5.2-6.el7 被 apr-util-ldap-1.5.2-6.el7.x86_64 需要
[root@noylinux http]# rpm -ivh apr-util-1.5.2-6.el7.x86_64.rpm
警告：apr-util-1.5.2-6.el7.x86_64.rpm: 头 V3 RSA/SHA256 Signature, 密钥 ID f4a80eb5: NOKEY
错误：依赖检测失败：
    libapr-1.so.0()(64bit) 被 apr-util-1.5.2-6.el7.x86_64 需要
#在这里大家可以看到，httpd 软件所依赖的环境包还有其他依赖环境，所以还得需要根据提示安装其他的依赖包
[root@noylinux http]# rpm -ivh apr-1.4.8-5.el7.x86_64.rpm
警告：apr-1.4.8-5.el7.x86_64.rpm: 头 V3 RSA/SHA256 Signature, 密钥 ID f4a80eb5: NOKEY
准备中...                          ################################# [100%]
正在升级/安装...
```

```
    1:apr-1.4.8-5.el7                   ################################# [100%]
[root@noylinux http]# rpm -ivh apr-util-1.5.2-6.el7.x86_64.rpm
警告： apr-util-1.5.2-6.el7.x86_64.rpm: 头 V3 RSA/SHA256 Signature, 密钥 ID f4a80eb5: NOKEY
准备中...                          ################################# [100%]
正在升级/安装...
    1:apr-util-1.5.2-6.el7              ################################# [100%]
[root@noylinux http]# rpm -ivh apr-util-ldap-1.5.2-6.el7.x86_64.rpm
警告：apr-util-ldap-1.5.2-6.el7.x86_64.rpm: 头 V3 RSA/SHA256 Signature, 密钥 ID f4a80eb5: NOKEY
准备中...                          ################################# [100%]
正在升级/安装...
    1:apr-util-ldap-1.5.2-6.el7         ################################# [100%]
[root@noylinux http]# rpm -ivh httpd-tools-2.4.6-93.el7.centos.x86_64.rpm
警告：httpd-tools-2.4.6-93.el7.centos.x86_64.rpm: 头 V3 RSA/SHA256 Signature, 密钥 ID f4a80eb5: NOKEY
准备中...                          ################################# [100%]
正在升级/安装...
    1:httpd-tools-2.4.6-93.el7.centos   ################################# [100%]
[root@noylinux http]# rpm -ivh httpd-2.4.6-93.el7.centos.x86_64.rpm
警告：httpd-2.4.6-93.el7.centos.x86_64.rpm: 头 V3 RSA/SHA256 Signature, 密钥 ID f4a80eb5: NOKEY
准备中...                          ################################# [100%]
正在升级/安装...
    1:httpd-2.4.6-93.el7.centos         ################################# [100%]
#最后安装好 httpd 程序，整个步骤就完成了
```

强制安装某个软件包并且忽略依赖关系，用此方式安装的软件在运行时很可能会出现运行报错等问题，命令格式为

rpm -ivh　包全名　--nodeps –force

示例如下：

```
[root@noylinux http]# rpm -ivh httpd-2.4.6-93.el7.centos.x86_64.rpm
警告：httpd-2.4.6-93.el7.centos.x86_64.rpm: 头 V3 RSA/SHA256 Signature, 密钥 ID f4a80eb5: NOKEY
错误：依赖检测失败：
    /etc/mime.types 被 httpd-2.4.6-93.el7.centos.x86_64 需要
    httpd-tools = 2.4.6-93.el7.centos 被 httpd-2.4.6-93.el7.centos.x86_64 需要
    libapr-1.so.0()(64bit) 被 httpd-2.4.6-93.el7.centos.x86_64 需要
    libaprutil-1.so.0()(64bit) 被 httpd-2.4.6-93.el7.centos.x86_64 需要
[root@noylinux http]# rpm -ivh httpd-2.4.6-93.el7.centos.x86_64.rpm --nodeps --force
警告：httpd-2.4.6-93.el7.centos.x86_64.rpm: 头 V3 RSA/SHA256 Signature, 密钥 ID f4a80eb5: NOKEY
准备中...                          ################################# [100%]
正在升级/安装...
    1:httpd-2.4.6-93.el7.centos         ################################# [100%]
```

> **注**
>
> 依赖检测的报错信息中会给出各个依赖软件的版本要求。“>=”表示软件版本要大于或等于所提示的版本号；“<=”表示软件版本要小于或等于所提示的版本号；“=”表示软件版本要等于所提示的版本号。

查询已安装软件包的所有文件都保存到哪个位置（以 httpd 为例）。

```
[root@noylinux http]# rpm -ql httpd
/etc/httpd
/etc/httpd/conf
/etc/httpd/conf.d
/etc/httpd/conf/httpd.conf
-----省略部分内容-----
/var/log/httpd
/var/www
/var/www/cgi-bin
/var/www/html
```

RPM 包的卸载要考虑软件包与软件包之间的依赖性。软件包卸载和拆除大楼是一样的，本来先盖的 2 楼，后盖的 3 楼，那么拆楼时一定要先拆除 3 楼，要有次序。如果卸载 RPM 软件不考虑依赖性，执行卸载命令会报依赖性错误，示例如下：

```
[root@noylinux http]# rpm -e apr
错误：依赖检测失败：
    libapr-1.so.0()(64bit) 被 (已安装) apr-util-1.5.2-6.el7.x86_64 需要
    libapr-1.so.0()(64bit) 被 (已安装) httpd-tools-2.4.6-93.el7.centos.x86_64 需要
[root@noylinux http]# rpm -e apr --nodeps --force
rpm：只有安装和升级可以强制执行
[root@noylinux http]# rpm -e apr-util
错误：依赖检测失败：
    apr-util(x86-64) = 1.5.2-6.el7 被 (已安装) apr-util-ldap-1.5.2-6.el7.x86_64 需要
    libaprutil-1.so.0()(64bit) 被 (已安装) httpd-tools-2.4.6-93.el7.centos.x86_64 需要
```

9.4 Yum 软件包管理器

红帽（Red Hat）操作系统上的软件包管理器是收费的，平常在自己的计算机上安装了红帽系统后，是没有办法直接使用软件包管理器的，但是有解决办法，将 Yum 源做成本地 Yum 源就可以了，这个在下文会详细介绍。

Rocky 和 CentOS 操作系统的所有功能都是免费的，包括 Yum 软件包管理器，这也是 Rocky 和 CentOS 被企业青睐的原因，Yum 软件包管理器在操作系统安装后就能够直接使用，其 Yum 源使用的是官方 Yum 源，安装完操作系统后可以直接联网安装部署各种软件服务。

上文介绍过 RPM 命令的使用，以及使用 rpm 命令安装软件时会出现软件包的依赖性问题，问题的解决方案就是本章的 Yum 软件包管理器。RPM 包的依赖性主要有以下 3 种。

（1）树形依赖：举个例子，想要安装软件 a，软件 a 依赖于软件 b，b 依赖于 c，c 依赖于 d，那么在安装时就得先安装 d 然后依次向前安装。

（2）环形依赖：在安装的过程中会出现交叉依赖，需要把依赖关系梳理清楚后一起安装。

（3）模型依赖：依赖于一些库文件，需要去网站查看库文件对应的软件，将软件下载下来安装上去。因为软件中包含库文件，所以安装了软件之后操作系统就拥有了这些库文件。

类似 Windows 操作系统上可以通过 360 软件管家实现软件的一键安装、升级和卸载，Rocky/CentOS/Red Hat/Fedora 等系列的操作系统也提供这样的软件管理工具，就是 Yum（Yellow dog Updater Modified），它是专门为解决 RPM 包的依赖关系而推出的，其 Logo 如图 9-1 所示。

图 9-1 Yum 的 Logo

可以这么说，Yum 软件管理器是改进型的 RPM 包管理系统，它能很好地解决 RPM 包管理系统目前面临的软件包依赖性问题。Yum 软件管理器在服务端存储所有的 RPM 包，并将各个软件包之间的依赖关系记录在各个文件中，当管理员使用 Yum 软件管理器安装某个软件时，Yum 软件管理器会先从服务端下载包的依赖性文件，再通过分析此文件从服务端一次性下载所有相关的 RPM 包进行安装，自动解决包的依赖性问题，便于管理大量系统的更新问题。Yum 软件管理器的优点如下：

- 自动下载 RPM 包并进行安装；
- 自动处理 RPM 包之间的相互依赖关系；
- 实现软件的一键安装、升级和卸载。

使用 Yum 软件管理器安装软件包之前，需要先指定好 Yum 软件管理器下载 RPM 包的服务器位置，此位置称为 Yum 源。换言之，Yum 源指的就是软件安装包的来源（存放所有软件包的那台服务器网络地址）。Yum 软件管理器安装软件时至少需要一个 Yum 源。Yum 源既可以使用网络 Yum 源，也可以使用本地 Yum 源。系统默认使用的是网络 Yum 源，例如 CentOS 操作系统默认使用的就是 CentOS 官网的 Yum 源。

下文会详细介绍两种 Yum 源的搭建方法，现在先来看如何使用 Yum 软件包管理器。

9.4.1 Yum 软件包管理器的使用

Yum 软件包管理器的使用是通过 yum 命令实现的，yum 命令的语法格式为

```
yum [选项...] [软件包名]
```

yum 命令的常用选项见表 9-3。

表 9-3 yum 命令的常用主选项

主 选 项	说 明
install	安装一个或多个软件包
localinstall	安装本地的 RPM 包，Yum 会自动解决软件包依赖性问题
list	列出所有的软件包
upgrade	对系统中一个或多个软件包进行版本升级

（续表）

主 选 项	说　明
check-update	检查是否有软件包需要版本升级
downgrade	对系统中已安装的软件包进行版本降级
remove	卸载系统中一个或多个已安装的软件包
reinstall	重新安装软件包
repolist	显示已配置的软件仓库（Yum 源）
makecache	创建源数据缓存
clean	清除已缓存的数据
clean packages	清除缓存目录下的软件包
clean oldheaders	清除缓存目录下旧的 headers
clean all	清除所有缓存（等于 yum clean packages + yum clean oldheaders）
search	检查软件包的信息
info	显示关于软件包或软件包组的详细信息
history	查看 yum 命令执行的历史记录
grouplist	列出所有可用的软件组
groupinstall	安装指定软件组，组名可以通过 grouplist 选项查询
groupremove	卸载指定软件组
install --downloadonly	只下载软件包（主程序包与所有的依赖包），不进行安装。默认保存路径：/var/cache/yum/[CPU 架构]/[操作系统版本]/[repository]/packages/
install --downloadonly --downloaddir=目录	将软件包及所有依赖包下载到一个指定的目录（目录要用绝对路径）

yum 命令的常用辅助选项见表 9-4。

表 9-4　yum 命令的常用辅助选项

辅助选项	说　明
-y	全部问题自动应答为 yes
-h	显示命令帮助
-c [config file]	指定配置文件位置
-q	静默执行
-v	详尽执行
-d [debug level]	设置调试输出级别[0～10]
-e [error level]	设置错误输出级别[0～10]
-C	完全在系统缓存中运行，不升级缓存
-R	设置 yum 命令在执行安装、查询、卸载等操作时的最长等待时间

案例

使用 Yum 软件包管理器安装软件程序（例如安装 httpd）。

```
[root@noylinux ~]# yum  -y  install  httpd
Loading mirror speeds from cached hostfile
```

```
 * base: mirrors.bfsu.edu.cn
 * extras: mirrors.bfsu.edu.cn
 * updates: mirrors.bfsu.edu.cn
正在解决依赖关系
--> 正在检查事务
-----省略部分内容-----
--> 解决依赖关系完成

依赖关系解决

==============================================================================
 Package          架构            版本                      源             大小
==============================================================================
正在安装:
 httpd          x86_64      2.4.6-97.el7.centos        updates          2.7 M
为依赖而更新:
 httpd-tools    x86_64      2.4.6-97.el7.centos        updates          93 k

事务概要
==============================================================================
安装  1 软件包
升级          ( 1 依赖软件包)

-----省略部分内容-----

已安装:
  httpd.x86_64 0:2.4.6-97.el7.centos
作为依赖被升级:
  httpd-tools.x86_64 0:2.4.6-97.el7.centos

完毕!
```

使用 Yum 软件包管理器卸载 httpd。

```
[root@noylinux ~]# yum remove httpd
已加载插件：fastestmirror, langpacks
正在解决依赖关系
--> 正在检查事务
---> 软件包 httpd.x86_64.0.2.4.6-97.el7.centos 将被 删除
--> 解决依赖关系完成

依赖关系解决

==============================================================================
 Package       架构        版本                       源              大小
==============================================================================
正在删除:
 httpd        x86_64    2.4.6-97.el7.centos      @updates          9.4 M

事务概要
==============================================================================
```

```
移除  1 软件包

安装大小：9.4 M
是否继续？[y/N]：y
Downloading packages:
Running transaction check
Running transaction test
Transaction test succeeded
Running transaction
  正在删除    : httpd-2.4.6-97.el7.centos.x86_64                    1/1
  验证中      : httpd-2.4.6-97.el7.centos.x86_64                    1/1

删除:
  httpd.x86_64 0:2.4.6-97.el7.centos

完毕！
```

使用 Yum 软件包管理器将 httpd 及所有依赖包下载到指定目录，且不进行安装。

```
[root@ noylinux ~]# mkdir /123
[root@noylinux ~]# yum install --downloadonly --downloaddir=/123/ httpd
Loading mirror speeds from cached hostfile
 * base: mirrors.huaweicloud.com
 * extras: mirrors.huaweicloud.com
 * updates: mirrors.bfsu.edu.cn
正在解决依赖关系
--> 正在检查事务
-----省略部分内容-----
--> 解决依赖关系完成

依赖关系解决

===============================================================================
 Package          架构          版本                     源             大小
===============================================================================
 httpd           x86_64       2.4.6-97.el7.centos       updates        2.7 M
为依赖而安装:
 apr             x86_64       1.4.8-7.el7               base           104 k
 apr-util        x86_64       1.5.2-6.el7               base           92 k
 httpd-tools     x86_64       2.4.6-97.el7.centos       updates        93 k
 mailcap         noarch       2.1.41-2.el7              base           31 k

事务概要
===============================================================================
安装  1 软件包 (+4 依赖软件包)

总下载量：3.0 M
安装大小：10 M
Background downloading packages, then exiting:
```

```
exiting because "Download Only" specified
[root@noylinux ~]# ll /123/
-rw-r--r--. 1 root root  106124 10月 15 2020 apr-1.4.8-7.el7.x86_64.rpm
-rw-r--r--. 1 root root   94132 7月   4 2014 apr-util-1.5.2-6.el7.x86_64.rpm
-rw-r--r--.  1  root  root  2846724  11  月   18  2020  httpd-2.4.6-97.el7.centos.x86_64.rpm
-rw-r--r--.  1  root  root    95468  11  月   18  2020  httpd-tools-2.4.6-97.el7.centos.x86_64.rpm
-rw-r--r--. 1 root root   31264 7月   4 2014 mailcap-2.1.41-2.el7.noarch.rpm
```

9.4.2 搭建本地 Yum 源

在使用 Yum 软件包管理器安装软件之前，需要先指定好下载 RPM 包的位置，此位置称为“Yum 源”。简单来说，Yum 源指的是软件安装包的来源，也可以理解为它就是一个软件的集合仓库，只需要搜索并安装需要的软件，就可以解决大部分软件的依赖性问题。

使用 Yum 软件包管理器安装软件时至少需要一个 Yum 源。Yum 源既可以使用网络 Yum 源，也可以使用本地 Yum 源。

本地 Yum 源一般是在操作系统无法联网的环境下采取的一种备用技术手段，采用这种方法可以使 Yum 软件包管理器在无法联网的环境下正常使用。

通常 Yum 源配置文件存放在/etc/yum.repos.d/目录下，文件的扩展名为“.repo”。

```
[root@noylinux ~]# cd /etc/yum.repos.d/
[root@noylinux yum.repos.d]# ls         #CentOS 自带的官方网络 Yum 源
CentOS-Base.repo  CentOS-CR.repo   CentOS-Debuginfo.repo  CentOS-fasttrack.repo
CentOS-Media.repo  CentOS-Sources.repo  CentOS-Vault.repo
[root@noylinux yum.repos.d]# cat CentOS-Base.repo
[base]
name=CentOS-$releasever - Base
mirrorlist=http://mirrorlist.centos.org/?release=$releasever&arch=$basearch&repo=os&infra=$infra
#baseurl=http://mirror.centos.org/centos/$releasever/os/$basearch/
gpgcheck=1
gpgkey=file:///etc/pki/rpm-gpg/RPM-GPG-KEY-CentOS-7
-----省略部分内容-----
```

这些 Yum 源文件的配置项基本是一样的，各配置项所代表的含义如下：

- base：容器名称，一定要放在[]中。
- name：容器说明，这里大家可以随便写。
- mirrorlist：镜像站点。
- baseurl：Yum 源服务器的地址，默认是 CentOS 官方的网络 Yum 源服务器。若做成本地 Yum 源的话，就需要将这里修改为 ISO 镜像文件的挂载点，若将 ISO 镜像文件挂载到新创建的/ISOdata 目录下，则修改为 file:///ISOdata/。
- enabled：此容器是否生效，如果不写或写成 enabled 都表示此容器生效，若写成 enable=0 则表示此容器不生效。

> - gpgcheck：如果为 1 则表示 RPM 包的数字证书生效；如果为 0 则表示 RPM 包的数字证书不生效。
> - gpgkey：数字证书的公钥文件保存位置。

下面给大家演示如何搭建本地 Yum 源，搭建本地 Yum 源所需的镜像文件已经在本书配套网站中提供了，各位按实际应用场景进行下载即可，如果是 CentOS 8 的操作系统就用 CentOS 8 的镜像文件，若是 Rocky Linux 的操作系统就用对应的镜像文件。

这里解释一下，为什么非要使用 Linux 操作系统镜像文件作为本地的 Yum 源？ 因为 Linux 操作系统镜像文件中包含几乎所有常用的 RPM 包，是最便捷的方案。我们可以使用压缩软件打开 ISO 镜像文件，进入 Packages 目录下，就能看到包含的所有 RPM 包，如图 9-2 所示。

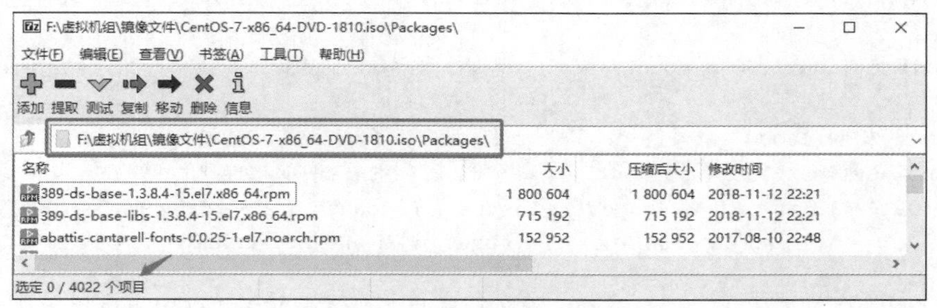

图 9-2 镜像文件中的 RPM 包

搭建本地 Yum 源的具体步骤如下：

（1）创建一个文件夹，将对应的系统镜像文件上传到文件夹中。

```
[root@noylinux ~]# mkdir /ISO
[root@noylinux ~]# mv /opt/CentOS-7-x86_64-DVD-2009.iso  /ISO/  #将上传到服务器中的镜像文件移动到此目录
[root@noylinux ~]# cd /ISO/
[root@noylinux ISO]# ll -h
总用量 4.4G
-rw-r--r--. 1 root root 4.4G 9月  14 11:23 CentOS-7-x86_64-DVD-2009.iso
```

（2）使用 mount 命令手动将镜像文件挂载到操作系统的/mnt 目录中（重启后挂载失效）。

```
[root@noylinux ISO]# mount -o loop  /ISO/CentOS-7-x86_64-DVD-2009.iso  /mnt/  #手动挂载
mount: /dev/loop0 写保护，将以只读方式挂载
[root@noylinux ISO]# ls /mnt/     #ISO 镜像文件中的内容
CentOS_BuildTag  EULA  images  LiveOS  repodata  RPM-GPG-KEY-CentOS-Testing-7
EFI              GPL   isolinux  Packages  RPM-GPG-KEY-CentOS-7  TRANS.TBL
```

（3）配置/etc/fstab 文件，将挂载的镜像文件设置为开机自动挂载。添加以下信息并保存：/ISO/CentOS-7-x86_64-DVD-2009.iso /mnt iso9660 defaults 0 0。

```
[root@noylinux ISO]# vim /etc/fstab    #修改此文件，并保存设置
```

```
#
# /etc/fstab
# Created by anaconda on Mon Jul 19 11:15:50 2022
#
# Accessible filesystems, by reference, are maintained under '/dev/disk'
# See man pages fstab(5), findfs(8), mount(8) and/or blkid(8) for more info
#
/dev/mapper/centos-root /                       xfs     defaults        0 0
UUID=30d7cc48-4107-4d6b-a7b9-145360ed9d81 /boot      xfs     defaults        0 0
/dev/mapper/centos-swap swap                    swap    defaults        0 0
/ISO/CentOS-7-x86_64-DVD-2009.iso     /mnt     iso9660   defaults   0   0
#以下步骤用于测试开机自动挂载
[root@noylinux ISO]# umount /mnt    #手动解除挂载
[root@noylinux ISO]# ls /mnt/       #可以看到已经解除挂载，/mnt/目录中没有文件了
hgfs
[root@noylinux ISO]# mount -a       #执行此命令，让操作系统按照/etc/fstab 文件中设置的去自动挂载
mount: /dev/loop0                   #写保护，将以只读方式挂载
[root@noylinux ISO]# ls /mnt/       #可以看到镜像文件又被挂载上了
CentOS_BuildTag  EULA  images    LiveOS    repodata   RPM-GPG-KEY-CentOS-Testing-7
EFI              GPL   isolinux  Packages  RPM-GPG-KEY-CentOS-7  TRANS.TBL
```

（4）创建 Yum 源配置文件，Yum 源文件集中存放在/etc/yum.repos.d/目录中。

```
[root@noylinux yum.repos.d]# ls         #这些全是 CentOS 系统默认自带的网络 Yum 源
CentOS-Base.repo  CentOS-Debuginfo.repo  CentOS-Media.repo    CentOS-Vault.repo
CentOS-CR.repo    CentOS-fasttrack.repo    CentOS-Sources.repo    CentOS-x86_64-kernel.repo
[root@noylinux yum.repos.d]# vim LocalCentOS7.repo          #手动创建本地 Yum 源配置文件，此类文件统一以.repo 后缀结尾
#添加以下配置内容，并保存退出
[LocalCentOS7]
name=LocalCentOS7
baseurl=file:///mnt/
enable=1
gpgcheck=0
```

（5）创建本地 Yum 源配置文件并使其生效，位置在/etc/yum.repos.d/目录中。

```
[root@noylinux yum.repos.d]# mkdir /yum-bak            #创建备份文件夹
[root@noylinux yum.repos.d]# mv CentOS-*   /yum-bak     #将所有网络 Yum 源配置文件全部移动到备份文件夹中，模拟删除操作，只保留刚刚创建的本地 Yum 源文件
[root@noylinux yum.repos.d]# yum clean all              #清除 Yum 软件包管理器中所有已缓存的数据
已加载插件：fastestmirror, langpacks
正在清理软件源： LocalCentOS7 base extras updates
Other repos take up 255 M of disk space (use --verbose for details)
[root@noylinux yum.repos.d]# yum makecache              #创建源数据缓存
已加载插件：fastestmirror, langpacks
Determining fastest mirrors
```

```
LocalCentOS7                                        | 3.6 kB  00:00:00
(1/4): LocalCentOS7/group_gz                        | 153 kB  00:00:00
(2/4): LocalCentOS7/primary_db                      | 3.3 MB  00:00:00
(3/4): LocalCentOS7/filelists_db                    | 3.3 MB  00:00:00
(4/4): LocalCentOS7/other_db                        | 1.3 MB  00:00:00
元数据缓存已建立

#可以看到刚刚配置的 Yum 源文件已经生效，当安装各种软件时，系统会到这个 Yum 源配置文件中寻找需要的软件
#主要流程：执行 Yum 软件包管理器安装软件命令 --> Yum 软件管理器获取本地 Yum 源文件配置信息 --> 去本地 Yum 源配置文件指定的目录中寻找各种软件程序（包括所有依赖软件）

[root@noylinux yum.repos.d]# yum  install httpd      #使用 yum 命令下载一个 httpd 软件包
Loading mirror speeds from cached hostfile
正在解决依赖关系
--> 正在检查事务
---> 软件包 httpd.x86_64.0.2.4.6-95.el7.centos 将被 安装
--> 正在处理依赖关系 httpd-tools = 2.4.6-95.el7.centos，它被软件包 httpd-2.4.6-95.el7.centos.x86_64 需要
--> 正在处理依赖关系 /etc/mime.types，它被软件包 httpd-2.4.6-95.el7.centos.x86_64 需要
--> 正在检查事务
---> 软件包 httpd-tools.x86_64.0.2.4.6-95.el7.centos 将被 安装
---> 软件包 mailcap.noarch.0.2.1.41-2.el7 将被 安装
--> 解决依赖关系完成

依赖关系解决
#注：可以明显看到所有要安装的软件都来源于刚刚配置的本地 Yum 源文件
==============================================================================
 Package          架构        版本                  源                  大小
==============================================================================
正在安装:
 httpd            x86_64      2.4.6-95.el7.centos   LocalCentOS7        2.7 M
为依赖而安装:
 httpd-tools      x86_64      2.4.6-95.el7.centos   LocalCentOS7        93 k
 mailcap          noarch      2.1.41-2.el7          LocalCentOS7        31 k

事务概要
==============================================================================
安装  1 软件包 (+2 依赖软件包)

总下载量：2.8 M
安装大小：9.6 M
Is this ok [y/d/N]: y
Downloading packages:
---------------------------------------- -------------------------------------
总计                                          209 MB/s | 2.8 MB  00:00:00
Running transaction check
```

```
Running transaction test
Transaction test succeeded
Running transaction
  正在安装    : mailcap-2.1.41-2.el7.noarch                               1/3
  正在安装    : httpd-tools-2.4.6-95.el7.centos.x86_64                    2/3
  正在安装    : httpd-2.4.6-95.el7.centos.x86_64                          3/3
  验证中      : httpd-tools-2.4.6-95.el7.centos.x86_64                    1/3
  验证中      : mailcap-2.1.41-2.el7.noarch                               2/3
  验证中      : httpd-2.4.6-95.el7.centos.x86_64                          3/3

已安装:
  httpd.x86_64 0:2.4.6-95.el7.centos

作为依赖被安装:
  httpd-tools.x86_64 0:2.4.6-95.el7.centos    mailcap.noarch 0:2.1.41-2.el7

完毕!
```

至此，在 Linux 操作系统中搭建本地 Yum 源就完成了。

9.4.3 配置网络 Yum 源

在一般情况下，只要 Linux 操作系统联网了，网络 Yum 源就可以直接使用，因为系统中默认自带了官方网络 Yum 源。比如 CentOS 在安装完成后就自带 CentOS 官方的 Yum 源，当使用 yum 命令安装软件时，Yum 软件包管理器就会根据 Yum 源去 CentOS 官网寻找并下载软件及各种依赖程序。

相比本地 Yum 源，网络 Yum 源的优势如下：

- 一些厂商都有自己的网络 Yum 源地址，所以软件数量和种类会比本地 Yum 源多；
- 网络 Yum 源会有专人维护，所以软件更新迭代的速度会比本地 Yum 源快。

几个常用的 Yum 源网站如下：

- 阿里云开发者社区；
- 清华大学开源软件镜像站；
- 网易开源镜像站；
- 搜狐开源镜像站；
- EPEL。

网络 Yum 源的安装很简单，在联网的环境下按下列步骤操作即可（以安装阿里云 Yum 源为例）。

（1）下载网络 Yum 源文件到本地的/etc/yum.repos.d/目录下。

```
[root@noylinux yum.repos.d]# ls
CentOS-Base.repo   CentOS-CR.repo   CentOS-Debuginfo.repo   CentOS-fasttrack.repo
CentOS-Media.repo  CentOS-Sources.repo  CentOS-Vault.repo
```

```
[root@noylinux yum.repos.d]# wget -O /etc/yum.repos.d/CentOS-Aliyun.repo https://mirrors.aliyun.com/repo/Centos-7.repo

--2022-09-21 13:42:05--  https://mirrors.aliyun.com/repo/Centos-7.repo
正在解析主机 mirrors.aliyun.com (mirrors.aliyun.com)... 49.7.22.219, 49.7.22.214, 49.7.22.215, ...
正在连接 mirrors.aliyun.com (mirrors.aliyun.com)|49.7.22.219|:443... 已连接。
已发出 HTTP 请求，正在等待回应... 200 OK
长度：2523 (2.5K) [application/octet-stream]
正在保存至："/etc/yum.repos.d/CentOS-Aliyun.repo"

100%[=====================================================>] 2,523 --.-K/s 用时 0s

2022-09-21 13:42:05 (455 MB/s) - 已保存 "/etc/yum.repos.d/CentOS-Aliyun.repo" [2523/2523])

[root@noylinux yum.repos.d]# ls
CentOS-Aliyun.repo   CentOS-CR.repo          CentOS-fasttrack.repo   CentOS-Sources.repo
CentOS-Base.repo     CentOS-Debuginfo.repo   CentOS-Media.repo       CentOS-Vault.repo
```

（2）执行 yum makecache 命令生成缓存。

```
[root@noylinux yum.repos.d]# yum makecache
已加载插件：fastestmirror, langpacks
Repository base is listed more than once in the configuration
Repository updates is listed more than once in the configuration
Repository extras is listed more than once in the configuration
Repository centosplus is listed more than once in the configuration
Loading mirror speeds from cached hostfile
 * base: mirrors.aliyun.com
 * extras: mirrors.aliyun.com
 * updates: mirrors.aliyun.com
base                                            | 3.6 kB  00:00:00
extras                                          | 2.9 kB  00:00:00
updates                                         | 2.9 kB  00:00:00
(1/4): extras/7/x86_64/filelists_db             | 259 kB  00:00:00
(2/4): extras/7/x86_64/other_db                 | 145 kB  00:00:00
(3/4): base/7/x86_64/filelists_db               | 7.2 MB  00:00:00
(4/4): updates/7/x86_64/filelists_db            | 6.1 MB  00:00:00
元数据缓存已建立
```

至此，阿里云的 Yum 源就可以使用了，下载一个软件看看效果。

```
[root@noylinux yum.repos.d]# yum install make
Loading mirror speeds from cached hostfile
 * base: mirrors.aliyun.com
 * extras: mirrors.aliyun.com
 * updates: mirrors.aliyun.com
正在解决依赖关系
```

```
--> 正在检查事务
---> 软件包 make.x86_64.1.3.82-23.el7 将被 升级
---> 软件包 make.x86_64.1.3.82-24.el7 将被 更新
--> 解决依赖关系完成
==============================================================================
 Package          架构              版本                     源           大小
==============================================================================
正在更新:
 make             x86_64            1:3.82-24.el7            base         421 k
事务概要
==============================================================================
升级  1 软件包

-----省略部分内容-----

更新完毕:
  make.x86_64 1:3.82-24.el7
完毕!
```

9.5 DNF 软件包管理器

DNF 的全称为 Dandified YUM，是 Yum 的下一代版本，本身是基于 RPM 的 Linux 发行版软件包管理器，用于在 Fedora/RHEL/CentOS/ Rocky 等操作系统中安装、更新和卸载软件包。目前在这几个操作系统的最新版本中，DNF 与 Yum 处于“共存”的状态，也就是说这两个软件包管理器都可以使用，但以后 Yum 软件管理器可能会被逐渐取代。

DNF 软件包管理器于 2013 年首次出现在 Fedora 18 发行版中，目前它是 Fedora 22、CentOS 8、RHEL 8 和 Rocky 8 的默认软件包管理器。DNF 的工作方式与 Yum 非常相似，这可以让大家在最短的时间内掌握并使用它，其 Logo 如图 9-3 所示。

图 9-3 DNF 的 Logo

DNF 的出现是为了解决 Yum 的性能瓶颈、内存使用率高、依赖解析速度缓慢等问题，相比 Yum，DNF 的优势如下：

- DNF 的源代码比 Yum 简洁，只有 3 万行代码，而 Yum 的源代码接近 6 万行；
- 支持多个存储库（repo）；
- 与 Yum 相比，执行速度更快并且占用的内存更少；
- 界面更简单，配置也很简单；
- 与 Yum 相比，DNF 在 Python2 和 Python3 中均可运行；
- 具有比 Yum 更快的依赖项解析速度；
- 支持对软件包进行组管理，包括多个存储库组；
- 语法格式与 yum 命令基本一致。

注

在 CentOS 8 操作系统中 DNF 作为默认软件包管理器已经预装好了，但是在 CentOS 7 系列版本中并没有预装 DNF 软件包管理器，所以需要使用几条命令来安装：

（1）解决依赖：

yum -y install epel-release

（2）安装 DNF：

yum -y install dnf

（3）查看版本：

dnf –version

DNF 的用法与 Yum 基本一致，其实不止语法格式，大家使用帮助命令"dnf --help"查看帮助时就会发现，DNF 中所使用的这些选项跟 Yum 的选项也基本一样。因此，如果熟悉了 yum 命令，直接就可以使用 DNF，甚至可以说，两者之间执行命令的区别不过是将 yum 换成了 dnf。语法格式如下：

dnf [选项...] [软件包名]

dnf 命令的常用选项为 autoremove，用于删除所有原先因为依赖关系安装的不需要的软件包。其余的选项与 yum 命令的选项基本一致，这里不再赘述。

案例

查看系统中可用的 DNF 软件库。

```
[root@noylinux ~]# dnf repolist
Repository extras is listed more than once in the configuration
仓库 ID       仓库名称
AppStream     CentOS-8 - AppStream - mirrors.aliyun.com
appstream     CentOS Linux 8 - AppStream
base          CentOS-8 - Base - mirrors.aliyun.com
baseos        CentOS Linux 8 - BaseOS
extras        CentOS-8 - Extras - mirrors.aliyun.com
```

检查系统中所有软件包的更新。

```
[root@noylinux ~]# dnf check-update
Repository extras is listed more than once in the configuration

NetworkManager.x86_64        1:1.30.0-10.el8_4      base
NetworkManager.x86_64        1:1.30.0-10.el8_4      baseos
NetworkManager-adsl.x86_64  1:1.30.0-10.el8_4      base
-----省略部分内容-----
```

升级操作系统中所有可以升级的软件包。

```
[root@noylinux ~]# dnf update
Repository extras is listed more than once in the configuration
依赖关系解决。
==================================================================================
 软件包               架构            版本                  仓库      大小
==================================================================================
安装:
```

```
 kernel              x86_64  4.18.0-305.19.1.el8_4      base     5.9 M
 kernel-core         x86_64  4.18.0-305.19.1.el8_4      base     36 M
 kernel-modules      x86_64  4.18.0-305.19.1.el8_4      base     28 M
升级:
 NetworkManager      x86_64  1:1.30.0-10.el8_4         base     2.6 M
-----省略部分内容-----

事务概要
===================================================================
安装     3 软件包
升级   169 软件包

总计：338 M
总下载：282 M
确定吗？[y/N]:  y
下载软件包：
-----省略部分内容-----
  验证     : runc-1.0.0-74.rc95.module_el8.4.0+886+c9a8d9ad.x86_64        340/341
  验证     : runc-1.0.0-70.rc92.module_el8.4.0+673+eabfc99d.x86_64        341/341
Installed products updated.

已升级:
  NetworkManager-1:1.30.0-10.el8_4.x86_64
  NetworkManager-adsl-1:1.30.0-10.el8_4.x86_64
  -----省略部分内容-----
已安装:
  kernel-4.18.0-305.19.1.el8_4.x86_64
  kernel-core-4.18.0-305.19.1.el8_4.x86_64
  kernel-modules-4.18.0-305.19.1.el8_4.x86_64

完毕!
```

使用 DNF 软件包管理器安装软件程序（例如安装 httpd）。

```
[root@noylinux ~]# dnf install httpd
Repository extras is listed more than once in the configuration
依赖关系解决。
=============================================================================
 软件包          架构       版本                                仓库        大小
=============================================================================
安装:
 httpd           x86_64    2.4.37-39.module_el8.4.0+778+c970deab   AppStream  1.4 M
安装依赖关系:
 apr             x86_64     1.6.3-11.el8                           AppStream    125 k
 apr-util        x86_64     1.6.1-6.el8                            AppStream    105 k
 centos-logos-httpd  noarch     85.8-1.el8                                base     75 k
 httpd-filesystem   noarch 2.4.37-39.module_el8.4.0+778+c970deab  AppStream 38 k
 httpd-tools      x86_64  2.4.37-39.module_el8.4.0+778+c970deab  AppStream    106 k
 mod_http2      x86_64     1.15.7-3.module_el8.4.0+778+c970deab   AppStream    154 k
```

```
安装弱的依赖:
 apr-util-bdb        x86_64    1.6.1-6.el8            AppStream     25 k
 apr-util-openssl     x86_64    1.6.1-6.el8          AppStream     27 k
启用模块流:
 httpd                         2.4
事务概要
===============================================================================
安装  9 软件包

-----省略部分内容-----

已安装:
apr-1.6.3-11.el8.x86_64        apr-util-1.6.1-6.el8.x86_64        apr-util-bdb-1.6.1-
6.el8.x86_64       apr-util-openssl-1.6.1-6.el8.x86_64     centos-logos-httpd-85.8-
1.el8.noarch    httpd-2.4.37-39.module_el8.4.0+778+c970deab.x86_64  mod_http2-1.15.7-
3.module_el8.4.0+778+c970deab.x86_64                              httpd-filesystem-2.4.37-
39.module_el8.4.0+778+c970deab.noarch                                  httpd-tools-2.4.37-
39.module_el8.4.0+778+c970deab.x86_64

完毕!
```

使用 DNF 软件包管理器卸载软件程序（例如卸载 httpd）。

```
[root@noylinux ~]# dnf remove  httpd
Repository extras is listed more than once in the configuration
依赖关系解决。
===============================================================================
 软件包            架构     版本                                  仓库          大小
===============================================================================
移除:
 httpd            x86_64  2.4.37-39.module_el8.4.0+778+c970deab  @AppStream4.3 M
清除未被使用的依赖关系:
 apr                  x86_64  1.6.3-11.el8                           @AppStream   260 k
 apr-util             x86_64  1.6.1-6.el8                            @AppStream   231 k
 apr-util-bdb         x86_64  1.6.1-6.el8                            @AppStream    12 k
 apr-util-openssl     x86_64  1.6.1-6.el8                            @AppStream    20 k
 centos-logos-httpd  noarch  85.8-1.el8                             @base       197 k
 httpd-filesystem   noarch  2.4.37-39.module_el8.4.0+778+c970deab  @AppStream 400
 httpd-tools     x86_64  2.4.37-39.module_el8.4.0+778+c970deab  @AppStream  194 k
 mod_http2       x86_64  1.15.7-3.module_el8.4.0+778+c970deab  @AppStream  394 k

事务概要
===============================================================================
移除  9 软件包

-----省略部分内容-----

已移除:
```

```
    apr-1.6.3-11.el8.x86_64     apr-util-1.6.1-6.el8.x86_64
    apr-util-bdb-1.6.1-6.el8.x86_64     apr-util-openssl-1.6.1-6.el8.x86_64
    centos-logos-httpd-85.8-1.el8.noarch  httpd-2.4.37-39.module_el8.4.0+778+c970deab.x86_64
    httpd-filesystem-2.4.37-39.module_el8.4.0+778+c970deab.noarch
    httpd-tools-2.4.37-39.module_el8.4.0+778+c970deab.x86_64
    mod_http2-1.15.7-3.module_el8.4.0+778+c970deab.x86_64

完毕！
```

需要注意的是，DNF 软件包管理器在卸载软件程序时与 Yum 是不一样的。Yum 卸载时只卸载主要软件程序，不会卸载当时一起安装的那些依赖程序。DNF 就不一样，安装软件时安装了哪些软件，在卸载的时候就连同当时一起安装的那些依赖程序一起全卸载了。

DNF 卸载软件程序的方式笔者还是比较推荐的，为什么呢？大家试想一下，Yum 软件包管理器使用久了肯定会导致操作系统越来越臃肿，因为它在安装软件时会将软件所依赖的各种程序一起安装上，但是卸载的时候却只卸载主软件，将依赖程序遗留在操作系统中。而 DNF 卸载软件程序的方法就很好地规避了该问题。

案例

删除操作系统中无用的、孤立的软件包（当没有软件再依赖它们时，某些用于解决特定软件依赖的软件包就没有了存在的意义）。

```
[root@noylinux ~]# dnf autoremove
Repository extras is listed more than once in the configuration
依赖关系解决。
无须任何处理。
完毕！
```

删除操作系统中缓存的无用软件包。

```
[root@noylinux ~]# dnf clean all
Repository extras is listed more than once in the configuration
37 文件已删除
```

查看 DNF 命令执行的历史记录。

```
[root@noylinux ~]# dnf history
Repository extras is listed more than once in the configuration
ID   | 命令行              | 日期和时间          | 操作              | 更改
-----------------------------------------------------------------------------
 4   | update              | 2022-09-21 22:35   | I, U             |  172 EE
 3   | remove httpd        | 2022-09-21 21:48   | Removed          |    9
 2   | install httpd       | 2022-09-21 21:17   | Install          |    9
 1   |                     | 2022-08-05 23:25   | Install          | 1382 EE
```

掌握 DNF 命令需要勤加练习，因为这是一种技术趋势，虽然目前主流的操作系统还是 CentOS 7 系列版本，大家还在用 Yum 进行软件管理，但是在不久的将来会迎来操作系统的迭代升级，到那时将会是 RHEL 8/Rocky Linux 的时代，DNF 取代 Yum 已经成为趋势。

第 10 章

Linux 防火墙的那点事

10.1 防火墙简介

正式介绍 Linux 防火墙之前先带大家了解一下流量的分类，流量按传输方向可以分为流入流量和流出流量。图 10-1 是观看某视频网站时所产生的流量，通过 Rocky Linux 操作系统的流量监控器可以很明显看出两种流量的吞吐量。

（1）流入流量：接受从局域网和互联网中传输过来的信息所产生的流量。

（2）流出流量：在网络上发出信息所产生的流量。

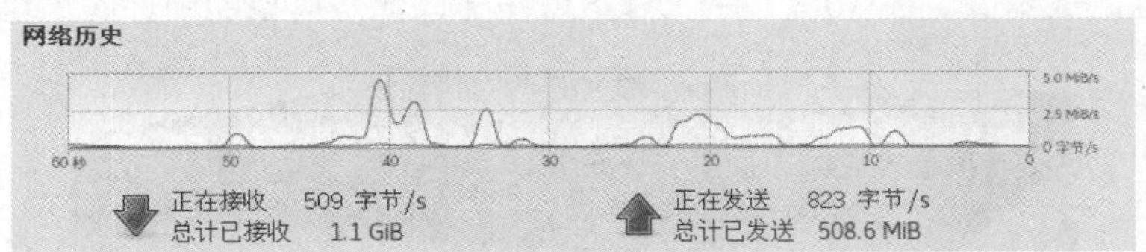

图 10-1　流入与流出流量

防火墙是一种网络安全工具，最基本的功能就是隔离网络，通过将网络划分成不同的区域（通常情况下称为 Zone），制定出不同区域之间的访问控制策略来控制不同信任程度区域间传送的数据流。说白了就是专门用来管控流量传输，是内部安全网络和不可信网络之间的屏障。

图 10-2 中展示的是防火墙在企业网络架构中的应用场景之一，可以看到防火墙摆放的位置位于整个企业内部网络的出入口，这样摆放的好处就是企业中所有网络设备的流量（流入/流出）都要经过防火墙。防火墙在的作用显而易见，就是通过管控整个企业中流入/流出的流量达到管控所有网络设备的目的，一般管控流量主要是为了保护企业内部的网络安全，防止受到黑客入侵，其次就是防止员工“摸鱼”。

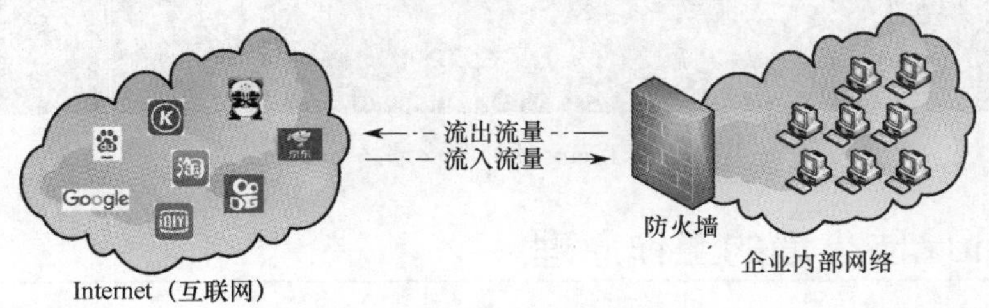

图 10-2　防火墙应用场景

防火墙的使用方法主要是设置规则，通过规则来规范各种流量的进出，这是一门技术活，要按照“流量只能往此处传输数据，其余地方都拒绝”的逻辑来设置规则。有人会问了，万一有员工必须浏览某些网站进行工作却被防火墙拦截了怎么办呢？没关系，到时候再给他开通即可，配置防火墙本身就是一个长周期的工作。

通过上面的内容大家会发现，防火墙的强大之处在于管控流量，允许访问哪些网站，不允许访问哪些网站，允许流量往哪里走，不允许流量往哪里走，都能安排得明明白白的。

防火墙的种类有哪些？

这个问题需要从两个方面来看，一个是从逻辑方面来看，防火墙可以分为以下两种：

（1）主机防火墙：针对单台计算机进行防护。

（2）网络防火墙：处于网络入口或边缘位置，对网络的出入口进行防护管控。

网络防火墙和主机防火墙之间并不会产生冲突，大家可以这么理解，网络防火墙主要用于整个企业内部网络的防护（大环境/集体方面的防护）。而主机防火墙主要用于个人单台计算机的防护。

另一个是从物理方面来看，防火墙可以分为以下两种：

（1）硬件防火墙：在硬件级别实现部分防火墙功能，另一部分功能基于软件实现。特点：性能强，成本高。图 10-3 中的 USG6309E-AC 就是典型的硬件防火墙。

图 10-3 HUAWEI 企业级防火墙 USG6309E-AC

（2）软件防火墙：在应用软件级别实现防火墙的功能，运行在操作系统中。特点：性能相对较低，成本低。图 10-4 中的 Iptables 是典型的软件防火墙。

```
[root@nylinux ~]# iptables -vnL
Chain INPUT (policy ACCEPT 0 packets, 0 bytes)
 pkts bytes target     prot opt in     out     source               destination
    0     0 ACCEPT     udp  --  virbr0 *       0.0.0.0/0            0.0.0.0/0            udp dpt:53
    0     0 ACCEPT     tcp  --  virbr0 *       0.0.0.0/0            0.0.0.0/0            tcp dpt:53
    0     0 ACCEPT     udp  --  virbr0 *       0.0.0.0/0            0.0.0.0/0            udp dpt:67
    0     0 ACCEPT     tcp  --  virbr0 *       0.0.0.0/0            0.0.0.0/0            tcp dpt:67
  131 18366 ACCEPT     all  --  *      *       0.0.0.0/0            0.0.0.0/0            ctstate RELATED,ESTABLISHED
    0     0 ACCEPT     all  --  lo     *       0.0.0.0/0            0.0.0.0/0
  141 13093 INPUT_direct  all  --  *      *       0.0.0.0/0            0.0.0.0/0
  141 13093 INPUT_ZONES_SOURCE  all  --  *      *       0.0.0.0/0            0.0.0.0/0
  141 13093 INPUT_ZONES  all  --  *      *       0.0.0.0/0            0.0.0.0/0
    1    40 DROP       all  --  *      *       0.0.0.0/0            0.0.0.0/0            ctstate INVALID
  139 12993 REJECT     all  --  *      *       0.0.0.0/0            0.0.0.0/0            reject-with icmp-host-prohibited

Chain FORWARD (policy ACCEPT 0 packets, 0 bytes)
 pkts bytes target     prot opt in     out     source               destination
    0     0 ACCEPT     all  --  *      virbr0  0.0.0.0/0            192.168.122.0/24     ctstate RELATED,ESTABLISHED
    0     0 ACCEPT     all  --  virbr0 *       192.168.122.0/24     0.0.0.0/0
    0     0 ACCEPT     all  --  virbr0 virbr0  0.0.0.0/0            0.0.0.0/0
    0     0 REJECT     all  --  *      virbr0  0.0.0.0/0            0.0.0.0/0            reject-with icmp-port-unreachable
    0     0 REJECT     all  --  virbr0 *       0.0.0.0/0            0.0.0.0/0            reject-with icmp-port-unreachable
    0     0 ACCEPT     all  --  *      *       0.0.0.0/0            0.0.0.0/0            ctstate RELATED,ESTABLISHED
    0     0 ACCEPT     all  --  lo     *       0.0.0.0/0            0.0.0.0/0
    0     0 FORWARD_direct  all  --  *      *       0.0.0.0/0            0.0.0.0/0
```

图 10-4　Linux 软件防火墙之 Iptables

10.2　Linux 防火墙的工作原理

大家要记住，防火墙的核心功能一定是数据报文过滤！我们要带着这个理念学习 Linux 防火墙。

Linux 操作系统中自带的防火墙由以下两部分组成：

（1）Netfilter。可以称为数据包过滤机制，它是 Linux 内核中一个非常强大的数据包处理模块，本身拥有网络地址转换（NAT）、数据包内容修改、数据包过滤等功能。通过这些功能容易发现，真正实现防火墙功能的其实就是这个组件。

（2）防火墙管理工具。可以把 Netfilter 看作是一个工作框架，这个框架按照规则（Rule）管控数据包，但它本身并没有配置规则的功能。防火墙管理工具就是用来配置规则的。说得再直白一点，防火墙管理工具的作用是维护规则，而真正使用规则干活的是 Linux 内核的 Netfilter。常见的防火墙管理工具有两个，分别是 Iptables 和 Firewalld。

这里担心大家还是不易理解，我再换另一种形式捋一下这两部分的作用。

> 话说在很早之前有一座城池（计算机），这座城池中有一对非常厉害的亲兄弟。老大名叫 Netfilter，是一名武将，得益于早年在少林寺学武的经历，能耍 5 把青龙偃月钩（五链）。
>
> 老二名叫 Iptables，名字看起来怪怪的，他是一名文臣，得益于早年在地府与阎王歃血为盟磕头拜把子的经历，手中掌着 4 本生死簿（四表），生死簿中写着一些乱臣贼子的具体描述（规则）。
>
> 亲哥俩身负守护城池的重任，大哥主武，二弟主文。每天都会有不同的人（数据包）流经此地，大哥会按照二弟手中 4 本生死簿记载的内容（规则）仔细地检查每个经过此地的人（数据包），5 把青龙偃月钩（五链）藏在 5 个不同的方位，一旦在其中一个位置发现了有生死簿上记载的人，立马挥舞着青龙偃月钩将他（数据报文）驱赶出去。

好！故事就讲到这里。别看故事短，表达的意思都已经到位了。

顺便解释一下规则，其实就是 Linux 运维工程师通过防火墙管理工具为 Netfilter 预定义的条件，规则的定义一般是：如果数据包头符合相应的条件，则处理该数据包。规则是由源地址、目标地址、传输协议和服务类型等元素构成的。处理数据包的动作有通过、拒绝和丢弃等。

10.3 Linux 防火墙的四表五链

在上文的故事中出现了两个陌生的名词，分别是“四表”和“五链”，这两个名词是 Linux 防火墙中的核心知识。

首先说“五链”：链（Chain）在这里指的是数据包经过的路径。既然作用是管控数据包，那肯定是在数据包必须经过的位置进行管控才有效。所以 Netfilter 的创作者在 Linux 内核空间选了 5 个位置作为管控数据流量的地方，这 5 个位置被称为 5 个钩子函数（Hook Function），也叫 5 个规则链，基本上能将数据包所有要经过的路径彻底封锁住，也就是说数据包不论往哪里走都会经过至少其中一个位置。

这 5 个位置分别是（见图 10-5，按照数据包从进到出的顺序）：

（1）PREROUTING：负责刚刚到达本机的数据包，即数据包进入路由表之前。

（2）INPUT：负责过滤进入本机的数据包。

（3）FORWARD：负责转发流经此主机的数据包。

（4）OUTPUT：负责处理从本机向外发出去的数据包。

（5）POSTROUTING：负责向外部发送到网卡接口之前的数据包。

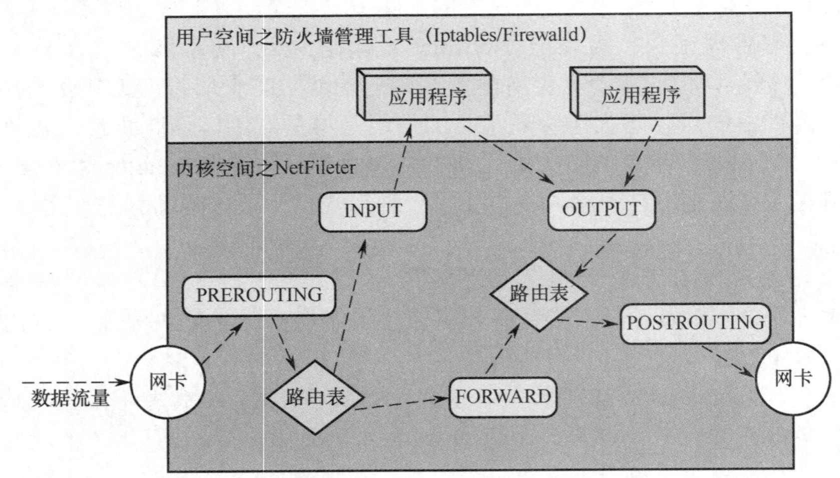

图 10-5　数据包经过五链的顺序

注

大多数情况下，Iptables 被用来配置从外部网络进入 Linux 操作系统的数据包，所以 INPUT 规则链会经常用到。

图 10-5 描述了不同数据流量从计算机网卡进来之后的行进路径：

（1）入站数据流向（PREROUTING → INPUT）。

数据流量从计算机网卡进入网络防火墙中，会先被 PREROUTING 规则链处理，比如是否修改数据包地址等，之后会按照路由表进行路由选择，判断该数据包应该发往何处，如果数据包的目标地址是计算机本身，那么内核会将其传递给 INPUT 链进行处理，INPUT 链决定数据包是否允许通过等，允许通过以后，再向上传递给用户空间的应用程序或服务，应用程序接收到数据包之后会进行响应，响应的过程需要看出站数据流向。

（2）转发数据流向（PREROUTING → FORWARD → POSTROUTING）。

如果数据包的目标地址是其他的计算机地址，数据流量进入网络防火墙中，被 PREROUTING 规则链处理后，会按照路由选择，由内核将其传递给 FORWARD 链进行处理，FORWARD 链判断是否转发或拦截，再交给 POSTROUTING 规则链，由它来判断是否修改数据包的地址等，最后将数据包转发出去。

（3）出站数据流向（OUTPUT → POSTROUTING）。

计算机上的应用程序向外部地址发送数据包时会经过自己的网络防火墙，首先会被 OUTPUT 规则链处理，之后按照路由表进行路由选择，再传递给 POSTROUTING 规则链，由它来判断是否修改数据包的地址等，最后将数据包发送出去。

这是 Netfilter 规定的 5 个规则链，简称“五链”，任何一个数据包只要经过本机，必定会经过这五个链中至少其中一个链。

接下来说“四表”：Iptables 内置了 4 个表（Table），包括 Filter 表、Nat 表、Mangle 表和 Raw 表，每种表对应了不同的功能，而且我们定义的规则也都超不出这 4 个表的能力范围。

- Filter 表：负责过滤数据包。
- Nat 表：负责网络地址转换，用于修改源 IP 或目标 IP，也可以改端口。
- Mangle 表：负责数据包管理，拆解报文、做出修改并重新封装功能。
- Raw 表：负责数据包跟踪，决定数据包是否被状态跟踪机制处理。

这里说的是 Iptables 管理工具，Firewalld 用的是另一种不同的方法。

大家可以这么理解，表就是用来存储设置的规则的，数据包到了某条链上，Netfilter 会先去对应的表中查询设置的规则，然后决定这个数据包是放行、丢弃、转发还是修改。

最后再给大家系统梳理一下“四表”和“五链”之间的关系，大家应该都玩过塔防类型的游戏，我们就以塔防游戏的方式解释一下“四表”和“五链”之间的关系。

游戏开始啦！整个地图中只有 5 个关口（五链），所有的敌人无论怎么走都得经过这五个关口中的至少一个关口（在脑海中想象不出画面的可以借鉴一下图 10-5）。虽然敌人都经过这 5 个关口，但关口本身并不具备打击敌人的能力，所以游戏的作者又赋予我们 4 种打击敌人能力的卡片（四表），一种是专门用来打击陆地上的敌人；第二种是专门用来打击空中的敌人；第三种专门用来打击海中的敌人；最后一种专门用来打击地面以下的敌人。这五个关口可以插入卡片，插进去什么卡片就具备什么样的打击能力，当然了，每个关口可以插入多个卡片，也就是说每个关口可以具备多种不同的打击敌人的能力。

根据上面的游戏内容，我们来汇总一下，这 5 个关口（五链）都分别被插入了哪几张卡片（四表）？说得直白一点就是每个链中都拥有哪些表。

- PREROUTING 链：Raw 表、Mangle 表、Nat 表。
- INPUT 链：Mangle 表、Nat 表、Filter 表。
- FORWARD 链：Mangle 表、Filter 表。
- OUTPUT 链：Raw 表、Mangle 表、Nat 表、Filter 表。
- POSTROUTING 链：Mangle 表、Nat 表。

CentOS/RHEL 7 的 INPUT 链中拥有 Nat 表，CentOS/RHEL 6 中没有。

反过来看，这“四表”中的规则可以被哪些链使用呢？

- Filter 表：INPUT 链、FORWARD 链、OUTPUT 链。

> ➢ Nat 表：PREROUTING 链、INPUT 链、OUTPUT 链、POSTROUTING 链。
> ➢ Raw 表：PREROUTING 链、OUTPUT 链。
> ➢ Mangle 表：PREROUTING 链、INPUT 链、FORWARD 链、OUTPUT 链、POSTROUTING 链。

结合上面所有的描述，再给大家绘制一幅完整的“四表五链”关系图，如图 10-6 所示。

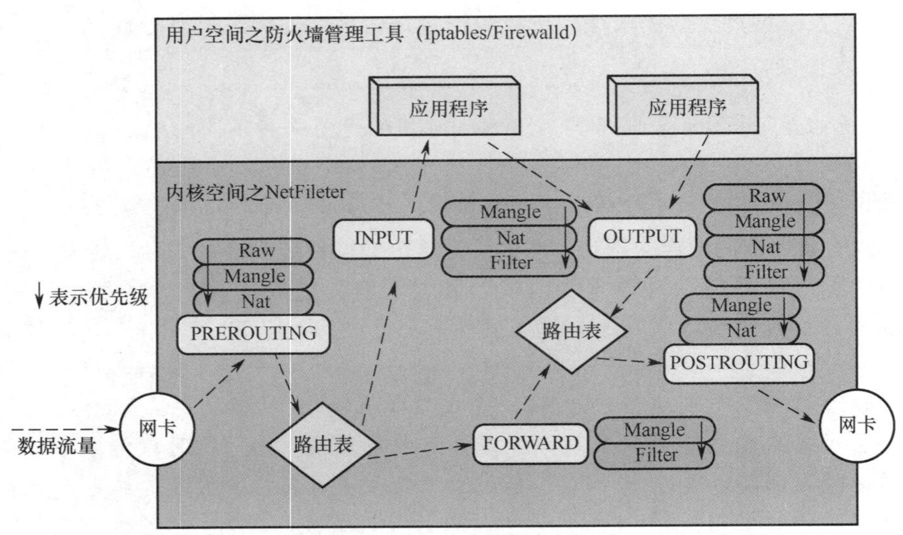

图 10-6 “四表五链”关系图

注意看每条规则链上的规则优先级，也就是检查数据包时的规则顺序，每条规则链上的规则都是从上往下依次匹配的，一旦匹配上对应的规则就不再往下匹配了，若是一条规则都没有匹配上则会执行默认的规则。

默认的规则是由我们自己设置的，也就是黑白名单，默认将数据包丢弃说明采用的是白名单，若默认的规则是允许数据包通过则采用的是黑名单。在企业的生产环境中配置防火墙规则一般都非常严谨，所以大多数用户都会采用白名单。

> **注**
> 白名单的机制是我们要把所有人都当作“坏人”，只放行“好人”；而黑名单的机制正好相反，把所有人都当成“好人”，只拒绝“坏人”。

最后再补充两个知识点。

第一个知识点，在防火墙设置规则匹配对应的数据包时，常用的匹配条件见表 10-1。

表 10-1 常用的匹配条件

匹 配 条 件	匹 配 条 件
源 IP 地址	源端口范围
目标 IP 地址	目标端口范围
源端口	网卡 MAC 地址

（续表）

匹 配 条 件	匹 配 条 件
目标端口	网卡接口名称
源地址范围	目标地址范围
网络协议：TCP、UDP、ICMP……	

第二个知识点，当防火墙根据设定好的规则匹配到相对应的数据包时，常见的处理操作见表 10-2。

表 10-2 处理操作

处理操作	说 明
ACCEPT	将数据包放行
DROP	悄悄丢弃数据包，不回复任何响应信息
REJECT	明示拒绝数据包通过并通知对方拒收的信息
LOG	将数据包信息记录到系统日志中，再传递给下一条规则进行匹配处理
DNAT	目标地址转换
SNAT	源地址转换
MASQUERADE	地址欺骗/源地址伪装，实现源地址转换
REDIRRECT	端口号重定向
MARK	给数据包打上一个标记，以便作为后续过滤条件的判断依据

接下来介绍两个 Linux 防火墙工具的具体使用方法，为什么要讲解两个工具呢？其实还是因为 CentOS/RHEL 7 到 CentOS 8/RHEL 8/Rocky 的过渡问题。

10.4 Iptables 管理工具

Iptables 的前身是 Ipfw，它是开发者从 FreeBSD 系统中移植过来一款简易的访问控制工具，这款工具能实现在 Linux 内核中对数据包进行检测的功能，但是实现功能的过程非常困难且烦琐，所以开发者对这款工具不断地进行修改和优化。当 Linux 内核的版本迭代到 2 系列时，这款工具迎来了它的第一次变身，在功能上实现了定义多条规则，并将它们串联起来共同发挥作用，同时名称也改为 Ipchains。再一次的变身是在 Linux 内核迭代到 2.4 版本后，Ipchains 在功能上将规则组成一个列表，实现了绝对详细的访问控制功能（四表），名称改为 Iptables。管理工具的发展历程见表 10-3。

表 10-3 管理工具的发展历程

发展历程	Linux 内核 2.0 及之前版本：包过滤机制是 Ipfw，管理工具是 Ipfwadm
	Linux 内核 2.0～2.2 版本：包过滤机制是 Ipchain，管理工具是 Ipchains
	Linux 内核 2.4 版本以后：包过滤机制是 Netfilter，管理工具是 Iptables
	Linux 内核 4.0 版本以后：包过滤机制是 Nftables，管理工具是 Firewalld

在 CentOS/RHEL 7 系列及之前版本的操作系统中，默认使用的是 Iptables 来配置防火墙。其实到从 CentOS/RHEL 7 版本起，Firewalld 已经开始投入使用了，但是大部分企业并没有理会，在生产环境中依然继续使用 Iptables。

这种情况其实也容易理解，一般当某种新的工具出现时，企业内部的技术人员不会立即使用，因为新工具在刚出现的阶段是“年幼”的、不成熟的，本身可能存在很多的 Bug 要修复。等到这个工具成熟了、稳定了、相关资料和答疑多了，企业才会考虑入手，Firewalld 当时面临的也是这样的情况。

Iptables 的语法格式如下：

iptables [-t 表名] 选项 [规则链名] [条件匹配] [-j 采取的动作]

Iptables 的常用选项见表 10-4。

表 10-4 Iptables 的常用选项

常用选项	说 明
-t 表名	指定要操作的表，若不指定则默认指定 filter 表
-P 链名（DROP|ACCEPT）	设置指定规则链的默认规则
-F	清空指定规则链中所有的规则
-A	追加，在指定规则链的末尾新增一个规则（匹配优先级）
-I num	插入，把当前规则插入到指定规则链，默认插入第一行（匹配优先级）
-D num	删除，删除指定规则链中的某一条规则
-R num	修改/替换指定规则链中的某条规则，可以按规则序号和内容进行替换
-N chain	新建一条用户自己定义的规则链（chain 规则链名）
-X chain	删除指定表中用户自定义的规则链，删除之前需要将里面的规则清空
-L	查看指定规则链中所有的规则

需要注意的是，-L 选项后面可以加规则链，表示查看指定表的指定链中的具体规则，除此之外，-L 选项还可以使用几个辅助选项，见表 10-5。

表 10-5 -L 选项的常用辅助选项

辅助选项	说 明
-n	以数字格式显示地址和端口，不然会以主机名/域名的方式显示
-v	显示详细信息
-vv|-vvv	更多详细信息
-x	在计数器上显示精确值，不做单位换算
--line-numbers	显示规则的行号

条件匹配见表 10-6。

表 10-6 条件匹配

匹配条件	条件分类	对应匹配选项
匹配 IP 地址	匹配源地址	-s IP[MASK]
	匹配目标地址	-d IP[MASK]
匹配网络协议	TCP	-p tcp --dport port[:port] 匹配报文的目标端口或端口范围
		-p tcp --sport port[:port] 匹配报文的源端口或端口范围
		-p tcp --tcp-fiags 指定 tcp 的标志位（SYN|ACK|FIN|PSH|RST|URG）

（续表）

匹配条件	条件分类	对应匹配选项
匹配网络协议	UDP	-p udp --dport port[:port] 匹配报文的目标端口或端口范围
		-p udp --sport port[:port] 匹配报文的源端口或端口范围
	ICMP	-p icmp --icmp-type type 匹配报文的状态类型
匹配网卡名	从这块网卡流入的数据	-i 网卡名称
	从这块网卡流出的数据	-o 网卡名称
启动多端口扩展	匹配多个源端口	-m multiport --sports port[,port|,port:port]...
	匹配多个目标端口	-m multiport --dport port[,port|,port:port]...
获取帮助	—	-h

采取的动作见表 10-2，表示对匹配到的数据包进行的处理操作。

注

（1）在 Iptables 命令中所有的规则链名称必须大写。

INPUT | OUTPUT | FORWARD | PREROUTING | POSTROUTING

（2）在 Iptables 命令中所有的表名必须小写。

filter | nat | mangle | raw

（3）在 Iptables 命令中所有的动作必须大写。

ACCEPT | DROP | SNAT | DNAT | MASQUERADE | ...

（4）在 Iptables 命令中所有的匹配选项必须小写。

-s | -d | -m | -p | ...

这里需要介绍一下重要的知识点，如果对这个知识点不了解清楚的话，做后面的案例会困难重重，那就是 Iptables 工具的-L 选项。不少读者会说："这个我知道啊，不就是用来查看规则的嘛。"是，它确实是用来查看某个表中的规则链及规则的，但是当执行完该命令后会显示一大堆内容，相信大多数入门的朋友看到这些内容免不了一脸懵。所以这里着重介绍一下每一块区域各自代表着什么意思。

使用 Iptables 工具的-L 选项查看 Filter 表中所有的规则链及规则，结果如图 10-7 所示。

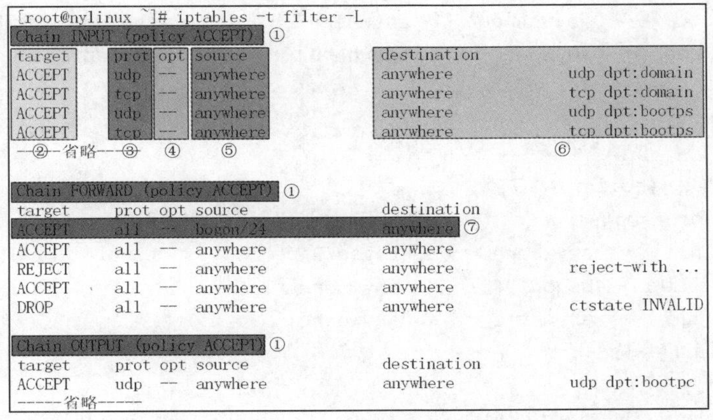

```
[root@nylinux ~]# iptables -t filter -L
Chain INPUT (policy ACCEPT) ①
target     prot opt source       destination
ACCEPT     udp  --  anywhere     anywhere       udp dpt:domain
ACCEPT     tcp  --  anywhere     anywhere       tcp dpt:domain
ACCEPT     udp  --  anywhere     anywhere       udp dpt:bootps
ACCEPT     tcp  --  anywhere     anywhere       tcp dpt:bootps
--②--省略---③    ④    ⑤                     ⑥

Chain FORWARD (policy ACCEPT) ①
target     prot opt source       destination
ACCEPT     all  --  bogon/24     anywhere ⑦
ACCEPT     all  --  anywhere     anywhere
REJECT     all  --  anywhere     anywhere       reject-with ...
ACCEPT     all  --  anywhere     anywhere
DROP       all  --  anywhere     anywhere       ctstate INVALID

Chain OUTPUT (policy ACCEPT) ①
target     prot opt source       destination
ACCEPT     udp  --  anywhere     anywhere       udp dpt:bootpc
-----省略-----
```

图 10-7 Filter 表中所有的规则链及规则

为了让大家能够更直观地看出显示的内容，笔者给图 10-7 中每一块区域标注了不同的序号进行区分。各区域含义见表 10-7。

表 10-7 -L 选项显示内容含义

区　域	说　明
①	规则链的名称及其默认规则，filter 表中所有规则链的默认规则都是放行（ACCEPT）
②	target 列，表示采取的动作：放行（ACCEPT）、拒绝（REJECT）、丢弃（DROP）……
③	prot 列，表示使用的网络协议：所有网络协议（all）、tcp、udp、icmp……
④	opt 列，额外的选项说明
⑤	source 列，规则中要匹配的源 IP 地址。可以是单个 IP 地址，也可以是一个网段
⑥	destination 列，规则中要匹配的目标 IP 地址。可以是单个 IP 地址，也可以是一个网段
⑦	规则，这里主要为了给大家解释怎么才算是一条规则，在显示的各个规则链中，每一行就算是一条规则

如果想查看更多详细内容，可以使用-nvL 选项，使用-nvL 选项查看会多出来几列内容：

- pkts 列：规则匹配到的数据报文的个数。
- bytes 列：规则匹配到的数据报文包的大小总和。
- in 列：数据包由哪个接口（网卡）流入。
- out 列：数据包由哪个接口（网卡）流出。

下面将通过一系列案例帮助大家将上述知识融会贯通，学会之后只有勤加练习才能成为自己的技术，不然就会慢慢生疏。

案例

查看目前已存在的防火墙规则，并将其全部清空。

```
[root@noylinux ~]# iptables -L
Chain INPUT (policy ACCEPT)
target     prot opt source          destination
ACCEPT     udp  --  anywhere         anywhere              udp dpt:domain
ACCEPT     tcp  --  anywhere         anywhere              tcp dpt:domain
ACCEPT     udp  --  anywhere         anywhere              udp dpt:bootps
-----省略部分内容-----
prohibited

Chain FORWARD (policy ACCEPT)
target     prot opt source          destination
ACCEPT     all  --  anywhere         bogon/24             ctstate RELATED,ESTABLISHED
ACCEPT     all  --  bogon/24         anywhere
ACCEPT     all  --  anywhere         anywhere
-----省略部分内容-----

Chain OUTPUT (policy ACCEPT)
target     prot opt source          destination
```

```
ACCEPT     udp  --  anywhere       anywhere          udp dpt:bootpc
-----省略部分内容-----

[root@noylinux ~]# iptables -F     #清空所有规则链中的规则
[root@noylinux ~]# iptables -L     #再次查看
Chain INPUT (policy ACCEPT)
target     prot opt source               destination

Chain FORWARD (policy ACCEPT)
target     prot opt source               destination

Chain OUTPUT (policy ACCEPT)
target     prot opt source               destination
-----省略部分内容-----
```

注

防火墙的案例不像之前案例那样是单个的，这里笔者做成一整个从易到难的流程案例，整个过程走下来后，常用的一些防火墙配置就都能掌握了。

尝试修改规则链上的默认策略，所有规则链上的默认规则都是放行，我们把其中的 INPUT 规则链的默认规则设置为拒绝。需要注意的是，规则链上的拒绝动作只能是 DROP，不能设置为 REJECT。

```
[root@noylinux ~]# iptables -P INPUT DROP
[root@noylinux ~]# iptables -L
Chain INPUT (policy DROP)
target     prot opt source               destination

Chain FORWARD (policy ACCEPT)
target     prot opt source               destination

Chain OUTPUT (policy ACCEPT)
target     prot opt source               destination
-----省略部分内容-----
```

经过上面的设置，不论是什么样的数据包，只要目标地址是本机器的默认都会被拒绝。为什么呢？因为规则链中没有设置任何规则，当有数据包进入本机器时，只能按照默认规则进行操作，而默认规则又被我们设置为了拒绝。

现在我们向 INPUT 规则链头部添加一条规则，允许 ICMP 协议的数据包通过，查看对方主机使用的是否是 Ping 命令（Ping 命令用的就是 ICMP 协议），所以允许 ICMP 协议的数据包通过就是变相地允许别人 Ping 通自己，让别人知道这台主机是“活跃”的。

```
[root@noylinux ~]# iptables -I INPUT -p icmp -j ACCEPT
[root@noylinux ~]# iptables -L
Chain INPUT (policy DROP)
target     prot opt source           destination
ACCEPT     icmp --  anywhere         anywhere
```

```
Chain FORWARD (policy ACCEPT)
target     prot opt source               destination

Chain OUTPUT (policy ACCEPT)
target     prot opt source               destination
```

删除刚才那条允许 ICMP 协议通过的规则。

```
[root@noylinux ~]# iptables -D INPUT 1        #删除 INPUT 规则链中的第一条规则
[root@noylinux ~]# iptables -L
Chain INPUT (policy DROP)
target     prot opt source               destination

Chain FORWARD (policy ACCEPT)
target     prot opt source               destination

Chain OUTPUT (policy ACCEPT)
target     prot opt source               destination
```

再把 INPUT 规则链的默认规则改为放行（ACCEPT）。

```
[root@noylinux ~]# iptables -P INPUT ACCEPT
[root@noylinux ~]# iptables -L
Chain INPUT (policy ACCEPT)
target     prot opt source               destination

Chain FORWARD (policy ACCEPT)
target     prot opt source               destination

Chain OUTPUT (policy ACCEPT)
target     prot opt source               destination
```

添加一条限制单个端口访问的规则，在 INPUT 规则链中设置只允许指定网段的主机访问本机的 22 端口。这条规则具有一定的实用性，因为 22 端口是用于 SSH 服务的，也就是远程访问控制的端口，所以能连接此端口的主机也就具有连接控制此机器的资格。

```
[root@noylinux ~]# iptables -I INPUT -s 192.168.1.0/24 -p tcp --dport 22 -j
ACCEPT
#只允许在 192.168.1.1~192.168.1.254 之间的主机访问此主机的 22 端口
[root@noylinux ~]# iptables -A INPUT -p tcp --dport 22 -j REJECT
#拒绝其他网段的主机访问此端口
[root@noylinux ~]# iptables -nL
Chain INPUT (policy ACCEPT)
target  prot opt source          destination
ACCEPT  tcp  --  192.168.1.0/24   0.0.0.0/0     tcp dpt:22
REJECT   tcp   --   0.0.0.0/0   0.0.0.0/0   tcp  dpt:22  reject-with  icmp-port-
unreachable

Chain FORWARD (policy ACCEPT)
```

```
target     prot opt source               destination

Chain OUTPUT (policy ACCEPT)
target     prot opt source               destination
```

添加一条针对单个端口访问的规则，拒绝任何主机用 TCP 和 UDP 协议访问此主机的 3306 端口。

```
[root@noylinux ~]# iptables -I INPUT -p tcp   --dport 3306  -j REJECT
[root@noylinux ~]# iptables -I INPUT -p udp   --dport 3306  -j REJECT
[root@noylinux ~]# iptables -nL
Chain INPUT (policy ACCEPT)
target     prot opt source               destination
REJECT   udp   --   0.0.0.0/0     0.0.0.0/0    udp  dpt:3306  reject-with  icmp-port-
unreachable
REJECT   tcp   --   0.0.0.0/0    0.0.0.0/0    tcp  dpt:3306  reject-with  icmp-port-
unreachable
ACCEPT  tcp  --  192.168.1.0/24   0.0.0.0/0   tcp dpt:22
REJECT  tcp  --  0.0.0.0/0  0.0.0.0/0   tcp dpt:22 reject-with icmp-port-unreachable

Chain FORWARD (policy ACCEPT)
target  prot opt source               destination

Chain OUTPUT (policy ACCEPT)
target  prot opt source               destination
```

添加一条针对 MAC 地址访问的规则，禁止接收来自 MAC 地址为 00:0C:29:27:55:3F 的主机数据包。

```
[root@noylinux ~]# iptables -A INPUT -m mac --mac-source 00:0c:29:27:55:3F -j
DROP
[root@noylinux ~]# iptables -nL
Chain INPUT (policy ACCEPT)
target     prot opt source               destination
REJECT   udp  --  0.0.0.0/0        0.0.0.0/0 udp dpt:3306 reject-with icmp-port-
unreachable
REJECT   tcp  --  0.0.0.0/0        0.0.0.0/0    tcp  dpt:3306  reject-with  icmp-
port-unreachable
ACCEPT  tcp  --  192.168.1.0/24    0.0.0.0/0    tcp dpt:22
REJECT   tcp  --  0.0.0.0/0        0.0.0.0/0    tcp   dpt:22   reject-with   icmp-
port-unreachable
DROP     all  --  0.0.0.0/0        0.0.0.0/0    MAC 00:0C:29:27:55:3F
```

添加一条开放本机一段连续端口的规则。

```
[root@noylinux ~]# iptables -A INPUT -p tcp --dport 900:1024 -j ACCEPT #开放本机
的一段连续端口
[root@noylinux  ~]#  iptables  -A  INPUT  -p  tcp  -m  multiport  --dport
50,51,52,53,1300:1400 -j ACCEPT         #开放本机的一段连续端口+多个自定义端口
```

```
[root@noylinux ~]# iptables -nL
Chain INPUT (policy ACCEPT)
target  prot opt source        destination
REJECT  udp  --  0.0.0.0/0     0.0.0.0/0     udp dpt:3306 reject-with icmp-port-unreachable
REJECT  tcp  --  0.0.0.0/0     0.0.0.0/0     tcp dpt:3306 reject-with icmp-port-unreachable
ACCEPT  tcp  --  192.168.1.0/24    0.0.0.0/0     tcp dpt:22
REJECT  tcp  --  0.0.0.0/0     0.0.0.0/0     tcp  dpt:22  reject-with  icmp-port-unreachable
DROP    all  --  0.0.0.0/0     0.0.0.0/0     MAC 00:0C:29:27:55:3F
ACCEPT  tcp  --  0.0.0.0/0     0.0.0.0/0     tcp dpts:900:1024
ACCEPT  tcp  --  0.0.0.0/0     0.0.0.0/0     multiport                  dports 50,51,52,53,1300:1400

Chain FORWARD (policy ACCEPT)
target     prot opt source             destination

Chain OUTPUT (policy ACCEPT)
target     prot opt source             destination
```

最后需要特别说明的是，使用 Iptables 设置的规则若是没保存的话，之前配置的所有规则会在操作系统下一次重启后失效。怎样才能让这些规则永久保存呢？需要执行保存命令“service iptables save”，将规则保存至/etc/sysconfig/iptables 文件中。

10.5　Firewalld 管理工具

从 CentOS/RHEL 7 开始，Firewalld 已成为默认的防火墙管理工具，Iptables 虽然被保留了下来，但失去了主导地位，属于它的时代已经悄悄落幕了。所以 CentOS/RHEL 7 系列其实是为 Firewalld 做过渡的一个版本，目的是为了让大家尽快地适应新的防火墙管理工具，待到 CentOS/RHEL 8 发布，大家就已经开始习惯使用 Firewalld 了。

本章就主要介绍 Firewalld，还是老规矩，先介绍原理，之后再带大家动手实践。

Firewalld 是一款动态防火墙管理工具，而 Iptables 是静态防火墙管理工具。虽然都是防火墙管理工具，但这两者之间的区别还是蛮大的。

先说静态防火墙，它管理防火墙规则的模式是 Linux 运维工程师将新的防火墙规则添加进/etc/sysconfig/iptables 配置文件当中，这个文件是 Iptables 用来配置防火墙规则的，用命令配置的规则只是临时生效，而添加到配置文件中的规则是永久有效的，当规则添加进去之后，执行“service iptables reload”命令进行重载，使新增加或修改之后的规则生效。表面上看是我们仅仅执行了这些操作，实际上 Iptables 在背后还进行了很多操作，它要将旧防火墙规则全部清空，再重新加载所有的防火墙规则（读取/etc/sysconfig/iptables 配置文件），包括新修改的，而如果配置了需要重载（Reload）内核模块的规则，在这个过程的背后还会包含卸载和重新加载内核模块的动作，这就存在很大的隐患，特别是在网络非常繁忙的系统中，比如说淘宝、京东这一类的购物商城，每一分每一秒都会有大量的数据涌入，如果在系统运行中重载防火墙规则，不仅会消耗大量的系统资源，严重的甚至还会出现丢包现象。我们把这种哪怕只修改一条规则也要对所有的规则进行重新加载的模式称作静态防火墙。

动态防火墙的出现就是为了解决这种隐患，它的运作模式可以动态修改单条规则，动态管理规则集，允许更新规则而不破坏现有会话和连接，也不需要重新启动服务。

需要着重说明的是，Firewalld 和 Iptables 之间有相同点，同时也有不同点。

相同的是它俩自身都不具备防火墙的功能，也就是数据报文过滤功能，都需要通过内核的 Netfilter 框架来实现。它们的作用都是维护规则，而真正使用规则干活的是 Netfilter。

Firewalld 在 v0.6.0 版本之后，会将规则交由内核层面的 Nftables 包过滤框架来处理。

不同的是，Firewalld 和 Iptables 的结构和使用方法不一样。Iptables 通过“四表五链”的概念来工作。而 Firewalld 引用了一种新的概念叫作区域（Zone）管理，通过这种概念即使不理解“四表五链”和网络协议也可以实现大部分功能。区域管理的模式是通过将整个网络划分成不同的区域（9 个初始化区域），制定出不同区域之间的访问控制策略，从而控制不同程序之间传输的数据流。这种模型不仅能够定义出主机所连接的整个网络环境的可信级别，还定义了新连接的处理方式，具体见表 10-8。

表 10-8　Firewalld 的 9 个初始化区域

区 域 名 称	默认规则策略
信任区域（trusted）	所有的流量都允许通过
家庭区域（home）	拒绝流入的流量，除非与流出的流量（响应的数据包）相关；与 ssh、mdns、ipp-client、amba-client、dhcpv6-client 服务相关的流量也允许通过
工作区域（work）	拒绝流入的流量，除非与流出的流量（响应的数据包）相关；与 ssh、ipp-client 与 dhcpv6-client 服务相关的流量也允许通过
公共区域（public）	拒绝流入的流量，除非与流出的流量（响应的数据包）相关；与 ssh、dhcpv6-client 服务相关的流量也允许通过
内部区域（internal）	默认规则策略与 home 区域相同。
外部区域（external）	拒绝流入的流量，除非与流出的流量（响应的数据包）相关；与 ssh 服务相关的流量也允许通过；默认将通过此区域转发的 IPv4 流出的流量进行地址伪装，常用在路由器等启用伪装的外部网络
隔离区域（DMZ）	也称为非军事区域。拒绝流入的流量，除非与流出的流量相关；与 ssh 服务相关的流量也允许通过
阻塞区域（block）	拒绝流入的流量，除非与流出的流量相关
丢弃区域（drop）	拒绝流入的流量，除非与流出的流量相关，并且不产生包含 ICMP 协议的错误响应

在默认情况下，Firewalld 使用公共区域作为默认区域。

除此之外，Firewalld 还默认提供了 9 个相对应的配置文件：block.xml、dmz.xml、drop.xml、external.xml、 home.xml、internal.xml、public.xml、trusted.xml 和 work.xml，

这些文件都保存在“/usr/lib /firewalld/zones/”目录下。

Firewalld 数据处理流程（首先检查数据包的源地址）如下：

（1）若源地址关联到特定的区域，则执行该区域指定的规则。

（2）若源地址未关联到特定的区域，则使用传入网卡接口的区域并执行该区域所指定的规则。

（3）若网卡接口未关联到特定的区域，则使用默认区域并执行该区域指定的规则。

数据包处理流程的优先级：绑定源地址的区域规则 > 网卡接口绑定的区域规则 > 默认区域的规则。

Firewalld 的配置方式主要有 3 种：Firewall-config（见图 10-8）、Firewall-cmd（见图 10-9）和直接编辑/etc/firewalld/下的 XML 配置文件（见图 10-10）。其中 Firewall-cmd 是命令行管理工具，Firewall-config 是图形化管理工具，图形化管理工具适用于安装桌面环境的 Linux 操作系统。

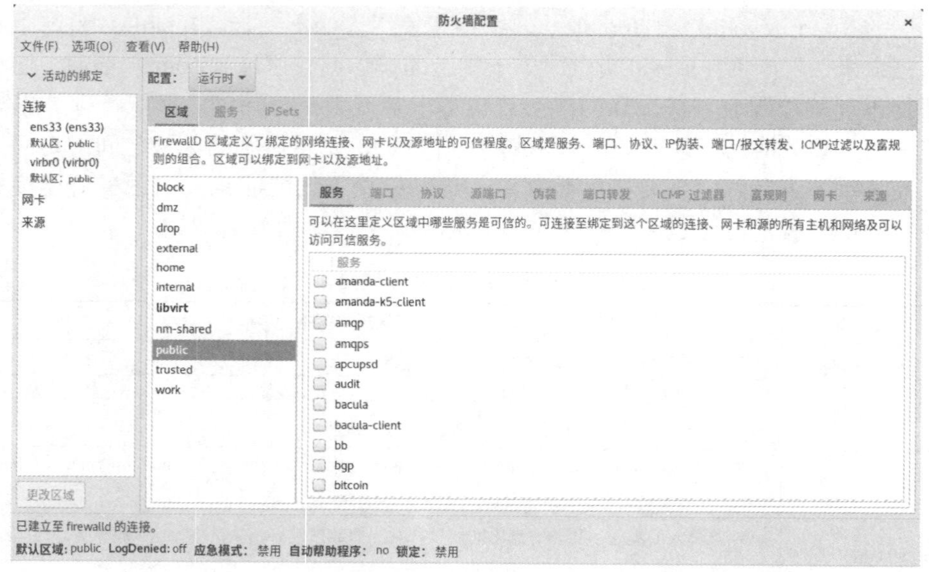

图 10-8　图形化管理工具 Firewall-config

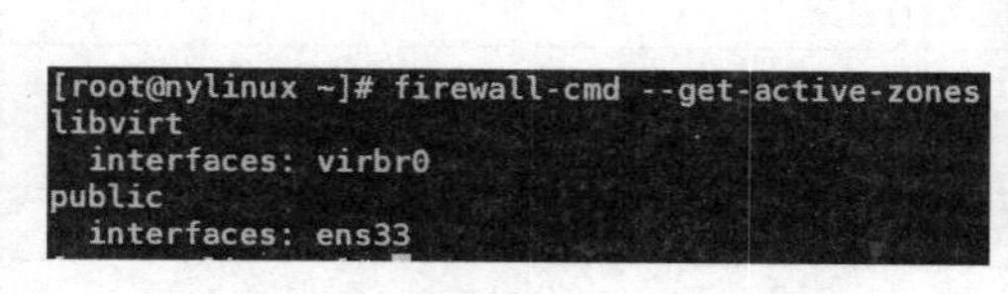

图 10-9　命令行管理工具 Firewall-cmd

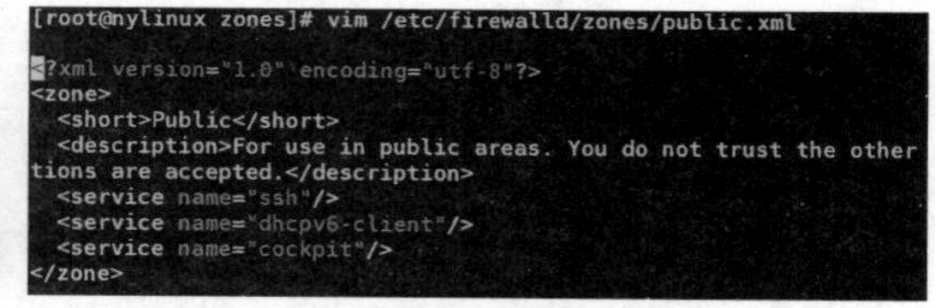

图 10-10　XML 配置文件

接下来介绍 Firewalld 的使用方式，先从命令行工具开始，因为 Linux 操作系统的使用场景还是命令行居多。

Firewalld 防火墙工具有两种配置模式：

（1）运行时模式（Runtime Mode）：当前内存中运行的防火墙配置，在系统或 Firewalld 服务重启（Restart）、重载（Reload）、停止时配置会失效。

（2）永久模式（Permanent Mode）：重启或重载防火墙时所读取的规则配置，是永久存储在配置文件中的。

与此模式相关的选项有 3 个：--reload、--permanent 和–runtime-to-permanent，这 3 个选项会在下面详细讲解，同时也会在演示的过程中展示这 3 个选项的效果。常用的命令见表 10-9。

表 10-9　常用的命令

常用命令	说　明
systemctl status firewalld	查看 Firewalld 的状态
firewall-cmd --state	查看 Firewalld 的状态
systemctl start firewalld	启动
systemctl stop firewalld	停止
systemctl enable firewalld	开机自启动
systemctl disable firewalld	取消开机自启动
firewall-cmd --reload	动态更新防火墙规则，无须重启
firewall-cmd --complete-reload	更新防火墙规则时需要断开连接，类似重启的操作
firewall-cmd --runtime-to-permanent	将当前防火墙运行时的所有配置写进规则配置文件中，使之永久有效
--permanent	辅助选项，添加规则时使用此选项可以将规则设置为永久生效，但是需要重新启动 Firewalld 服务或执行 firewall-cmd --reload 命令重新加载防火墙规则后才能生效。若不带有此选项，表示设置临时生效规则，这些规则会在操作系统或 Firewalld 服务重启、重载、停止后失效

表 10-9 中的命令非常简单，这里就不再一一演示了，接下来介绍的一系列命令应用性较强，难度较大，所以会边介绍边演示。

（1）firewall-cmd --get-active-zones。

用途：查看网卡接口所对应的网络区域，通过演示可以看到，主机的网卡接口 ens33 对应的是 public 区域。

```
[root@noylinux firewalld]# ip a
1: lo: <LOOPBACK,UP,LOWER_UP> mtu 65536 qdisc noqueue state UNKNOWN group
default qlen 1000
    link/loopback 00:00:00:00:00:00 brd 00:00:00:00:00:00
    inet 127.0.0.1/8 scope host lo
       valid_lft forever preferred_lft forever
    inet6 ::1/128 scope host
       valid_lft forever preferred_lft forever
2: ens33: <BROADCAST,MULTICAST,UP,LOWER_UP> mtu 1500 qdisc fq_codel state UP
group default qlen 1000
    link/ether 00:0c:29:3a:f7:30 brd ff:ff:ff:ff:ff:ff
    inet 192.168.1.128/24 brd 192.168.1.255 scope global dynamic noprefixroute
ens33
       valid_lft 1609sec preferred_lft 1609sec
    inet6 fe80::20c:29ff:fe3a:f730/64 scope link noprefixroute
       valid_lft forever preferred_lft forever
```

```
[root@noylinux firewalld]# firewall-cmd --get-active-zones
public
  interfaces: ens33
```

（2）firewall-cmd --zone=<区域名称> --list-all。

用途：显示指定区域的网卡、资源、端口及服务等配置信息。

（3）firewall-cmd --list-all-zones。

用途：查看所有区域的配置信息。

```
[root@noylinux firewalld]# firewall-cmd --zone=public --list-all
public (active)
  target: default
  icmp-block-inversion: no
  interfaces: ens33
  sources:
  services: cockpit dhcpv6-client ssh
  ports:
-----省略部分内容-----
[root@noylinux firewalld]# firewall-cmd --list-all-zones
dmz
  target: default
  icmp-block-inversion: no
  interfaces:
  sources:
  services: ssh
-----省略部分内容-----

drop
  target: DROP
  icmp-block-inversion: no
  interfaces:
  sources:
  services:
-----省略部分内容-----

public (active)
  target: default
  icmp-block-inversion: no
  interfaces: ens33
  sources:
  services: cockpit dhcpv6-client ssh
-----省略部分内容-----
```

（4）firewall-cmd --get-default-zone。

用途：查看 Firewalld 防火墙所使用的默认区域。

（5）firewall-cmd --set-default-zone=<区域名称>。

用途：更改 Firewalld 防火墙使用的默认区域。

```
[root@noylinux firewalld]# firewall-cmd --get-default-zone          #查看默认区域
public
[root@noylinux firewalld]# firewall-cmd --set-default-zone=home     #更改默认区域
success
[root@noylinux firewalld]# firewall-cmd --get-default-zone          #查看默认区域
home
[root@noylinux firewalld]# firewall-cmd --set-default-zone=public #更改默认区域
success
[root@noylinux firewalld]# firewall-cmd --get-default-zone          #查看默认区域
public
```

下面介绍几条工作中常用的端口操作命令：

（1）firewall-cmd --zone=<区域名称> --list-ports。

用途：查看指定区域中所有已打开或开放的端口。

（2）firewall-cmd --zone=<区域名称> --add-port=<端口号>/<协议>。

用途：设置规则，将某个端口加入指定区域中。

（3）firewall-cmd --zone=public --add-port=<端口号>-<端口号>/<协议> --permanent。

用途：设置规则，将一段连续的端口号加入指定区域中。

（4）firewall-cmd --zone=public --add-port={<端口号>,<端口号>,<端口号>,<端口号>}/<协议>。

用途：设置规则，一次性将多个端口号加入指定区域中。

（5）firewall-cmd --zone=<区域名称> --remove-port=<端口号>/<协议>。

用途：将某个区域已开放的端口移除。关闭之前在防火墙开放的端口。

```
[root@noylinux firewalld]# firewall-cmd --zone=public --list-ports
#查看公共区域开放的端口，为空就是之前并没有添加任何端口

[root@noylinux firewalld]# firewall-cmd  --list-ports
#不使用--zone 选项指定区域的话，默认是查看默认区域（public）

[root@noylinux firewalld]# firewall-cmd --zone=public  --add-port=80/tcp
#添加指定在公共区域开放 tcp 协议的 80 端口的规则，不使用--zone 选项的话，默认同上
success
[root@noylinux firewalld]# firewall-cmd  --list-ports
#再次查看，发现已经成功添加上去了，但这是临时的，重启后就会失效
80/tcp
[root@noylinux firewalld]# cat /etc/firewalld/zones/public.xml
#通过 Firewalld 的公共区域配置文件就可以验证是否是临时的，配置文件中并没有 80 端口的规则
    <?xml version="1.0" encoding="utf-8"?>
    <zone>
    <short>Public</short>
    <description>For use in public areas. You do not trust the other computers on networks to not harm your computer. Only selected incoming connections are accepted.</description>
    <service name="ssh"/>
    <service name="dhcpv6-client"/>
```

```
    <service name="cockpit"/>
    </zone>
[root@noylinux  firewalld]#  firewall-cmd  --permanent   --zone=public    --add-port=80/tcp
#通过--permanent 选项让这条规则永久生效，其实就是把这条规则加入 Firewalld 的配置文件中
success
[root@noylinux firewalld]# firewall-cmd  --list-ports
80/tcp
[root@noylinux firewalld]# cat /etc/firewalld/zones/public.xml
#再次查看 Firewalld 的公共区域配置文件就可以发现，已经把规则加入配置文件中了
    <?xml version="1.0" encoding="utf-8"?>
    <zone>
    <short>Public</short>
    <description>For use in public areas. You do not trust the other computers on networks to not harm your computer. Only selected incoming connections are accepted.</description>
    <service name="ssh"/>
    <service name="dhcpv6-client"/>
    <service name="cockpit"/>
    <port port="80" protocol="tcp"/>   ###看这里!!!
    </zone>
[root@noylinux firewalld]# firewall-cmd --reload
#这条命令是必不可少的，动态更新防火墙规则，使规则生效！
success
[root@noylinux firewalld]# firewall-cmd --zone=public  --remove-port=80/tcp
#移除刚才添加的 80 端口
success
[root@noylinux firewalld]# firewall-cmd  --list-ports
[root@noylinux firewalld]# cat /etc/firewalld/zones/public.xml
#通过 Firewalld 的公共区域配置文件发现 80 端口还存在，因为之前添加规则是使其永久生效
    <?xml version="1.0" encoding="utf-8"?>
    <zone>
    <short>Public</short>
    <description>For use in public areas. You do not trust the other computers on networks to not harm your computer. Only selected incoming connections are accepted.</description>
    <service name="ssh"/>
    <service name="dhcpv6-client"/>
    <service name="cockpit"/>
    <port port="80" protocol="tcp"/>
    </zone>
[root@noylinux firewalld]# firewall-cmd --zone=public  --remove-port=80/tcp  --permanent
#在移除此端口时，也需要加上--permanent 选项，才能将其永久移除
success
[root@noylinux firewalld]# cat /etc/firewalld/zones/public.xml
    <?xml version="1.0" encoding="utf-8"?>
    <zone>
```

```
    <short>Public</short>
    <description>For use in public areas. You do not trust the other computers on networks to not harm your computer. Only selected incoming connections are accepted.</description>
    <service name="ssh"/>
    <service name="dhcpv6-client"/>
    <service name="cockpit"/>
    </zone>
[root@noylinux firewalld]# firewall-cmd --reload
#最后再动态更新防火墙规则
success
[root@noylinux firewalld]# firewall-cmd --zone=public --add-port=8000-9000/tcp --permanent
#添加一段连续的端口号，且永久有效
success
[root@noylinux firewalld]# firewall-cmd --reload
success
[root@noylinux firewalld]# firewall-cmd  --list-ports
8000-9000/tcp
[root@noylinux firewalld]# firewall-cmd --zone=public --add-port={80,3306,6379,8080}/tcp -permanent
#一次性添加多个端口号，且永久有效
success
[root@noylinux firewalld]# firewall-cmd --reload
success
[root@noylinux firewalld]# firewall-cmd  --list-port
80/tcp 3306/tcp 6379/tcp 8080/tcp 8000-9000/tcp
```

常用的端口操作命令介绍完后再给大家介绍一些与服务相关的防火墙操作命令：

（1）firewall-cmd --get-services。

用途：查看防火墙中所有可使用的服务。

（2）firewall-cmd --list-service。

用途：查看默认区域内所有允许访问的服务。

（3）firewall-cmd --zone=<区域名称>--list-services。

用途：查看指定区域内所有允许访问的服务。

（4）firewall-cmd --add-service=<服务名> --zone=<区域名称>。

用途：将某个服务添加到指定的区域，不加--zone 选项将会添加到默认区域，加上--permanent 选项可使这个规则永久生效。

（5）firewall-cmd --add-service={<服务名>,<服务名>,...} --zone=<区域名称>。

用途：同时将多个服务添加到指定区域中，--zone 选项与--permanent 选项的使用同上。

（6）firewall-cmd --remove-service=<服务名称> --zone=<区域名称>。

用途：将指定区域中已添加的服务移除，若是设置为永久有效的规则，加上--permanent 选项就可以永久移除。

```
[root@noylinux firewalld]# firewall-cmd --get-services
#查看 Firewalld 防火墙支持的所有服务名称
dhcp dhcpv6 dhcpv6-client dns ftp  git grafana
http https imap imaps ntp ssh snmp svn jenkins
telnet tentacle tftp tftp-client zabbix-agent
zabbix-server mysql nfs nfs3 openvpn samba samba-client
-----省略部分内容-----

[root@noylinux firewalld]# firewall-cmd --list-service
#查看默认区域内所有允许访问的服务
cockpit dhcpv6-client ssh
[root@noylinux firewalld]# firewall-cmd --zone=public  --list-services
#查看指定区域（public）内所有允许访问的服务
cockpit dhcpv6-client ssh
[root@noylinux firewalld]# firewall-cmd --zone=home  --list-services
#查看指定区域（home）内所有允许访问的服务
cockpit dhcpv6-client mdns samba-client ssh
[root@noylinux firewalld]# firewall-cmd  --add-service=http  --zone=public
#添加 http 服务到公共区域，允许其他人访问本机的 http 服务（临时）
success
[root@noylinux firewalld]# firewall-cmd --list-service
#查看默认区域（public）的服务列表，只允许这几个服务被访问
cockpit dhcpv6-client http ssh
[root@noylinux firewalld]# cat /etc/firewalld/zones/public.xml
#验证是否永久有效的方法一，看 public 配置文件中是否存在刚才添加的 http 服务
    <?xml version="1.0" encoding="utf-8"?>
    <zone>
    <short>Public</short>
    <description>For use in public areas. You do not trust the other computers on networks to not harm your computer. Only selected incoming connections are accepted.</description>
    <service name="ssh"/>
    <service name="dhcpv6-client"/>
    <service name="cockpit"/>
    </zone>
[root@noylinux firewalld]# firewall-cmd --reload
#验证是否永久有效的方法二，重新加载防火墙规则后发现 http 没有了
success
[root@noylinux firewalld]# firewall-cmd --list-service
cockpit dhcpv6-client ssh
[root@noylinux firewalld]# firewall-cmd  --add-service=http  --zone=public --permanent
#现在我们将这条规则加上--permanent 选项，设置为永久有效
success
[root@noylinux firewalld]# firewall-cmd --list-service
cockpit dhcpv6-client ssh
[root@noylinux firewalld]# firewall-cmd --reload
#动态更新防火墙规则
success
```

```
[root@noylinux firewalld]# firewall-cmd --list-service
#http 服务已经添加进去了
cockpit dhcpv6-client http ssh
[root@noylinux firewalld]# cat /etc/firewalld/zones/public.xml
#再来看 public 配置文件，发现新增加一行 http 服务的配置
    <?xml version="1.0" encoding="utf-8"?>
    <zone>
    <short>Public</short>
    <description>For use in public areas. You do not trust the other computers on networks to not harm your computer. Only selected incoming connections are accepted.</description>
    <service name="ssh"/>
    <service name="dhcpv6-client"/>
    <service name="cockpit"/>
    <service name="http"/>
    </zone>
[root@noylinux firewalld]# firewall-cmd --add-service={telnet,ftp,svn,mysql} --zone=public --permanent
#一次性添加多个服务到公共区域中，并设置为永久有效
success
[root@noylinux firewalld]# firewall-cmd --list-service
cockpit dhcpv6-client http ssh
[root@noylinux firewalld]# firewall-cmd --reload
success
[root@noylinux firewalld]# firewall-cmd --list-service
#动态更新防火墙规则之后，所添加的这几个服务都已生效
cockpit dhcpv6-client ftp http mysql ssh svn telnet
[root@noylinux firewalld]# cat /etc/firewalld/zones/public.xml
#验证刚才添加的那几个服务是否永久有效
    <?xml version="1.0" encoding="utf-8"?>
    <zone>
    <short>Public</short>
    <description>For use in public areas. You do not trust the other computers on networks to not harm your computer. Only selected incoming connections are accepted.</description>
    <service name="ssh"/>
    <service name="dhcpv6-client"/>
    <service name="cockpit"/>
    <service name="http"/>
    <service name="telnet"/>
    <service name="ftp"/>
    <service name="svn"/>
    <service name="mysql"/>
    </zone>
[root@noylinux firewalld]# firewall-cmd --remove-service={ftp,telnet} --zone=public --permanent
#使用此命令永久性删除刚才已添加好的两个服务，否则再次执行 firewall-cmd --reload 命令，被删除的服务又会重新生效
success
```

```
[root@noylinux firewalld]# firewall-cmd --list-service
cockpit dhcpv6-client ftp http mysql ssh svn telnet
[root@noylinux firewalld]# firewall-cmd --reload
success
[root@noylinux firewalld]# firewall-cmd --list-service
#动态更新防火墙规则后可以看到，要删除的两个服务已经没有了
cockpit dhcpv6-client http mysql ssh svn
[root@noylinux firewalld]# cat /etc/firewalld/zones/public.xml
#public 配置文件中的那两个服务也被删除了。当然还可以通过命令重新添加回来
    <?xml version="1.0" encoding="utf-8"?>
    <zone>
    <short>Public</short>
    <description>For use in public areas. You do not trust the other computers on networks to not harm your computer. Only selected incoming connections are accepted.</description>
    <service name="ssh"/>
    <service name="dhcpv6-client"/>
    <service name="cockpit"/>
    <service name="http"/>
    <service name="svn"/>
    <service name="mysql"/>
    </zone>
```

Firewalld 命令行工具（Firewall-cmd）的常用操作就讲到这里，掌握了上述这些命令，基本就可以在企业日常工作中按需求设置一些规则了。下面再向大家介绍一下图形化工具（Firewall-config）的用法。一般在企业中使用命令行工具偏多一些，图形化工具用得非常少，我们可以简单了解这款工具的用法，它的操作也十分简便。

图 10-11 是 Firewall-config 工具刚打开时的界面，各个区域所代表的作用如下：

（1）任务栏，在任务栏中的选项列有这么几项需要理解。

- 重载防火墙：与--reload 选项功能相同，动态更新防火墙规则。
- 更改连接区域：与（3）中的功能相同，若有多块网卡或网卡接口，可以对其单独设定规则。
- 改变默认区域：与--set-default-zone=选项功能相同，更改 Firewalld 防火墙默认的区域。
- 应急模式：丢弃所有传入和传出的数据包。
- 将 Runtime 设定为永久配置：与--runtime-to-permanent 选项功能相同，将当前防火墙运行时所有的配置写进规则配置文件中，使之永久有效。

（2）选择 Firewalld 防火墙工具的配置模式（运行时模式/永久模式）。

（3）选择在哪个网卡接口或网卡上配置防火墙规则。

（4）选择在哪个网络区域中配置规则。

（5）配置规则时所采用的方式，包括以配置服务的方式来编辑规则、以配置端口号

的方式和以配置协议的方式等。每种方式有不同的编辑形式，上文我们用命令行工具给大家演示了服务和端口号这两种常用的配置方式。

（6）选好配置方式之后，就要编辑具体允许哪些因素通过，哪些因素拒绝。例如选择端口配置方式之后，就要添加允许哪些端口开放允许访问、修改之前已经添加好的端口或删除已有的端口。

（7）目前已配置好或已生效的具体规则。在这里可以看到之前使用命令行工具进行演示时所配置过的端口号，在服务那一列也能看到之前已经添加过的服务。

（8）Firewall-config 工具的一些运行状态。

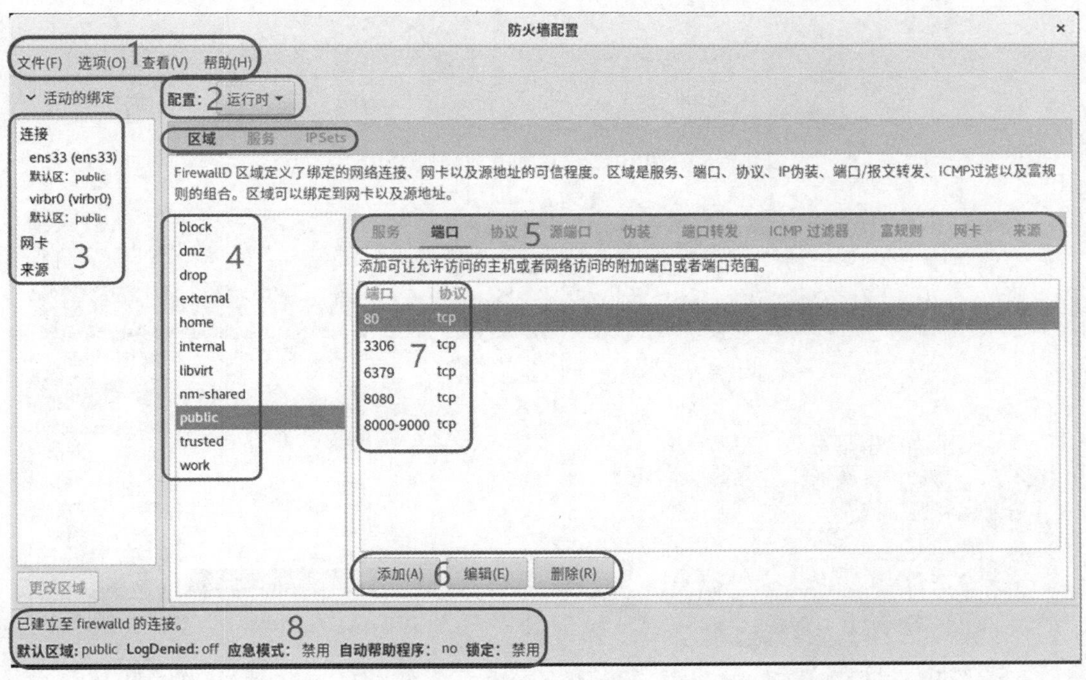

图 10-11 Firewall-config 工具界面

接下来简单演示一下如何用图形化工具添加一个端口：选择端口那一列，单击“添加”按钮，准备开放一个端口，如图 10-12 所示。在弹出的窗口中输入端口号，可以输入单个端口号，也可以输入一串连续的端口号范围。选择对应的网络协议，这里选择 TCP 协议，最后单击“确定”按钮即可，如图 10-13 所示。

由图 10-14 可见，端口已经添加好了，显示在了列表中，至此，开放的这一段端口号已生效，保险起见，我们再单击选项中的重载防火墙，动态更新一下防火墙规则。

与防火墙相关的知识就讲到这里，直接编辑防火墙配置文件的方式在就先不介绍了，贪多嚼不烂，大家只要能熟练掌握命令行工具（Firewall-cmd）和图形化工具（Firewall-config），达到能想到一条规则就可以轻松实现的程度，那么在企业实战中，关于 Linux 防火墙配置的基本工作都不在话下了。

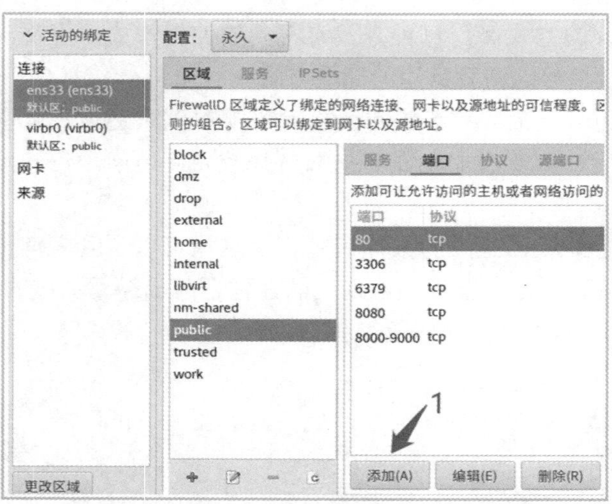

图 10-12　添加开放端口

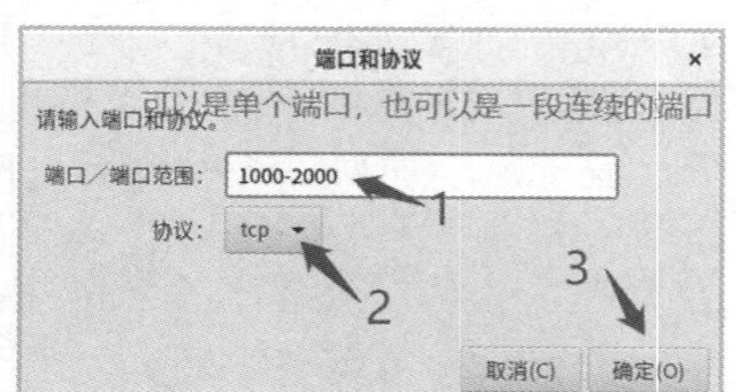

图 10-13　添加端口

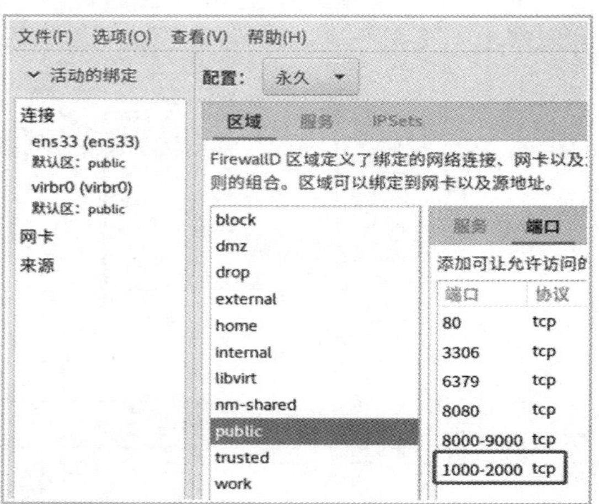

图 10-14　端口添加后的效果

第 11 章 Linux 文本处理“三剑客”

11.1 引言

Linux 操作系统的理念是一切皆是文件，对 Linux 的操作其实就是对文件的处理，包括对文件内容进行查看、筛选、替换和修改等操作。

怎样才能更好地处理文件呢？一个就几行字的小文件是很好处理的，我们可以用 Vim 编辑器打开文件直接进行处理，用不了多长时间。而如果是一个好几十万行内容的文件呢，再用 Vim 编辑器是不是就不太合适了。

再者，如果想按特定的规则截取文件中的某些内容怎么办？想统计一下文件中时间戳出现的次数怎么办？想只显示文件中包含某个单词的行怎么办？想只显示文件中某个字母或某个数字开头的行怎么办？或是想只查看文件内容的第 3 列怎么办？又或者想只查看系统中网卡的 Mac 地址怎么办？

看到上面这些需求之后，相信大家应该知道本章大致要讲什么内容了吧？没错！就是利用 Linux 文本处理“三剑客”对文本进行深度处理。

这里的深度处理其实是两层含义，一层是对文件本身及内容做复杂、烦琐的处理，就如同上面提出的那几个操作需求。另一层是实现对文本内容的自动化处理，而不是手动处理。Vim 编辑器需要我们使用键盘和鼠标不断地对文本内容进行交互式修改，而自动化处理仅需要执行一条命令，剩下的操作让工具帮助完成。

Linux 文本处理“三剑客”就是这么一组工具，它们分别是 grep、sed、awk，可以将它们看作 3 条命令，也可以看成 3 个工具，都是可以的。把它们用好了就能对文本做一些复杂的、烦琐的操作了，而且还可以提升 Linux 运维工程师的工作效率。

先简单介绍一下这 3 个工具：

（1）grep：强大的文本搜索工具，擅长查找和筛选。

（2）sed：非交互式的、面向字符流的编辑器，擅长截取行和替换。

（3）awk：强大的文本分析工具，擅长截取列和数据分析。

接下来的篇幅将围绕这 3 款工具展开讲解，不过在这之前必须先掌握一些基础知识。Linux 文本处理“三剑客”是以正则表达式作为基础的，而在 Linux 操作系统中，支持两种正则表达式，分别为标准正则表达式和扩展正则表达式。在掌握好正则表达式后，我们再具体讲解“三剑客”的用法。

11.2 正则表达式

正则表达式又称规则表达式（Regular Expression），顾名思义，这肯定是跟公式相关的，没错！正则表达式其实是对字符串操作的一种逻辑公式，在这个公式中有很多事先已经定义好的字符，这些字符之间相互组合会形成一条条规则，这些规则就是用来匹配字符串的，这里的字符串可以是文本内容，也可以是命令输出的结果。

Linux 文本处理“三剑客”有的擅长查找和筛选、有的擅长取行和替换、有的擅长取列和数据分析。这些操作都需要对字符串进行匹配，而匹配的功能就是由正则表达式完成的。简单来说就是，grep、sed、awk 这 3 个工具需要通过正则表达式去匹配某个字符串，而且也只有这 3 款工具能与正则表达式相互配合。

Linux 操作系统支持标准正则表达式和扩展正则表达式。扩展正则表达式的出现是因为标准正则表达式在实际的使用过程中有许多符号都需要转义，如果不转义，这些符号在 Linux 操作系统上表达的含义就会有很大的差异。而扩展正则表达式可以省略很多这种需要转义的符号，这样就降低了在 Linux 操作系统上操作的烦琐性。

默认正则表达式工作在贪婪模式下，去匹配尽可能多的内容。

转义字符“\”用于去除特殊符号的特殊意义，保留符号本身的字面意思。

标准正则表达式中的匹配符号及含义见表 11-1。

表 11-1　标准正则表达式中的匹配符号及含义

方　式	符　号	说　明
匹配字符和次数	.	匹配任意单个字符
	*	匹配其前面的字符任意次
	.*	匹配任意长度的任意字符
	\?	匹配其前面的字符 0 次或者 1 次
	\{m,n\}	匹配其前面的字符至少 *m* 次，最多 *n* 次
	\{m\}	匹配其前面字符 *m* 次
	\{m,\}	匹配其前面字符至少 *m* 次
	\{0,n\}	匹配其前面字符最多 *n* 次
	\{1,\}	匹配其前面字符至少 1 次，最多无限次
	[ ]	匹配指定范围内的任意单个字符
	[^]	匹配指定范围外的任意单个字符
匹配字符集合	[[:digit:]]	匹配单个数字，等价于[0-9]
	[[:lower:]]	匹配单个小写字母，等价于[a-z]
	[[:upper:]]	匹配单个大写字母，等价于[A-Z]
	[[:punct:]]	匹配单个标点字符
	[[:space:]]	匹配单个空白字符
	[[:alpha:]]	匹配单个字母，等价于[A-Za-z]
	[[:alnum:]]	匹配单个字母或数字，等价于[A-Za-z0-9]
位置锚定匹配	^	锚定行首，此字符后面的任意内容必须出现在行首
	$	锚定行尾，此字符前面的任意内容必须出现在行尾
	^$	空白行
	\<	锚定词首，其后面添加的任意字符必须作为单词的首部出现
	\>	锚定词尾，其前面添加的任意字符必须作为单词的尾部出现
	\<　\>	其中间添加的任意字符必须精确匹配
分组与后向引用	\(　\)	使括号内的内容成为一个组，一个整体
	\1	引用第一个左括号和与之对应的右括号之间包括的所有内容

注

后向引用的意思是前面出现什么，后面就可以调用什么，后面可以引用前面出现过的字符。

扩展正则表达式中的匹配符号及含义见表 11-2。

表 11-2 扩展正则表达式中的匹配符号及含义

<table>
<tr><th>方式</th><th>符号</th><th>说明</th></tr>
<tr><td rowspan="3">字符匹配</td><td>.</td><td>匹配任意单个字符</td></tr>
<tr><td>[ ]</td><td>匹配指定范围内的任意单个字符</td></tr>
<tr><td>[^]</td><td>匹配指定范围外的任意单个字符</td></tr>
<tr><td rowspan="4">次数匹配</td><td>*</td><td>匹配其前面的字符任意次（次数）</td></tr>
<tr><td>?</td><td>匹配其前面的字符 1 次或 0 次</td></tr>
<tr><td>+</td><td>匹配其前面字符至少 1 次（“？”与“+”结合等效于“*”）</td></tr>
<tr><td>{}</td><td>匹配其前面的字符至少 1 次，最多 n 次（不需要加脱意符）</td></tr>
<tr><td rowspan="3">位置锚定</td><td>\<</td><td>锚定词首，其后面添加的任意字符必须作为单词的首部出现</td></tr>
<tr><td>\></td><td>锚定词尾，其前面添加的任意字符必须作为单词的尾部出现</td></tr>
<tr><td>\< \></td><td>其中间添加的任意字符必须精确匹配</td></tr>
<tr><td rowspan="2">分组和后向引用</td><td>( )</td><td>使内容成为一个组，一个整体（不需要加脱意符，真正意义上分组）</td></tr>
<tr><td>\1</td><td>引用第一个左括号和与之对应的右括号之间包括的所有内容</td></tr>
<tr><td rowspan="3">或者（|）</td><td>a | b</td><td>a 或者 b</td></tr>
<tr><td>C | cat</td><td>C 或者 cat</td></tr>
<tr><td>(C|c)at</td><td>Cat 或者 cat</td></tr>
</table>

在正则表达式中，常用的匹配符号就是上面介绍的这些，一下子就都记住是不现实的，要用！勤用！俗话说熟能生巧，多用用熟悉了就能掌握其中的技巧了。

大家有没有发现，这里只介绍了它们的含义并没有配合案例，因为正则表达式要与 Linux 文本处理“三剑客”搭配起来使用，因此在下文的案例中，都是以工具加正则表达式的形式演示。

正则表达式并没有固定的用法，几个字符组合形成的规则用另外的几个字符组合起来同样能达到一样的效果。看大家怎么去灵活运用了，熟练掌握之后，一种规则可以用两三种甚至五六种方式组合字符进行匹配，大家要仔细揣摩下文介绍的关于 Linux“三剑客”文本处理的各种案例，读懂案例后要动手去做，同时尝试着用其他的组合方式看看能不能达到同样的效果。

11.3 grep —— 查找和筛选

grep 的全称为 global search regular expression and print out the line，它是一款强大的文本搜索工具，能使用正则表达式搜索文本，并把匹配到的行打印出来。

grep 工具还有个“哥哥”和“弟弟”，分别是 egrep 和 fgrep，它们分别用于不同的场景。

> ➢ grep：原生的 grep 命令，使用标准正则表达式作为匹配标准。
> ➢ egrep：扩展版的 grep，相当于 grep －E，使用扩展正则表达式作为匹配标准。
> ➢ fgrep：简化版的 grep，不支持正则表达式，但搜索速度快，系统资源使用率低。

grep 命令的语法格式如下：

grep [选项] 匹配规则 文件名

grep 命令将根据匹配规则去匹配文本内容。grep 命令的常用选项见表 11-3。

表 11-3 grep 命令的常用选项

常用选项	说 明
-c	打印符合要求的个数
-i	忽略大小写的差别
-n	输出符合要求的行及其行号
-o	只显示匹配到的字符（串）
-q	静默模式，不输出
-r	当指定要查找的是目录而非文件时，遍历所有的子目录
-v	反向查找，也就是打印不符合要求的行
-A n	A 后面跟一个数字 *n*，打印符合要求的行及其下面 *n* 行
-B n	B 后面跟一个数字 *n*，打印符合要求的行及其上面的 *n* 行
-C n	C 后面跟一个数字 *n*，打印符合要求的行及其上下各 *n* 行
-E	使用扩展正则表达式，egrep ＝ grep -E
-H	当搜索多个文件时，显示匹配文件名前缀
-h	当搜索多个文件时，不显示匹配文件名前缀
-P	调用的 Perl 正则表达式
--color	高亮匹配上的字符串，grep 命令默认带此选项

案例

用两种方式筛选/etc/passwd 文件中以大小写字母 s 开头的行及其行号。

```
[root@noylinux ~]# grep -in '^s' /etc/passwd              #方式一
6:sync:x:5:0:sync:/sbin:/bin/sync
7:shutdown:x:6:0:shutdown:/sbin:/sbin/shutdown
15:systemd-coredump:x:999:997:systemd Core Dumper:/:/sbin/nologin
16:systemd-resolve:x:193:193:systemd Resolver:/:/sbin/nologin
30:saslauth:x:992:76:Saslauthd user:/run/saslauthd:/sbin/nologin
33:sssd:x:984:984:User for sssd:/:/sbin/nologin
39:setroubleshoot:x:979:978::/var/lib/setroubleshoot:/sbin/nologin
44:sshd:x:74:74:Privilege-separated SSH:/var/empty/sshd:/sbin/nologin
[root@noylinux ~]# grep -n '^[Ss]' /etc/passwd        #方式二
6:sync:x:5:0:sync:/sbin:/bin/sync
7:shutdown:x:6:0:shutdown:/sbin:/sbin/shutdown
15:systemd-coredump:x:999:997:systemd Core Dumper:/:/sbin/nologin
16:systemd-resolve:x:193:193:systemd Resolver:/:/sbin/nologin
30:saslauth:x:992:76:Saslauthd user:/run/saslauthd:/sbin/nologin
```

```
33:sssd:x:984:984:User for sssd:/:/sbin/nologin
39:setroubleshoot:x:979:978::/var/lib/setroubleshoot:/sbin/nologin
44:sshd:x:74:74:Privilege-separated SSH:/var/empty/sshd:/sbin/nologin
```

查找/etc/passwd 文件中不包含/bin/bash 的行。

```
[root@noylinux ~]# grep -v '/bin/bash' /etc/passwd
bin:x:1:1:bin:/bin:/sbin/nologin
daemon:x:2:2:daemon:/sbin:/sbin/nologin
adm:x:3:4:adm:/var/adm:/sbin/nologin
lp:x:4:7:lp:/var/spool/lpd:/sbin/nologin
sync:x:5:0:sync:/sbin:/bin/sync
shutdown:x:6:0:shutdown:/sbin:/sbin/shutdown
-----省略部分内容-----
```

在多个文件中匹配含有 root 的行，在匹配的行前面不加文件名/加文件名。

```
[root@noylinux ~]# grep -h 'root' /etc/passwd  /etc/group
root:x:0:0:root:/root:/bin/bash
operator:x:11:0:operator:/root:/sbin/nologin
root:x:0:
[root@noylinux ~]# grep -H 'root' /etc/passwd  /etc/group
/etc/passwd:root:x:0:0:root:/root:/bin/bash
/etc/passwd:operator:x:11:0:operator:/root:/sbin/nologin
/etc/group:root:x:0:
```

查看以大写字母开头的文件。

```
[root@noylinux ~]# ls | grep "^[A-Z]"
Text.txt
```

获取操作系统中网卡的 MAC 地址。

```
[root@noylinux  ~]#  ifconfig  |grep  ether  |head  -n  1  |  grep  -o   "[a-f0-9A-F]\\([a-f0-9A-F]\\:[a-f0-9A-F]\\)\\{5\\}[a-f0-9A-F]"
00:0c:29:3a:f7:30
```

11.4　sed —— 取行和替换

sed 的全称为 stream editor，它是一个流编辑器，流编辑器非常适合执行重复的编辑操作，这种重复编辑的工作如果由人工手动完成，会花费大量的时间和精力，使用此工具可以简化对文件的反复操作，提高工作效率。

Vim 编辑器采用的是交互式文本编辑模式，用户可以用键盘交互式地添加、修改或删除文本中的内容，而 sed 采用流编辑模式，最明显的特点就是 sed 在处理数据之前，需要预先提供一组“操作”，sed 会按照此“操作”来自动处理数据。

sed 处理数据的流程如下：

（1）每次仅读取一行内容；

（2）把当前要处理的行存储在临时缓冲区中，这个临时缓冲区可以称为“模式空间”

（Pattern Space）；

（3）sed 命令会根据之前提供的“操作”处理缓冲区中的内容；

（4）处理完成后，把缓冲区的内容输出到屏幕上；

（5）处理下一行，不断重复，直到文件末尾。

需要注意的是，sed 默认不直接修改源文件的内容，而是把数据复制到缓冲区中，修改也仅限于缓冲区中的数据，再将修改后的数据输出到屏幕。如果想要直接修改源文件中的内容可以使用 -i 选项。sed 命令的语法格式如下：

sed　[选项]　'script'　文件名

'script'中包含两个内容，一个是地址定界，明确我们要操作的范围；另一个是操作命令，例如替换、插入、删除某行等。

sed 命令的常用选项见表 11-4。

表 11-4　sed 命令的常用选项

常用选项	说　明
-i	直接编辑源文件内容，而不是输出到屏幕上
-e 'script'	在 sed 命令中指定多个 script，多点编辑功能，同时完成多个“操作”
-n	取消默认的自动输出，sed 默认会在屏幕上输出所有文本内容，使用-n 选项后只显示处理过的行
-r	支持使用扩展正则表达式

'script'的地址边界（定界）见表 11-5。

表 11-5　'script'的地址边界（定界）

操作范围	操作符	说　明
不给地址		默认对全文进行处理
单地址	n	指定第 *n* 行，对此行进行编辑操作
	/pattern/	指定模式匹配到的每一行，这里的模式匹配用的是标准正则表达式，若想使用扩展正则表达式则需要用-r 选项
地址范围	n,m	从第 *n* 行开始至第 *m* 行的范围
	n,+m	从第 *n* 行开始至往后 *m* 行的范围
	n,/pattern/	从第 *n* 行开始，至指定模式匹配到的那一行
	/pattern1/,/pattern2/	从 pattern1 模式匹配开始，至 pattern2 模式匹配之间的范围
步进	1～2	以 1 为起始行，步进 2 行向下匹配，表示所有的奇数行
	2～2	以 2 为起始行，步进 2 行向下匹配，表示所有的偶数行

'script'的操作命令如下：

（1）a：在匹配的行下面插入指定的内容，a 命令的位置在定界后面，不加边界表示文件的每一行，插入多行内容使用\n 进行分割。例如，

- sed 'a B' 1.txt 表示在文件 1.txt 中每一行的下面都插入一行内容，内容为 B。
- sed '1,2a B' 1.txt 表示在文件 1.txt 中 1~2 行的下面插入一行内容，内容为 B。

- sed '1,2a B\nC\nD' 1.txt 表示在文件 1.txt 中 1~2 行的下面分别插入 3 行，3 行内容分别是 B、C、D。

（2）i：在匹配的行上面插入指定的内容，i 命令的位置在定界后面，使用方式与命令 a 基本一样。

（3）c：将匹配的行替换为指定的内容，c 命令的位置在定界后面。例如，

- sed 'c ABCDEF' 1.txt 表示将 1.txt 文件中所有行的内容都分别替换为指定内容，内容为 ABCDEF。
- sed '1,2c B' 1.txt 表示将 1.txt 文件中 1~2 行的内容替换为 B。注意这里的 1~2 行替换说的是将这两行所有的内容合到一起替换为一个内容，内容为 B。
- sed '1,2c A\nB\nC' 1.txt 表示将 1.txt 文件中 1~2 行内容分别替换为 A 和 B，多出来的一行可以理解为插入一行内容，内容为 C。这样等于是替换了两行内容又插入一行内容。

（4）d：删除匹配的行，d 命令的位置在定界后面。例如，

- sed 'd' 1.txt 表示将 1.txt 文件中所有的行全部删除，因为不加边界所以表示文件的每一行。
- sed '1,3d' 1.txt 表示将 1.txt 文件中 1~3 行的内容删除。

（5）y：替换匹配的字符，可以替换多个字符但不能替换字符串，也不支持正则表达式。在替换多个字符时，源字符和目标字符中的每个字符都需要一一对应，个数不能多也不能少。例如，

sed 'y/123/abc/' 1.txt 表示将 1.txt 文件中的字符 1、字符 2、字符 3 替换为字符 a、字符 b、字符 c。

（6）r：读取指定文件内容并添加到目标文件指定行的下面。

sed '2r /etc/passwd' 1.txt 表示读取/etc/passwd 文件中的内容并插入 1.txt 文件第 2 行的下面。

（7）[address]s/pattern/replacement/flags：操作命令 s 表示条件替换，是 sed 中用得最多的操作命令，因为支持正则表达式，所以功能十分强大，下面介绍各部分含义：

- [address]：地址边界/定界。
- s：替换操作。
- /：分隔符，也可以使用其他的符号，例如，=、@、#等。
- pattern：需要替换的内容。
- replacement：要替换的新内容。

（8）flags：标记或功能，包括下面几个：

- n：1～512 之间的数字，表示指定要替换的字符串出现第几次时才进行替换操作。

- g：对所有匹配到的内容进行替换，或称为全局替换，如果没有 g 标记，则只会对第一次匹配成功的行进行替换操作。
- p：会打印在替换命令中指定模式匹配的行。此标记一般与-n 选项搭配在一起使用。
- w file：将缓冲区中的内容另存到指定的文件中。
- &：用正则表达式匹配的内容进行替换。
- \n：匹配第 n 个子串，该标记会在 pattern 中用 \(\) 指定。

案例

将文件 1.txt 中匹配到的 root 字符替换为大写的 ROOT 字符（只替换第一次匹配到的或进行全局替换）。

```
[root@noylinux opt]# sed 's/root/ROOT/' 1.txt    #只替换第一次匹配成功的
ROOT:x:0:0:root:/root:/bin/bash
bin:x:1:1:bin:/bin:/sbin/nologin
-----省略部分内容-----

[root@noylinux opt]# sed 's/root/ROOT/g' 1.txt  #全局替换
ROOT:x:0:0:ROOT:/ROOT:/bin/bash
bin:x:1:1:bin:/bin:/sbin/nologin
-----省略部分内容-----
```

注

使用 cp 命令拷贝/etc/passwd 文件为副本文件 1.txt 进行实验，千万不要直接对/etc/passwd 文件进行操作。

将文件 1.txt 中所有/bin/bash 字符串替换为/sbin/nologin（使用转义字符“\”）。

```
[root@noylinux opt]# sed 's/\/bin\/bash/\/sbin\/nologin/g' 1.txt
root:x:0:0:root:/root:/sbin/nologin
bin:x:1:1:bin:/bin:/sbin/nologin
daemon:x:2:2:daemon:/sbin:/sbin/nologin
-----省略部分内容-----
user1:x:1002:1002::/home/user1:/sbin/nologin
user2:x:1003:1003::/home/user2:/sbin/nologin
apache:x:48:48:Apache:/usr/share/httpd:/sbin/nologin
```

将文件 1.txt 中每行第二次匹配到的冒号（:）替换成井号（#）。

```
[root@noylinux opt]# sed 's/\:/\#/2'  1.txt
root:x#0:0:root:/root:/bin/bash
bin:x#1:1:bin:/bin:/sbin/nologin
daemon:x#2:2:daemon:/sbin:/sbin/nologin
adm:x#3:4:adm:/var/adm:/sbin/nologin
-----省略部分内容-----
```

```
user1:x#1002:1002::/home/user1:/bin/bash
user2:x#1003:1003::/home/user2:/bin/bash
apache:x#48:48:Apache:/usr/share/httpd:/sbin/nologin
```

筛选文件 1.txt，打印包含 2 个 o 的字符的行。

```
[root@noylinux opt]# sed -nr '/o{2}/'p 1.txt
root:x:0:0:root:/root:/bin/bash
lp:x:4:7:lp:/var/spool/lpd:/sbin/nologin
mail:x:8:12:mail:/var/spool/mail:/sbin/nologin
operator:x:11:0:operator:/root:/sbin/nologin
setroubleshoot:x:979:978::/var/lib/setroubleshoot:/sbin/nologin
```

筛选文件 1.txt，打印包含 4 个数字的行。

```
[root@noylinux opt]# sed -nr '/[0-9]{4}/'p 1.txt
nobody:x:65534:65534:Kernel Overflow User:/:/sbin/nologin
xiaozhou:x:1000:1000:xiaozhou:/home/xiaozhou:/bin/bash
noylinux:x:1001:1001::/home/noylinux:/bin/bash
user1:x:1002:1002::/home/user1:/bin/bash
user2:x:1003:1003::/home/user2:/bin/bash
```

使用-e 选项对 1.txt 文件进行多个匹配条件的筛选。

```
[root@noylinux opt]# sed  -nr -e '/[0-9]{4}/'p  -e '/o{2}/'p  1.txt
#注：-nr 也可以写成 -n  -r
root:x:0:0:root:/root:/bin/bash
lp:x:4:7:lp:/var/spool/lpd:/sbin/nologin
mail:x:8:12:mail:/var/spool/mail:/sbin/nologin
-----省略部分内容-----
```

将 1.txt 文件的 1～10 行内容中的 root 替换成 ABCD 显示出来，但是不会真的替换，只是显示被替换的行。

```
[root@noylinux opt]# sed  -n  '1,10s/root/ABCD/gp' 1.txt
ABCD:x:0:0:ABCD:/ABCD:/bin/bash
operator:x:11:0:operator:/ABCD:/sbin/nologin
```

11.5 awk —— 取列和数据分析

awk 的名字是由 3 个创始人 Alfred Aho、Peter Weinberger 和 Brian Kernighan 姓氏的首字母组成的，它诞生于 20 世纪 70 年代末期，是一款功能非常强大的文本数据分析处理工具。

awk 主要用于数据分析和格式化输出，简单来说，awk 会对数据进行分析并将处理结果输出。再讲细一些，首先 awk 会将文件逐行读入，读入的方式与 sed 类似，都是以文件的单行内容作为处理单位；接着将读入的行以空格键或 Tab 键作为分隔符进行切片，切片后的字段叫作“数据字段”，再对数据字段进行各种分析处理；最后输出处理结果，默认输出到屏幕上，也可以输出到文件中。

awk 的操作相对复杂一些，因为它的 3 位创始人在开发此工具的时候就将它定义为“样式扫描和处理语言”，我们可以将它看作是一门语言，就和 Shell 编程语言一样，拥有语言的 awk 无疑是十分强大的，它可以进行样式装入、流控制、数学运算、进程控制语句等，甚至可以使用内置的变量和函数。

awk 的功能非常多，这里我们只需要把它擅长的领域介绍给大家就够用了，其他的功能大家可以自己尝试探索。awk 的 3 种使用方式如下：

（1）命令行方式：使用 awk 工具以命令行的方式在 Linux 操作系统的终端中去执行操作。

（2）Shell 脚本方式：将所有的 awk 命令插入文件中，并将此文件赋予执行权限，使用 awk 命令解释器作为脚本的首行，通过执行脚本的形式执行文件中所有的 awk 命令。

（3）插入文件中：将所有的 awk 命令插入一个单独的文件中，再通过 awk 的-f 选项调用此文件。

本节以命令行方式为主介绍 awk 命令的使用方式。awk 的语法格式为

awk [选项] ‘pattern{command}’ 文件名

其中，‘pattern{command}’部分需要用单引号‘’引起来，而 command 部分要用{ }括起来。

pattern 表示匹配规则，与前面讲的 sed 命令中的匹配方式基本相同，都是用来匹配整个文本数据中符合匹配规则的内容，同样也支持边界和正则表达式。如果不指定匹配规则，则默认匹配文本中所有的行。

command 表示执行命令，就是对数据进行怎样的处理。如果不指定执行命令，则默认输出匹配到的行。

awk 命令的常用选项见表 11-6。

表 11-6　awk 命令的常用选项

常用选项	说　明
-F 自定义分隔符	指定以自定义分隔符作为分隔符，对文本内容的每行进行切片，awk 命令默认以空格键和 Tab 键作为分隔符
-f file	从脚本文件中读取 awk 命令，以插入到文件中的方式执行
-v var=value	自定义变量，在 awk 命令执行之前，先设置一个变量 var，然后给变量 var 赋值 value，变量名与变量的值自定义即可

awk 命令的地址边界（与 sed 中的匹配方式基本相同）见表 11-7。

表 11-7　awk 命令的地址边界

操作符	说　明
不给地址	处理文件的所有行
/pattern/	处理正则匹配对应的行
!/pattern/	处理正则不匹配的行
关系表达式	结果为“真”才会被处理
n,m{...}	处理第 *n* 行至第 *m* 行的文本内容
BEGIN{ }	在开始处理文本之前执行一些命令（预处理）

常用的 command 命令如下：

- print：打印、输出（主要）。
- printf：格式化输出。

数据字段变量如下：

- $0：表示整个当前行。
- $1：表示文本行中的第 1 个数据字段。
- $2：表示文本行中的第 2 个数据字段。
- $n：表示文本行中的第 *n* 个数据字段。

其他内置变量如下：

- FS：输入字段分隔符，默认为空格。
- OFS：输出字段分隔符，默认为空格。
- RS：输入记录分隔符，默认为换行符\n。
- ORS：输出记录分隔符，默认为换行符\n。
- NF：字段数量。
- NR：记录号。
- NFR：多个文件分别计数，记录号。
- FILENAME：当前文件名。
- FIELDWIDTHS：定义数据字段的宽度。
- ARGC：命令行的参数。
- ARGV：数组，保存的是命令行给定的各参数。

操作符：

- 算数操作符：+，-，/，*。
- 复制操作符：=，+=，-=，/=，++，--。
- 比较操作符：>，<，>=，<=，!=，==。

逻辑操作符：

- &&：与。
- ||：或。
- !：非。

注

awk 允许一次性执行多条命令。要想在命令行中使用多条命令，只需要在命令之间输入分号（;）即可。awk 在处理文本内容时，会通过字段分隔符对文件的每一行进行切片，切片后的字段叫作“数据字段”，awk 会自动给每个数据字段分配一个变量。

看到这里大家可能会产生一种要放弃的想法，这款工具怎么会有这么多的用法，该如何掌握呢？

不要着急，也不要气馁，前面罗列出来的是 awk 的所有用法，但在平常使用中只需要用到其中的一部分。还是那句话，工具很强大也很全面，但是我们只需要掌握它最擅长的功能即可，其他的用法大家有时间可以慢慢钻研。

接下来我们将通过一系列的案例来展示 awk 工具擅长的功能，熟悉工具最好的方法就是多去使用、多去琢磨、多去变通。

案例

取列，以冒号为分隔符，提取/etc/passwd 文件的第一列（用户名）、第三列（PID）、第六列（家目录）和第七列（Shell 类型）。

```
[root@noylinux ~]# awk -F ':' '{print $1,$3,$6,$7}'  /etc/passwd        #采用选项的方式
root 0 /root /bin/bash
bin 1 /bin /sbin/nologin
-----省略部分内容-----
user1 1002 /home/user1 /bin/bash
user2 1003 /home/user2 /bin/bash
apache 48 /usr/share/httpd /sbin/nologin

[root@noylinux ~]# awk 'BEGIN{FS=":"} {print $1, $3,$6,$7}' /etc/passwd    #采用变量的方式
root 0 /root /bin/bash
bin 1 /bin /sbin/nologin
-----省略部分内容-----
user1 1002 /home/user1 /bin/bash
user2 1003 /home/user2 /bin/bash
apache 48 /usr/share/httpd /sbin/nologin

[root@noylinux  ~]#   awk   'BEGIN{FS=":";OFS="+++"}   {print   $1,   $3,$6,$7}' /etc/passwd
#输出时默认数据字段之间用空格分开，这里使用 OFS 变量改为自定义的分隔符
root+++0+++/root+++/bin/bash
bin+++1+++/bin+++/sbin/nologin
-----省略部分内容-----
user1+++1002+++/home/user1+++/bin/bash
user2+++1003+++/home/user2+++/bin/bash
apache+++48+++/usr/share/httpd+++/sbin/nologin
```

以冒号为分隔符，取/etc/passwd 文件中 PID 大于 999 的行。

```
[root@noylinux ~]# awk -F ":" '$3>999'  /etc/passwd
nobody:x:65534:65534:Kernel Overflow User:/:/sbin/nologin
xiaozhou:x:1000:1000:xiaozhou:/home/xiaozhou:/bin/bash
noylinux:x:1001:1001::/home/noylinux:/bin/bash
user1:x:1002:1002::/home/user1:/bin/bash
user2:x:1003:1003::/home/user2:/bin/bash
[root@noylinux ~]# awk -F ":" '$3>999{print $1,$3,$6,$7}'  /etc/passwd
```

```
#筛选出 PID 大于 999 的行之后可以自定义显示某个字段
nobody 65534 / /sbin/nologin
xiaozhou 1000 /home/xiaozhou /bin/bash
noylinux 1001 /home/noylinux /bin/bash
user1 1002 /home/user1 /bin/bash
user2 1003 /home/user2 /bin/bash
```

使用 awk 的编程功能统计/etc/passwd 文件中用户的总数。

```
[root@noylinux ~]# awk '{i++;print $0;} END{print "user total is ", i}' /etc/passwd
root:x:0:0:root:/root:/bin/bash
bin:x:1:1:bin:/bin:/sbin/nologin
-----省略部分内容-----
user1:x:1002:1002::/home/user1:/bin/bash
user2:x:1003:1003::/home/user2:/bin/bash
apache:x:48:48:Apache:/usr/share/httpd:/sbin/nologin
user total is  50
```

提取操作系统上的网络信息。

```
[root@noylinux ~]# ifconfig ens33 | awk -F "[ :]+" '/inet /{print $3}'
#网卡的 IP 地址
192.168.1.128
[root@noylinux ~]# ifconfig ens33 | awk -F "[ :]+" '/inet /{print $5}'
#网卡的子网掩码
255.255.255.0
[root@noylinux ~]# ifconfig ens33 | awk -F "[ :]+" '/inet /{print $7}'
#网卡的广播地址
192.168.1.255
[root@noylinux ~]# ifconfig ens33 | awk -F "[ ]+" '/ether /{print $3}'
#网卡的 MAC 地址
00:0c:29:3a:f7:30
```

统计/etc/目录下所有以.conf 结尾的文件总大小（单位：字节）。

```
[root@noylinux ~]# ls -l /etc/*.conf |awk 'BEGIN {size=0;} {size=size+$5;} END{print "所有.conf 结尾的文件总大小是"size"字节"}'
所有.conf 结尾的文件总大小是 119951 字节
```

注

通过 ls -l /etc/*.conf 命令显示以.conf 结尾的文件的详细信息，第五列正好是文件的大小，以字节为单位，所以将第五列的数字相加得出所有以.conf 结尾的文件的总大小。

通过上述一系列案例，大家应该就能看出，awk 工具比较擅长取列，提取到某列之后，可以对这一列的内容进行各种操作，不论是显示出来还是进行数学运算等都可以。

这些案例在实际的工作中运用的频率还是比较高的，不要小瞧这些案例，都是笔者精心挑选的，这里面有的包含自定义提取某列、有的包含内置/自定义变量、有的包含数学运算等。希望大家多多练习，把这些案例熟悉了之后要学会变通，跟自己的工作需求相结合。只有把这些案例运用到实际的工作中才算是真正掌握了 awk 工具。

第 12 章

Linux Shell 脚本编程零基础闪电上手

12.1 引言

熟练使用 Shell 脚本是每个 Linux 运维工程师的必备技能！不论是面试还是工作，总是会出现它的身影。

Shell 脚本的重要性毋庸置疑，以笔者的“惨痛”经历为例，当初在学 Linux 的时候笔者并没有很看重 Shell 脚本的学习，虽然也能实现简单的需求，但是没有往深处钻研。结果在找工作的时候，十家公司里面有九家的面试重点考察 Shell 脚本知识，最后的下场就可想而知了。之后笔者花费精力狠狠钻研 Shell 脚本相关知识，在后续求职中总算“一雪前耻”。工作以后，笔者更是真正感受到 Shell 脚本的重要性，熟练使用 Shell 脚本大大提高了工作效率。

想要成为一名 Linux 运维工程师，Shell 脚本肯定会伴随着你的整个职业生涯，而它的作用也非常好理解，用一句通俗易懂的话总结就是，“减少 Linux 运维工程师的重复性工作”。

12.2 初识 Shell 脚本

大家可以把 Shell 脚本看作是一门编程语言，相比其他编程语言，Shell 更简单易学。现在市面上几乎所有编程语言的教学课程都是从使用著名的“Hello World”开始的，那我们的第一个 Shell 脚本也输出一下“Hello World”。

首先用 touch 命令创建文件，文件名为 hello.sh，扩展名“.sh”表示这是个 Shell 脚本，也就是说看到这个后缀立马就知道这是 Shell 脚本，扩展名并不会影响 Shell 脚本运行，为的就是做到见名知意。

我们输入两行简单的代码：

```
#!/bin/bash
echo "Hello World!"   # 输出hello world
```

第 1 行的“#!”是一个约定标记，用来告诉操作系统这个脚本需要用什么解释器来执行，也就是要使用哪一种 Shell；后面的/bin/bash 指明了 Shell 解释器的具体位置。在写 Shell 脚本时，脚本的第一行必须是“#!/bin/bash”，如果想用别的解释器，需要在这里就指定别的解释器的位置，但是不能不写，这一行非常重要！

第 2 行的 echo 命令用于向标准输出 Stdout（Standard Output，一般就是指显示器）

输出内容。在.sh 文件中使用命令与在终端中直接输入命令的效果是一样的。

第 2 行的“#”及后面的内容是注释。Shell 脚本中所有以“#”开头的语句都是注释（当然了，以“#!”开头第一行语句除外）。在写 Shell 脚本时，多写注释是非常有必要的，既方便其他人能看懂你写的 Shell 脚本，也方便后期自己维护时看懂自己的脚本——实际上，即便是自己写的脚本，过一段时间后也很容易忘记。所以，一定要养成写注释的习惯。

写完 Shell 脚本后，下面就让它运行起来。运行 Shell 脚本的方式有两种：一种在新进程中运行，另一种是在当前进程中运行。

Shell 脚本执行类型：

（1）在新进程中运行：

./脚本名称；/bin/bash 脚本名称

（2）在当前进程中运行：

source 脚本名称；. 脚本名称

有朋友可能会问：“直接介绍执行 Shell 脚本的命令不就得了，那么简单的命令还需要做分类吗？”但笔者的初衷是希望大家通过学习本书能懂得更多，理解得更深、更透彻，而不是“知其然却不知其所以然”。

我们先看第一种类型：在新进程中运行 Shell 脚本，这种类型又分为两种执行方式。

（1）第一种执行方式是将 Shell 脚本作为软件程序来运行，Shell 脚本也是一种能够直接执行的程序，可以在终端直接调用（前提是使用 chmod 命令给 Shell 脚本加上执行权限），具体操作如下：

```
[root@noylinux opt]# ll
-rw-r--r--. 1 root root 32 11月  7 17:03 hello.sh
[root@noylinux opt]# chmod +x hello.sh       #先赋予执行权限
[root@noylinux opt]# ll
-rwxr-xr-x. 1 root root 32 11月  7 17:03 hello.sh
[root@noylinux opt]# ./hello.sh              #执行脚本
Hello World!
```

“chmod +x hello.sh”表示给 hello.sh 赋予执行权限，在最后一条命令中，“./”表示当前目录，整条命令的意思是执行当前目录下的 hello.sh 脚本文件，如果不写“./”，Linux 操作系统会找不到 hello.sh 脚本文件的位置，导致报错，无法执行该脚本。

通过这种执行方式来运行 Shell 脚本，那 Shell 脚本文件第一行的“#!/bin/bash”一定要写，而且要写对，这样 Linux 操作系统就能按位置找到指定的 Shell 解释器。

那怎么才能判断自己写的 Shell 解释器的位置对不对呢？比如我们常用 Bash 作为 Shell 脚本的解释器，which bash 命令就能得到 Bash 解释器所在的位置（which 是专门用来查找命令所在位置的）。

（2）第二种执行方式是将 Shell 脚本文件作为参数传递给 Bash 解释器，也可以理解为直接运行 Bash 解释器，将脚本文件作为参数传递给 Bash 解释器，具体操作如下：

```
[root@noylinux opt]# ll
-rwxr-xr-x. 1 root root 32 11月  7 17:03 hello.sh
```

```
[root@noylinux opt]# chmod  -x  hello.sh      #先将之前赋予的执行权限去掉
[root@noylinux opt]# ll
-rw-r--r--. 1 root root 32 11月  7 17:03 hello.sh
[root@noylinux opt]# /bin/bash  hello.sh      #执行脚本
Hello World!
[root@noylinux opt]# bash  hello.sh           #简洁的写法
Hello World!
[root@noylinux opt]# ./hello.sh               #再用第一种方式执行，看一下结果
-bash: ./hello.sh: 权限不够
```

通过这种执行方式运行脚本，不需要在脚本文件的第一行指定解释器信息，也不需要赋予执行权限，但是笔者建议写上，虽然可能不太经常用到，但是不用等到用到时再写，编程一定要养成良好的习惯，方便的是我们自己。

这两种方式在本质上其实是一样的：第一种是通过脚本文件中指定好的 Bash 解释器（#!/bin/bash）来运行，第二种则是通过 Bash 命令找到 Bash 解释器所在的位置，让 Bash 解释器运行并将脚本文件作为参数传递进去，两者之间其实就是多了一个查找的过程而已。

接下来看第二种脚本执行类型：在当前进程中运行脚本。

这里需要引入一个新的命令——source 命令。source 命令是 Shell 的内置命令，它会读取脚本文件中的代码，并依次执行所有语句。可以理解为 source 命令会强制执行脚本文件中的全部命令，而忽略脚本文件本身的权限。source 命令的语法格式为

source　脚本名称

或者简写为

.　脚本名称

案例

使用 source 命令运行 hello.sh 脚本文件。

```
[root@noylinux opt]# ll
-rw-r--r--. 1 root root 32 11月  7 17:03 hello.sh
[root@noylinux opt]# source  hello.sh       #第一种
Hello World!
[root@noylinux opt]# .  hello.sh            #第二种
Hello World!
```

使用 source 命令不用给脚本文件赋予执行权限，相比较而言会方便一些。

我们把上述两种类型称为“在新进程中运行脚本”和“在当前进程中运行脚本”，那如何知道当前进程到底是在“新进程中运行”还是在“当前进程中运行”呢？接下来就带大家学习一下如何检测 Shell 脚本运行时是在当前进程中还是在新进程中。

在 Linux 操作系统中，每一个进程都有一个唯一的 ID 号，称为 PID。上文介绍过，使用“$$”变量就可以获取当前进程的 PID。“$$”是 Shell 中的特殊变量，这个之后会在下文特殊变量一节详解，这里大家先熟悉如何使用即可。查看 Shell 脚本运行状态的步骤如下：

（1）修改 hello.sh 脚本。

```
[root@noylinux opt]# vim  hello.sh
#!/bin/bash
echo "Hello World!"
echo "当前的 PID 为：[$$]"
```

（2）通过两种脚本执行类型分别运行，看看到底有没有区别？

```
[root@noylinux opt]# chmod +x hello.sh          #赋予执行权限
[root@noylinux opt]# ll
-rwxr-xr-x. 1 root root 62 11月  7 18:27 hello.sh
[root@noylinux opt]# echo $$                    #当前 Shell 终端的 PID
2835
[root@noylinux opt]# source hello.sh            #在当前进程中运行 Shell 脚本方式一
Hello World!
当前的 PID 为：[2835]
[root@noylinux opt]# . hello.sh                 #在当前进程中运行 Shell 脚本方式二
Hello World!
当前的 PID 为：[2835]
[root@noylinux opt]# ./hello.sh                 #在新进程中运行 Shell 脚本方式一
Hello World!
当前的 PID 为：[4873]
[root@noylinux opt]# bash hello.sh              #在新进程中运行 Shell 脚本方式二
Hello World!
当前的 PID 为：[4884]
```

可以明显看到，在当前进程中运行 Shell 脚本所获取到的进程 ID 号与当前 Shell 终端的 PID 相同，而在新进程中运行 Shell 脚本所获取到的进程 ID 号与当前 Shell 终端的 PID 不同。

初学者可能还是不太明白这些运行方式之间到底有什么区别，没关系，暂时先留着这个疑问，在下文环境变量部分中会逐一讲解。

12.3 Shell 变量与作用域

本节我们将接触一个新的名词——变量，如果学习过其他编程语言，应该对变量不陌生，变量说得直白一些就是用来存放各种类型的数据，在定义变量的时候通常不需要指定数据的类型，直接赋值就可以了。

为什么不需要指定数据的类型呢？因为 Shell 属于弱类型编程语言，弱类型编程语言最显著的特点就是在声明变量时不用声明数据类型，它定义的每个变量都可以赋予不同数据类型的值，在脚本运行时解释器会根据变量的类型自动转换，大家可以理解为边解释边执行。而像 Java、C/C++等这一类的编程语言属于强类型编程语言，也可以称为强类型定义语言，最显著的特点就是要求变量的使用要严格符合定义，所有的变量都必须先定义后使用，而且一旦某个变量被指定了数据类型后，如果不经过强制转换，那么它就永远都是这个数据类型，我们以 Java 为例，在 Java 中，数据类型被分类成整数、小数、字符串、布尔类型等多种类型，所以在定义一个变量时需要指定这个变量中只能存放什么类型的数据。

Shell 支持以下 3 种定义变量的方式：

variable=value

variable='value'

variable="value"

variable 表示变量名，value 表示赋给变量的值。如果 value 中不包含任何空白符（例如空格、Tab 等），可以不使用引号；如果 value 中包含了空白符，就必须使用引号给引起来，使用单引号和使用双引号也是有区别的，这一点下文会详细说明。

还有一个要特别注意的地方，赋值号“=”的两侧不能有空格，这可能和其他大部分编程语言都不一样。

Shell 变量的命名规范和大部分编程语言类似：

（1）变量名由数字、字母、下划线组成，除此之外任何其他的字符都标志着变量名的终止；

（2）变量名必须以字母或者下划线开头（区分大小写）；

（3）不能使用 Shell 里的内置变量名（通过 help 命令可以查看保留关键字）。

下面是几个定义变量的案例：

```
[root@noylinux opt]# name=noylinux
[root@noylinux opt]# name1='noylinux.com'
[root@noylinux opt]# name_2="noylinux.com"
[root@noylinux opt]# _name3=noylinux.com
```

使用一个已定义过的变量的方法也特别简单：

$变量名

${变量名}

变量名外面的大括号“{ }”是可选的，加不加都行，加大括号的作用是帮助解释器识别变量名的边界，比如下面这种情况：

```
[root@noylinux opt]# name="lin"          #定义一个变量 name，赋值字符串“lin”
[root@noylinux opt]# echo "I like to watch the www.noy$nameux.com website! "
#错误使用变量方式
I like to watch the www.noy.com website!
[root@noylinux opt]# echo "I like to watch the www.noy${name}ux.com website! "
#正确使用变量方式
I like to watch the www.noylinux.com website!
```

如果不给变量 name 加大括号，写成 echo "I like to watch the www.noy$nameux.com website！"的形式，Shell 解释器就会把 $nameux 当成一个变量（变量本身不存在，为空），导致代码执行的结果脱离不是我们的预期。笔者建议大家在使用变量的过程中给所有的变量名都加上大括号，养成良好的编程习惯。

以上是使用已定义好的变量，接下来看看如何修改变量的值，相当于重新给变量赋值。

```
[root@noylinux ~]# name="www.noylinux.com"  #定义一个变量并赋值
[root@noylinux ~]# echo $name
www.noylinux.com
[root@noylinux ~]# name="www.noylinux.cn"   #修改变量的值，相当于重新给变量赋值
[root@noylinux ~]# echo $name
www.noylinux.cn
[root@noylinux ~]# name="noylinux.com"      #可以进行多次修改
[root@noylinux ~]# echo $name
noylinux.com
```

在修改变量时要注意，对变量重新赋值时不用在变量名前加“$”，只有在使用变量时才会使用“$”，这个一定要注意。

回过头来看前面演示的示例，容易发现，在给定义的变量赋值时有的加了双引号、有的加了单引号、还有的不加任何引号，那它们之间会不会有区别？会不会使变量产生一些不同的效果？接下来就介绍变量加单引号、双引号、反引号的区别。

（1）" "：双引号，弱引用，可以完成变量的替换。

（2）' '：单引号，强引用，不能完成变量替换，引号中是什么内容就是什么内容，不会发生改变。

（3）`  `：反引号，用于命令替换，一般用于将命令的结果赋值给变量。

单引号与双引号之间的区别。

```
[root@noylinux opt]# vim a.sh   #写一个 Shell 脚本，分别用单引号与双引号展示变量的值
#!/bin/bash
url="https://www.noylinux.com"
web1='单引号显示 url 变量：${url}'
web2="双引号显示 url 变量：${url}"
echo $web1
echo $web2
[root@noylinux opt]# bash a.sh
单引号显示 url 变量：${url}
双引号显示 url 变量：https://www.noylinux.com
```

通过案例演示可以发现：

- 在使用单引号' '引用变量的值时，单引号里面是什么它就输出什么，即使变量的值里面有变量，也会原模原样地输出。这种方式比较适合定义显示纯字符串的情况，也就是不希望解析变量的场景。
- 在使用双引号" "引用变量的值时，输出时会先解析值里面的变量，而不是把双引号中的变量名原样输出。这种方式比较适合字符串中带有变量并希望将变量解析之后再输出的场景。

在这里给大家一个小建议：如果变量的内容是数字，可以不用加引号，如果需要原样输出就需要加上单引号。其他没有特别要求的字符串最好都加上双引号，定义变量的

时候加双引号是最常见的。

再介绍一个实用的操作，就是如何将命令的结果赋值给变量，其实就是反引号的作用。

Shell 也支持将命令的执行结果赋值给变量，常见的方式有下面两种：

variable=`command`

variable=$(command)

第一种方式是把命令用反引号` `括起来，但是反引号容易与单引号混淆，不推荐使用这种方式。第二种方式是把命令用$()括起来，区分更加明显，推荐使用。

创建了一个名为 log.txt 的文本文件，使用 cat 命令将 log.txt 的内容读取出来，并将读出来的内容赋值给一个变量，再使用 echo 命令将变量的值输出到屏幕上。

```
[root@noylinux opt]# cat log.txt
www.noylinux.com
[root@noylinux opt]# log=`cat log.txt`        #第一种将命令的结果赋值给变量的方式
[root@noylinux opt]# echo  $log
www.noylinux.com
[root@noylinux opt]# log2=$(cat log.txt)     #第二种将命令的结果赋值给变量的方式
[root@noylinux opt]# echo $log2
www.noylinux.com
```

可以把上面的操作写成 Shell 脚本。

```
[root@noylinux opt]# vim  readfile.sh         #编写 Shell 脚本
#!/bin/bash
echo "www.noylinux.com"  > ./log.txt
log=`cat ./log.txt`
echo "Value of variable-log:$log"
log2=$(cat ./log.txt)
echo "Value of variable-log2:$log2"
[root@noylinux opt]# bash readfile.sh          #执行 Shell 脚本
Value of variable-log:www.noylinux.com
Value of variable-log2:www.noylinux.com
```

使用 readonly 命令可以将变量定义为只读变量，只读变量的意义说白了就是变量的值不能被改变。下面我们尝试更改一下只读变量的值。

```
[root@noylinux opt]# vim read-only.sh
#!/bin/bash
myUrl="https://www.noylinux.com/"
readonly myUrl
myUrl="http://www.baidu.com/"
echo $myUrl
[root@noylinux opt]# bash read-only.sh
```

```
read-only.sh:行 4: myUrl: 只读变量
https://www.noylinux.com/
```

在执行 Shell 脚本时，结果会报错，因为只读变量的值是无法修改的，但是我们在示例中修改了只读变量，最终的结果就是只读变量无法被修改，Shell 脚本执行报错。

下面介绍最后一个知识点，就是删除变量，使用 unset 命令就可以删除变量，语法格式为

unset variable_name

变量被删除后就不能再次使用了，有一点要注意的是，unset 命令不能删除只读变量！

案例

使用 unset 命令删除变量。

```
[root@noylinux opt]# vim unset.sh

#!/bin/sh
myUrl="https://www.noylinux.com/"
unset myUrl
echo $myUrl
[root@noylinux opt]# bash unset.sh
```

结果就是什么都没有，因为这个变量已经被删除了，无法再进行调用。

本节介绍了定义和使用变量，如何修改变量的值，给变量赋值的单引号和双引号的区别，如何将命令的结果赋值给变量，以及只读变量和删除变量等概念，关于 Shell 变量的基本操作就先介绍到这里。接下来将接触一个新的知识点：Shell 变量的作用域（Scope）。

Shell 变量的作用域（Scope）就是 Shell 变量的有效范围，也可以理解为 Shell 变量可以使用的范围。

在不同的作用域中，相同名称的变量不会相互干涉，谁也不会妨碍谁，就比如 A 班有个叫小洲的同学，B 班也有个叫小洲的同学，虽然他们都叫小洲（变量名），但是由于所在的班级（作用域）不同，所以不会造成混乱。但是如果在同一个班级中有两个叫小洲的同学，就必须用类似于“大小洲”“小小洲”等这样的命名方式来区分他们。

作用域类型分为以下 3 种：

（1）有的变量只能在函数内部使用，这种属于局部变量（Local Variable）。

（2）有的变量可以在当前 Shell 进程中使用，这种属于全局变量（Global Variable）。

（3）可以在当前 Shell 进程以及所有子进程中使用的变量属于环境变量（Environment Variable）。

Shell 函数和 C++、Java 和 C#等其他编程语言函数的一个不同点在于，在 Shell 函数中定义的变量默认是全局变量，它和在函数外部定义的变量效果一样。我们可以通过以下示例佐证一下。

```
[root@noylinux opt]# vim func1.sh
#!/bin/bash
```

```
#定义一个函数
function func1(){
  a=10                          #定义一个变量 a
  echo "func 函数内部变量: $a"
}

#调用函数
func1
#在函数外部再次尝试调用函数内部的变量
echo "在函数外部调用变量: $a"
[root@noylinux opt]# bash func1.sh        #执行 Shell 脚本
func 函数内部变量: 10
在函数外部调用变量: 10
```

示例中首先在函数内部定义了一个变量 a，这个变量 a 在 Shell 脚本中被调用了两次，一次是在函数内部使用，一次是在函数外部使用。执行此脚本产生的结果就是在函数外部也可以得到变量 a 的值，这就证明变量 a 的作用域是全局的，而不是仅限于函数内部使用。

要想将变量 a 的作用域控制在仅限于函数内部，可以在定义变量时加上 local 命令，此时该变量 a 就成了一个局部变量。示例如下：

```
[root@noylinux opt]# vim func1.sh

#!/bin/bash
#定义一个函数
function func1(){
  local a=10      #定义一个局部变量
  echo "func 函数内部变量: $a"
}

#调用函数
func1

#在函数外部再次尝试调用函数内部变量
echo "在函数外部调用变量: $a"
[root@noylinux opt]# bash func1.sh              #执行 Shell 脚本
func 函数内部变量: 10
在函数外部调用变量:
```

最后输出的结果为空，这就表明变量 a 在函数外部无效，只有在函数内部才是有效的，这是一个局部变量。只需要记住一点，在函数内部有效、离开函数内部就无效的变量，就是一个局部变量。

所谓全局变量，就是变量在当前的整个 Shell 进程中都是有效的。每个 Shell 进程都有自己的作用域，彼此之间互不影响。在 Shell 中定义的变量，默认都是全局变量。

想要演示出全局变量在不同 Shell 进程中的互不相关性，可以在图形界面中同时打开两个命令行终端窗口，如图 12-1 所示。在图形界面打开一个命令行终端窗口，定义一个变量 a 并赋值为 10，输出变量值来验证此变量是否有效，这时另外再打开一个新的命令行终端窗口，同样尝试输出变量 a 的值，但结果却为空。

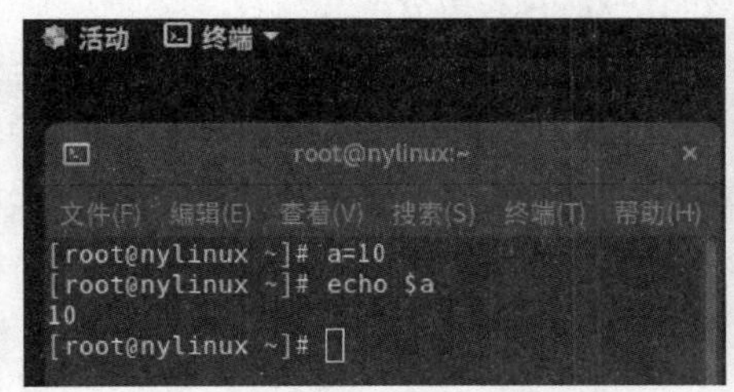

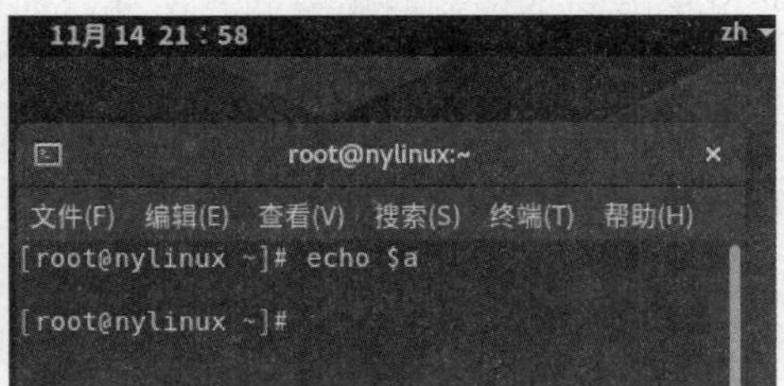

图 12-1 演示全局变量在不同 Shell 进程中的互不相关性

这说明全局变量 a 仅仅在定义它的第一个命令行终端（Shell 进程）有效，对新打开的命令行终端（Shell 进程）没有影响。这很好理解，就像小孙家和小刘家都有一台电视机（变量名相同），但是小孙家和小刘家的电视机中播放的节目是不同的（变量值不同）。

需要强调的是，全局变量的作用范围是当前的 Shell 进程，而不是当前的 Shell 脚本文件，它们是两个不同的概念。打开一个命令行终端就创建了一个 Shell 进程，打开多个命令行终端就创建了多个 Shell 进程，每个 Shell 进程都是独立的，拥有不同的进程 ID（PID）。在一个 Shell 进程中可以使用 source 命令执行多个 Shell 脚本，那这些 Shell 脚本中的所有全局变量在这个 Shell 进程中都是有效的。我们验证一下：

```
    [root@noylinux opt]# vim OV1.sh  #写一个 Shell 脚本，定义一个全局变量 a 并输出变量值
    #!/bin/bash
    a=10
    echo "输出变量 a 的值：$a"
    [root@noylinux opt]# vim OV2.sh  #写另外一个 Shell 脚本，使用 OV1.sh 脚本中定义的全局
变量 a
    #!/bin/bash
    echo "输出 OV1.sh 脚本中变量 a 的值：$a"
    [root@noylinux opt]# source OV1.sh
    输出变量 a 的值：10
    [root@noylinux opt]# source OV2.sh
    输出 OV1.sh 脚本中变量 a 的值：10
```

由示例可见，第一个 Shell 脚本 OV1.sh 中定义的全局变量 a 可以被第二个 Shell 脚本 OV2.sh 所使用，那是因为我们使用的是 source 命令，source 命令是在当前 Shell 进程中运行脚本，所以两个脚本的运行都是在同一个 Shell 进程中，这样就能佐证在多个脚本中定义的全局变量在整个 Shell 进程中是都有效的，都可以被使用。

接下来介绍最后一个作用域，也就是环境变量，前面我们演示全局变量示例的时候已经看到，全局变量只在当前 Shell 进程中有效，对其他 Shell 进程和子进程都无效。如果使用 export 命令（语法格式：export　变量名）将全局变量导出，那么它就在所有的子进程中也生效了，这就是所谓的“环境变量”。

环境变量在被创建的时候所处的 Shell 进程称为父进程，若在父进程中再创建一个新的 Shell 进程来执行命令，那这个新的进程称为子进程。Shell 子进程会继承父进程的环境变量为自己所用，因此环境变量可以由父进程传递给子进程，还可以继续传给子进程的子进程，“子子孙孙”地往下一直传递下去。

需要注意的是，两个没有父子关系的 Shell 进程之间是不能传递环境变量的，并且环境变量只能向下传递而不能向上传递，即所谓的“传子不传父”。

在演示环境变量案例之前先介绍一个命令——pstree，此命令可以以树状图的方式展现进程之间的派生关系，显示效果比较直观，因为 Linux 操作系统中进程较多，所以直接使用 pstree 命令会出现很长的树状图，这里我们可以用 grep 命令和 pstree 命令搭配使用，例如，pstree -p | grep bash ，这条命令专门用于查看 bash 进程的关系树状图。

案例

用全局变量演示父子进程之间变量传递的效果。

```
[root@noylinux ~]# pstree -p | grep bash
          |-sshd(1115)---sshd(6612)---sshd(6641)---bash(9535)-+-grep(10022)
#当前的位置处于 PID 为 9535 的 Shell 进程中

[root@noylinux ~]# a=10
#定义一个全局变量 a

[root@noylinux ~]# echo $a
 #在当前 Shell 进程中输出全局变量 a 的值
10

[root@noylinux ~]# bash
#现在创建一个 Shell 子进程

[root@noylinux ~]# pstree -p | grep bash
          |-sshd(1115)---sshd(6612)---sshd(6641)---bash(9535)---bash(10109)-+-
grep(10146)
#可以看到当前的位置已经处于 PID 为 10109 的 Shell 子进程中
#注：现在 PID 为 9535 的 Shell 进程就变成了 PID 为 10109 进程的父进程

[root@noylinux ~]# echo $a
#输出刚才定义的全局变量 a 的值

#可以明显看到全局变量 a 在子进程中失效了，全局变量 a 输出的值为空

[root@noylinux ~]# exit
#使用 exit 命令可以退出子进程，回到父进程
exit

[root@noylinux ~]# pstree -p | grep bash
          |-sshd(1115)---sshd(6612)---sshd(6641)---bash(9535)-+-grep(10241)
#可以看到现在已经回到了 PID 为 9535 的父进程中，Shell 子进程在退出时就没有了

[root@noylinux ~]# echo $a
#输出全局变量 a 的值
10
```

用环境变量演示父子进程之间变量传递的效果。

```
[root@noylinux ~]# pstree -p | grep bash
           |-sshd(1115)---sshd(6612)---sshd(6641)---bash(9535)-+-grep(10418)
#当前的位置处于 PID 为 9535 的 Shell 进程中

[root@noylinux ~]# export a=20
#定义一个环境变量 a

[root@noylinux ~]# echo $a
#在当前 Shell 进程中输出环境变量 a 的值
20

[root@noylinux ~]# bash
#现在创建一个 Shell 子进程
[root@noylinux ~]# pstree -p | grep bash
           |-sshd(1115)---sshd(6612)---sshd(6641)---bash(9535)---bash(10461)-+-
grep(10486)
#当前的位置处于 PID 为 10461 的 Shell 子进程中
#注：现在 PID 为 9535 的 Shell 进程就变成了 PID 为 10461 进程的父进程

[root@noylinux ~]# echo $a
#输出刚才定义的环境变量 a 的值
20
#可以看到父进程的环境变量已经传递给了子进程

[root@noylinux ~]# export b=100
#在子进程中再定义一个环境变量 b，用来验证环境变量只能向下传递而不能向上传递

[root@noylinux ~]# echo $b
100

[root@noylinux ~]# exit
#退出子进程，回到父进程
exit

[root@noylinux ~]# pstree -p | grep bash
           |-sshd(1115)---sshd(6612)---sshd(6641)---bash(9535)-+-grep(10658)
#已经回到了 PID 为 9535 的父进程中，子进程没有了

[root@noylinux ~]# echo $a
#输出之前在父进程中定义的环境变量 a 的值
20

[root@noylinux ~]# echo $b
#输出刚才在子进程中定义的环境变量 b 的值

#可以看到在子进程中定义的环境变量 b 消失了，输出的值为空
```

通过上述两个案例可以佐证前面我们讲过的环境变量的“传子不传父”。

使用 export 命令导出的环境变量只对当前 Shell 进程及所有的子进程有效，如果最

顶层的父进程被关闭了，那么环境变量也会随着父进程消失，其他的子进程也就无法再使用了，所以说环境变量其实也是临时的。

可能就有读者会问：有没有办法可以让环境变量在所有 Shell 进程中都有效？不管它们之间是不是存在父子关系。

可以的！怎么办呢，还记得上文介绍的环境变量文件吗？只要将环境变量写进环境变量文件中就能实现。Shell 进程每次启动时都会执行环境变量文件中的每行配置，完成初始化，我们将环境变量写到环境变量文件中，结果就是每次启动 Shell 进程的时候都会通过环境变量文件自动定义变量，这样就能使得环境变量无论在哪个 Shell 进程中都会生效。环境变量文件有以下两类：

（1）全局生效：

/etc/profile
/etc/profile.d/*.sh
/etc/bashrc

（2）某用户生效：

~/.bash_profile
~/.bashrc

技术是千变万化的，我们不能停留在理论知识学习上，只有发散思维，尝试模拟不同的场景，不断地实践，才能融会贯通。

12.4　Shell 命令行参数与特殊变量

在运行 Shell 脚本时，我们可以往脚本中传递一些自定义参数，这些参数在脚本内部可以使用$n 的形式来接收。例如，$1 表示第一个参数，$2 表示第二个参数，依次类推。这种通过$n 的形式来接收的参数在 Shell 脚本中叫作命令行参数，也称位置参数。

简单来说，命令行参数的意义就在于可以让我们往 Shell 脚本中传递一些参数，脚本接收到这些参数后可以做一些预设的操作。

上文在介绍变量命名的时候提到过，变量的名字必须以字母或者下划线开头，不能以数字开头。而命令行参数的命名方式却偏偏是数字，这与变量的命名规则相冲突，所以我们将其视为“特殊变量”。除了 $n 之外还有其他特殊参数：$#、$*、$@、$?和$$等，这里先简单了解一下。

命令行参数变量包括下面 4 种：

（1）$n：n 为数字（见图 12-2），$0 表示 Shell 脚本本身（当前脚本名称），$1～$9 表示第一个到第九个参数，10 以上的参数建议使用大括号包含（$ {n}）。

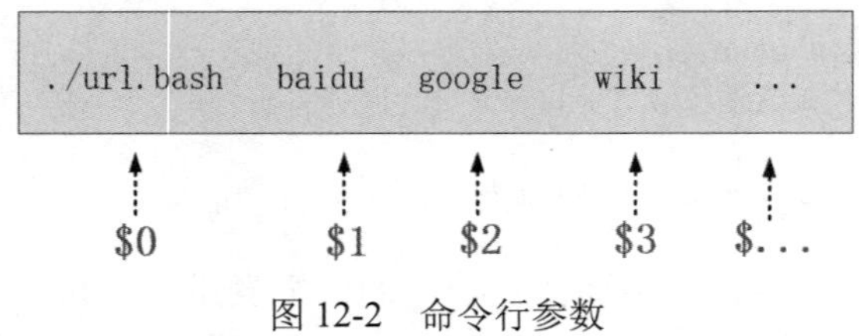

图 12-2　命令行参数

（2）$*：表示传递给脚本或函数的所有参数，$*会将所有的参数看作一个整体。

（3）$@：表示传递给脚本或函数的所有参数，$@会把每个参数区分对待。

（4）$#：表示传递给脚本或函数的参数个数。

命令行参数的用法有两种：

（1）给 Shell 脚本文件传递命令行参数（常用）。

（2）给函数传递命令行参数。

案例

给 Shell 脚本文件传递命令行参数。

```
[root@noylinux opt]# vim demo1.sh
#!/bin/bash
echo "语言：$1"
echo "网址：$2"
[root@noylinux opt]# bash demo1.sh   shell   www.noylinux.com
语言：shell
网址：www.noylinux.com
```

其中，Shell 是第一个命令行参数，www.noylinux.com 是第二个命令行参数，参数与参数之间以空格进行分隔。

给函数传递命令行参数。

```
[root@noylinux opt]# vim demo2.sh
#!/bin/bash
#定义函数
function func(){
    echo "语言：$1"
    echo "网址：$2"
}
#调用函数并传入命令行参数
func shell  https://www.noylinux.com
[root@noylinux opt]# bash demo2.sh
语言：shell
网址：https://www.noylinux.com
```

如果需要传入的参数太多，达到或者超过了 10 个，就需要用 ${n} 的方式来接收，例如， ${10}、${23}。{ }的作用是帮助 bash 解释器识别参数的边界，这跟使用变量时加{ }是一样的。

接下来介绍 Shell 特殊变量，具体见表 12-1。

表 12-1 Shell 特殊变量及其含义

变　量	含　义
$0	当前 Shell 脚本名称/当前脚本本身
$n	传递给脚本或函数的参数。n 是数字，表示第几个参数。例如，第一个参数是 $1、第二个参数是 $2……依此类推

（续表）

变　量	含　义
$#	传递给脚本或函数的参数个数
$*	传递给脚本或函数的所有参数，将所有的参数看作一个整体
$@	传递给脚本或函数的所有参数，将每个参数区分开对待
$?	获取上个命令的退出状态或函数的返回值。返回 0 表示命令执行成功，返回除 0 以外的任何其他数字都表示命令执行失败。
$$	当前 Shell 进程的 ID 号（PID），对于 Shell 脚本而言就是这些脚本所在的进程 ID。

接下来通过案例，分别以给 Shell 脚本传递参数和给函数传递参数的方式来验证上述几个特殊变量。

给 Shell 脚本传递参数。

```
[root@noylinux opt]# vim demo3.sh
#!/bin/bash
echo "当前进程的 ID 号(PID): $$"
echo "此 Shell 脚本的名称: $0"
echo "第一个参数: $1"
echo "第二个参数: $2"
echo "全部的参数(方式一): $@"
echo "全部的参数(方式二): $*"
echo "所有参数个数: $#"
rm -rf $0

root@noylinux opt]# chmod +x demo3.sh
[root@noylinux opt]# ./demo3.sh   Shell   www.noylinux.com
当前进程的 ID 号(PID): 3516
此 Shell 脚本的名称: ./demo3.sh
第一个参数: Shell
第二个参数: www.noylinux.com
全部的参数(方式一): Shell www.noylinux.com
全部的参数(方式二): Shell www.noylinux.com
所有参数个数: 2

[root@noylinux opt]# echo $?
0
[root@noylinux opt]# ./demo3.sh
-bash: ./demo3.sh: 没有那个文件或目录
[root@noylinux opt]# echo $?
127
```

通过案例可以看到各特殊变量在 Shell 脚本中的不同效果，这里再给大家介绍一个小技巧：Shell 脚本的最后一行是“rm -rf $0”，作用是删除此 Shell 脚本，Shell 脚本在执行完成后将自己删除（删除时注意脚本文件本身的位置）。

给函数传递参数。

```
[root@noylinux opt]# vim demo4.sh

#!/bin/bash
#定义函数
function func(){
    echo "语言: $1"
    echo "网址: $2"
    echo "第一个参数: $1"
    echo "第二个参数: $2"
    echo "全部的参数(方式一): $@"
    echo "全部的参数(方式二): $*"
    echo "所有参数个数: $#"
}

#调用函数
func Shell  https://www.noylinux.com/
[root@noylinux opt]# chmod +x demo4.sh
[root@noylinux opt]# ./demo4.sh
语言: Shell
网址: https://www.noylinux.com/
第一个参数: Shell
第二个参数: https://www.noylinux.com/
全部的参数(方式一): Shell https://www.noylinux.com/
全部的参数(方式二): Shell https://www.noylinux.com/
所有参数个数: 2
```

通过上述两个示例可以发现，$* 和 $@ 都表示传递给函数或脚本的所有参数，乍一看没什么不同，但是它们之间是有区别的。当 $* 和 $@ 不被双引号" "包围时，它们之间没有任何区别，都是将接收到的每个参数看作一份数据，彼此之间以空格来分隔。但是当它们被双引号" "包含时，就有区别了：

- "$*"会将所有的参数从整体上看作一份数据，而不是把每个参数都看作一份数据；
- "$@"会将每个参数都看作一份数据，彼此之间是独立的。

比如传递了 5 个参数，对于"$*"来说，这 5 个参数会合并到一起形成一份完整的数据，它们之间是无法分割的；而对于"$@"来说，这 5 个参数之间是相互独立的，它们是 5 份数据。

如果使用 echo 命令直接输出"$*"和"$@"变量的值进行对比是看不出区别的；但如果使用 for 循环逐个输出变量的值，立即就能看出区别，我们写一个 Shell 脚本试一下：

```
[root@noylinux opt]# vim demo5.sh
#!/bin/bash
echo "print each param from \"\$*\""
for value in "$*"
do
```

```
    echo "$value"
done

echo "print each param from \"\$@\""
for value in "$@"
do
    echo "$value"
done

[root@noylinux opt]# chmod +x demo5.sh
[root@noylinux opt]# ./demo5.sh    a b c d e f
print each param from "$*"
a b c d e f
print each param from "$@"
a
b
c
d
e
f
```

从运行结果可以发现，对于"$*"，只循环了 1 次，因为它只有 1 份数据；而对于"$@"，循环了 6 次，因为它有 6 份数据。这就是两者加了双引号后的区别。

至此，命令行参数和特殊变量的内容就介绍到这里，在企业中写 Shell 脚本会经常用到这部分内容，希望大家多多练习，最好遇到某些功能需求立马就能想到“使用特殊变量可以解决这个问题”。

12.5　Shell 字符串

Shell 中的常用的数据类型有 3 种：字符串、整数和数组。字符串的内容又可分成三部分内容：一是 Shell 字符串的基本知识，二是 Shell 字符串的拼接，三是字符串的截取。

1．Shell 字符串的基本知识

Shell 字符串（String）其实是一系列字符的组合（如 abcd…），在 Shell 脚本编程中，字符串是最常用的数据类型之一，只要不进行数学计算，甚至数字也可以看作字符串。

定义一个字符串可以由单引号 ' ' 引起来，也可以由双引号 " " 引起来，也可以不用引号。但是它们之间是有区别的。

Str1=xiaozhou

Str2='xiaozhou'

Str3="xiaozhou"

使用单引号 ' ' 的字符串：任何字符都会原样输出，在其中使用变量是无效的。字符串中不能出现单引号，即使对单引号进行转义也不行。

使用双引号 " " 的字符串：如果其中包含了某个变量，那么该变量将会被解析（得到该变量的值），而不是将变量名原样输出。字符串中可以出现双引号，只要它被转义了

就可以。

没有引号的字符串：不使用引号引用的字符串中若出现变量也会被解析，这一点和使用双引号" "引用的字符串一样。但字符串中不能出现空格，否则空格后的字符串会被认为由其他变量或者命令解析。

3 种字符串定义形式。

```
[root@noylinux opt]# vim demo6.sh
#!/bin/bash
num=99
str1=www.noylinux.com$num str2="shell \"script\" $num"
str3='诺亚 Linux 教育：$num'
echo $str1
echo $str2
echo $str3

[root@noylinux opt]# bash demo6.sh
www.noylinux.com99
shell "script" 99
诺亚 Linux 教育：$num
```

从示例中可以看出：

- 变量 str1 中包含了变量 num，它被 Shell 解析了，所以输出的内容中包含变量 num 的值。$num 后有空格，紧随着空格的是变量 str2，这里要注意 Shell 将变量 str2 解释为一个新的变量名而不是作为变量 str1 中字符串的一部分。
- 变量 str2 中包含了双引号，但是被转义了（反斜杠\是转义字符）。同时，str2 变量中也包含了$num，它也被 Shell 解析了。
- 变量 str3 中也包含$num，但是仅作为一串普通字符，并没有被 Shell 解析。

分享一个在编写关于字符串的 Shell 脚本时常用到的小技巧：获取字符串的长度。语法格式如下：

${#string_name}

其中，string_name 表示字符串变量名。

获取字符串长度。

```
[root@noylinux opt]# vim demo7.sh
#!/bin/bash
str="https://www.noylinux.com/"
echo ${#str}
[root@noylinux opt]# bash demo7.sh
25
```

2．字符串的拼接

字符串拼接在编写 Shell 脚本时候用得非常多，其过程也非常简单，有多简单呢？在拼接的过程中不需要使用任何运算符号，直接将两个字符串变量并排放在一起就实现拼接了。

字符串拼接。

```
[root@noylinux opt]# vim demo8.sh
#!/bin/bash

name="Shell"
url="https://www.noylinux.com/"

str1=$name$url          #中间不能有空格
str2="$name $url"       #如果用双引号引用，则中间可以有空格
str3=$name": "$url      #中间可以出现别的字符串
str4="$name: $url"      #这样写也可以
str5="${name}Script: ${url}index.html"    #需要给变量名加上大括号

echo $str1
echo $str2
echo $str3
echo $str4
echo $str5

[root@noylinux opt]# bash demo8.sh
Shellhttps://www.noylinux.com/
Shell https://www.noylinux.com/
Shell: https://www.noylinux.com/
Shell: https://www.noylinux.com/
ShellScript: https://www.noylinux.com/index.html
```

在定义变量 str3 时，$name 和 $url 之间之所以不能出现空格，是因为当字符串不用任何一种引号引用时，遇到空格就认为字符串结束了，空格后的内容会被当作其他变量或命令解析。

在定义变量 str5 时，加{ }主要是为了帮助 bash 解释器识别变量的边界。

3．字符串的截取

在编写某些特殊需求的 Shell 脚本时，字符串截取是一种常用且重要的操作。

Shell 截取字符串通常有两种方式：从指定位置开始截取，比如从第 13 个字符截取到第 17 个字符；从指定字符开始截取，比如一串字符 abcdef，从字符 a 截取到字符 d。

先介绍第一种方式，**从指定位置截取字符串**。

从指定的位置截取字符串需要满足两个条件：一是知道从哪个位置开始截；二是截

取的长度。既然需要指定起始位置，那就涉及计数方向的问题，到底是从字符串左边开始计数，还是从字符串右边开始计数？答案是 Shell 支持两种计数方式。我们既可以从指定的位置往前面截取，也可以从指定的位置向后截取。

（1）从字符串左边开始计数：

${string:start:length}

其中，string 是要截取的字符串（一般为字符串变量名），start 是起始位置（左边开始，从 0 开始计数）；length 是要截取的长度（省略的话表示直到字符串的末尾）。

（2）从字符串右边开始计数：

${string:0-start:length}

与上一种方式相比，语句中仅仅多了 0- ，这是一种固定的写法，专门用来表示从字符串右边开始计数。

从字符串左边计数进行截取。

```
[root@noylinux opt]# vim  demo9.sh
#!/bin/bash
url=www.noylinux.com
echo "写起始位置与截取长度：" ${url:2:9}
echo "只写起始位置：" ${url:2}

[root@noylinux opt]# bash demo9.sh
写起始位置与截取长度： w.noylinu
只写起始位置： w.noylinux.com
```

从字符串右边计数进行截取。

```
[root@noylinux opt]# vim demo10.sh
#!/bin/bash
url="www.noylinux.com"
echo ${url:0-13:9}
echo ${url:0-13}

[root@noylinux opt]# bash demo10.sh
.noylinux
.noylinux.com
```

若选择从字符串右边计数进行截取，需要注意两点：

（1）从左边开始计数时，起始数字是 0（符合程序员思维）；从右边开始计数时，起始数字是 1（符合常人思维）。计数方向的不同，起始数字也会有所不同。

（2）不管从哪边开始计数，截取方向都是从左到右。

接下来介绍第二种截取字符串的方式：**从指定字符开始截取。**

从指定字符开始截取的方式是没办法指定字符串长度的，只能从指定的字符截取到字符串末尾。可以截取指定字符右边的所有字符，也可以截取字符左边的所有字符。

（1）使用“#”截取指定字符右边的所有字符：

${string#*chars}

其中，string 是要截取的字符串（一般为字符串变量名）；chars 是指定的字符；*是通配符的一种，表示任意长度的字符串。

这里的 chars 是不会被截取的。

（2）使用“%”截取指定字符左边的所有字符：

${string%chars*}

重点注意一下星号（*）的位置，因为要截取 chars 左边的字符而忽略 chars 右边的字符，所以星号应该位于 chars 的右侧。其他用法和“#”相同。

使用“#”截取指定字符右边的所有字符（有 3 种写法）。

```
[root@noylinux opt]# vim demo11.sh

#!/bin/bash
url="https://www.noylinux.com/index.html"
echo "内容："$url
echo "第一种截取写法" ${url#*t}
echo "第二种截取写法" ${url#*ttps}
echo "第三种截取写法" ${url#https://}

[root@noylinux opt]# bash demo11.sh
内容：https://www.noylinux.com/index.html
第一种截取写法 tps://www.noylinux.com/index.html
第二种截取写法 ://www.noylinux.com/index.html
第三种截取写法 www.noylinux.com/index.html
```

第一种写法：匹配单个字符并进行截取；第二种写法：匹配一串字符串并进行截取；第三种写法：如果不需要忽略 chars 左边的字符，那么不写星号也是可以的。

上面 3 种写法都是遇到第一个匹配的字符就结束了，我们做个实验匹配 URL 中的斜线，这个 URL 中有三条斜线，看一下结果匹配的是哪条斜线？

```
[root@noylinux opt]# vim demo12.sh
#!/bin/bash
url="https://www.noylinux.com/index.html"
echo "内容："$url
echo ${url#*/}

[root@noylinux opt]# bash demo12.sh
内容：https://www.noylinux.com/index.html
/www.noylinux.com/index.html
```

通过实验可以看到，使用从指定字符开始截取的方式，匹配到的都是第一个符合条件的元素。如果希望直到最后一个指定字符（子字符串）匹配才结束，可以使用“##”，具体格式为

${string##*chars}

案例

使用“#”和“##”分别进行截取。

```
[root@noylinux opt]# vim demo13.sh

#!/bin/bash
url="https://www.noylinux.com/index.html"
echo "内容："$url
echo "使用#截取斜线“/”右边的所有字符：" ${url#*/}
echo "使用##截取斜线“/”右边的所有字符：" ${url##*/}

str="---aa+++aa@@@"
echo "内容："$str
echo "使用#截取“aa”右边的所有字符：" ${str#*aa}
echo "使用##截取“aa”右边的所有字符：" ${str##*aa}

[root@noylinux opt]# bash demo13.sh  #执行此脚本
内容：https://www.noylinux.com/index.html
使用#截取斜线“/”右边的所有字符： /www.noylinux.com/index.html
使用##截取斜线“/”右边的所有字符： index.html
内容：---aa+++aa@@@
使用#截取“aa”右边的所有字符： +++aa@@@
使用##截取“aa”右边的所有字符： @@@
```

由案例可见，使用${string##*chars}是直到最后一个符合条件的匹配项才结束，而${string#*chars}是遇到第一个符合条件的匹配项就结束。

截取指定字符左边的所有字符。

```
[root@noylinux opt]# vim demo14.sh

#!/bin/bash
url="https://www.noylinux.com/index.html"
echo "内容："$url
echo "使用%截取斜线“/”左边的所有字符：" ${url%/*}
echo "使用%%截取斜线“/”左边的所有字符：" ${url%%/*}

str="---aa+++aa@@@"
echo "内容："$str
echo "使用%截取“aa”左边的所有字符：" ${str%aa*}
echo "使用%%截取“aa”左边的所有字符：" ${str%%aa*}

[root@noylinux opt]# bash demo14.sh
内容：https://www.noylinux.com/index.html
使用%截取斜线“/”左边的所有字符： https://www.noylinux.com
```

```
使用%%截取斜线“/”左边的所有字符： https:
内容：---aa+++aa@@@
使用%截取“aa”左边的所有字符： ---aa+++

使用%%截取“aa”左边的所有字符： ---
```

我们把以上字符串截取格式做一个汇总，见表 12-2。

表 12-2 字符串截取格式汇总表

格　式	说　明
${string:start:length}	从 string 字符串的左边起始位置开始，向右截取 length 个字符
${string: start}	从 string 字符串的左边起始位置开始截取，直到最后
${string:0-start:length}	从 string 字符串的右边起始位置开始，向右截取 length 个字符
${string:0-start}	从 string 字符串的右边起始位置开始截取，直到最后
${string#*chars}	从 string 字符串第一次出现*chars 的位置开始，截取*chars 右边的所有字符
${string##*chars}	从 string 字符串最后一次出现*chars 的位置开始，截取*chars 右边的所有字符
${string%*chars}	从 string 字符串第一次出现*chars 的位置开始，截取*chars 左边的所有字符
${string%%*chars}	从 string 字符串最后一次出现*chars 的位置开始，截取*chars 左边的所有字符

12.6 Shell 数组

和其他编程语言一样，Shell 也支持数组（Array），数组是若干数据的集合，在一个数组中的每一个数据称为元素（Element）。

Shell 中的数组有一个优点，那就是不会限制大小，理论上，只要空间足够大，数组可以存放无限量的数据。那数组中的元素有那么多，怎么才能准确获取其中某一个元素呢？

获取数组中的元素要使用下标[ ]，下标可以是一个整数，也可以是一个结果为整数的表达式。但需要注意的是，Shell 数组元素的下标从 0 开始计数，下标必须大于等于 0。

在 Shell 中，定义一个数组需要用括号( )来表示，数组的元素与元素之间用空格分隔。一般定义一个数组的格式如下：

array_name=(ele1 ele2 ele3 … elen)

赋值号=两边不能有空格，必须紧挨着数组名和数组元素。

定义一个数组。

```
[root@noylinux ~]# nums=(29 100 13 8 91 44)
```

这样一个简单的数组就定义完成了，nums 是数组名，括号中的这些数据就是数组的元素。这里要特别说明一下，Shell 属于弱类型语言，所以它并不会要求数组中元素的数据类型相同。

例如，在一个数组中有两个整数、一个字符串，这是没有问题的，不要求数组中全都是整数或全都是字符串。示例如下：

```
[root@noylinux ~]# arr=(20 56 "https://www.noylinux.com/shell/")
```

在 Shell 中定义的数组不会限制大小，因此数组的长度也不是固定的，定义好一个数组之后，还可以再向里面增加新的元素。示例如下：

```
[root@noylinux ~]# nums=(29 100 13 8 91 44) #定义一个数组
[root@noylinux ~]# nums[6]=88               #往数组中添加新的元素
```

这样该数组的长度就从 6 扩展到 7 了，这是在现有的数组上增加新的元素，也可以理解为给数组赋值。除此之外，给数组赋值的时候也可以只给特定的元素赋值，例如，

```
[root@noylinux ~]# ages=([3]=24 [5]=19 [10]=12)
```

按照这种方式对第 3、5、10 个元素赋值，因为在这个数组中有 3 个元素有值，所以数组的长度是 3。

获取数组元素的值一般使用如下格式：

${array_name[index]}

其中，array_name 是数组名，index 是下标。

案例

获取数组中元素的值。

```
[root@noylinux ~]# nums=(29 100 13 8 91 44)
[root@noylinux ~]# echo ${nums[0]} #获取数组 nums 的第 0 个元素的值
29
[root@noylinux ~]# echo ${nums[1]} #获取数组 nums 的第 1 个元素的值
100
[root@noylinux ~]# echo ${nums[2]} #获取数组 nums 的第 2 个元素的值
13
[root@noylinux ~]# echo ${nums[6]} #获取数组 nums 的第 6 个元素的值

[root@noylinux ~]# echo ${nums[7]} #获取数组 nums 的第 7 个元素的值
```

```
[root@noylinux ~]# ages=([3]=24 [5]=19 [10]=12)
[root@noylinux ~]# echo ${ages[3]} #获取数组 ages 的第 3 个元素的值
24
[root@noylinux ~]# echo ${ages[5]} #获取数组 ages 的第 5 个元素的值
19
[root@noylinux ~]# echo ${ages[10]}     #获取数组 ages 的第 10 个元素的值
12
[root@noylinux ~]# echo ${ages[2]} #获取数组 ages 的第 2 个元素的值
```

通过案例可以明显看出，若赋值时不定义元素的位置，那么数组的下标就从 0 开始往上递加；若赋值时定义元素的位置，那元素将存放进数组特定的位置中，在获取其元

素时，也需要指定特定的下标才可以。

那么，想一次性获取数组中的所有元素可以做到吗？可以的，使用“@”或“*”可以获取数组中的所有元素，两者之间没什么区别，用法如下：

${nums[*]}

${nums[@]}

案例

使用“*”和“@”获取数组中的所有元素。

```
[root@noylinux ~]# nums=(29 100 13 8 91 44)
[root@noylinux ~]# echo ${nums[*]}
29 100 13 8 91 44
[root@noylinux ~]# echo ${nums[@]}
29 100 13 8 91 44
```

想要将数组中的某个元素赋值给变量可以做到吗？也是可以的，这样就与上文介绍的 Shell 变量结合起来了。

案例

将数组中元素赋值给变量。

```
[root@noylinux ~]# nums=(29 100 13 8 91 44)        #定义一个数组
[root@noylinux ~]# n=${nums[1]}                    #将数组的第一个元素赋值给变量 n
[root@noylinux ~]# echo $n                         #输出变量 n 的值
100
```

获取数组长度的操作在实际的企业工作中会经常用到，那怎么获取一个数组的长度呢？

先回顾一下，获取字符串的格式是 ${#str}，示例如下：

```
[root@noylinux opt]# vim demo15
#!/bin/bash
str="https//www.noylinux.com/shell/"
echo "字符串长度: "  ${#str}

[root@noylinux opt]# bash demo15
字符串长度:  30
```

获取数组的长度也大同小异，语法格式有以下两种：

${#array_name[@]}

${#array_name[*]}

array_name 表示数组名，先用“@”或者“*”获取数组的所有元素，再使用“#”获取整个数组元素的个数。示例如下：

```
[root@noylinux opt]# nums=(29 100 13 8 91 44)
```

```
[root@noylinux opt]# echo ${#nums[*]}
6
[root@noylinux opt]# echo ${#nums[@]}
6
```

大家试想一下，如果数组中有个元素是字符串，那想获取这个字符串的长度可以做到吗？答案是可以。

案例

获取数组中字符串的长度。

```
[root@noylinux opt]# nums=(29 "https://www.noylinux.com" 1333 8 91 44)
[root@noylinux opt]# echo ${#nums[0]}  #获取数组中第 0 个元素的长度
2
[root@noylinux opt]# echo ${#nums[1]}  #获取数组中第 1 个元素的长度，第一个元素是字符串
24
```

上文介绍过字符串的拼接，其实 Shell 数组也是可以拼接和合并的，操作方式也非常简单。用“@”或“*”将数组扩展成列表，再合并到一起。格式如下：

array_new=(${array1[@]} ${array2[@]})

array_new=(${array1[*]} ${array2[*]})

两种方式是等价的，选择其一即可。其中，array1 和 array2 是需要拼接的数组，array_new 是拼接合并后形成的新数组。

案例

拼接两个数组（4 种写法）。

```
[root@noylinux opt]# vim demo16
#!/bin/bash
array1=(2222 3333)
array2=(666 "https://www.noylinux.com/shell/")
array_new1=(${array1[@]} ${array2[@]})
array_new2=(${array1[*]} ${array2[*]})
array_new3=(${array1[@]} ${array2[*]})
array_new4=(${array1[*]} ${array2[@]})

echo ${array_new1[@]}    #也可以写作 ${array_new[*]}
echo ${array_new2[@]}
echo ${array_new3[@]}
echo ${array_new4[@]}

[root@noylinux opt]# bash  demo16      #执行此脚本
2222 3333 666 https://www.noylinux.com/shell/
2222 3333 666 https://www.noylinux.com/shell/
2222 3333 666 https://www.noylinux.com/shell/
2222 3333 666 https://www.noylinux.com/shell/
```

可以看到，4 种写法的结果全都一致，所以“*”和“@”的位置不用特别在意，任意组合都可以。

最后再介绍一下如何删除数组中的元素，在 Shell 中，使用 unset 关键字来删除数组元素，语法格式如下：

unset array_name[index]

其中，array_name 表示数组名，index 表示数组下标。若不写下标，则去掉[index]部分，格式如下：

unset array_name

使用这种方式就是删除整个数组，数组中的所有元素也都会随之消失。

案例

删除数组中的元素。

```
[root@noylinux opt]# vim demo17
#!/bin/bash

arr=(23 56 99 "https://www.noylinux.com/shell/")
echo "arr 数组的所有元素：" ${arr[@]}

unset arr[1]
echo "删除数组 arr 的第一个元素：" ${arr[@]}

unset arr
echo "删除整个数组：" ${arr[*]}

[root@noylinux opt]# bash  demo17        #执行此脚本
arr 数组的所有元素： 23 56 99 https://www.noylinux.com/shell/
删除数组 arr 的第一个元素： 23 99 https://www.noylinux.com/shell/
删除整个数组：
```

注意最后的空行，它表示什么也没输出，因为数组被删除了，所以输出内容为空。

12.7 Shell 数学计算

Shell 脚本除了对字符串做处理之外还可以进行数学计算，若想在 Shell 脚本中实现加、减、乘、除等数学计算就离不开各种运算符号，和其他编程语言类似，Shell 脚本中也有很多算术运算符，下面就给大家介绍一些常见的 Shell 算术运算符，见表 12-3。

表 12-3 Shell 算术运算符

算术运算符	说明/含义
+、-	加法（或正号）、减法（或负号）
*、/、%	乘法、除法、取余（取模）
**	幂运算

（续表）

算术运算符	说明/含义
++、--	自增和自减，可以放在变量的前面也可以放在变量的后面
!、&&、||	逻辑非（取反）、逻辑与（and）、逻辑或（or）
<、<=、>、>=	比较符号（小于、小于等于、大于、大于等于）
==、!=、=	比较符号（相等、不相等；对于字符串，= 也可以表示相当于）
<<、>>	向左移位、向右移位
~、|、&、^	按位取反、按位或、按位与、按位异或
=、+=、-=、*=、/=、%=	赋值运算符，例如，a+=1 相当于 a=a+1，a-=1 相当于 a=a-1

Shell 在数学计算方面和其他编程语言不同的一点就是：Shell 不能直接进行算数运算，必须使用数学计算命令才可以。

案例

尝试在 Shell 中直接进行算术运算。

```
[root@noylinux opt]# echo 2+10
2+10
[root@noylinux opt]# a=23
[root@noylinux opt]# b=$a+88
[root@noylinux opt]# echo $b
23+88
[root@noylinux opt]# c=$a+$b
[root@noylinux opt]# echo $c
23+23+88
```

从上面执行的几个数学运算可以看出，在默认情况下 Shell 是不会直接进行算术运算的，而是把“+”两边的数据当成字符串，把“+”当成字符串连接符，最终的结果是把两个字符串拼接在一起形成一个新的字符串。

在 Bash Shell 中如果不特别指明，每一个变量的值都是字符串，无论在给变量赋值时有没有使用引号，这个值都会以字符串的形式存储。换句话说，Bash Shell 在默认情况下不会区分变量类型，即使将整数和小数赋值给变量，也会被视为字符串，这一点和大部分的编程语言是不一样的，所以才会出现上面示例中的结果。

想通过 Shell 做数学计算就必须使用数学计算命令，在 Shell 中常用的数学计算命令见表 12-4。

表 12-4　Shell 中常用的数学计算命令

计算操作符/计算命令	说　明
(( ))	用于整数运算，效率很高，推荐使用
let	用于整数运算，和 (()) 类似
$[]	用于整数运算，不如 (()) 灵活
expr	可用于整数运算，也可以处理字符串。使用起来比较烦琐，而且还需要注意各种细节，不推荐使用

（续表）

计算操作符/计算命令	说　明
bc	Linux 下的一个计算器程序，可以处理整数和小数。Shell 本身只支持整数运算，想计算小数就得使用这个外部计算器
declare -i	将变量定义为整数，再进行数学运算时就不会被当作字符串了。功能有限，仅支持最基本的数学运算（加、减、乘、除和取余），不支持逻辑运算、自增自减等，所以在实际开发中很少使用

本节介绍(( )) 和 let 两种数学计算命令，在平常的工作中使用已经足够了。

先来看(( ))，是 Bash Shell 中专门用来进行整数运算的命令，它的优点是效率很高，写法灵活，是企业中常用的计算命令。

注

(( ))只能进行整数运算，不能对小数（浮点数）或字符串进行运算。

(( )) 的语法格式为 ((表达式)) 。说白了就是将数学运算的表达式放在“((”和“))”之间，表达式可以只有一个也可以有多个，如果有多个表达式，表达式之间以逗号分隔。对于多个表达式的情况，通常是以最后一个表达式的值作为整个命令的执行结果。

命令执行的结果可以使用符号“$”来获取，这跟获取变量值的用法是类似的。

演示示例之前先列举几个(( ))的普遍用法格式，见表 12-5。

表 12-5　(( ))的普遍用法格式

格　式	说　明
((a=10+66)) ((b=a-15)) ((c=a+b))	这种写法可以在计算完成后给变量赋值。以 ((b=a-15)) 为例，就是将 a-15 的运算结果赋值给变量 c
a=$((10+66)) b=$((a-15)) c=$((a+b))	可以在(( ))前面加上“$”获取(( ))命令的执行结果，也就是获取整个表达式的结果。以 c=$((a+b))为例，就是将 a+b 的运算结果赋值给变量 c 注：类似 c=((a+b))的写法是错误的，不加$就不能取得表达式的结果
((a>7 && b==c))	(( ))也可以进行逻辑运算，特别是在 if 判断语句中常会使用逻辑运算
echo $((a+10))	需要立即输出表达式的运算结果，可以直接在(( ))前面加“$”
((a=3+5, b=a+10))	对多个表达式同时进行计算
echo $((++a))	先进行自增运算，再输出变量 a 的值
echo $((--a))	先进行自减运算，再输出变量 a 的值
echo $((a++))	先输出变量 a 的值，再进行自增运算
echo $((a--))	先输出变量 a 的值，再进行自减运算

在(( ))中使用变量时无须加上前缀“$”，(( ))会自动解析变量名，这使得代码更加简洁，也符合程序员的书写习惯。

接下来我们通过几个案例演示如何使用(( ))进行各种数学计算。

案例

使用 (( )) 进行简单的数值计算。

```
[root@noylinux opt]# echo $((1+1))
2
[root@noylinux opt]# echo $((6-3))
3
[root@noylinux opt]# i=5
[root@noylinux opt]# ((i=i*2))    #可以简写为 ((i*=2))
[root@noylinux opt]#  echo $i   #使用 echo 输出变量结果时要加$
10
```

用(( ))进行稍微复杂一些的综合算术运算。

```
[root@noylinux opt]# ((a=1+2**3-4%3))
[root@noylinux opt]# echo $a
8
[root@noylinux opt]# b=$((1+2**3-4%3)) #运算后将结果赋值给变量，变量放在了括号的外面
[root@noylinux opt]# echo $b
8
[root@noylinux opt]# echo $((1+2**3-4%3)) #也可以直接将表达式的结果输出，注意不要丢掉$
8
[root@noylinux opt]# a=$((100*(100+1)/2)) #利用公式计算 1+2+3+…+100 的和
[root@noylinux opt]# echo $a
5050
[root@noylinux opt]# echo $((100*(100+1)/2)) #也可以直接输出表达式的结果
5050
```

用(( ))进行逻辑运算。

```
[root@noylinux opt]# echo $((3<8))  #3<8 的结果是成立的，因此输出了 1，表示真
1
[root@noylinux opt]# echo $((8<3))  #8<3 的结果是不成立的，因此输出了 0，表示假
0
[root@noylinux opt]# echo $((8==8)) #判断是否相等
1
[root@noylinux opt]# if ((8>7&&5==5)) #使用 if 判断语句来做逻辑运算
> then
> echo "yes"
> fi
yes
```

最后是一个简单的 if 语句，它的意思是如果 8>7 成立，并且 5==5 成立，那么输出 yes。

用(( ))进行自增（++）和自减（--）运算。

```
[root@noylinux opt]# a=10

[root@noylinux opt]# echo $((a++))
#如果“++”在变量 a 的后面，表达式会先输出变量 a 的值，再进行自增运算
10

[root@noylinux opt]# echo $a
```

```
#执行完上面的表达式后，因为做了自增运算“a++”，变量 a 会自增 1，因此输出变量 a 的值为 11
11

[root@noylinux opt]# a=11

[root@noylinux opt]# echo $((a--))
#如果“--”在 a 的后面，表达式会先输出变量 a 的值，再进行自减运算
11

[root@noylinux opt]# echo $a
#执行完上面的表达式后，因为做了自减运算“a--”，因此变量 a 会自减 1，变量 a 的值为 10
10

[root@noylinux opt]# a=10

[root@noylinux opt]# echo $((--a))
#如果“--”在变量 a 的前面，在输出整个表达式时，会先进行自减计算，因为变量 a 的值为 10 且要自减，所以表达式输出的值为 9
9

[root@noylinux opt]# echo $a
#因为在上面表达式中，是先进行自减运算后输出结果，所以变量 a 的值与上面一致
9

[root@noylinux opt]# echo $((++a))
#如果“++”在变量 a 的前面，在输出整个表达式时，会先进行自增计算，因为变量 a 的值为 9 且要自增，所以表达式输出的值为 10
10

[root@noylinux opt]# echo $a
#因为在上面表达式中，是先进行自增运算后输出结果，所以变量 a 的值与上面一致
10
```

对于前自增（前自减）和后自增（后自减），这里再进行简单的说明：

- 在执行 echo $((a++)) 和 echo $((a--)) 命令时，会先输出变量 a 的值，再对变量 a 进行 ++ 或 -- 的运算；
- 在执行 echo $((++a)) 和 echo $((--a)) 命令时，会先对变量 a 进行 ++ 或 -- 的运算，再输出变量 a 的值。

用(( ))同时对多个表达式进行计算。

```
[root@noylinux opt]# ((a=3+5, b=a+10))  #先计算第一个表达式，再计算第二个表达式
[root@noylinux opt]# echo $a $b
8 18
[root@noylinux opt]# c=$((4+8, a+b))  #以最后一个表达式的结果作为整个(())命令的执行结果
[root@noylinux opt]# echo $c
26
```

注

当使用多个表达式时，通常是以最后一个表达式的结果作为整个(( ))命令的执行结果。

let 命令和(( ))命令的用法是类似的，它们都是用来对整数进行运算的。

和(( ))命令一样，let 命令也只能进行整数运算，不能对小数（浮点数）或者字符串进行运算。

let 命令的语法格式如下：

let 表达式
let '表达式'
let "表达式"

这 3 种语法格式都等价于((表达式))。

和(( ))命令类似，let 命令也支持一次计算多个表达式，并且也是以最后一个表达式的值作为整个 let 命令的执行结果。但是对于多个表达式之间的分隔符，let 命令和(( ))命令是有区别的：let 命令以空格来分隔多个表达式，(( ))命令以逗号来分隔多个表达式。

另外还要注意：对于类似 let x+y 的写法，虽然计算了 x+y 的值，但会在计算完成后将结果丢弃。若不想让 let 命令的计算结果被丢弃，可以使用 let sum=x+y 将 x+y 的结果保存在变量 sum 中。

在这种情况下，(( ))命令就显得更加灵活了。可以使用$((x+y))直接获取计算结果，我们来对比一下：

```
[root@noylinux opt]# a=10 b=20
[root@noylinux opt]# echo $((a+b))
30
[root@noylinux opt]# echo let a+b  #语法错误，echo 会把 let a+b 作为字符串输出
let a+b
[root@noylinux opt]# let sum=a+b  #正确方式
[root@noylinux opt]# echo $sum
30
```

我们再用 let 命令演示两个案例。

案例

对变量 i 进行加运算。

```
[root@noylinux opt]# i=10
[root@noylinux opt]# let i+=8   #let i+=8 等同于 ((i+=8))，后者效率更高
[root@noylinux opt]# echo $i
18
```

计算多个表达式。

```
[root@noylinux opt]# a=10 b=35
[root@noylinux opt]# let a+=6 c=a+b   d=c+a  #多个表达式之间以空格进行分隔
```

```
[root@noylinux opt]# echo  $a   $b   $c  $d
16 35 51 67
```

12.8 Shell 常用命令

首先补充介绍 3 个下文案例中常用到的 3 条命令。

1. echo

echo 命令是 Bash Shell 的内置命令，作用就是在终端输出内容，并在最后默认加上换行符。示例如下：

```
[root@noylinux opt]# echo "www.noylinux.com"
www.noylinux.com
```

使用 echo 命令需要注意转义字符的问题，在默认情况下，echo 命令不会解析以反斜杠“\”开头的转义字符。比如“\n”是一个换行符，表现形式就是换行，echo 命令在终端输出时会将它作为普通字符对待。

```
[root@noylinux opt]# echo "hello \n world"
hello \n world
```

可以添加-e 选项让 echo 命令在输出时解析转义字符。示例如下：

```
[root@noylinux opt]# echo -e "hello \n world"
hello
 world
```

在 Shell 脚本中，echo 命令也被频繁用来输出变量中的值。

2. exit

exit 命令是 Bash Shell 的内置命令，用来退出当前进程，并返回一个退出状态码，使用“$?”可以接收到这个退出状态码。

exit 命令返回的退出状态码只能是一个介于 0～255 之间的整数，其中只有退出状态码为 0 表示命令执行成功；退出状态为非 0 表示命令执行失败。

exit 命令可以自定义退出状态码，当 Shell 脚本执行出错时，可以根据退出状态码来判断具体出现了什么错误。比如打开一个文件，我们可以在 Shell 脚本中自定义退出状态码 1 表示文件不存在，退出状态码 2 表示文件没有读取权限，退出状态码 3 表示文件类型不对……

自定义 exit 命令的退出状态码。

```
[root@noylinux opt]# vim demo21.sh
#!/bin/bash
echo "hello world"
```

```
exit 111
echo "how are you?"
[root@noylinux opt]# bash demo21.sh      #执行此脚本
hello world
[root@noylinux opt]# echo $?             #获取退出时返回的状态码
111
```

可以看到" how are you?"并没有输出到屏幕上，这就说明遇到 exit 命令后 demo21.sh 脚本就结束退出了，不再向下执行。我们可以通过"$?"获取 exit 命令退出时返回的退出状态码，再用 echo 命令输出到屏幕上，这种操作可以定位 Shell 脚本执行到哪一步报错了。

3. read

read 命令是 Bash Shell 的内置命令，专门用来从标准输入中读取数据并赋值给变量。如果没有进行重定向，默认就是从键盘中读取用户输入的数据；如果进行了重定向，那么可以从文件中读取数据。此命令一般是用来与用户进行互动的。read 命令的语法格式如下：

read [options] [variables]

其中，options 表示选项，常用的选项见表 12-6 所示；variables 表示用来存储输入数据的变量，可以有一个，也可以存在多个变量，多个变量之间用空格隔开。

表 12-6 read 命令常用的选项

常用选项	说 明
-p prompt	显示提示信息，提示内容为 prompt
-a array	把读取的数据赋值给数组 array，从下标 0 开始
-d delimiter	用字符串 delimiter 指定读取结束的位置，而不是一个换行符（读取到的数据不包括 delimiter）
-e	在获取用户输入的时候，对功能键进行编码转换（不会直接显示功能键对应的字符）
-n num	读取输入的 num 个字符
-r	原样读取模式（Raw mode），不把反斜杠字符解释为转义字符
-s	静默模式（Silent mode），不会在屏幕上显示输入的字符。当输入密码和其他确认信息时，这是很有必要的
-t seconds	设置超时时间，单位为秒。如果用户没有在指定时间内完成输入，将会返回一个非 0 的退出状态，表示读取失败
-u fd	使用文件描述符 fd 作为输入源（而不是标准输入），类似于重定向

执行 Shell 脚本，让用户输入姓名、年龄和成绩。

```
[root@noylinux opt]# vim demo22.sh
#!/bin/bash
read -p "请输入姓名、年龄及成绩，用空格隔开：" name  age achievement
echo "姓名：$name"
echo "年龄：$age"
```

```
echo "成绩：$achievement"

[root@noylinux opt]# bash demo22.sh     #执行此脚本
请输入姓名、年龄和成绩，用空格隔开：小孙 18 99
姓名：小孙
年龄：18
成绩：99
```

只读取用户输入的第一个字符。

```
[root@noylinux opt]# vim demo23.sh
#!/bin/bash
read -n 1 -p "Enter a char :" char
printf "\n"  #换行 echo $char

[root@noylinux opt]# bash demo23.sh
Enter a char :9
9
[root@noylinux opt]# bash demo23.sh
Enter a char :g
g
[root@noylinux opt]# bash demo23.sh
Enter a char :T
T
```

12.9 Shell 流程控制

12.9.1 if 条件判断语句

前面介绍的都是 Shell 脚本的基础知识，从本节开始，我们将正式进入 Shell 编程阶段。

本节介绍 Shell 的条件判断语句，笔者之前看过很多这方面的图书和视频教程，发现很多都有一个共同缺憾，就是讲这一部分知识的时候不讲思路，直接就给出条件判断语句该怎么样写，每一段代表了什么意思等，常言道："授人以鱼不如授人以渔"，学习完这些资料，在工作中写 Shell 脚本时，常常会找不到思路，也不知该如何下手，最后只能在网上找个脚本模板下载下来自己改改，这其实是一个很严重的问题，因为这种情况属于"学了但没学透"。

条件判断思路是非常重要的，因为写 Shell 脚本的过程大都是先有思路再写具体内容，思路决定了 Shell 脚本该怎样去设计和运行。

条件判断的思路都有哪些呢？举几个简单的例子：

- 如果某用户不存在，就创建这个用户，否则（如果用户存在）就不添加该用户；
- 如果某文件存在，就向这个文件中添加几行文字，否则（文件不存在）就创建该文件并向文件中添加几行文字；
- 如果变量 a 的值等于 6，就执行 x 操作，如果变量 a 的值不等于 6，则执行 y

操作；

➢ 如果变量 a 中保存的字符串是“允许”，那就允许条件 x，如果变量 a 保存的字符串是“拒绝”，那就拒绝条件 y。

总结一下，条件判断常用的 4 种类型如下：

（1）整数判断。例如，判断变量 a 的值是不是等于 6？

（2）字符串判断。例如，判断某一个变量中保存的字符串是不是 a、b、c、d……

（3）命令之间的逻辑关系。若前面的命令执行成功，则紧接着自动执行后面的命令。

（4）文件/文件夹判断。判断一个文件/文件夹是不是存在。

条件判断的表达式写法有下列 3 种：

test 条件表达式

[条件表达式]

[[条件表达式]]

这里的“[ ]”跟前面数学计算的“$[ ]”是不一样的，千万不要混为一谈。

3 种条件判断表达式中，前两者是等价的，而[[条件表达式]]支持字符串的模式匹配和正则表达式。

中括号两端必须有空格，没有空格就是语法错误。

条件判断的类型有了，条件判断的表达式也有了，把这两者结合起来就是条件判断表达式的内容了。

表达式中的内容又可以分成 4 类：

（1）整数比较（一般会需要两个操作数），语法格式为

[整数 1 操作符 整数 2]

常用的操作符见表 12-7。

表 12-7 常用的操作符

操作符	说 明
-eq	等值比较，测试两个整数是否相等。例如，[$a -eq $b] 就是测试$a 中保存的整数与$b 中保存的整数是否一样？若一样则返回值是 0，不一样则返回 1～255 之间的任何一个值
-ne	不等值比较，测试两个整数是否不等。不等为真，相等为假
-gt	测试一个数是否大于另一个数。大于为真，否则为假
-lt	测试一个数是否小于另一个数。小于为真，否则为假
-ge	测试一个数是否大于等于另一个数。大于或等于为真，小于为假
-le	测试一个数是否小于等于另一个数。小于或等于为真，大于为假

注

表达式的返回值使用 echo $? 命令查看，相等为真，返回 0；不等为假，返回除 0 以外的数字。

（2）命令与命令之间的逻辑关系，语法格式如下：

[表达式 1] 操作符 [表达式 2]

命令 1　操作符　命令 2

- 逻辑与（&&）：若其中一个结果为假，那结果一定为假！第一个条件为假时，第二个条件不用判断，最终结果已显现。第一个条件为真时，第二个条件必须判断。
- 逻辑或（||）：若第一个结果为真，那结果一定为真，后面不再执行；若前面为假，则执行后面的。
- 逻辑非（!）：如果是真则假，如果是假则真。

（3）字符串判断，语法格式如下：

[字符串 1　操作符　字符串 2]

[操作符 字符串]

- ==：等值比较。比较两个字符串是否一致，相等为真，不等则为假。

  [　$a　==　$b　]

- ! =：不等值比较。

  [　$a　! =　$b　]

  不等为真，相等则为假，不能用“!==”代替。
- -z：判断变量的值是否为空，空则返回 0，为真。单对中括号中变量必须加双引号（例如[-z "$name"]），双对中括号中变量不用加双引号（例如[[-z $name]]）。
- -n：判断变量的值是否不为空，不空则返回 0，为真。单中括号与双中括号的用法与操作符-z 相同。

（4）文件或文件夹的判断，语法格式为

[　操作符 文件或目录　]

常用的操作符见表 12-8。

表 12-8　常用的操作符

操作符	说　明
-e 文件	测试文件是否存在
-f 文件	测试是否是普通文件
-d 目录	测试指定路径是否为目录
-s 文件	判断文件是否存在并且为非空文件，存在且非空才返回 true（真）
-z 文件	判断文件内容或变量的值是否为空，字符串长度为零或为空则返回 true（真）
-r 文件	测试指定文件对当前用户是否有读取权限
-w 文件	测试指定文件对当前用户是否有写入权限
-x 文件	测试指定文件对当前用户是否有执行权限

案例

实践上述条件判断表达式。

```
[root@noylinux opt]# vim demo18.sh
#!/bin/bash
a=12
b=13
[ $a -eq $b ]
echo "判断变量 a 和变量 b 的值是否相同，0 为相同：" $?
b=12
[ $a -eq $b ]
echo "判断变量 a 和变量 b 的值是否相同，0 为相同：" $?
[root@noylinux opt]# bash demo18.sh
判断变量 a 和变量 b 的值是否相同，0 为相同： 1
判断变量 a 和变量 b 的值是否相同，0 为相同： 0
```

下面深入介绍一下逻辑与（&&）、逻辑或（||）和逻辑非（!）的定义，大家在学习这部分内容时需要代入“因果关系”的概念。总的来看，逻辑关系指的是事物的条件和结果之间的因果关系，最基本的逻辑关系有 3 种：逻辑与、逻辑或和逻辑非。

1. 逻辑与（&&）。

逻辑与的表达式如下：

command1 && command2

&&左边的命令（command1）返回真（即返回 0，成功被执行）后，&&右边的命令（command2）才能够被执行，也就是“若这个命令执行成功 && 那么再执行这个命令”。

其实在整个表达式中并不是只能有两个命令，还可以包含多个命令，例如，

command1 && command2 && command3 && …

是不是有些难理解？不用着急，我画一幅逻辑图（见图 12-3），通过这幅图介绍逻辑与的原理。

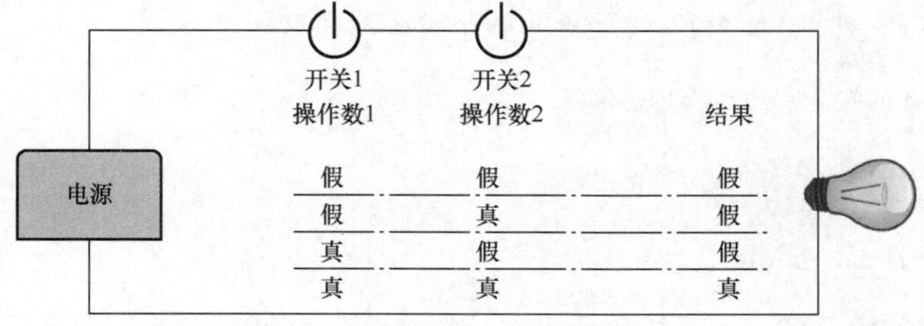

图 12-3 逻辑与

图中通过电源接出来两根电线，电线后面连接一个灯泡，电线的中间有两个开关，决定这个灯泡亮不亮的就是这两个开关。

我们将开关关掉比作逻辑假，开关打开比作逻辑真。这种情况会产生以下 4 种可能性：

（1）开关 1 是关闭的，表示假，开关 2 也关闭了，也是假，两个开关都关了，电送不进来灯泡肯定不亮，所以结果也是假。

（2）开关 1 关闭、开关 2 打开，电送不进来，灯泡不亮，最后的结果也是假。

（3）开关 1 打开，开关 2 关闭，电同样送不进来，灯泡不亮，最后的结果也是假。

（4）开关 1 打开，开关 2 打开，两个开关都打开，电能送进来，灯泡亮了，最后的结果是真。

按照上面所说的几种可能性，总结起来就是：关于逻辑与（&&）操作，如果其中一个结果为假，那结果一定为假；若第一个条件为假，则第二个条件不用判断，最终的结果肯定为假；若第一个条件为真，则必须判断第二个条件，第二个条件若为真，结果是真，若第二个结果为假，最终的结果为假。

案例

逻辑与（&&）操作。

```
[root@noylinux opt]# vim demo19.sh
#!/bin/bash
echo "若 xiaosun 用户存在则显示 xiaosun 存在，不存在则不显示:"
id xiaosun  &&  echo " xiaosun 存在"

echo "比较变量 a 的值是否与变量 b 的值相等:"
a=12
b=12
[ $a -eq $b ] && echo "变量 a 与变量 b 的值相等"

echo "比较变量 a 的值是否与变量 c 的值相等:"
c=13
[ $a -eq $c ] && echo "变量 a 与变量 c 的值相等"

[root@noylinux opt]# bash demo19.sh
若 xiaosun 用户存在则显示 xiaosun 存在，不存在则不显示:
uid=1002(xiaosun) gid=1002(xiaosun) 组=1002(xiaosun)
 xiaosun 存在
比较变量 a 的值是否与变量 b 的值相等:
变量 a 与变量 b 的值相等
比较变量 a 的值是否与变量 c 的值相等:

[root@noylinux opt]#
```

既然是逻辑运算符，那应用的场景不只是表达式，还可以应用到命令当中。

2. 逻辑或（||）

逻辑或的表达式如下：

command1 || command2

逻辑或（||）与逻辑与（&&）正好相反。如果 || 左边的命令（command1）未执行成功，则执行 || 右边的命令（command2），也就是“如果这个命令执行失败了||那么就执行这个命令”。

与逻辑或一样，在整个表达式中不是只能有两个命令，可以包含多个命令，例如，

command1 || command2 || command3 ||…

通过图 12-4 给大家介绍逻辑或的原理。

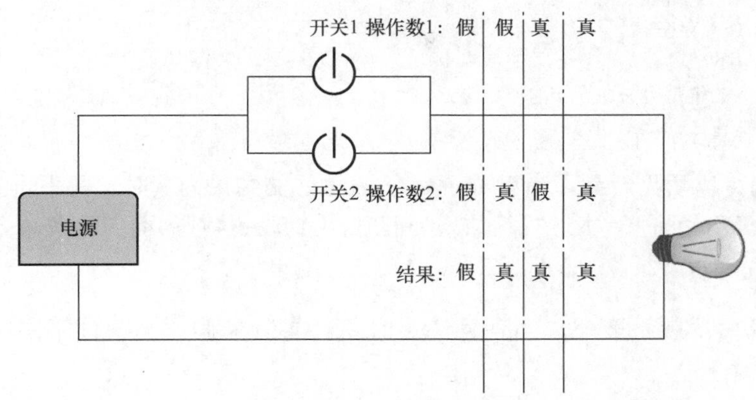

图 12-4　逻辑或

图 12-4 与图 12-3 相比，也是有两个开关、一个灯泡和一个电源，不同的是两个开关并联。产生的可能性还是 4 个：

（1）开关 1 是关闭的，开关 2 也是关闭的，两个开关都关闭，电送不进来灯泡肯定不亮，结果是假。

（2）开关 1 打开，开关 2 关闭，电可以通过开关 1，灯泡亮，结果是真。

（3）开关 1 关闭，开关 2 打开，电可以通过开关 2，灯泡亮，结果是真。

（4）开关 1 打开，开关 2 打开，电可以通过两个开关，灯泡会亮，结果还是真。

根据上面产生的几种结果，总结一下就是，关于逻辑或（||）的操作，如果第一个条件为真，那结果一定为真，后面的命令不再执行。若第一个条件为假，则判断第二个条件是否为真，若为真则结果为真；若为假，则结果为假。

逻辑或（||）操作。

```
[root@noylinux opt]# vim demo20.sh
#!/bin/bash
echo "判断 xiaosun1 用户是否存在，不存在则显示“xiaosun1 不存在”:"
id  xiaosun1  ||  echo " xiaosun1 不存在"

echo "比较变量 a 的值是否与变量 b 的值相等:"
a=12
b=12
[ $a -eq $b ] || echo "变量 a 与变量 b 的值不相等"

echo "比较变量 a 的值是否与变量 c 的值相等:"
c=13
[ $a -eq $c ] || echo "变量 a 与变量 c 的值不相等"

[root@noylinux opt]# bash demo20.sh
```

```
判断 xiaosun1 用户是否存在，不存在则显示“xiaosun1 不存在”：
id: xiaosun1: no such user
 xiaosun1 不存在
比较变量 a 的值是否与变量 b 的值相等:
比较变量 a 的值是否与变量 c 的值相等:
变量 a 与变量 c 的值不相等
```

通过案例可以明显看到，当第一条命令/表达式的结果为真时，就不再执行后面的命令了，但是当第一条命令/表达式的结果为假时，就会去执行后面的那条命令。

3. 逻辑非（!）

逻辑非说白了就是取反，当条件满足时，结果就为假；当条件不满足时，结果就为真。

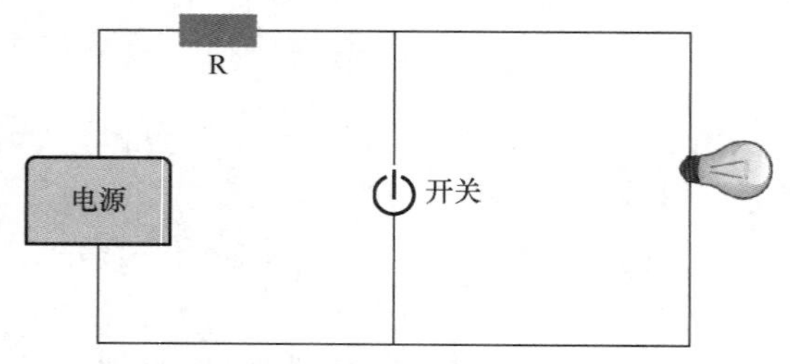

图 12-5　逻辑非

由图 12-5 可见，当开关打开时，灯泡不亮，因为电流会走最短的路线，不会经过灯泡。当开关关闭时，电流就会经过灯泡，灯泡亮了。

逻辑非的特性了就是取反，将命令或表达式的结果给反过来。本来命令的执行结果为真，经过逻辑非之后结果就为假；若命令的执行结果为假，经过逻辑非后结果变为真。

逻辑非（!）操作。

```
[root@noylinux opt]# id root  &&  echo "root 存在"
uid=0(root) gid=0(root) 组=0(root)
root 存在
[root@noylinux opt]# ! id root  &&  echo "root 存在"
uid=0(root) gid=0(root) 组=0(root)
```

在案例中，我们判断 root 用户是否存在，存在就显示“root 存在”，加上逻辑非后，第一条命令的执行结果从真变成假，当第一条命令的执行结果为假时，逻辑与的处理方式是后面的命令就不处理了。

接下来就要开始介绍本章的重点——条件判断语句。

if 条件判断语句在 Shell 脚本中是最常见的，它主要用于判断是否符合指定的条件。if 条件判断语句的类型有 3 种，分别是：单分支、双分支和多分支。

if 条件判断语句具体怎么用？这里通过现实生活中的一个案例给大家解释清楚，在坐地铁的时候我们经常会发现地铁门口摆着“儿童免票的身高标准为 1.3 米”的提示牌，这就是一个判断条件，将“儿童免票的身高标准为 1.3 米”融合到 if 判断语句中就变成“判断儿童的身高是否小于等于 1.3 米，若小于或等于 1.3 米则符合判断条件（真），免票放行；若大于 1.3 米则不符合判断条件（假），拒绝免票”。

单分支 if 条件判断语句是流程控制语句中最基本的语法，格式非常简单，具体如下：

```
if  指定判断条件 ;then
    statement1
    statement2
    ...
fi
```

若关键字 if 与 then 在同一行则必须使用分号隔开，不在一行可以不用。

在整个语句体中，if、then 和 fi 这三者（关键字）是永远不会变的固定格式，其中要注意的是开头使用的是 if，结尾用的是 fi。

语句体中的指定判断条件可以写成条件判断表达式，也可以写成数学逻辑运算表达式，还可以加入复杂的逻辑判断等，具体见表 12-9。

表 12-9 指定判断条件

表 达 式	格 式
条件判断表达式	[条件表达式]
	[[条件表达式]]
数学逻辑运算表达式	((数学逻辑运算表达式))
逻辑判断表达式	逻辑与： && 或 -a
	逻辑或： || 或 -o
	逻辑非： !

在语句体中，statement1、statement2…都是自定义的内容。若判断条件的结果为真，希望接下来执行什么操作，写到这里即可。

单分支表达式的执行逻辑：判断指定判断条件的结果是真还是假，若是真，则执行 if 表达式内部的自定义语句；若结果是假，不执行 if 表达式内部的语句（跳过），继续执行后面（if 条件判断语句之外）的内容，若后面没有内容，Shell 脚本执行结束。

if 条件判断语句。

```
[root@noylinux opt]# vim demo24.sh
#!/bin/bash

echo "请输入变量 a 的值："
read a
echo "请输入变量 b 的值："
```

```
read b

echo "变量 a 的值为$a ，变量 b 的值为$b "


#数学逻辑运算
if (( $a == $b ))
then
    echo "变量 a 的值和变量 b 的值相等"
fi


#数学逻辑运算加逻辑与
if (( $a > $b && $b > 50 ))
then
    echo "变量 a 大于变量 b 并且 变量 b 的值大于 50"
        echo "$a > $b "
fi


#条件判断
if [ $a -eq $b ]; then
        echo "变量 a 和变量 b 确实相等"
fi


#条件表达式加逻辑或
if [[ $a > $b ]] || [[ $b > 50 ]]; then
        echo "变量 a 大于变量 b 或者 变量 a 的值大于 50"
fi

[root@noylinux opt]# bash demo24.sh
请输入变量 a 的值：
97
请输入变量 b 的值：
97
变量 a 的值为 97，变量 b 的值为 97
变量 a 的值和变量 b 的值相等
变量 a 和变量 b 确实相等
变量 a 大于变量 b 或者 变量 a 的值大于 50

[root@noylinux opt]# bash demo24.sh
请输入变量 a 的值：
87
请输入变量 b 的值：
14
变量 a 的值为 87，变量 b 的值为 14
变量 a 大于变量 b 或者 变量 a 的值大于 50
```

上述案例分别融合了数学计算(( ))、条件判断表达式[ ]和[[ ]]、逻辑运算符，大家可以好好体会、琢磨，并按自己的想法尝试进行修改。

if 判断语句中的判断条件是多种多样的，大家可以尝试着把之前所学的知识融入进去，只有这样才算是掌握了 if 判断语句。

单分支 if 判断语句学习完，下面接着介绍双分支 if 语句，语法格式如下：

```
if 判断条件 ;then
    statement1
    statement2
    ...
else
    statement1
    statement2
    ...
fi
```

双分支表达式的执行逻辑：判断判断条件的结果是真是假，若结果为真，则执行 then 后面的语句；若结果为假，则执行 else 后面的语句，最后以 fi 语句收尾。

相比单分支 if 语句，双分支 if 语句多了关键字 else，它表达的含义是“否则”，完整来说就是，若判断结果为真，执行某一操作；若判断结果为假，执行另一操作。

双分支 if 判断语句。

```
[root@noylinux opt]# vim demo25.sh
#!/bin/bash

echo "请输入变量 a 的值："
read a
echo "请输入变量 b 的值："
read b

echo "变量 a 的值为$a ，变量 b 的值为$b "


#数学逻辑运算
if (( $a == $b ));then
    echo "变量 a 的值和变量 b 的值相等"
else
    echo "变量 a 的值和变量 b 的值不相等"
fi


#数学逻辑运算加逻辑与（if 判断语句嵌套 if 判断语句，多层次判断）
if (( $a > $b && $b > 50 ))
then
```

```
    echo "变量 a 大于变量 b 并且 变量 b 的值大于 50"
    echo "$a > $b "
else
        echo "变量 a 小于或等于变量 b，至于变量 b 是否小于 50 还得再次判断"
        if (( $b > 50 ));then
                echo "经过判断后，变量 b 大于 50"
        else
                echo "经过判断后，变量 b 小于或等于 50"
        fi
fi


#条件判断
if [ $a -eq $b ];then
    echo "变量 a 和变量 b 确实相等"
else
    echo "变量 a 和变量 b 确实不相等"
fi


#条件表达式加逻辑或
if [[ $a > $b ]] || [[ $b > 50 ]];then
    echo "变量 a 大于变量 b 或者 变量 a 的值大于 50"
else
    echo "变量 a 小于或等于变量 b 并且 变量 a 的值小于或等于 50"
fi


#判断文件是否存在，条件表达式加逻辑非
FilePath=/opt/123.txt
if [ ! -e  $FilePath ] ;then
    echo "$FilePath 文件不存在，创建此文件"
    touch $FilePath
    echo "$FilePath 文件创建完成"
else
    echo "$FilePath 文件已存在"
fi

[root@noylinux opt]# bash demo25.sh
请输入变量 a 的值：
49
请输入变量 b 的值：
49
变量 a 的值为 49，变量 b 的值为 49
变量 a 的值和变量 b 的值相等
变量 a 小于或等于变量 b，至于变量 b 是否小于 50 还得再次判断
经过判断后，变量 b 小于或等于 50
变量 a 和变量 b 确实相等
变量 a 小于或等于变量 b 并且 变量 a 的值小于或等于 50
```

```
/opt/123.txt 文件不存在，创建此文件
/opt/123.txt 文件创建完成

[root@noylinux opt]# bash demo25.sh
请输入变量 a 的值：
58
请输入变量 b 的值：
58
变量 a 的值为 58，变量 b 的值为 58
变量 a 的值和变量 b 的值相等
变量 a 小于或等于变量 b，至于变量 b 是否小于 50 还得再次判断
经过判断后，变量 b 大于 50
变量 a 和变量 b 确实相等
变量 a 大于变量 b 或者 变量 a 的值大于 50
/opt/123.txt 文件已存在

[root@noylinux opt]# bash demo25.sh
请输入变量 a 的值：
89
请输入变量 b 的值：
15
变量 a 的值为 89，变量 b 的值为 15
变量 a 的值和变量 b 的值不相等
变量 a 小于或等于变量 b，至于变量 b 是否小于 50 还得再次判断
经过判断后，变量 b 小于或等于 50
变量 a 和变量 b 确实不相等
变量 a 大于变量 b 或者 变量 a 的值大于 50
/opt/123.txt 文件已存在
```

本案例中还增加了逻辑非的用法，大家可以仔细揣摩揣摩。

最后介绍多分支 if 语句，多分支 if 语句的语法格式如下：

```
if 指定判断条件
then
    statement1
    …
elif 指定判断条件
then
    statement1
    …
elif 指定判断条件
then
    statement1
    …
else
    statement1
    statement2
    …
fi
```

多分支 if 语句在执行的时候跟前面两种就不一样了，单分支和双分支 if 语句只能写一种判断条件，而多分支 if 语句可以写多个判断条件，因为新增加了“elif”关键字，这个关键字的含义是，“如果上面的条件判断不成立（结果为假），就执行此判断条件”。判断的顺序是从上到下依次判断。

多分支表达式的执行逻辑：对 if 后面的条件进行判断，若结果为真则执行 then 后面的自定义命令，命令执行完成后会转到 fi 位置结束。若 if 后面判断条件的结果为假则跳过，对第一个 elif 后面的条件进行判断，若结果为真则执行 then 后面的自定义命令，命令执行完成后转到 fi 位置结束。若第一个 elif 的条件判断的结果为假，则继续跳过，再对第二个 elif 后面的条件进行判断，依此类推……若所有条件都不成立，则执行 else 后面的命令，命令执行完成后转到 fi 位置结束。

判断用户输入的是文件还是目录。

```
[root@noylinux opt]# vim demo26.sh
#!/bin/bash

read -p "请输入一个文件/文件夹:" file

if [ -z $file ]
then
    echo "错误！输入的内容为空"
elif [ ! -e $file ]
then
    echo "错误！输入的文件不存在"
elif [ -f $file ]
then
    echo "$file 是一个普通文件"
elif [ -d $file ]
then
    echo "$file 是一个目录"
    q1=`ls $file | wc -l`
    if  (( $q1  > 0 )); then
         echo "目录中有文件"
    else
         echo "目录中没文件"
    fi
else
    echo "$file 是其他类型的文件"
fi

[root@noylinux opt]# mkdir Empty_folder  Folder
[root@noylinux opt]# touch 123.txt
[root@noylinux opt]# touch Folder/456.txt
[root@noylinux opt]# bash demo26.sh
```

```
请输入一个文件/文件夹:123.txt
123.txt 是一个普通文件
请输入一个文件/文件夹:Empty_folder
Empty_folder 是一个目录
目录中没文件
[root@noylinux opt]# bash demo26.sh
请输入一个文件/文件夹:Folder
Folder 是一个目录
目录中有文件
```

根据输入的考试分数来区分优秀、合格和不合格。

```
[root@noylinux opt]# vim demo27.sh
#!/bin/bash

read    -p   "请输入您的成绩(0～100): " num
if [ $num -gt 100 ]
then
    echo "您输入的数字超过范围，请重新输入"
elif [ $num -ge 80 ]
then
    echo "您的分数为$num，优秀"
elif [ $num -ge 60 ]
then
    echo "您的分数为$num，及格"
else
    echo "您的分数为$num，不及格"
fi

[root@noylinux opt]# bash demo27.sh
请输入您的成绩(0～100): 49
您的分数为 49，不及格

[root@noylinux opt]# bash demo27.sh
请输入您的成绩(0～100): 69
您的分数为 69，及格

[root@noylinux opt]# bash demo27.sh
请输入您的成绩(0～100): 89
您的分数为 89，优秀

[root@noylinux opt]# bash demo27.sh
请输入您的成绩(0～100): 110
您输入的数字超过范围，请重新输入
```

大家可以根据上述案例发散思维，动手写几个 Shell 脚本，只有练得多了，才能将知识融会贯通。

12.9.2 case in 条件判断语句

多分支 if 判断语句适合判断条件的数量少且判断条件较为复杂的场景，而当判断条件数量较多且判断条件比较简单时，使用 case in 语句就比较方便了。

多分支 if 语句和 case in 语句各自具备优势：多分支 if 语句偏向于判断较为复杂的条件，且可以嵌套使用，进行多层次判断。case in 语句偏向于判断条件分支较多且判断条件比较简单的场景。

而且 case in 语句主要适用于某个变量存在多种取值，需要对其中的每一种取值分别执行不同操作的场景。case in 语句的语法格式如下：

```
case  expression  in
   pattern1)
        statement1
        …
        ;;
   pattern2)
        statement1
        …
        ;;
   pattern3)
        statement1
        …
        ;;
   *)
        statement1
        …
esac
```

在整个语句体中：case、in 和 esac 是关键字，其中要注意的是开头使用的是 case，结尾用的是 esac。expression 的格式不固定，可以是一个变量、一个数字、一个字符串，还可以是一个数学计算表达式，或者是命令的执行结果，只要可以得到 expression 的值就行。pattern 表示匹配模式，用于匹配 expression 中的值，它本身可以是一个数字、一个字符串或一个简单的正则表达式。“）”本身是一个关键符号，也是固定不变的。

case in 语句的执行逻辑：case 会将 expression 的值与匹配模式（pattern1~n）进行匹配，匹配顺序是从上到下依次匹配。如果 expression 和某个模式匹配成功，就会执行这个模式后面对应的所有自定义语句，直到遇见双分号“;;”才停止，case in 语句执行完毕。如果 expression 没有匹配到任何一个模式，那么就执行“*)”后面的自定义语句，直到遇见双分号“;;”才结束。“*)”相当于多分支 if 语句中的 else 关键字。case in 语句可以没有“*)”这部分。如果没有匹配到任何一个模式，那么就不执行任何操作。

注

如果 expression 没有匹配到任何一个模式，那么“*)”就可以做一些善后的工作，或者给用户一些提示。除最后一个匹配模式外，其他匹配模式必须以双分号“;;”结尾，双分号“;;”表示一个匹配模式的结束，不写会导致 Shell 脚本执行报错。

匹配模式支持部分简单的正则表达式，具体见表 12-10。

表 12-10 匹配模式支持的正则表达式

格 式	含 义
*	表示任意个任意字符串
[abc]	表示 a、b、c 三个字符中的任意一个。例如，[15ZH]表示 1、5、Z、H 四个字符中的任意一个
[m-n]	表示从 m 到 n 的任意一个字符。例如，[0-9]表示 0~9 之间任意一个数字，[0-9a-zA-Z]表示任意一个大小写字母或数字
|	表示多重选择，类似逻辑运算中的或运算。例如，abc | xyz 表示匹配字符串“abc”或者“xyz”

大家刚开始接触 case in 语句的格式可能会有些迷茫，毕竟与之前的 if 判断语句有些差别，这里通过几个案例让大家理解得更深刻一些。

将输入的数字[1-7]转换成对应的一周[周一至周日]。

```
[root@noylinux opt]# vim demo28.sh

#!/bin/bash

echo "请输入数字[1-7]: "
read num
case $num in
        1)
          echo "Monday"
        ;;
        2)
          echo "Tuesday"
        ;;
        3)
          echo "Wednesday"
        ;;
        4)
          echo "Thursday"
        ;;
        5)
          echo "Friday"
        ;;
        6)
          echo "Saturday"
        ;;
        7)
          echo "Sunday"
        ;;
        *)
          echo "错误，请输入[1-7]之间的数字！"
```

```
esac

[root@noylinux opt]# bash demo28.sh
请输入数字[1-7]:
1
Monday
[root@noylinux opt]# bash demo28.sh
请输入数字[1-7]:
7
Sunday
[root@noylinux opt]# bash demo28.sh
请输入数字[1-7]:
5
Friday
[root@noylinux opt]# bash demo28.sh
请输入数字[1-7]:
99
错误，请输入[1-7]之间的数字！
```

判断输入的值是大写字母、小写字母、数字或符号中的一种。

```
[root@noylinux opt]# vim demo29.sh

#!/bin/bash

echo "请输入一个字符，并按回车键确认： "
read num
case $num in
        [a-z]|[A-Z])
          echo "您输入的是字母"
        ;;
        [0-9])
          echo "您输入的是 1 个数字"
        ;;
        [0-9][0-9])
          echo "您输入的是 2 个数字"
        ;;
        [0-9][0-9][0-9])
          echo "您输入的是 3 个数字"
        ;;
        [,.?!])
          echo "您输入的是符号"
        ;;
        *)
          echo "错误，您输入的值不在匹配范围内！"
esac

[root@noylinux opt]# bash demo29.sh
请输入 1 个字符，并按回车键确认:
```

```
a
您输入的是字母

[root@noylinux opt]# bash demo29.sh
请输入1个字符，并按回车键确认：
H
您输入的是字母

[root@noylinux opt]# bash demo29.sh
请输入1个字符，并按回车键确认：
6
您输入的是一个数字

[root@noylinux opt]# bash demo29.sh
请输入1个字符，并按回车键确认：
234
您输入的是3个数字

[root@noylinux opt]# bash demo29.sh
请输入1个字符，并按回车键确认：
.
您输入的是符号
```

12.9.3 for 循环控制语句

本章开始介绍循环控制语句，顾名思义，循环控制语句就是将一段代码重复执行，但并不是永远重复执行，还需要存在两个必要的因素：进入循环条件和退出循环条件。

常见的循环控制语句有这么几种：

- for 循环控制语句；
- while 循环控制语句；
- until 循环控制语句。

本章介绍的就是 for 循环控制语句，当符合进入条件时，开始进行循环操作，若在循环的过程中符合了退出条件，则整个循环结束。

如果在整个循环控制语句中只设置进入循环的条件，而没有设置退出循环的条件，那这个循环体称为死循环，说白了就是一直在循环，停不下来。死循环并不是只有坏处，像监控服务器资源的软件中就用到了死循环，还有好多场景也用到了死循环。大家理解的死循环应该是在不该出现死循环的地方产生了死循环，这是最坏的情况，因为这会导致整个 Shell 脚本一直运行且停不下来，最终的处理方式只能通过 kill 命令将此脚本的进程强制删除。

1. 第一种循环写法

for 循环语句有两种写法，也可以理解为有两种循环方式，先看第一种循环方式：

```
for   variable  in  value_list ; do
    statements
done
```

若 for 关键字与 do 在同一行则必须使用分号隔开，不在一行可以不用。

在整个 for 循环结构体中，for、in、do 和 done 这 4 个关键字是永远不会变的固定格式，其中要注意的是开头使用的是 for，结尾用的是 done。

除了 4 个关键字之外，variable 表示变量，value_list 表示取值列表，value_list 在下文会详细说明。

for 循环结构体的执行逻辑：每次循环时都会先从 value_list 中取出一个值并赋给变量 variable，然后进入到循环体中，执行其中的自定义语句（statements），直到取完 value_list 中的所有值，循环就结束了。

实践 for 循环结构体的执行逻辑。

```
[root@noylinux opt]# vim demo30.sh

#!/bin/bash
#计算数字 1～6 相加的总和
sum=0
for n in 1 2 3 4 5 6
do
     echo "每次循环变量 n 的值:$n"
     ((sum+=n))
     echo "每次循环后的总和: $sum"
     echo "----------------------"  #注：横线只是为了区分每一次的循环，并没有特殊用处
done
echo "循环结束后，最终的结果: "$sum

[root@noylinux opt]# bash demo30.sh
每次循环变量 n 的值:1
每次循环后的总和: 1
----------------------
每次循环变量 n 的值:2
每次循环后的总和: 3
----------------------
每次循环变量 n 的值:3
每次循环后的总和: 6
----------------------
每次循环变量 n 的值:4
每次循环后的总和: 10
----------------------
```

```
每次循环变量 n 的值:5
每次循环后的总和: 15
-----------------------
每次循环变量 n 的值:6
每次循环后的总和: 21
-----------------------
循环结束后，最终的结果: 21
```

value_list 的形式有很多种，可以直接给出具体的值，也可以给出一个范围，还可以使用命令产生的结果，另外还可以使用通配符。

（1）直接给出具体的值：例如，1 2 3 4 5，"abc" "390" "tom"。

（2）给出一个取值范围：{start..end}，例如，{1..100}，{A..Z}。

（3）使用命令的执行结果：例如，$(seq 2 2 100)，$(ls *.sh)。

（4）使用 Shell 通配符：例如，*.sh。

注

seq 是一个命令，用来产生某个范围内的整数，并且可以设置步长。例如，seq 2 2 100 表示从数字 2 开始，每次增加 2，到 100 结束。

value_list 可以直接给出具体的值。在 in 关键字后面给出具体的值，多个值之间以空格分隔，示例如下：

```
[root@noylinux opt]# vim demo31.sh

#!/bin/bash
for str in "你" "写的" "书" "zai" "www.noylinux.com" "网站" "是真的棒！"
do
    echo $str
done

[root@noylinux opt]# bash demo31.sh
你
写的
书
zai
www.noylinux.com
网站
是真的棒！
```

value_list 也可以给出一个取值范围，取值范围的格式为{start..end}，start 表示起始值，end 表示终止值（注意中间是用两个点号相连接，而不是三个点号）。一般这种方式只支持数字和字母。示例如下：

```
[root@noylinux opt]# vim demo32.sh

#!/bin/bash
```

```
#计算从 1 加到 100 的和
sum=0
for n in {1..100}
do
   echo "每次循环变量 n 的值:$n"
   ((sum+=n))
   echo "每次循环后的总和: $sum"
   echo "----------------------"
done
echo "循环结束后，1～100 相加的总和: " $sum

#输出从 A 到 Z 之间的所有英文字母
echo "列出所有大写的英文字母:"
for c in {A..Z}
do
   printf "%c" $c
done
echo -e "\n"

#输出从 a 到 z 之间的所有英文字母
echo "列出所有小写的英文字母:"
for c in {a..z}
do
   printf "%c" $c
done
echo -e "\n"


[root@noylinux opt]# bash demo32.sh
每次循环变量 n 的值:1
每次循环后的总和: 1
----------------------
每次循环变量 n 的值:2
每次循环后的总和: 3
----------------------
每次循环变量 n 的值:3
每次循环后的总和: 6

----省略部分内容-----

每次循环变量 n 的值:98
每次循环后的总和: 4851
----------------------
每次循环变量 n 的值:99
每次循环后的总和: 4950
----------------------
每次循环变量 n 的值:100
每次循环后的总和: 5050
----------------------
```

```
循环结束后，1～100 相加的总和： 5050
列出所有大写的英文字母:
ABCDEFGHIJKLMNOPQRSTUVWXYZ

列出所有小写的英文字母:
abcdefghijklmnopqrstuvwxyz
```

value_list 使用反引号``或者$()都可以取得命令的执行结果，示例如下：

```
[root@noylinux opt]# vim demo33.sh

#!/bin/bash

#计算 1 ～ 100 之间所有偶数的和
sum=0
for n in $(seq 2 2 100)
do
    ((sum+=n))
done
echo "1～100 之间所有偶数的和:" $sum

#列出当前目录下的所有 Shell 脚本文件:
echo "列出当前目录下的所有 Shell 脚本文件:"
for filename in $(ls *.sh)
do
    echo $filename
done

[root@noylinux opt]# bash demo33.sh
1～100 之间所有偶数的和: 2550
列出当前目录下的所有 Shell 脚本文件:
demo1.sh
demo10.sh
-----省略部分内容-----
demo32.sh
demo33.sh
```

2. 第二种循环写法

第二种循环方式的写法：

```
for ((变量=初始值; 条件判断; 变量变化)) ;do
statements
done
```

在这一格式中，每个参数代表的含义如下：

- 初始值：定义变量的初始值。例如，i=1 表示变量 i 的初始值等于 1。
- 条件判断：例如，变量 i 的值小于等于 100，若超过则表示判断条件不成立，结果就是退出循环。

> ➢ 变量变化：很多情况下这是一个带有自增或自减运算的表达式，使循环条件随着每次循环逐渐变得不成立。

for 循环的第二种写法示例如下：

```
for ((i=1;i<100;i++)) ; do
   echo $i
done
```

for 循环结构体的执行逻辑：在上述示例中，刚开始循环时，变量 i 的值等于 1，当循环一圈后，变量 i 会被加一，判断 i 是否小于 100，若小于，条件成立， 循环继续，直至循环到变量 i 的值大于等于 100，这时，判断条件不成立，循环结束。

在整个 for 循环中，“i<100”表示退出条件，当这个判断条件不成立时，循环就会退出，“i++”是变量变化，使得判断条件随着每次循环逐渐变得不成立。

案例

使用 for 循环计算从 1 到 100 相加的和。

```
[root@noylinux opt]# vim demo35.sh

#!/bin/bash
#计算从 1 到 100 相加的和
sum=0
for ((i=1; i<=100;i++))
do
     ((sum += i))
     echo $sum
done
echo "The sum is: $sum"

[root@noylinux opt]# bash demo35.sh
1
3
6
-----省略部分内容-----
5050
The sum is: 5050
```

上述案例的脚本运行时的具体工作流程如下：

（1）在执行 for 语句时，先给变量 i 赋值为 1，然后判断 i<=100 是否成立；因为此时 i=1，所以 i<=100 成立。接下来执行循环体中的语句，循环体执行一轮后变量 sum 的值等于 1，执行自增运算“i++”。自定义语句中数学运算“((sum += i))”的含义是“变量 sum=变量 sum+变量 i”。

（2）到第二次循环时，i 的值因为做了自增运算所以为 2，判断条件 i<=100 成立，继续执行循环体。循环体执行结束后变量 sum 的值为 3，再执行自增运算“i++”。

（3）重复执行步骤（2），直到循环至第 101 次，此时 i 的值为 101，判断条件 i<=100 不再成立，循环结束。

通过刚才的流程可以总结出来，for 循环的形式一般就是：

```
for (( 初始化语句;判断条件;变量变化 ))
do
    自定义语句
done
```

初始化语句、判断条件和变量变化（自增或自减或其他计算方式）这三个表达式都是可选的，也都可以省略，但是要注意分号“;”必须保留。

案例

省略初始化语句。

```
[root@noylinux opt]# vim demo36.sh

#!/bin/bash
sum=0
i=1
for ((; i<=100; i++))
do
    ((sum += i))
done
echo "The sum is: $sum"

[root@noylinux opt]# bash demo36.sh
The sum is: 5050
```

可以看到在本案例中，初始化语句“i=1”移到了 for 循环的外面。

省略判断条件。

```
[root@noylinux opt]# vim demo37.sh

#!/bin/bash
sum=0
for ((i=1; ; i++))
do
    if ((i>100)); then
        break
    fi
    ((sum += i))
done
echo "The sum is: $sum"

[root@noylinux opt]# bash  demo37.sh
The sum is: 5050
```

没有了判断条件之后，如果不做其他处理这个 for 循环就会成为死循环，我们可以在循环体内部使用 if 命令充当判断条件，再通过 break 命令强制结束循环。

break 命令是 Shell 中的内置命令，跟 break 命令有同样功能的还有一个内置命令叫 continue，这两个命令均可以用来跳出循环。

省略变量变化。

```
[root@noylinux opt]# vim demo38.sh

#!/bin/bash
sum=0
for ((i=1; i<=100; ))
do
    ((sum += i))
    ((i++))
done
echo "The sum is: $sum"

[root@noylinux opt]# bash demo38.sh
The sum is: 5050
```

当省略了变量变化后，循环过程中就不会再对判断条件中的变量进行修改。判断条件就会一直成立，结果就是 for 循环成为死循环。因此我们在循环体内部对判断条件中变量的值进行自增、自减或其他计算方式，这样判断条件才会通过循环逐渐变得不成立，之后 for 循环才会结束。

同时省略三个表达式，这种写法本身并没有什么实际的意义，在此仅为大家做个演示。

```
[root@noylinux opt]# vim demo39.sh

#!/bin/bash
sum=0
i=0
for (( ; ; ))
do
     if ((i>100)); then
        break
    fi
    ((sum += i))
    ((i++))
done
echo "The sum is: $sum"

[root@noylinux opt]# bash demo39.sh
The sum is: 5050
```

最后简单介绍一下 break 和 continue 这两个内置命令跳出循环的用法。

（1）break 命令会跳出当前循环，跳出当前循环的效果就是整个循环体结束，不再进行下一轮的循环；

（2）continue 命令则是提前结束本次循环，接着执行下一轮的循环。

分别使用 break 命令和 continue 命令跳出循环。

```
[root@noylinux opt]# vim demo40.sh

#!/bin/bash
#break 命令和 continue 命令之间的区别
sum=0
for ((i=1;  ;i++))
do
    echo $i
    if (($i>3 && $i<7)); then
        echo "跳过"
        continue
    fi
    if (($i == 10)); then
        echo "退出"
        break
    fi
    ((sum += i))
done
echo "The sum is: $sum"

[root@noylinux opt]# bash demo40.sh
1
2
3
4
跳过
5
跳过
6
跳过
7
8
9
10
退出
The sum is: 30
```

通过案例可以很直观地看出两者的区别：continue 命令只能结束本次循环，接着执行下一轮循环，整个循环体不会结束。break 命令就不一样了，它会直接跳出当前整个循环，也就是整个循环体结束了。

所以这两个内置命令虽然都是跳出循环，但是所产生的效果是不一样的，大家要根据需求和场景的不同来选择不同的跳出循环方式。

12.9.4 while 循环控制语句

while 循环在 Shell 脚本中是最简单的一种循环。当条件满足时，while 循环会重复执行一组自定义语句；当条件不满足时，就退出整个 while 循环。

while 循环的语法格式如下：

```
while condition
do
    statements
done
```

在 while 循环语句中，condition 表示判断条件，statements 表示要执行的自定义语句（可以只有一条，也可以有多条），do 和 done 都是固定不变的关键字。

while 循环的具体执行流程如下：

（1）对判断条件（condition）进行判断，如果条件成立，就进入循环，执行循环体中的语句，也就是 do 和 done 之间的语句。这样就完成了一次循环。

（2）每一次循环开始的时候都会重新判断 condition 是否成立。如果成立，就进入循环，继续执行 do 和 done 之间的语句；如果不成立，就结束整个 while 循环，执行 done 后面的其他 Shell 代码。

（3）如果一开始 condition 就不成立，那么就不会进入循环体，do 和 done 之间的语句没有执行的机会。

注

在 while 循环体中必须有相应的语句使得判断条件越来越趋近于不成立，只有这样才能最终退出循环，否则 while 就成了死循环，会一直执行下去，永无休止。

下面通过几个案例带大家深入了解 while 循环。

案例

使用 while 循环计算从 1 加到 100 的总和。

```
[root@noylinux opt]# vim demo41.sh

#!/bin/bash
i=1
sum=0
while ((i <= 100))
do
    ((sum += i))
    ((i++))
done
echo "The sum is: $sum"
```

```
[root@noylinux opt]# bash demo41.sh
The sum is: 5050
```

在 while 循环中，只要判断条件成立，就会一直执行循环。对于这段代码而言，只要变量 i 的值小于等于 100，循环就会继续。每次循环都会让变量 sum 加上变量 i，再重新将新的结果赋值给变量 sum（sum=$sum+$i），接着变量 i 会加 1，开始新一轮的循环，直到变量 i 的值大于 100 时循环才会停止。自增表达式“i++”会使得 i 的值逐步增大，使得判断条件越来越趋近于不成立，最终退出循环。

使用 while 循环做一个加法计算器，用户每次输入一个数字，计算所有输入数字的和。

```
[root@noylinux opt]# vim demo43.sh
#!/bin/bash

sum=0
echo "请输入您要计算的数字，sum 变量的值超过 1200 将结束读取"
while read n
do
        ((sum += n))
        echo "结果:" $sum
        if (( $sum > 1200 )); then
                break
        fi
done


[root@noylinux opt]# bash  demo43.sh
请输入您要计算的数字，sum 变量的值超过 1200 将结束读取
13
结果: 13
41
结果: 54
199
结果: 253
3443
结果: 3696
```

12.9.5 until 循环控制语句

unti 循环和 while 循环的执行逻辑恰好相反，当判断条件不成立时才进行循环，一旦判断条件成立，就终止循环。

unti 循环的语法格式如下：

```
until condition
do
   statements
done
```

在 until 循环语句中，condition 表示判断条件，statements 表示要执行的自定义语句（可以只有一条，也可以有多条），do 和 done 都是固定不变的关键字。

until 循环的具体执行流程如下：

（1）对判断条件（condition）进行判断，如果条件不成立，就进入循环，执行 do 和 done 之间的语句，这样就完成了一次循环。

（2）每一次循环开始的时候都会重新判断 condition 是否成立。如果不成立，就进入这次循环，继续执行 do 和 done 之间的语句；如果判断条件成立，就结束整个 until 循环，执行 done 后面的其他 Shell 代码。

（3）如果一开始 condition 就成立，那么就不会进入循环体，do 和 done 之间的语句没有执行的机会。

在 until 循环体中必须有相应的语句使得判断条件越来越趋近于成立，只有这样才能最终退出循环，否则 until 就成了死循环，会一直执行下去，永无休止。

使用 until 循环计算从 1 加到 100 的总和。

```
[root@noylinux opt]# vim demo44.sh

#!/bin/bash
i=1
sum=0
until ((i > 100))
do
    ((sum += i))
    ((i++))
done
echo "The sum is: $sum"

[root@noylinux opt]# bash demo44.sh
The sum is: 5050
```

在 while 循环中，判断条件为((i<=100))，这里将判断条件改为((i>100))，两者恰好相反。

第 13 章 定时任务

13.1 定时任务简介

本章讲的是定时任务，顾名思义，就是指定一个时间或者一个周期让 Linux 操作系统自动完成一系列的任务。

本书的各章之间都是相互关联的，这一章同样如此，定时任务可以与 Shell 脚本配合起来使用。

Linux 运维工程师在企业中的很多操作都是靠 Shell 脚本来完成的，特别是一些重复性的简单操作。例如，清理日志文件、系统信息采集、同步时间和备份重要文件等。这些任务并不是做一次就完事，每天或每周都要去做，那就需要学习本章的定时任务配合完成工作。

定时任务类似于我们平时生活中的闹钟，定点去工作。工作的内容主要是一些周期性的任务，比如晚上 11 点备份数据、凌晨 0 点清理日志文件、凌晨 1 点同步各个服务器之间的时间等。

13.2 用户级别的定时任务（命令）

在 Linux 操作系统中若想使用定时任务，就需要掌握 crontab 命令，这条命令专门用来设置周期性执行的任务。

在介绍 crontab 命令之前，要先介绍 crond。为什么呢？因为 crontab 命令得依靠 crond 服务支持，crond 是 Linux 操作系统中用来周期性执行某种任务或等待处理任务的一个守护进程。这样解释属实有些官方，通俗一些说，crond 是一个服务，当这个服务启动后它会一直在后台运行，那这个服务是怎么工作的呢？需要使用 crontab 命令进行配置，crontab 会命令 crond：“每天晚上 11 点让某个 Shell 脚本执行一下”，或者命令 crond：“每周三中午 12 点执行一下某条命令”……

crontab 是一个工具，专门用来配置各种定时任务，具体去实现这些任务的是 crond 服务。

crond 服务的启动和自启动方法如下：

```
[root@noylinux mnt]# systemctl    start crond     #启动 crond 服务
[root@noylinux mnt]# systemctl    enable  crond   #设为开机自启动
[root@noylinux mnt]# ps -ef | grep crond          #查询 crond 服务是否已启动
root        1344       1  0 10:27 ?        00:00:00 /usr/sbin/crond -n
```

```
[root@noylinux mnt]# systemctl status  crontab     #查看 crond 服务的状态
Unit crontab.service could not be found.
[root@noylinux mnt]# systemctl status  crond
● crond.service - Command Scheduler
   Loaded: loaded (/usr/lib/systemd/system/crond.service; enabled; vendor preset: e>
   Active: active (running) since Sun 2022-12-05 10:27:48 CST; 11h ago
 Main PID: 1344 (crond)
    Tasks: 1 (limit: 23376)
   Memory: 1.6M
   CGroup: /system.slice/crond.service
           └─1344 /usr/sbin/crond -n
```

crond 服务每分钟都会检查是否有要执行的任务，如果有则会自动执行该任务。在操作系统安装完成后，默认就会安装 crond 服务和 crontab 工具，crond 服务默认是开机自启动的。若两者都不存在的话，可以通过 DNF 命令来安装部署：

dnf -y install crontabs

启用周期性任务有一个前提条件，即对应的系统服务 crond 服务必须已经运行。我们可以通过/etc/cron.allow 和/etc/cron.deny 这两个文件来控制用户是否可以使用 crontab 命令，控制方法也非常简单：

- /etc/cron.allow：只有写入此文件的用户可以使用 crontab 命令，没有写入的用户不能使用 crontab 命令。优先级最高。
- /etc/cron.deny：写入此文件的用户不能使用 crontab 命令，没有写入文件的用户可以使用 crontab 命令。

注

Linux 操作系统中默认只存在/etc/cron.deny 文件，/etc/cron.allow 文件需自行创建。所有用户通过 crontab 命令配置定时任务时，配置文件默认都存放在/var/spool/cron 中，文件名以用户名命名。

在 Linux 操作系统中，每个用户都可以实现自己独有的 crontab 定时任务，只需要使用用户身份执行 crontab -e 命令即可。当然，写入到/etc/cron.deny 文件中的用户不能执行此命令。

crontab 命令的语法格式如下：

crontab -e [-u 用户名]
crontab -l [-u 用户名]
crontab -r [-u 用户名]

上述命令分别表示编辑计划任务、查看计划任务和删除计划任务。root 用户可以管理普通用户的计划任务，普通用户只能管理自己的计划任务。

注

用户只需要执行 crontab -e 命令，系统会自动调用文本编辑器（默认为 Vim 编辑器）并打开文件/var/spool/cron/用户名，无须手动指定任务列表中文件的位置。

当用户执行 crontab -e 命令配置定时任务时，会发现初次打开的是一个空文件，这个空文件也有固定的语法格式，需要按照固定的格式配置定时任务。

```
[root@noylinux mnt]# crontab  -e

50 1 * * *  systemctl stop sshd
50 7 * * *  systemctl start sshd
```

使用 crontab 命令配置定时任务的语法格式如下：

```
时间周期设置：                                  任务内容设置：
50      3      2      1      *      run_command
分钟    小时   日期   月份   星期   要执行的命令
```

各参数的含义如下：

- 分钟：取值为从 0 到 59 之间的任意整数。
- 小时：取值为从 0 到 23 之间的任意整数。
- 日期：取值为从 1 到 31 之间的任意整数。
- 月份：取值为从 1 到 12 之间的任意整数。
- 星期：取值为从 0 到 7 之间的任意整数，0 或 7 代表星期日。
- 要执行的命令：要执行的命令或程序脚本等。

总共有 6 个字段，前 5 个字段用来指定任务重复执行的时间规律，第 6 个字段用于指定具体的任务内容。在 crontab 任务配置记录中，所设置的命令在“分钟+小时+日期+月份+星期”都满足的条件下才会执行。

时间周期的设置除了使用整数之外，还有一些特殊的符号表示方法：

- *：该范围内的任意时间。
- ,：间隔的多个不连续时间点。
- -：一个连续的时间范围。
- /：指定间隔的时间频率。

这里列举几个例子帮助大家理解这些特殊的符号表示方法：

- 0 23 * * 1-5：周一到周五每天 23:00。
- 30 2 * * 1,3,5：周一、周三、周五的 2 点 30 分。
- 0 8-18/2 * * *：每天 8 点到 18 点之间每隔 2 小时。

到这里大家应该对前 5 个时间字段非常熟悉了，那第 6 个字段呢？第 6 个字段既可以配置定时执行系统命令，也可以配置定时执行某个 Shell 脚本，我们通过几个案例演示一下。

案例

每天凌晨 1:50 停止 sshd 服务，防止员工远程登录服务器，到早上 7:50 再启动 sshd

服务，让员工可以登录服务器进行工作。

```
[root@noylinux ~]# crontab -e

50 1 * * *  systemctl stop sshd
50 7 * * *  systemctl start sshd
```

每 3 分钟备份一次/etc/passwd 文件，并将备份的文件备注上时间日期。

```
[root@noylinux ~]# mkdir /opt/PasswdBak  #创建备份文件夹

[root@noylinux ~]# crontab -e #配置定时任务

[root@noylinux ~]# date       #记一下时间
2022年 08月 22日 星期一 23:22:20 CST

[root@noylinux ~]# crontab  -l#查看刚才配置好的定时任务
*/3  *  *  *  *  /usr/bin/cp   -rf   /etc/passwd      /opt/PasswdBak/passwd-$(date
+\%Y\%m\%d\%H\%M\%S)

[root@noylinux ~]# date    #等一小会
2022年 08月 22日 星期一 23:28:38 CST

[root@noylinux ~]# ll /opt/PasswdBak/  #定时任务已自动执行了两次
总用量 8
-rw-r--r--. 1 root root 2793  8月  22  23:24  passwd-20220822232401
-rw-r--r--. 1 root root 2793  8月  22  23:27  passwd-20220822232701
```

文件备份的时间周期建议一天一次或一周一次即可，案例中为了演示才把时间周期设置得这么短。

每 3 分钟执行一次 Shell 脚本。

```
[root@noylinux opt]# vim  demo47.sh     #写一个 Shell 脚本，往 date.txt 中记录时间
#!/bin/bash
echo "现在的时间是：`date +"%Y-%m-%d %H:%M:%S"`"  >> /opt/date.txt

[root@noylinux opt]# crontab -e    #配置定时任务，使其每两分钟执行一次 Shell 脚本

[root@noylinux opt]# date #记一下时间
2022年 08月 22日 星期一 23:55:45 CST

[root@noylinux opt]# crontab -l    #查看刚才配置好的定时任务
*/2 * * * *   /bin/bash  /opt/demo47.sh

[root@noylinux opt]# date #等一小会
2022年 08月 23日 星期二 00:02:14 CST

[root@noylinux opt]# cat /opt/date.txt  #定时任务按定义配置正常运行中
现在的时间是：2022-08-22 23:56:01
```

```
现在的时间是：2022-08-22 23:58:01
现在的时间是：2022-08-23 00:00:01
现在的时间是：2022-08-23 00:02:01
```

这个任务在实际工作中没有任何意义，但是可以很直接地验证定时任务是否可以正常执行，另外通过本案例还给大家演示了如何将定时任务和 Shell 脚本配合起来使用。

使用普通用户配置定时任务。

```
[root@noylinux ~]# su - xiaozhou   #切换到普通用户

[xiaozhou@noylinux ~]$ crontab -e  #配置定时任务
no crontab for xiaozhou - using an empty one

[xiaozhou@noylinux ~]$ crontab -l  ##查看刚才配置好的定时任务
*/2 * * * *  /usr/bin/echo  "1111111"  >> /home/xiaozhou/date.txt

[xiaozhou@noylinux ~]$ date  #记一下时间
2022年 08月 23日 星期二 16:33:47 CST

[xiaozhou@noylinux ~]$ date   #等一小会
2022年 08月 23日 星期二 16:38:48 CST

[xiaozhou@noylinux ~]$ cat date.txt     #普通用户的定时任务正常运行中
1111111
1111111
1111111

[xiaozhou@noylinux ~]$ su - root        #切换到 root 用户
密码：

[root@noylinux ~]# crontab -l #默认查看自己配置的定时任务
*/2 * * * *   /bin/bash  /opt/demo47.sh

[root@noylinux ~]# crontab -l -u xiaozhou   #查看指定用户配置的定时任务
*/2 * * * *  /usr/bin/echo  "1111111"  >> /home/xiaozhou/date.txt
```

使用普通用户配置定时任务时，请注意权限问题。

13.3 系统级别的定时任务（配置文件）

上文给大家演示了怎样通过 crontab 命令配置定时任务，每个用户都可以配置专属于自己的定时任务，这里再强调一下，每个用户在配置定时任务时还要考虑到自身权限的问题。

既然有用户级别的定时任务，必然也会存在系统级别的定时任务。系统级别的定时任务需要用到配置文件/etc/crontab。

不知道大家有没有注意到，在上文使用 crontab 命令配置定时任务时并没有指定用户，这是因为在通过 crontab -e 命令配置定时任务时，默认使用的身份是当前登录用户。而在通过修改 /etc/crontab 配置文件执行定时任务时，定时任务的执行者身份是可以手动指定的。这使得定时任务的执行变得更加灵活，修改起来也更加方便。

打开配置文件/etc/crontab：

```
[root@noylinux ~]# cat /etc/crontab
SHELL=/bin/bash
PATH=/sbin:/bin:/usr/sbin:/usr/bin
MAILTO=root

# For details see man 4 crontabs

# Example of job definition:
# .---------------- minute (0 - 59)
# |  .------------- hour (0 - 23)
# |  |  .---------- day of month (1 - 31)
# |  |  |  .------- month (1 - 12) OR jan,feb,mar,apr ...
# |  |  |  |  .---- day of week (0 - 6) (Sunday=0 or 7) OR sun,mon,tue,wed,thu,
fri,sat
# |  |  |  |  |
# *  *  *  *  * user-name  command to be executed
```

在配置文件中，SHELL 表示指定使用哪种 Shell，PATH 表示指定 PATH 环境变量，MAILTO 表示将任务的输出的结果发送到指定的邮箱。/etc/crontab 配置定时任务的语法格式如下：

50	3	2	1	*	user-name	run_command
分钟	小时	日期	月份	星期	用户名	要执行的命令

相比 crontab 命令，/etc/crontab 多出了一个 user-name 字段，该字段用来定义用户名，表示在执行定时任务时所采用的用户身份。

我们将之前演示过的那些定时任务配置到/etc/crontab 文件中，其实效果都是一样的，只不过多了表示用户身份的字段，示例如下：

```
[root@noylinux ~]# vim  /etc/crontab

SHELL=/bin/bash
PATH=/sbin:/bin:/usr/sbin:/usr/bin
MAILTO=root

# For details see man 4 crontabs

# Example of job definition:
# .---------------- minute (0 - 59)
# |  .------------- hour (0 - 23)
# |  |  .---------- day of month (1 - 31)
# |  |  |  .------- month (1 - 12) OR jan,feb,mar,apr ...
# |    |    |    |    .----  day  of  week  (0  -  6)  (Sunday=0  or  7)  OR
sun,mon,tue,wed,thu,fri,sat
# |  |  |  |  |
```

```
# *  *  *  *  * user-name  command to be executed

*/2  *  *  *  *  xiaozhou  /usr/bin/echo  "123456!!"  >> /home/xiaozhou/date.txt
*/3  *  *  *  *  root     /bin/bash  /opt/demo47.sh
*/3    *    *    *    *    root          /usr/bin/cp    -rf    /etc/passwd
/opt/PasswdBak/passwd-$(date +\%Y\%m\%d\%H\%M\%S)

[root@noylinux ~]# date   #记一下时间
2022年 08月 23日 星期二 17:54:45 CST

[root@noylinux ~]# date   #等一小会
2022年 08月 23日 星期二 18:00:32 CST

[root@noylinux ~]# ll /opt/PasswdBak/
-rw-r--r--. 1 root root 2560  08月 23 17:54 passwd-20220823175401
-rw-r--r--. 1 root root 2560  08月 23 17:57 passwd-20220823175701
-rw-r--r--. 1 root root 2560  08月 23 18:00 passwd-20220823180001

[root@noylinux ~]# cat /home/xiaozhou/date.txt
#通过crontab命令和配置文件配置的两个定时任务同时在执行，互不影响
-----省略部分内容-----
1111111
123456!!
1111111
123456!!
1111111
123456!!
1111111
123456!!

[root@noylinux ~]# cat /opt/date.txt
#看结果，通过crontab命令和通过配置文件配置的两个定时任务同时在执行，互不影响
现在的时间是：2022-08-23 17:54:01
现在的时间是：2022-08-23 17:54:01
现在的时间是：2022-08-23 17:56:01
现在的时间是：2022-08-23 17:57:01
现在的时间是：2022-08-23 17:58:01
现在的时间是：2022-08-23 18:00:01
现在的时间是：2022-08-23 18:00:01
现在的时间是：2022-08-23 18:02:01
现在的时间是：2022-08-23 18:03:02

[root@noylinux ~]# crontab  -l
*/2 * * * *   /bin/bash  /opt/demo47.sh
```

只要将定时任务保存到/etc/crontab 文件中，这个定时任务就可以执行了。当然，必须确定 crond 服务是正常运行的。

由示例可见，通过 crontab 命令和通过配置文件配置的定时任务之间是互不影响的，而且在/etc/crontab 配置文件中配置的定时任务并不会通过 crontab 命令展示出来。

第 14 章 Web 服务器架构系列之 Nginx

14.1 引言

在学习 Linux 的路上，搭建网站是必须迈过去的一个门槛，也是作为一名 Linux 运维工程师必须掌握的技能，那可能有读者要问了："搭建网站都需要掌握什么技术呢？"笔者的答案是，LNMP 和 LAMP 这两套网站服务器架构是务必要掌握的。

刚开始接触 Linux 操作系统的用户对这两个名词可能会有些陌生，LNMP 和 LAMP 分别指的是一组通常一起使用来运行或搭建动态网站或者服务器的开源软件的首字母缩写：

- L：Linux 操作系统，其主流版本包括 CentOS、Rocky、Red Hat 和 Ubuntu 等。
- A：Apache，属于 Web 服务器。
- N：Nginx，属于 Web 服务器。
- M：MariaDB 或 MySQL 数据库，用来存储网站数据。
- P：通常指的是 PHP，也可以是 Python 或 Perl，属于脚本语言。

Web 服务器一般是指网站服务器，可以放置网站文件。

LNMP 和 LAMP 这两套架构的区别在于是采用 Nginx 还是 Apache 作为 Web 服务器，二者选其一即可。LNMP 和 LAMP 架构图如图 14-1 所示。

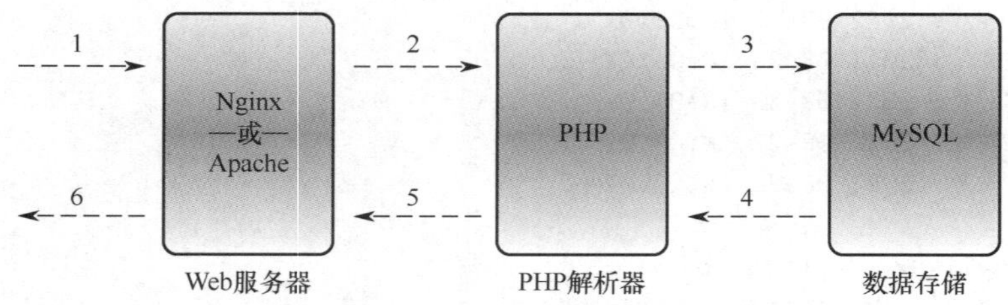

图 14-1 LNMP 和 LAMP 架构图

在企业中，搭建和维护网站是 Linux 运维工程师的主要工作之一，所以从本章至第 19 章，笔者会把主要篇幅放在搭建网站所用到的各种主流软件上，其中就包括 LNMP 和 LAMP。最后会在第 20 章把之前所讲的内容统一整合起来，手把手教大家搭建一个网站。

本章重点介绍 Nginx，Nginx 属于 Web 服务器，专门用来运行网站。作为 Web 服务器，Nginx 的作用主要有以下几点：

- 建立连接：接受或拒绝客户端连接请求。
- 接受请求：通过网络读取 HTTP 请求报文。
- 处理请求：解析请求报文并做出相应的动作。
- 访问资源：访问请求报文中相应的资源。
- 构建响应：使用正确的首部生成 HTTP 响应报文。
- 发送响应：向客户端发送生成的响应报文。
- 记录日志：将已经完成的 HTTP 事务记录进日志文件。

Nginx 由俄罗斯的程序设计师 Igor Vladimirovich Sysoev 开发并于 2004 年首次公开发布，他在刚开始设计这款软件时，对它的定位就是轻量级、高性能的 Web 服务器和反向代理服务器。这里所描述的高性能主要是指并发性强、稳定性高。

图 14-2 是来自英国 Netcraft 公司的调研数据，呈现的是截至 2021 年的 Web 服务器市场调查统计。

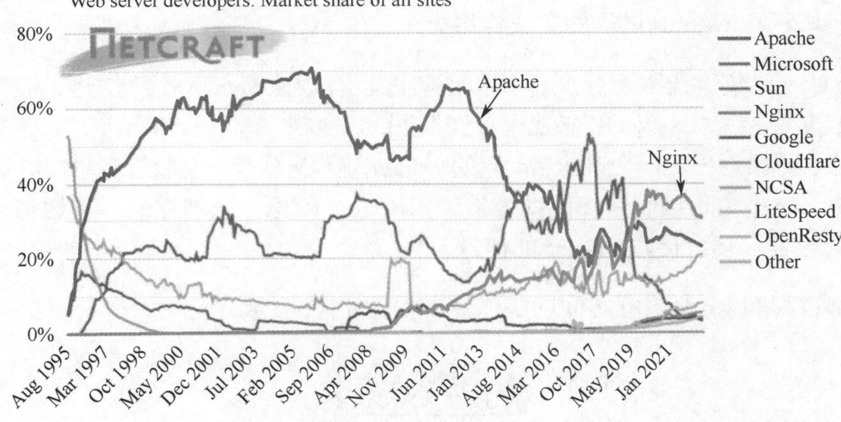

图 14-2 Web 服务器市场调查统计

这份调查统计了来自全球 1155729496 个网站站点的 Web 服务器使用情况，通过这幅图就能了解到，Nginx 从 2007 年开始就慢慢进入大家的视线，经过多年发展，在 Web 服务器的市场份额已经超过 Apache，位列世界第一名。在 1996 年至 2016 年间，Apache 独占鳌头，几乎就没有一个 Web 产品能与它抗衡，其市场份额最辉煌时达到 70%多，但到了 2020 年，Nginx 的市场份额超过 Apache，成为新的世界第一。

为什么 Nginx 这么受欢迎？主要是由于 Nginx 的优良特性，包括以下几点：

- 跨平台：能在 Linux、Windows、FreeBSD、macOS、Solaris 等操作系统上运行。
- 开源：将源代码以类似 BSD 许可证的形式发布。
- 高度模块化设计：拥有大量的官方模块和第三方模块，而且在 1.9.11 及更新的版本中支持动态模块加载。

> ➢ 支持热部署：能够在不间断服务的情况下进行软件版本的升级。
> ➢ 低消耗高性能：据官方统计，10000 个不活动的 HTTP keep-alive 连接占用大约 2.5 MB 内存。

本章内容以企业中 Nginx 的真实应用场景为出发点，涉及的知识点包括 Nginx 的特性、安装部署方式、配置文件中每一行的作用等，同时会介绍几个 Nginx 实战中常用的必备技能。

14.2 理论知识准备

每当接触到新技术，最好的吸收方式就是先学习它的设计理念和内部工作原理，这样在学习部署和调试的过程中才能更加得心应手。

Nginx 默认采用的是多进程（Master-worker）模型和 I/O 多路复用（Epoll）模型。

1. 多进程（Master-worker）模型

Nginx 在启动后会以守护进程（Daemon）的方式在后台运行，后台进程包含一个 master 进程和多个相互之间独立的 worker 进程。所以，Nginx 是以多进程的方式工作，这也是 Nginx 的默认工作方式。

master 进程和 worker 进程的主要作用如下：

> ➢ master：负责读取配置文件并验证其内容有效性和正确性；创建、监听和管理 TCP 套接字（socket）；按照配置文件生成、监控、管理 worker 进程；当有 worker 进程异常退出时，会自动启动新的 worker 进程来代替；接收管理事件信号。
> ➢ worker：负责接收客户端的连接请求并进行处理；处理完成后发送请求结果，响应客户端；接收 master 的信号。

master 进程和 work 进程之间的工作流程如图 14-3 所示。

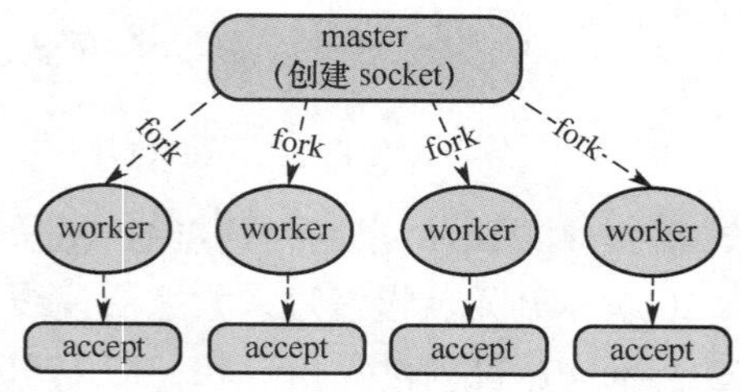

图 14-3　master 进程和 work 进程之间的工作流程

首先 master 进程会调用 listen 命令创建 TCP 套接字并进行监听，接着按照 Nginx 配置文件调用 fork 创建指定数量的 worker 进程，这些 worker 进程将继承父进程的 sockfd，之后 worker 进程内部调用 accept 等待连接请求，当有客户端的连接请求到达时，由于所有 worker 进程都继承了 master 进程的 sockfd，这些 worker 进程将被同时唤醒并抢占连接请求，最终只有一个 worker 进程抢占到该连接请求并创建 TCP 连接，其他抢占不到连接请求的 worker 进程会重新进入阻塞状态，等待下一个连接请求。

抢占到连接请求的 worker 进程就开始读取并解析该连接请求，并对这个连接请求进行处理，处理完成后会产生数据结果，再将数据结果响应给客户端，最后断开连接，这样就完成了一个完整的请求。

一个完整的连接请求过程包括接收→读取→解析→处理→返回结果→断开，整个过程完全由 worker 进程进行处理，且只能在一个 worker 进程中完成此流程。

master 进程还有一个作用就是负责监控这些 worker 进程的健康状况，假如有一个 worker 进程突然出现异常退出，master 进程会再 fork 新的 worker 进程来代替。

Master-worker 模型的工作流程其实很好理解，它非常贴近于我们现实生活。在现实生活中，假设一个公司里有一个领导和很多员工，领导的作用就是管理这些员工，当领导接到某项任务时，肯定不会亲自经手任务，而是让员工去执行；再接到新任务时，则让另一个员工去做。若某个员工突然离职了，领导就不会再给离职的员工分配工作，而是会再招人，并继续将任务分配给新来的员工。

这样就很好理解了吧，Master-worker 模型的工作流程跟上面所说的领导跟员工之间的工作方式在逻辑上是很一致的。

大家有没有想过，当一个连接请求到来时，这些相互之间独立的 worker 进程被同时唤醒并抢占连接请求，这对于 Nginx 来说真的是一种好现象吗？

其实，worker 进程因为一个连接请求而被同时唤醒的过程是非常耗费系统资源的，我们设想一下，当一个请求到来时，大量的 worker 进程本来在沉睡中，一下子全都被唤醒，然而最终只能有一个 worker 进程可以成功处理这个请求。争抢请求的过程会对系统造成极大的性能损耗，不仅造成资源的浪费，还会降低系统性能，这种现象就叫“accept 惊群效应”，如图 14-4 所示。

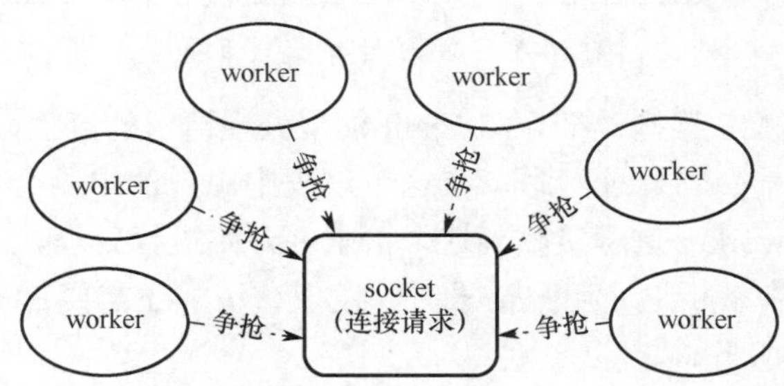

图 14-4　accept 惊群效应

有没有什么措施能够防止这种现象发生呢？有的！Nginx 本身提供了“accept_mutex”互斥锁，专门用来解决惊群效应，其原理是所有 worker 进程的 listenfd 会在新连接请求到来之前变得可读，目的是保证只有一个 worker 进程处理该连接请求，所有 worker 进程在注册 listenfd 读事件前抢这个互斥锁，抢到互斥锁的 worker 进程才有资格通过监听获取连接请求并创建 TCP 连接，这样就能确保同一时刻只会有一个 worker 进程对接连接请求。互斥锁机制如图 14-5 所示。

Nginx 在 1.11.3 版本之前默认激活“accept_mutex”互斥锁。之后 Linux 内核 4.5 版本引入了 EPOLLEXCLUSIVE 标志位，这个解决方案与互斥锁机制类似，不同的是，若有监听事件发生，唤醒的可能不止一个进程。Nginx 从 1.11.3 版本开始采用该解决方案，默认关闭“accept_mutex”互斥锁。

上文在介绍 Nginx 的时候提到了“高并发“的特性，对于 Nginx 而言，它是怎么实现高并发的呢？下面我们就聊聊 Nginx 实现高并发的秘密。

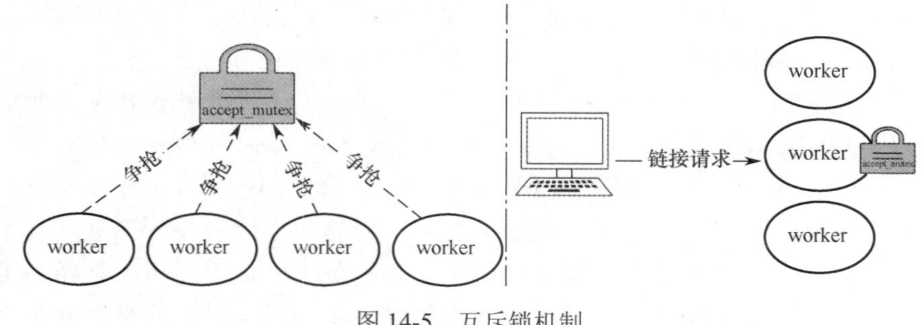

图 14-5　互斥锁机制

2. I/O 多路复用（Epoll）模型

Nginx 默认采用 I/O 多路复用（Epoll）模型，通过异步非阻塞的事件处理机制，实现轻量级和高并发。

图 14-6 给出了 LNMP 架构交互流程，该架构的服务器中部署了 Nginx、PHP、MySQL 三种服务，并通过这三种服务架设了一套 PHP 语言编写的购物网站。

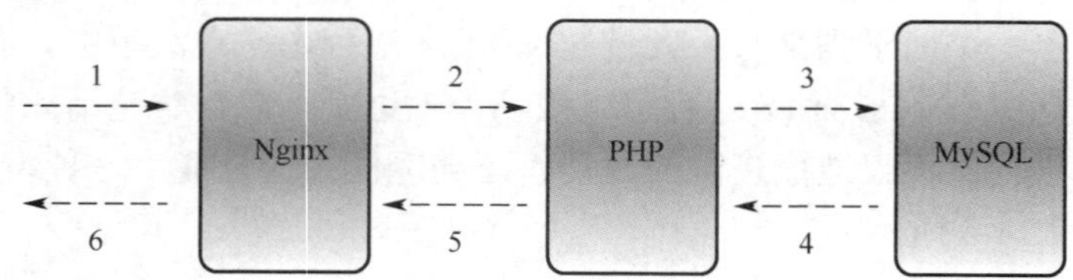

图 14-6　LNMP 架构交互流程

我们可以通过 LNMP 架构详细介绍 Epoll 模型处理请求的流程，具体步骤如下。

（1）用户输入账号密码登录网站，在这个过程中用户的电脑会通过互联网向服务器发送动态请求，某个 worker 进程接收到这个请求并开始进行处理。

（2）worker 进程在解析这个用户请求时，发现该请求还需要 PHP 服务配合处理，则又将请求转发给 PHP 服务。

（3）PHP 服务接收到请求，通过解析发现是用户的登录请求，但是所有的用户数据都存放在 MySQL 数据库里，因此，PHP 服务访问 MySQL 数据库，查看到底有没有这个用户。

（4）MySQL 数据库将查询结果返回给 PHP 服务，通过返回的结果 PHP 知道确实存在这个用户。

（5）PHP 将结果返回给 worker 进程。

（6）worker 进程接收到结果后又响应给用户，用户成功登录网站。

以上是处理请求的整个流程，那 Epoll 模型呢？怎么一点它的影子都没有看到？别着急，重点来了！

在步骤（2）中，worker 进程将用户请求交给 PHP 服务处理，PHP 服务又与后面的数据库进行交互。这个时候 worker 进程就这么“傻傻地”等待着 PHP 服务的处理结果吗？

不会的！Epoll 模型支持水平触发和边缘触发，其最大的特点就是边缘触发。worker 进程并不会一直等待着，它会在将请求交给 PHP 服务后，注册一个事件，一个什么事件呢？“如果 PHP 服务返回结果了，通知我一声，我再回来继续工作”，就是这么一个事件，注册完事件后 worker 进程就会处于休息状态。若此时又有新的请求进来，它会按照一样的方式处理。而一旦 PHP 服务将处理结果返回了，就会触发 worker 进程之前注册的事件，事件被触发后，worker 进程会立马接手，执行步骤（5）和（6）的操作。

再给大家举个现实中的例子。盖房子大家应该都很熟悉吧？把砖抹上水泥，然后一块一块地盖成房子，咱们就以这个例子进行类比。

由图 14-7 可见，盖房子的工人递砖，这里的砖就相当于用户请求，小工接过来递给抹水泥的工人，抹水泥也需要时间啊，难道还要等后面的工人抹水泥吗？不需要等，可以跟后面的抹水泥工人说：“等你抹好了水泥，喊我一声，我再过来继续工作”，这就相当于创建了一个事件，此时小工就可以去休息了，若后续盖房子工人再将新的砖递给小工，还是按一样的方式处理。而一旦抹水泥工人将水泥抹好了，他就会叫小工，这个过程相当于“触发了事件”，小工会立即过来处理抹好水泥的砖。

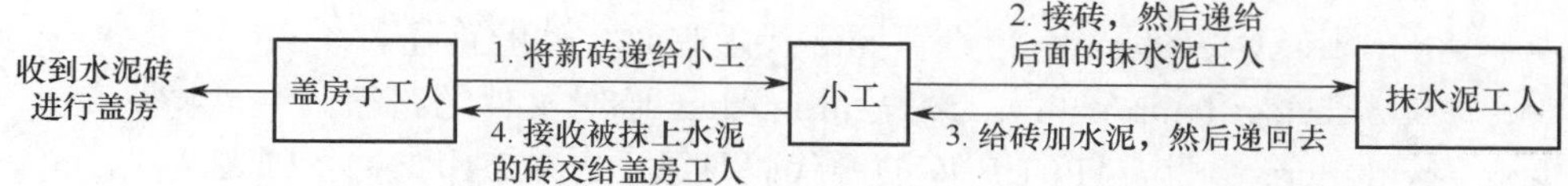

图 14-7　盖房子案例

> **注**
>
> 关于 Epoll 模型，笔者本来想用官方介绍的方式给大家介绍，但是官方介绍包含很多技术性的专业词汇，对于刚入门的朋友来说可能不太容易理解。

14.3　Nginx 的两种部署方式

本节介绍 Nginx 服务的安装部署，安装方式有两种：一种是通过手动编译 Nginx 源码包的方式进行安装；另一种是通过 Yum/DNF 软件包管理器安装。这两种安装方式在企业中都很常用。

1. 手动编译 Nginx 源码包

操作系统可以选择 Rocky、CentOS 7 或 CentOS 8，在安装 Nginx 之前，先简单介绍一下常用的编译选项：

- --prefix=：指定 Nginx 的安装路径。如果没有指定，默认为/usr/local/nginx。
- --sbin-path=：Nginx 可执行文件的安装路径。只能在安装时指定，若没有指定，默认为<prefix>/sbin/nginx。
- --conf-path=：指定 Nginx 配置文件的路径。
- --error-log-path=：若 Nginx 配置文件中没有指定错误日志位置，默认错误日志的存放路径。
- --http-log-path=：在 nginx.conf 中没有指定 access_log 指令的情况下，默认的

访问日志的路径。

- --pid-path=：指定 Nginx 的 PID 文件路径。若没有指定，默认为<prefix>/logs / nginx.pid。
- --lock-path=：指定 Nginx 的 lock 文件的路径。
- --user=：指定 Nginx 启动时所使用的用户，在 nginx.conf 中若没有配置 user，默认为 nobody。
- --group=：指定 Nginx 启动时所使用的组，在 nginx.conf 中若没有配置 group，默认为 nobody。
- --with-http_ssl_module：开启 HTTP SSL 模块，使 Nginx 可以支持 HTTPS 请求。这个模块需要提前安装 OpenSSL 服务。
- --with-http_flv_module：启用 ngx_http_flv_module 模块。
- --with-http_stub_status_module：启用 server status 页。
- --with-http_gzip_static_module：启用 gzip 压缩功能。
- --http-client-body-temp-path=：设置 http 客户端请求主体临时文件的路径。
- --http-proxy-temp-path=：设置 http 代理临时文件的路径。
- --http-fastcgi-temp-path=：设置 http fastcgi 临时文件的路径。
- --with-pcre=：指定 PCRE 库的源代码目录，PCRE 库支持正则表达式，可以让我们在配置文件 nginx.conf 中使用正则表达式。

Nginx 源码包的版本选用 1.16.1，这是目前一个较低的版本，装这个低版本的目的是方便在下文演示 Nginx 平滑升级。高低版本之间的编译步骤并没有什么差异，具体步骤如下：

（1）将 Nginx 的源码包及 PCRE 源码包上传至服务器中，并解压。

```
[root@noylinux opt]# pwd
/opt
[root@noylinux opt]# ls
nginx-1.16.1.tar.gz  pcre-8.42.tar.gz
[root@noylinux opt]# tar xf nginx-1.16.1.tar.gz
[root@noylinux opt]# tar xf pcre-8.42.tar.gz
[root@noylinux opt]# ls
nginx-1.16.1  nginx-1.16.1.tar.gz  pcre-8.42  pcre-8.42.tar.gz
```

（2）进入解压后的 Nginx 目录下，通过 configure 关键字和编译选项检测目前操作系统的环境是否支持本次编译安装。

```
[root@noylinux opt]# cd nginx-1.16.1/
[root@noylinux nginx-1.16.1]# ./configure \
>    --prefix=/usr/local/nginx\
>    --sbin-path=/usr/local/nginx/sbin/nginx \
>    --conf-path=/usr/local/nginx/conf/nginx.conf \
>    --error-log-path=/usr/local/nginx/log/error.log \
>    --http-log-path=/usr/local/nginx/log/access.log \
>    --pid-path=/var/run/nginx/nginx.pid \
```

```
>     --lock-path=/var/lock/nginx.lock \
>     --user=nginx \
>     --group=nginx \
>     --with-http_ssl_module \
>     --with-http_flv_module \
>     --with-http_stub_status_module \
>     --with-http_gzip_static_module \
>     --http-proxy-temp-path=/usr/local/nginx/proxy_temp \
>     --http-fastcgi-temp-path=/usr/local/nginx/fastcgi_temp \
>     --http-uwsgi-temp-path=/usr/local/nginx/uwsgi_temp \
>     --http-scgi-temp-path=/usr/local/nginx/scgi_temp \
>     --with-pcre=/opt/pcre-8.42
checking for OS
 + Linux 4.18.0-348.el8.0.2.x86_64 x86_64
checking for C compiler ... found
 + using GNU C compiler
 + gcc version: 8.5.0 20210514 (Red Hat 8.5.0-3) (GCC)
checking for gcc -pipe switch ... found
-----省略部分内容-----
Configuration summary
  + using PCRE library: /opt/pcre-8.42
  + using system OpenSSL library
  + using system zlib library

  nginx path prefix: "/usr/local/nginx"
  nginx binary file: "/usr/local/nginx/sbin/nginx"
  nginx modules path: "/usr/local/nginx/modules"
  nginx configuration prefix: "/usr/local/nginx/conf"
  nginx configuration file: "/usr/local/nginx/conf/nginx.conf"
  nginx pid file: "/var/run/nginx/nginx.pid"
  nginx error log file: "/usr/local/nginx/log/error.log"
  nginx http access log file: "/usr/local/nginx/log/access.log"
  nginx http client request body temporary files: "client_body_temp"
  nginx http proxy temporary files: "/usr/local/nginx/proxy_temp"
  nginx http fastcgi temporary files: "/usr/local/nginx/fastcgi_temp"
  nginx http uwsgi temporary files: "/usr/local/nginx/uwsgi_temp"
  nginx http scgi temporary files: "/usr/local/nginx/scgi_temp"

[root@noylinux nginx-1.16.1]#
```

若在检测过程中报错，找不到编译器，使用以下命令安装编译环境即可。

dnf -y install gcc gcc-c++ autoconf automake zlib zlib-devel openssl openssl-devel pcre-devel gd-devel make

示例如下：

```
checking for OS
 + Linux 4.18.0-305.19.1.el8_4.x86_64 x86_64
checking for C compiler ... not found
```

```
./configure: error: C compiler cc is not found

[root@noylinux nginx-1.16.1]# dnf -y install gcc  gcc-c++  autoconf  automake
zlib  zlib-devel  openssl  openssl-devel  pcre-devel  gd-devel make
Rocky Linux 8 - AppStream                    4.6 kB/s | 4.8 kB    00:01
Rocky Linux 8 - AppStream                    3.2 MB/s | 8.3 MB    00:02
Rocky Linux 8 - BaseOS                       4.3 kB/s | 4.3 kB    00:01
Rocky Linux 8 - BaseOS                       1.6 MB/s | 2.6 MB    00:01
Rocky Linux 8 - Extras                       2.6 kB/s | 3.5 kB    00:01
Rocky Linux 8 - Extras                       10 kB/s |  11 kB   00:01
##注：上面这一段是在检查和更新源仓库

依赖关系解决
==========================================================================
 软件包                  架构        版本                  仓库        大小
==========================================================================
安装：
 gd-devel              x86_64    2.2.5-7.el8           appstream     49 k
 openssl-devel         x86_64    1:1.1.1k-6.el8_5      baseos        2.3 M
 pcre-devel            x86_64    8.42-6.el8            baseos        550 k
-----省略部分内容-----

事务概要
==========================================================================
安装   30 软件包
升级   26 软件包

总下载：67 M
下载软件包：
(1/56): libXau-devel-1.0.9-3.el8.x86_64.rpm       88 kB/s |  19 kB    00:00
-----省略部分内容-----

完毕！
```

（3）检测操作系统环境无问题后，开始进行编译（make）和安装（make install），这两步可以通过逻辑与（&&）合并执行。

```
[root@noylinux nginx-1.16.1]# make && make install
##注：整个编译安装的过程大约需要 3 分钟
make -f objs/Makefile
make[1]: 进入目录“/opt/nginx-1.16.1”
-----省略部分内容-----
make[1]: 离开目录“/opt/nginx-1.16.1”
[root@noylinux nginx-1.16.1]# ls /usr/local/nginx/
conf  html  log  sbin
```

（4）用手动编译的方式安装 Nginx 服务，其目录结构如下。

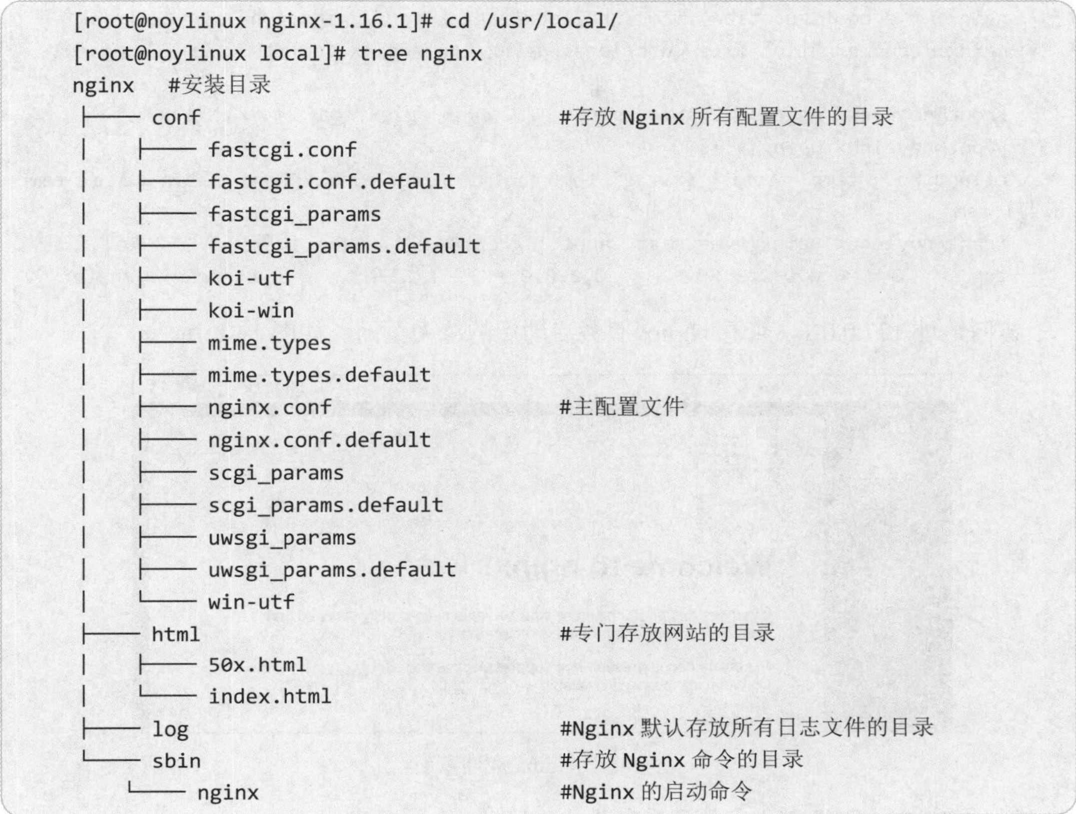

```
[root@noylinux nginx-1.16.1]# cd /usr/local/
[root@noylinux local]# tree nginx
nginx   #安装目录
├── conf                                     #存放 Nginx 所有配置文件的目录
│   ├── fastcgi.conf
│   ├── fastcgi.conf.default
│   ├── fastcgi_params
│   ├── fastcgi_params.default
│   ├── koi-utf
│   ├── koi-win
│   ├── mime.types
│   ├── mime.types.default
│   ├── nginx.conf                           #主配置文件
│   ├── nginx.conf.default
│   ├── scgi_params
│   ├── scgi_params.default
│   ├── uwsgi_params
│   ├── uwsgi_params.default
│   └── win-utf
├── html                                     #专门存放网站的目录
│   ├── 50x.html
│   └── index.html
├── log                                      #Nginx 默认存放所有日志文件的目录
└── sbin                                     #存放 Nginx 命令的目录
    └── nginx                                #Nginx 的启动命令
```

在 Nginx 服务启动后还会再生成几个临时目录（后缀是_temp 的目录），这几个临时目录是用来存放临时文件的。

Nginx 的启动命令存放在安装目录的/sbin/文件下，各项命令作用如下：

- nginx -t：验证 Nginx 配置文件是否配置正确，无法验证其他文件的情况。
- nginx -s reload：重新加载 Nginx 服务，常用于在改变配置文件后使其生效。
- nginx -s stop：快速停止 Nginx 服务。
- nginx -s quit：正常停止 Nginx 服务。
- nginx -V：查看 Nginx 程序的版本号。
- nginx -c nginx.conf：启动 Nginx 服务，在启动时指定配置文件。指定配置文件路径时可以使用绝对路径，也可以使用相对路径。

（5）启动并验证 Nginx 服务。需要先创建用户和组，然后再启动 Nginx 服务。

```
[root@noylinux nginx]# pwd      #当前所在位置
/usr/local/nginx

[root@noylinux nginx]# groupadd  -r -g 311  nginx  &&  useradd  -r -g 311  nginx
#创建 Nginx 用户和组，并在创建时指定 gid 和 uid，指定 id 这一步可以省略。

[root@noylinux nginx]# ./sbin/nginx  -t #验证 Nginx 配置文件是否配置正确
```

```
nginx: the configuration file /usr/local/nginx/conf/nginx.conf syntax is ok
nginx: configuration file /usr/local/nginx/conf/nginx.conf test is successful

[root@noylinux nginx]# ./sbin/nginx  -c  conf/nginx.conf  #启动 Nginx 服务
[root@noylinux nginx]# ls
client_body_temp   conf   fastcgi_temp   html   log   proxy_temp   sbin   scgi_temp
uwsgi_temp
[root@noylinux nginx]# netstat -anpt | grep 80        #Nginx 默认占用 80 端口
tcp      0    0 0.0.0.0:80        0.0.0.0:*     LISTEN      66284/nginx: master
```

访问地址 127.0.0.1，查看 Nginx 服务启动后的欢迎页面，如图 14-8 所示。

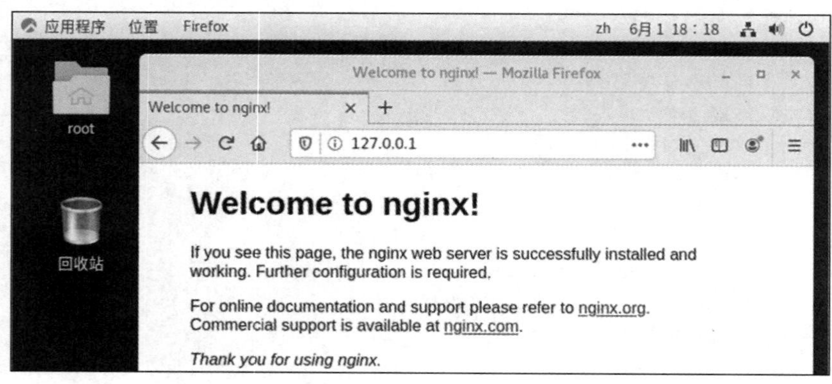

图 14-8　Nginx 欢迎页面

2. 通过 Yum/DNF 软件包管理器安装

通过这种方式安装是最简单的，只需要执行几条命令即可。现在将虚拟机回退一下快照，具体安装步骤如下：

（1）配置 Nginx 的官方 Yum 源仓库。

```
[root@noylinux ~]# vim /etc/yum.repos.d/nginx.repo
[nginx-stable]
name=nginx stable repo
baseurl=http://nginx.org/packages/centos/$releasever/$basearch/
gpgcheck=1
enabled=1
gpgkey=https://nginx.org/keys/nginx_signing.key
module_hotfixes=true

[nginx-mainline]
name=nginx mainline repo
baseurl=http://nginx.org/packages/mainline/centos/$releasever/$basearch/
gpgcheck=1
enabled=0
gpgkey=https://nginx.org/keys/nginx_signing.key
module_hotfixes=true
```

（2）使用 yum/dnf 命令安装 Nginx 程序。

```
[root@noylinux ~]# dnf  install nginx
#初次执行时会在 Yum 源中下载元数据，需要等待几分钟
#也可以使用 yum install nginx，这两条命令都能用。若是在 CentOS 8 中，建议用 dnf 命令安装

依赖关系解决
==============================================================================
 软件包        架构        版本                      仓库              大小
==============================================================================
安装:
 nginx       x86_64  1:1.20.2-1.el8.ngx     nginx-stable      820 k

事务概要
==============================================================================
安装  1 软件包
-----省略部分内容-----
已安装:
  nginx-1:1.20.2-1.el8.ngx.x86_64

完毕!
```

Nginx 服务已被安装到操作系统中。

（3）通过 Yum/DNF 软件包管理器安装 Nginx 服务的目录结构。需要注意的是，通过手动编译和通过 Yum/DNF 软件包管理器安装的 Nginx 目录结构是不同的。通过 Yum/DNF 软件包管理器安装的 Nginx 服务目录结构见表 14-1。

表 14-1　通过 Yum/DNF 软件包管理器安装的 Nginx 服务目录结构

文件路径	类　型	作　用
/etc/nginx/	目录	Nginx 主配置文件
/etc/nginx/conf.d	目录	
/etc/nginx/conf.d/default.conf	默认配置文件模板	
/etc/nginx/nginx.conf	主配置文件	
/etc/nginx/fastcgi_params	配置文件	cgi 相关的配置， fastcgi\scgi\uwsgi 的相关配置文件
/etc/nginx/scgi_params		
/etc/nginx/uwsgi_params		
/usr/sbin/nginx	命令	Nginx 服务启动和管理的终端命令
/usr/sbin/nginx-debug		
/usr/share/nginx/html	网站根目录	网站默认存放的位置
/var/cache/nginx	目录	Nginx 的缓存目录
/var/log/nginx	目录	Nginx 的日志目录

Nginx 服务安装完成后，可以通过下面的命令进行管理：

- systemctl　start　nginx：启动 Nginx 服务。
- systemctl　stop　nginx：停止 Nginx 服务。
- systemctl　reload　nginx：重载 Nginx 服务。
- nginx -t：检查配置文件。
- systemctl　enable　nginx：设置为开机自启动。

（4）启动并验证 Nginx 服务，出现如图 14-9 所示欢迎页面。

```
[root@noylinux ~]# systemctl  start  nginx
[root@noylinux ~]# netstat -anpt | grep 80
#Nginx 默认占用 80 端口
tcp   0  0   0.0.0.0:80    0.0.0.0:*   LISTEN   33424/nginx: master

[root@noylinux ~]# ps -ef | grep nginx
#Nginx 服务在启动时默认启动 1 个 master 进程和 4 个 worker 进程
root   31595   1   0  18:28   ?   00:00:00 nginx: master process /usr/sbin/nginx -c
/etc/nginx/nginx.conf
nginx      31596   31595  0 18:28 ?       00:00:00  nginx: worker process
nginx      31597   31595  0 18:28 ?       00:00:00  nginx: worker process
nginx      31598   31595  0 18:28 ?       00:00:00  nginx: worker process
nginx      31599   31595  0 18:28 ?       00:00:00  nginx: worker process
```

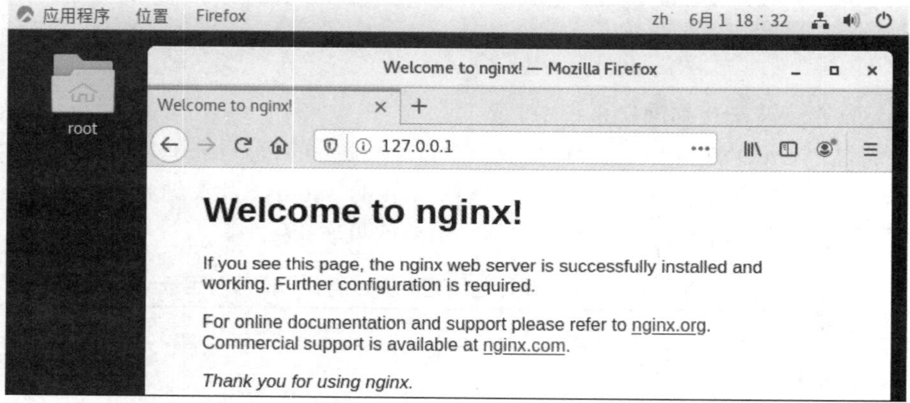

图 14-9　Nginx 欢迎页面

至此，通过 Yum/DNF 软件包管理器的方式安装 Nginx 就完成了。

对比这两种安装方式容易发现，手动编译的方式相对灵活一些，功能也可以进行定制；而通过 Yum/DNF 软件包管理器安装的方式更加简单方便。

14.4　Nginx 配置文件的整体结构

本节介绍 Nginx 的配置文件，这部分内容是本章中最精华的部分之一。Nginx 配置文件可以从 3 个层次进行掌握：

（1）从整体角度理解 Nginx 主配置文件的组成结构；

（2）熟悉配置文件每一行的含义；

（3）掌握 location 语法规则。

本节主要从第一个层次，也就是整体角度理解 Nginx 主配置文件的组成结构及各部分的含义。

图 14-10 是 Nginx 配置文件结构图（从本书配套网站下载即可），接下来我们就对图中各部分逐一介绍。

1. 全局块

最上面的部分叫作全局块配置，主要用于设置影响 Nginx 服务整体运行的配置选项。

例如，Nginx 服务使用哪一个用户启动？启动后生成几个 worker 进程？是否打开全局日志？若打开全局日志，日志文件的存放路径是什么？还有进程 PID 文件存放的路径、配置文件的引入等。

2. events 块

events 块主要用于设置影响 Nginx 服务与用户之间的网络连接的配置选项。常用的设置包括是否对多进程（work process）下的网络连接进行序列化？是否允许同时接收多个网络连接请求？以及选择处理连接请求的事件驱动模型，默认采用 Epoll 模型。在 Nginx 程序的配置文件中是没有选择处理连接请求的事件驱动模型这一项配置的，因为默认采用的就是 Epoll 模型，如果想使用其他模型，可以在 events 块中进行设置。

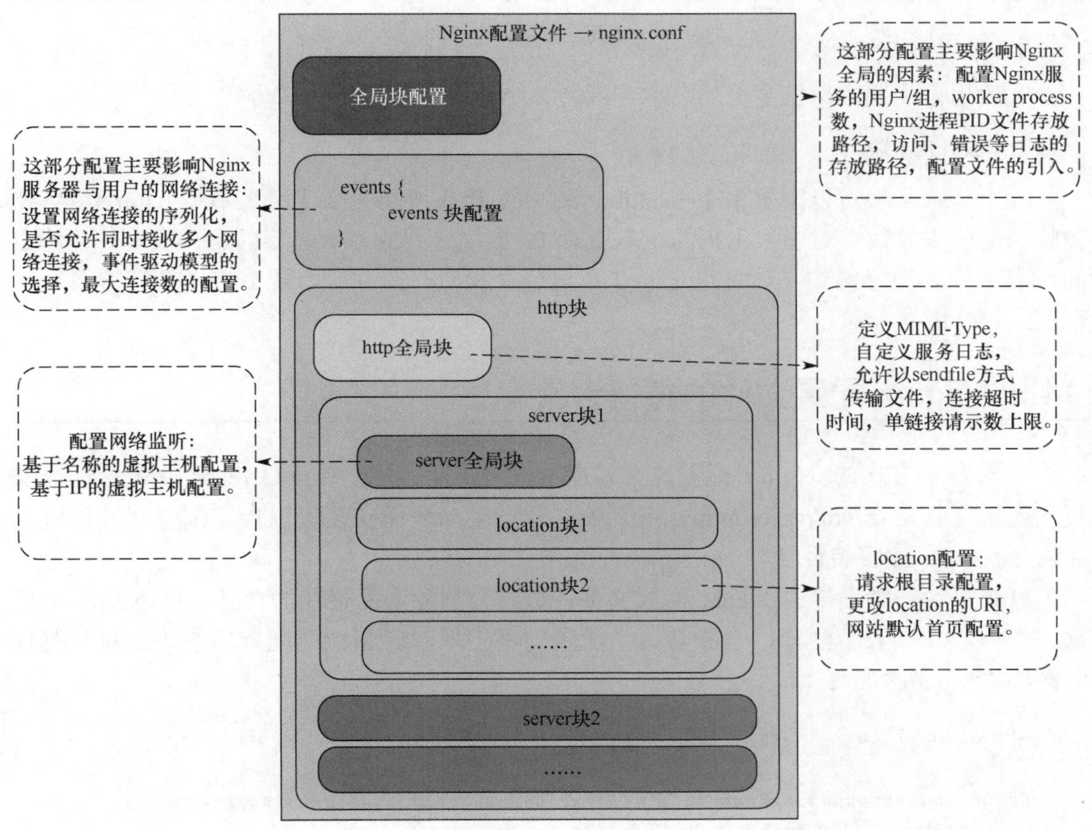

图 14-10　Nginx 配置文件结构

每个 work process 可以同时支持的最大连接数也在 events 块中配置。配置文件中默认每个 work process 支持的最大连接数为 1024。在实际企业应用中，这一项配置对 Nginx 的性能影响较大，是在做 Nginx 优化时必须调整的。

3. http 块

http 块是 Nginx 服务中配置最频繁的部分，反向代理、缓存、自定义日志显示内容等绝大多数的功能和第三方模块的配置都在这里。http 块包括 http 全局块和 server 块。

4. http 全局块

http 全局块主要的配置内容包括文件引入、MIME-Type 定义、日志自定义、设置连接超时时间和单链接请求数上限等。

5. server 块

server 块的配置与虚拟主机有关。从用户的角度来看虚拟主机与一台独立的硬件主机完全一样，虚拟主机技术的产生完全是为了节省互联网中的服务器硬件成本。

有一个知识点大家一定要记住：每个 http 块可以包含多个 server 块，而每个 server 块就相当于一个虚拟主机。server 块包含全局 server 块，并且可以同时包含多个 location 块。

6. 全局 server 块

一般用来配置虚拟机主机的名称、域名、IP 地址和监听的端口号等。

7. location 块

一个 server 块可以配置多个 location 块。location 块的主要作用是基于 Nginx 服务器接收到的请求参数，对虚拟主机的域名或者 IP 地址之外的参数进行匹配，或对一些特定的请求进行处理。例如，地址重定向、数据缓存和应答控制等，还有许多第三方模块也在这里进行配置。

14.5 Nginx 配置文件的每行含义

不同安装方式的 Nginx 配置文件位置也会不同，通过 Yum/DNF 软件包管理器安装，配置文件是在/etc/nginx/nginx.conf 中；通过手动编译安装可以指定配置文件位置，默认是在<Nginx 安装目录>/conf/nginx.conf 中。

打开手动编译安装的 Nginx 配置文件，依次介绍各个配置项的含义。在 Nginx 的配置文件中，“#”表示注释，意味着这个配置项不生效，若想让此配置项生效，将配置项前面的“#”删除即可。

```
[root@noylinux ~]# vim  /usr/local/nginx/conf/nginx.conf

############################ 全局块配置 ################################
#-->配置 Nginx 运行时的用户
#-->nobody 表示所有用户都可以运行
#user  nobody;

#-->Nginx 在启动时生成 worker 进程的数量，建议调整为等于 CPU 总核心数
#-->也可以设置为”auto”，由 Nginx 自动检测
worker_processes  1;
```

```
    #-->Nginx 全局错误日志的存放位置以及报错等级
    #-->报错等级：[ debug 调式 | info 信息 | notice 通知 | warn 警告 | error 错误 | crit
重要 ]
    #-->全局错误日志的存放位置采用的是相对路径（相对于 Nginx 安装目录）
    #error_log  logs/error.log;
    #error_log  logs/error.log  notice;
    #error_log  logs/error.log  info;

    #-->Nginx 的进程 PID 文件存放位置
    #-->此文件中存放的进程 ID 号是 master 进程的
    #pid        logs/nginx.pid;

    ############################ events 块配置 #############################
    events {
        #-->配置处理网络消息的事件驱动模型，可用的选项有：
        #-->[ kqueue | rtsig | epoll | /dev/poll | select | poll ]
        #-->此配置项默认不显示在配置文件中，此处是笔者手动添加的
        use epoll;

        #-->单个 worker 进程可以允许同时建立外部连接的数量
        worker_connections  1024;
    }

    ############################ http 块配置 ###############################
    http {

    ############################ http 全局块配置 ###########################

        #-->文件扩展名与文件类型映射表
        include       mime.types;

        #--> #默认文件类型
        default_type  application/octet-stream;

        #-->自定义日志中要显示的内容、日志记录内容的格式
        #log_format  main  '$remote_addr - $remote_user [$time_local] "$request" '
        #                  '$status $body_bytes_sent "$http_referer" '
        #                  '"$http_user_agent" "$http_x_forwarded_for"';

        #-->全局访问日志的存放位置，默认不开启
        #access_log  logs/access.log  main;

        #-->零复制机制，提高文件的传输速率
        sendfile        on;

        #-->允许把 httpresponse header 和文件的开始放在一个文件中发布
    #-->优点是减少网络报文段的数量
        #tcp_nopush     on;

        #-->Nginx 服务的响应超时时间
        send_timeout 10s;
```

```
    #-->保持连接的连接超时时间，单位是秒
    keepalive_timeout  65;

    #-->开启目录列表访问，适用于文件下载服务器，默认关闭
    #autoindex on;

    #-->gzip 压缩输出，对响应数据进行在线实时压缩，减少数据传输量
    #gzip  on;

############################# server 块配置 ############################

    server {

############################# server 全局块配置 ############################
        #-->此 server 块监听的端口号
        listen       80;

        #-->此 server 块的虚拟主机名称，常写为域名
        server_name  localhost;

        #-->设置 web 网页字符串类型
        #charset koi8-r;

        #-->针对这一 server 块的访问日志存放位置和日志级别
        #access_log  logs/host.access.log  main;

############################# location 块配置 ############################
        #-->location 语法格式：location [=|~|~*|^~] /path/ { ... }
        #-->支持正则表达式
        location / {

            #-->网站的站点根目录，也是网站程序存放的目录
            root   html;

            #-->首页排序
            index  index.html index.htm;
        }

        #-->报错 404 时显示的错误页面位置
        #error_page  404              /404.html;

        #-->报错 500 502 503 504 时显示的错误页面位置
        error_page   500 502 503 504  /50x.html;
        location = /50x.html {
            root   html;
        }

############################# location 块配置 ############################
        #location ~ \.php$ {
            #-->反向代理，用于代理请求，若 URL 符合 location 匹配规则
```

```
            #-->则将这条用户请求转发到 proxy_pass 配置的 URL 中
        #    proxy_pass   http://127.0.0.1;
        #}

    ############################ location 块配置 ###########################
         #-->这里的 location 模板用于将 php 的请求反向代理到后端的 PHP 服务中去
        #location ~ \.php$ {
        #    root           html;
        #    fastcgi_pass   127.0.0.1:9000;
        #    fastcgi_index  index.php;
        #    fastcgi_param  SCRIPT_FILENAME  /scripts$fastcgi_script_name;
        #    include        fastcgi_params;
        #}
    }
}
```

14.6 Nginx 配置文件的虚拟主机

虚拟主机，也称为“网站空间”，它的作用是把一台硬件服务器分成多台“虚拟”的主机，每台虚拟主机都可以看作是一个独立的网站，可以具备独立的域名和完整的 Web 服务器功能，同一台硬件服务器上的各个虚拟主机之间是完全独立的，从外界看来，每一台虚拟主机和一台单独的硬件主机的表现完全相同。所以这种被虚拟化的逻辑主机被形象地称为“虚拟主机”，如图 14-11 所示。

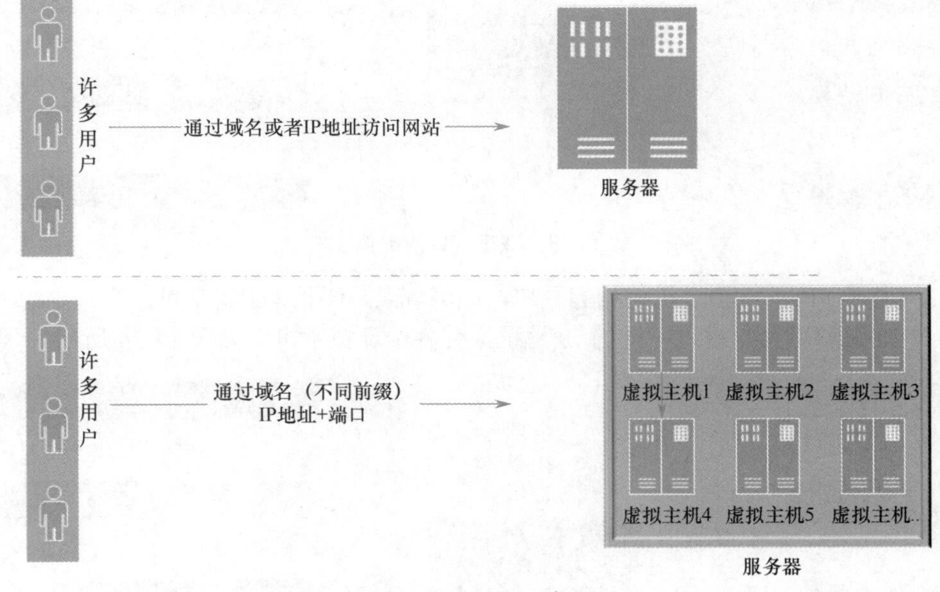

图 14-11　虚拟主机示意图

有了虚拟主机之后，就不需要再为每个要运行的网站提供一台单独的 Nginx 服务器了，虚拟主机提供了在同一台服务器、同一组 Nginx 进程上运行多个网站的功能。虚拟主机的配置也非常简单，每个 http 块可以包含多个 server 块，而每个 server 块就相当于一个虚拟主机。

虚拟主机的配置有 3 种方法：

（1）基于域名的虚拟主机：相同 IP 地址，相同端口，不同的域名；多个虚拟主机共用 1 个 IP 地址及同一个端口号，通过不同的域名区分各个虚拟主机，如图 14-12 所示。

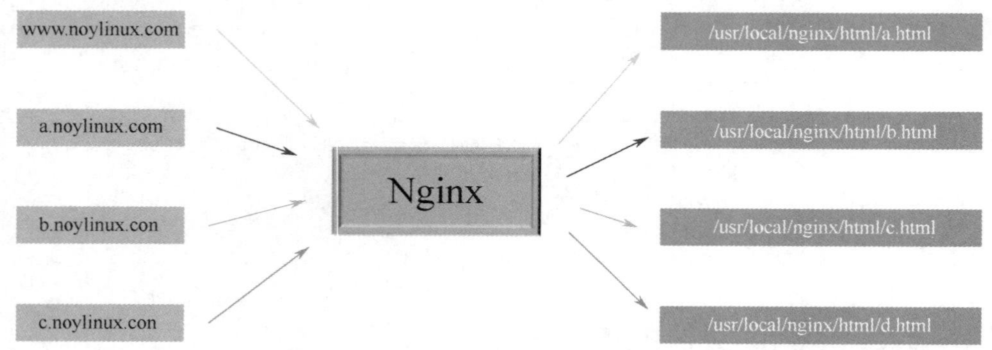

图 14-12　基于域名的虚拟主机

（2）基于端口的虚拟主机：相同 IP 地址，相同域名，不同的端口；多个虚拟主机拥有相同的 IP 地址和域名，通过不同的端口号区分各个虚拟主机，如图 14-13 所示。

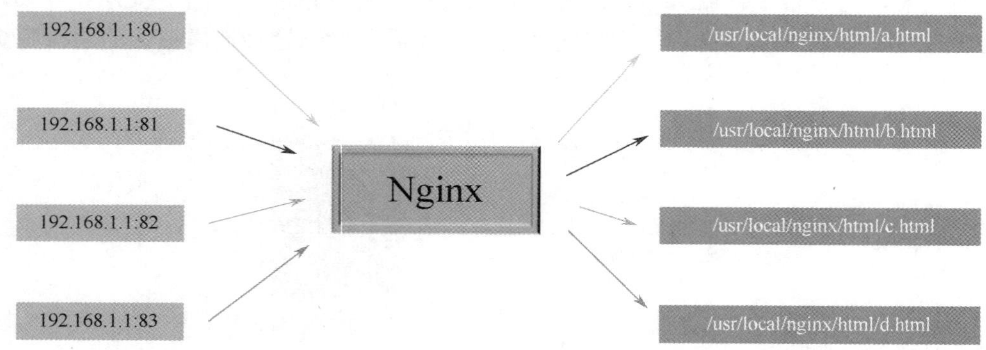

图 14-13　基于端口的虚拟主机

（3）基于 IP 的虚拟主机：相同端口，相同域名，不同的 IP 地址；多个虚拟主机拥有相同的端口和域名，通过不同的 IP 地址区分各个虚拟主机，如图 14-14 所示。

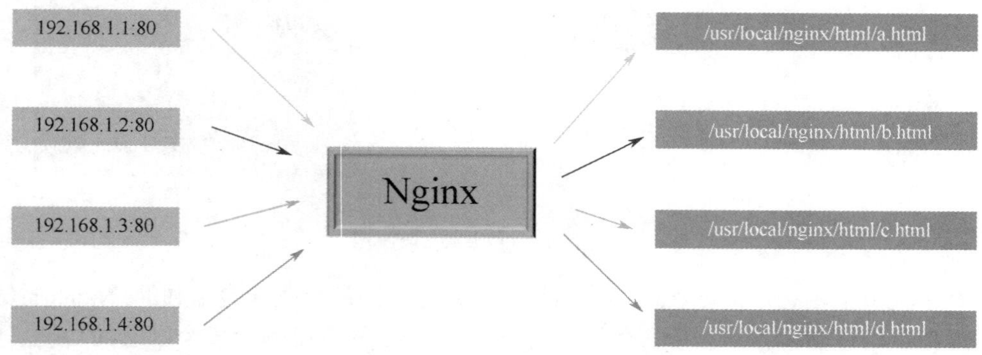

图 14-4　基于 IP 的虚拟主机

注

一个 IP 地址和一个端口号可以组成一个套接字，而一个套接字只能为一个服务提供服务。

案例

配置基于不同端口号的虚拟主机。在 Nginx 配置文件中基于不同的端口号配置 4 台虚拟主机，每台虚拟主机中部署不同的网站。

```
-----省略 Nginx 编译安装步骤-----
[root@noylinux nginx]# pwd
/usr/local/nginx
[root@noylinux nginx]# vim conf/nginx.conf  #编辑 Nginx 配置文件
user  root;
worker_processes  1;
pid        logs/nginx.pid;

events {
    worker_connections  1024;
}

http {
    include       mime.types;
    default_type  application/octet-stream;
    sendfile        on;
    keepalive_timeout  65;

   #虚拟主机一，网站存放目录：Nginx 安装目录/html/a/目录下
    server {
        listen       80;             #网站访问端口
        server_name  localhost;      #注：基于域名或 IP 地址的虚拟主机需要配置这里！

        location / {
            root   html/a;
            index  index.html index.htm;
      }
      }

   #虚拟主机二，网站存放目录：Nginx 安装目录/html/b/目录下
    server {
        listen       81;             #网站访问端口
        server_name  localhost;      #注：基于域名或 IP 地址的虚拟主机需要配置这里！

        location / {
            root   html/b;
            index  index.html index.htm;
                }
```

```
        }

    #虚拟主机三，网站存放目录：Nginx 安装目录/html/c/目录下
     server {
        listen      82;              #网站访问端口
        server_name  localhost;      #注：基于域名或 IP 地址的虚拟主机需要配置这里！

        location / {
            root   html/c;
            index  index.html index.htm;
                }
        }

    #虚拟主机四，网站存放目录：Nginx 安装目录/html/d/目录下
     server {
        listen      83;              #网站访问端口
        server_name  localhost;      #注：基于域名或 IP 地址的虚拟主机需要配置这里！

        location / {
            root   html/d;
            index  index.html index.htm;
                }
        }
}

[root@noylinux nginx]# ./sbin/nginx -t #检查配置文件是否配置正确
nginx: the configuration file /usr/local/nginx/conf/nginx.conf syntax is ok
nginx: configuration file /usr/local/nginx/conf/nginx.conf test is successful

[root@noylinux nginx]# cd html/
[root@noylinux html]# ls
50x.html  index.html
[root@noylinux html]# mkdir a b c d     #创建之前在 Nginx 配置文件中预定义的 4 个网站
存放目录
[root@noylinux html]# ll
-rw-r--r--. 1 root root 494 12月 23 22:19 50x.html
drwxr-xr-x. 2 root root  24 12月 27 23:37 a
drwxr-xr-x. 2 root root  24 12月 27 23:37 b
drwxr-xr-x. 2 root root  24 12月 27 23:37 c
drwxr-xr-x. 2 root root  24 12月 27 23:37 d
-rw-r--r--. 1 root root 764 12月 26 12:15 index.html

#在 4 个目录中各自放一个简单的静态网站页面，用来区分各自的虚拟主机
[root@noylinux html]# echo "aaaaa" >  a/index.html
[root@noylinux html]# echo "bbbbb" >  b/index.html
[root@noylinux html]# echo "ccccc" >  c/index.html
[root@noylinux html]# echo "ddddd" >  d/index.html

[root@noylinux html]# cd ..
```

```
[root@noylinux nginx]# ./sbin/nginx -c  conf/nginx.conf   #启动 Nginx 服务
[root@noylinux nginx]# netstat -anpt | grep nginx    #查看 Nginx 服务所占用的服务器
端口
tcp    0    0 0.0.0.0:80      0.0.0.0:*       LISTEN      5242/nginx: master
tcp    0    0 0.0.0.0:81      0.0.0.0:*       LISTEN      5242/nginx: master
tcp    0    0 0.0.0.0:82      0.0.0.0:*       LISTEN      5242/nginx: master
tcp    0    0 0.0.0.0:83      0.0.0.0:*       LISTEN      5242/nginx: master
```

Nginx 的虚拟主机配置完成后，打开浏览器依次访问各自虚拟主机所对应的端口号，可以发现，每个虚拟主机都各自拥有网站，相互之间并不会影响，如图 14-15 所示。

图 14-15　基于不同端口的虚拟主机网站

> **注**
>
> 我们在演示中只是放了一个简单的静态页面，在正常情况下，每个虚拟主机所对应的网站根目录下存放的都是各自的网站程序。

14.7　Nginx 配置文件的 location 语法规则

上文提到过，在一个 server 块中可以配置多个 location 块，而在整个 Nginx 配置文件中，location 配置项是最重要也是操作最频繁的。它会根据预先定义的 URL 匹配规则接收用户发来的请求，再根据匹配结果将请求转发到指定的服务器中，若收到非法的请求，它会直接拒绝并返回 403、404、500 等错误状态码。

大家是否还记得在编译安装 Nginx 时有一个指定 PCRE 库的编译选项？PCRE 库的作用是让 Nginx 支持正则表达式。如果在配置文件 nginx.conf 中使用了正则表达式，那么在编译 Nginx 时就必须把 PCRE 库编译进 Nginx 中，因为 Nginx 的 HTTP 模块需要靠它来解析正则表达式。

在正式介绍 location 语法格式之前需要先给大家拓展一下 URL 方面的知识。URL 遵守标准的语法结构，它由协议、主机地址、端口号、路径和文件名这 5 部分构成，如图 14-16 所示。其中，端口号若是默认的 80 或 443，可以在 URL 中省略不写。

协议　主机地址　端口号　路径　文件名

格式： scheme://hostname:port/path/filename

例： https://www.nylinux.cn/yanshi/a/index.html

图 14-16　URL 语法结构

（1）协议：用来指定客户端和服务器之间通信的类型。经常用到的协议有 HTTP、HTTPS、FTP 等。

（2）主机地址：可以是域名，也可以是 IP 地址。

（3）端口号：Web 服务监听的端口。HTTP 协议的默认端口号是 80，HTTPS 协议的默认端口号是 443。

（4）路径：指向的是资源的完整路径（即资源存储的位置），路径中的相邻文件夹需要使用斜线（/）隔开。

（5）文件名：用来定义文档或资源的名称，和路径类似，路径指的是文件夹，而文件名指的是文件夹中的文件。例如后缀为.html、.php、.jsp 和.asp 等的文件。

协议需要与 URL 的其他部分用"://"隔开。

了解 URL 的语法结构便于我们理解 location 配置项的相关知识。location 指令有两种匹配 URL 的模式：

（1）普通字符串匹配：以"="开头或开头没有任何引导符号的规则；

（2）正则表达式匹配：以"～"或"～*"开头表示正则匹配，以"~*"开头表示正则不区分大小写。

location 在匹配 URL 时还需要有相对应的语法格式：

location [= | ~ | ~* | ^~ | / | @] /"path"/ { … }

location @name { … }

在 location 语法格式中，这些符号所代表的含义如下：

- =：精确匹配。
- ^~：普通字符串匹配，表示在"path"中以某个常规字符串开头，常用于匹配目录。
- ~：表示该规则是使用正则定义的，区分大小写。
- ~*：表示该规则是使用正则定义的，不区分大小写。
- !~：区分大小写不匹配的正则。
- !~*：不区分大小写不匹配的正则。
- /：通用匹配，任何请求都会匹配到。优先级最低。
- @：用于 location 内部重定向的变量。

一般在 Nginx 配置文件中会存在很多个 location 块，而在这些 location 块中，有的采用了普通字符串匹配的规则；有的采用了正则表达式匹配的规则……

在 server 模块中可以定义多个 location 模块来匹配不同的 URL 请求，当 Nginx 接收到用户请求后，会先截取用户请求的"路径 + 文件名"部分，再检索所有的 location 模块中预定义的匹配规则。规则匹配的优先级（从高到低）依次为精确匹配（=）、普通字符串匹配（^~）、正则表达式匹配和通用匹配（/）。

首先检索精确匹配，若发现精确匹配的规则符合，则 Nginx 直接采用这个 location

模块，停止搜索其他匹配规则；若没有匹配成功，则检索普通字符串匹配；若还是没有匹配成功，则检索正则表达式匹配；若正则表达式匹配还是没有符合的规则，最后只能交给通用匹配（/），通用匹配是任何请求都能匹配到，但优先级也是最低的。

需要注意的是，普通字符串匹配和正则表达式匹配之间的匹配原则是不同的：

- 普通字符串匹配：当匹配到第一个符合规则的匹配项之后，匹配过程并不会结束，而是暂存当前的匹配结果，并继续检索其他规则，看看能不能做到最大限度的匹配（基于最大匹配原则）。
- 正则表达式匹配：当匹配到第一个符合规则的匹配项之后，就以此项为最终匹配结果，不会再继续往下检索，所以正则表达式匹配模式的匹配规则会受 Nginx 配置文件中 location 定义的前后顺序影响（基于顺序优先原则）。

在没有通用匹配的情况下，如果最后什么规则都没有匹配到，则只能返回 404 状态码，也就是错误页面。

案例

配置 location 配置项。为了使整个配置文件看起来简约，能够清晰地查看各 location 配置项，笔者把配置文件中所有与 location 配置项无关的注释行都删除了。

```
[root@noylinux nginx]# vim conf/nginx.conf     #编辑 Nginx 主配置文件

user  nginx;
worker_processes  1;

pid        logs/nginx.pid;


events {
    worker_connections  1024;
}

http {
    include       mime.types;
    default_type  application/octet-stream;
    sendfile        on;
    keepalive_timeout  65;

    server {
        listen       80;
        server_name  localhost;
        charset utf-8;

        #规则 A：精确匹配 /
        #而且域名后面只能有"/"，多一个或少一个字符都不行
```

```
        location = / {
            add_header Content-Type text/plain;
            return 200 'A';
        }

        #规则 B：精确匹配 /login 这个字符串
#而且域名后面只能带有"login"字符串，多一个或少一个字符都不行
        location = /login {
            add_header Content-Type text/plain;
            return 200 'B';
        }

        #规则 C：匹配任何以 /static/ 开头的地址
        location ^~ /static/ {
            add_header Content-Type text/plain;
            return 200 'C';
        }

        #规则 D：匹配任何以 /image/ 开头的地址
        location /image/ {
            add_header Content-Type text/plain;
            return 200 'D';
        }

        #规则 E：匹配任何以 /static/files/ 开头的地址
        location ^~ /static/files/ {
            add_header Content-Type text/plain;
            return 200 'E';
        }


        #规则 F：匹配以 .gif  .jpg  .png  .js  .css 其中任意一种后缀结尾的文件，区分大小写
        #注：这里的 $ 符号表示以这些后缀结尾
        location ~ \.(gif|jpg|png|js|css)$ {
            add_header Content-Type text/plain;
            return 200 'F';
        }

        #规则 G：匹配以 .png 后缀结尾的文件，不区分大小写
        location ~* \.png$ {
            add_header Content-Type text/plain;
            return 200 'G';
        }


        #规则 H：匹配所有 /music/ 路径下以 .mp3 后缀结尾的文件
        location ~ /music/.+\.mp3$ {
            add_header Content-Type text/plain;
            return 200 'H';
```

```
        }

        #规则 I：通用匹配，任何请求都会匹配到
    #只有前面所有的正则表达式没匹配到时，才会采用这一条，优先级最低
        location / {
            add_header Content-Type text/plain;
            return 200 'I';
        }

        error_page   500 502 503 504  /50x.html;
        location = /50x.html {
           root   html;
        }
    }
}


[root@noylinux nginx]# ./sbin/nginx  -t #检查配置文件配置是否正确
nginx: the configuration file /usr/local/nginx/conf/nginx.conf syntax is ok
nginx: configuration file /usr/local/nginx/conf/nginx.conf test is successful

[root@noylinux nginx]# ./sbin/nginx   -c conf/nginx.conf      #启动 Nginx 服务

[root@noylinux nginx]# ps -ef | grep nginx    #Nginx 服务已启动，master 和 worker 进程都存在
root     58956   1   0 22:47 ?   00:00:00 nginx: master process ./sbin/nginx -c conf/nginx.conf
nginx  58957  58956  0 22:47 ?     00:00:00 nginx: worker process
root   59104  2914  0 22:56 pts/0  00:00:00 grep --color=auto nginx

注：本虚拟机的 IP 地址为 192.168.1.128
```

从上面的案例中可以看到，我们在 Nginx 配置文件中添加了 9 个 location 配置项，并且每个 location 配置项中都分别对应了一种匹配规则。接下来我们通过几个不同的 URL 访问 Nginx 服务，看看这几个 URL 分别能匹配到哪个 location 规则。我们使用 IP 地址访问网站，这里 IP 地址和域名拥有相同的作用。

（1）访问网站的根目录，如图 14-17 所示。

这个 URL 访问的是网站的根目录“/”，符合规则 A 的精确匹配，而且精确匹配的匹配原则是当请求被匹配到之后就不会再往下继续检索了，直接采用这一条。

（2）访问网站的“/login”，如图 14-18 所示。

图 14-17　访问网站的根目录

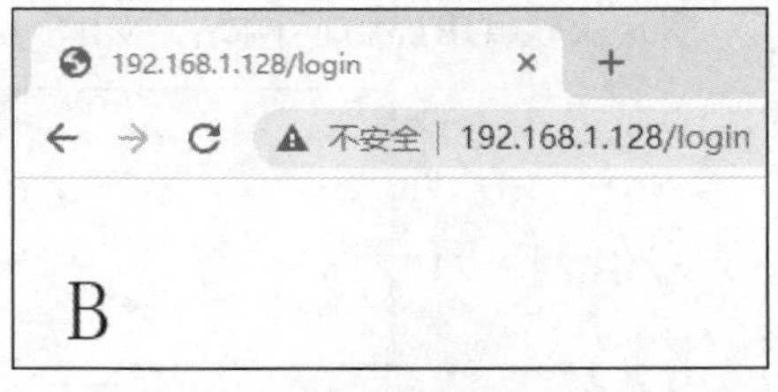

图 14-18　访问网站的“/login”

这个 URL 访问的是网站的“/login”，符合规则 B 的精确匹配。

（3）访问网站中以/static/开头的 a.html 网页，如图 14-19 所示。

这个 URL 访问的是网站中以/static/开头的 a.html 网页，它匹配的是规则 C，规则 C 会匹配任何以 /static/ 开头的地址。

这里大家要注意，规则 C 采用的是普通字符串匹配，普通字符串匹配的匹配原则是当匹配到某个规则之后，匹配过程并不会结束，而是暂存当前的匹配结果，并继续检索其他规则，看看能不能做到最大限度的匹配（基于最大匹配原则）。

（4）访问网站中以/static/files/ 开头的地址，如图 14-20 所示。

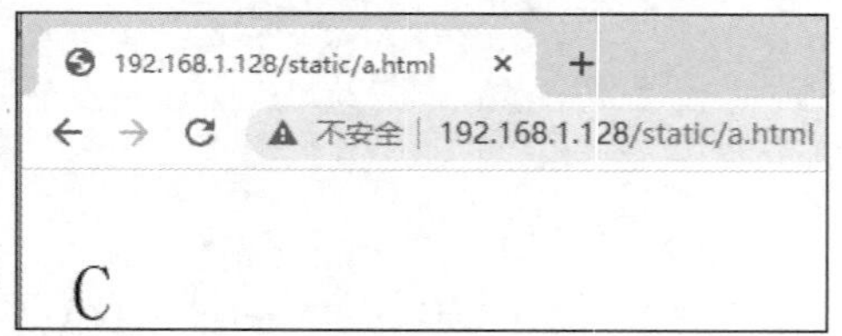

图 14-19　访问网站中以/static/ 开头的 a.html 网页

图 14-20　访问网站中以/static/files/ 开头的地址

这个 URL 主要是为了验证普通字符串匹配的基于最大匹配原则。虽然这条 URL 也符合规则 C，但是基于最大匹配原则，规则 E 被优先选择，因为规则 E 是匹配任何以 /static/files/ 开头的地址，匹配的范围更广。

（5）访问网站中以.png 结尾的资源，如图 14-21 所示。

这条 URL 即符合规则 F，也符合规则 G，那为什么最后选择了规则 F 呢？因为规则 F 和规则 G 都是正则匹配，正则匹配模式的匹配原则是当检索到第一个符合规则的匹配项后，就以此项作为最终的匹配结果，不会再继续往下检索，所以正则匹配模式的匹配规则会受 Nginx 配置文件中 location 定义的前后顺序影响（基于顺序优先原则）。

（6）访问网站中以.PNG 结尾的资源，如图 14-21 所示。

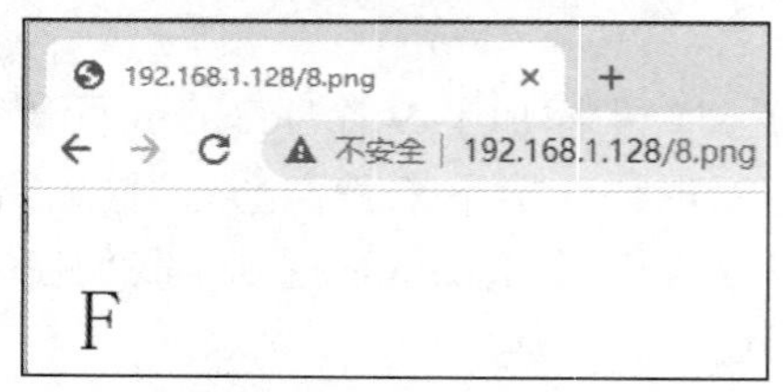

图 14-21　访问网站中以.png 结尾的资源

图 14-21　访问网站中以.PNG 结尾的资源

这条 URL 不符合规则 F，但符合规则 G。因为在规则 F 中使用的匹配规则是“~ \.(gif|jpg|png|js|css)$”，而“~”是区分大小写的。但是规则 G 中使用的匹配规则是“~* \.png$”，而“~*”是不区分大小写的。

（7）按定义的 URL 访问网站，如图 14-23 所示。

图 14-23　访问网站中以.mp3 后缀结尾的资源

这个 URL 符合规则 H，而规则 H 的匹配规则是“~ /music/.+\.mp3$”，在整个 URL 中只要出现/music/目录，并且最后还是以 .mp3 后缀结尾的，都符合此匹配规则。

（8）按定义的 URL 访问网站，如图 14-24 所示。

这个 URL 不符合前面任何一个匹配规则，若前面所有的匹配规则都不符合，则只能匹配最后的规则 I，规则 I 中使用的是“/”，表示通用匹配，任何请求都能匹配到。

如果在 Nginx 的配置文件中不存在规则 I 的 location 模块，则访问 URL 的时候会显示 404 状态码，也就是错误界面（见图 14-25），表示请求的资源不存在。

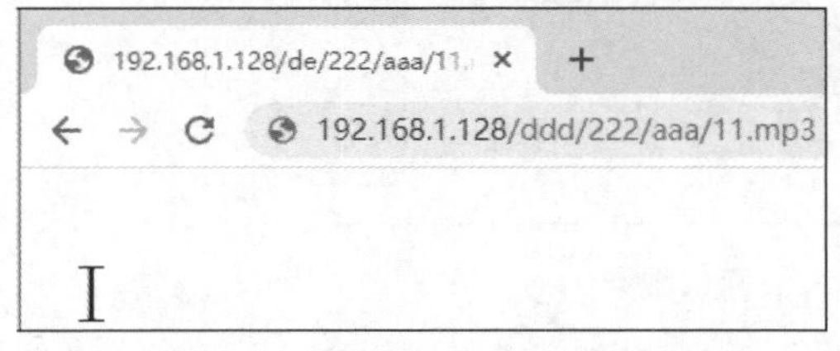

图 14-24　按定义的 URL 访问网站

图 14-25　404 错误界面

14.8　Nginx 反向代理

Igor Vladimirovich Sysoev 在刚开始设计 Nginx 时，对它的定位是轻量级、高性能的 Web 服务和反向代理服务，Web 服务相信大家都已经了解了，本节我们学习反向代理。

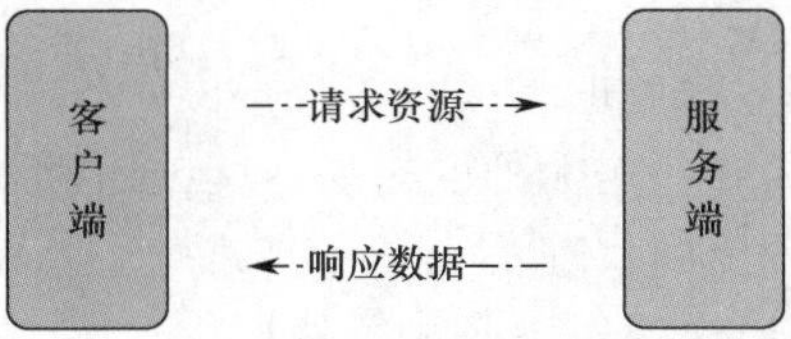

在没有代理的情况下，客户端和服务端之间的通信如图 14-26 所示。

图 14-26　客户端和服务端正常通信过程

代理是什么？其实很好理解，房屋中介就是我们生活中最常见的代理。房屋中介通过在房源和租客之间建立联系，帮助租客找到合适的房子，如图 14-27 所示。

图 14-27　常见的代理——房屋中介

Nginx 代理的作用就是代替客户端或服务端处理请求，如图 14-28 所示。若按照企业应用场景来划分，Nginx 代理还可以分为正向代理和反向代理。

图 14-28　Nginx 代理

由图 14-29 可见，在整个企业内部的服务架构中，Nginx 反向代理服务器将代替服务端接收客户端的请求，当反向代理服务器接收到客户端的请求后，会将请求转发给服务端，服务端将请求处理完毕之后会将结果再转交给反向代理服务器，这时反向代理服务器就会把响应的数据发送给客户端。

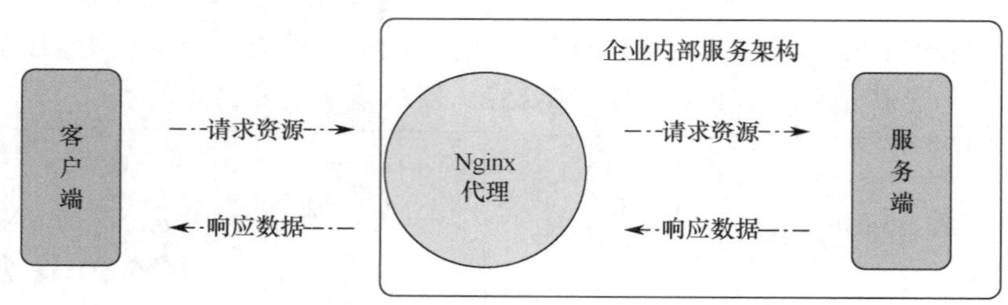

图 14-29 Nginx 反向代理

反向代理的主要作用就是接收客户端发送过来的请求并转发给服务端，获得服务端响应数据后返回给客户端。从用户的角度看，公司的核心服务器仿佛就是反向代理服务器，但事实上它只是一个中转站而已。

现在很多大型的网站都在使用反向代理技术，主要归因于它具备 3 个优点：

（1）隐藏公司核心服务器（服务端）的网络位置，保护服务端免受黑客攻击；

（2）配合 location 配置项，减缓服务端处理数据的压力；

（3）实现负载均衡，将客户端的请求分配给多台服务器处理。

搭建 Nginx 反向代理服务器的过程非常简单，不需要新增额外的模块，Nginx 默认自带 proxy_pass 指令，只需要修改配置文件就可以实现反向代理。

如果请求不是发往 http 类型的被代理服务器，还可以选择以下几种模块：

- fastcgi_pass：传递请求给 FastCGI 接口类型的服务器，常用于代理 PHP 服务的请求。
- uwsgi_pass：传递请求给 uwsgi 接口类型的服务器。
- scgi_pass：传递请求给 SCGI 接口类型的服务器。
- memcached_pass：传递请求给 memcached 服务器。

反向代理是在 Nginx 配置文件中的 location 配置项中配置的，下面演示一种最简单的：

```
location / {
    proxy_pass   http://www.noylinux.com
}
```

在 location 配置项中使用 proxy_pass 关键字来指定被代理服务器的地址，proxy_pass 关键字后面的被代理服务器（后端服务器）的地址可以用域名、域名+端口、IP、IP+端口这几种方式表示。

在 Nginx 配置文件中配置反向代理时，除了指定被代理服务器的地址，还会有几个附加的配置项，这些配置项会起到辅助和微调的作用。

- proxy_connect_timeout 60 s;
  Nginx 代理连接后端服务的超时时间（代理连接超时），默认时间是 60 s。
- proxy_read_timeout 60 s;
  Nginx 代理等待后端服务器处理请求的时间，默认时间是 60 s。
- proxy_send_timeout 60 s;
  后端服务器响应数据回传给 Nginx 代理时的超时时间，规定在 60 s 之内后端服务器必须传完所有的响应数据，时间可以自定义。

除了这几项之外，还有一个常用的模块 proxy_set_header，此模块的主要作用就是允许重新定义或者添加发往后端服务器的请求头信息。

- proxy_set_header Host $proxy_host;
  默认值。
- proxy_set_header X-Real-IP $remote_addr;
  将$remote_addr 的值放到变量 X-Real-IP 中，$remote_addr 的值是客户端的 IP 地址。经过反向代理后，由于在客户端和后端服务器之间增加了中间层（反向代理），后端服务器无法直接获得客户端的 IP 地址，只能通过$remote_addr 变量获得反向代理服务器的 IP 地址，通过这个赋值操作就能让后端服务器获得客户端的 IP 地址。
- proxy_set_header X-Forwarded-For $proxy_add_x_forwarded_for;
  一种让后端服务器直接获得客户端 IP 地址的方法。

案例

在 location 配置项中添加以上辅助配置。

```
location / {
    proxy_set_header Host $http_host;
    proxy_set_header X-Real-IP $remote_addr;
    proxy_set_header X-Forwarded-For $proxy_add_x_forwarded_for;

    proxy_connect_timeout 60s;
    proxy_read_timeout 60s;
    proxy_send_timeout 60s;

    proxy_pass   http://www.noylinux.com
}
```

除此之外，在 Nginx 配置文件中，还有一块被注释的区域是用来反向代理 PHP 服务的。

```
#location ~ \.php$ {
-->所有关于 PHP 的请求符合这个 location 配置项中的匹配规则
#    root           html;
-->网站根目录的位置
#    fastcgi_pass   127.0.0.1:9000;
-->fastcgi_pass 表示反向代理的是 FastCGI 接口类型的请求，也就是 PHP 服务器的地址
-->因为要把 PHP 的请求发送到 PHP 服务器上，让 PHP 服务来处理
-->Nginx 本身是处理不了 PHP 这种动态请求的，PHP 服务将请求处理完后会把结果返回给 Nginx
#    fastcgi_index  index.php;
-->默认打开的 PHP 页面，也就是输入网址后默认看到的页面
#    fastcgi_param  SCRIPT_FILENAME  /scripts$fastcgi_script_name;
-->设置 fastcgi 请求中的参数
#    include        fastcgi_params;
-->附加配置
#}
```

Nginx 在配置 Fastcgi 解析 PHP 时会调用 fastcgi_params 配置文件来传递一些变量，默认的一些变量对应关系如下。

```
#参数设定      #传递为 PHP 变量名  #Nginx 自有变量，可自定义

fastcgi_param  SCRIPT_FILENAME    $document_root$fastcgi_script_name;#脚本文件请求的路径
fastcgi_param  QUERY_STRING       $query_string; #请求的参数，如?app=123
fastcgi_param  REQUEST_METHOD     $request_method; #请求的动作（GET，POST）
fastcgi_param  CONTENT_TYPE       $content_type; #请求头中的 Content-Type 字段
fastcgi_param  CONTENT_LENGTH     $content_length; #请求头中的 Content-length 字段

fastcgi_param  SCRIPT_NAME        $fastcgi_script_name; #脚本名称
fastcgi_param  REQUEST_URI        $request_uri; #请求的地址不带参数
fastcgi_param  DOCUMENT_URI       $document_uri; #与$uri 相同
fastcgi_param  DOCUMENT_ROOT      $document_root; #网站的根目录。在 server 配置中root 指令指定的值
fastcgi_param  SERVER_PROTOCOL    $server_protocol; #请求使用的协议，通常是HTTP/1.0 或 HTTP/1.1。

fastcgi_param  GATEWAY_INTERFACE  CGI/1.1;#cgi 版本
fastcgi_param  SERVER_SOFTWARE    nginx/$nginx_version;#Nginx 版本号，可修改、隐藏

fastcgi_param  REMOTE_ADDR        $remote_addr; #客户端 IP 地址
fastcgi_param  REMOTE_PORT        $remote_port; #客户端端口
fastcgi_param  SERVER_ADDR        $server_addr; #服务器 IP 地址
fastcgi_param  SERVER_PORT        $server_port; #服务器端口
fastcgi_param  SERVER_NAME        $server_name; #服务器名，域名在 server 配置中指定
server_name

#fastcgi_param  PATH_INFO          $path_info;#可自定义变量

# PHP only, required if PHP was built with --enable-force-cgi-redirect
#fastcgi_param  REDIRECT_STATUS    200;
```

案例

演示简单的 Nginx 反向代理，案例架构如图 14-30 所示。在后端服务器上搭建一个简单的网站，通过 Nginx 反向代理这台后端服务器，Nginx 反向代理服务器中只搭建了 Nginx 服务并配置了反向代理，本身并不存放网站相关的任何资源。最后的结果是用户访问代理服务器，得到的却是后端服务器上的网站。

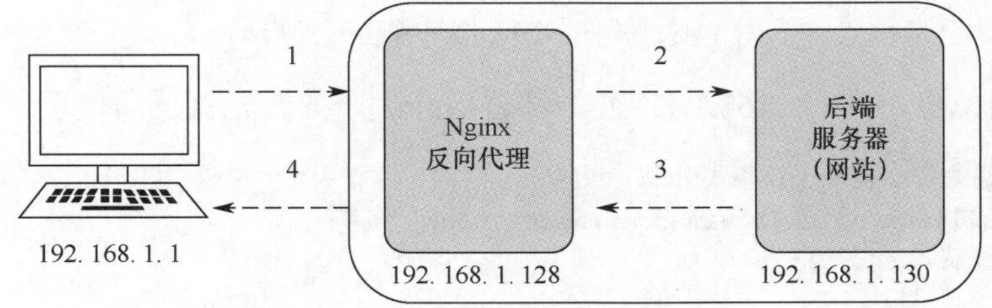

图 14-30　Nginx 反向代理案例的架构

（1）在后端服务器上搭建一个简单的网站——虚拟机二（192.168.1.130）。建议用 DNF 部署 Nginx 服务，在 Nginx 服务上放一个网站，最后验证 Nignx 服务能否正常启动，如图 14-31 所示。安装 Nginx 服务的过程在上文已经演示过了，这里就不再赘述。

```
-----省略部分内容-----
[root@bogon html]# cd /usr/share/nginx/html
[root@bogon html]# pwd
/usr/share/nginx/html
[root@bogon html]# vim index.html  #将原先的 Nginx 欢迎界面改成自己的网站页面
<!DOCTYPE html>
<html>
<head>
<meta charset="utf-8">
<title>这是一个非常简单的网站!</title>
<style>
    body {
        width: 35em;
        margin: 0 auto;
        font-family: Tahoma, Verdana, Arial, sans-serif;
    }
</style>
</head>
<body>
<h1>这是一个非常简单的网站!</h1>


<p><em>简单到让人惊叹不已! </em></p>
</body>
</html>

[root@bogon html]# systemctl  start  nginx      #启动 Nginx 服务
[root@localhost html]# systemctl  stop  firewalld      #别忘了关掉防火墙
```

图 14-31 验证 Nignx 服务能否正常启动

（2）在虚拟机一（192.168.1.128）中部署 Nginx 服务并配置反向代理。

```
-----省略编译安装 Nginx 服务步骤-----
[root@noylinux nginx]# vim conf/nginx.conf
worker_processes  1;

user nginx;
pid  logs/nginx.pid;

events {
    worker_connections  1024;
}

http {
    include       mime.types;
    default_type  application/octet-stream;

    sendfile        on;
    keepalive_timeout  65;

    server {
        listen       80;
        server_name  localhost;

        location / {
             #反向代理，将用户请求反向代理到后端服务器
            proxy_pass http://192.168.1.130;
        }

        error_page   500 502 503 504  /50x.html;
        location = /50x.html {
            root   html;
        }
    }
}

[root@noylinux nginx]# ./sbin/nginx -c conf/nginx.conf    #启动 Nginx 服务
```

（3）用机器本身充当用户，直接访问 Nginx 反向代理服务器，如图 14-32 所示。因为原则上我们并不知道后端服务器的存在。

图 14-32　访问 Nginx 反向代理服务器

（4）再到虚拟机二（192.168.1.130），也就是后端服务器上查看 Nginx 访问日志，容易发现，虚拟机一（192.168.1.128），也就是反向代理服务器来访问过。

```
[root@noylinux html]# cat /var/log/nginx/access.log
192.168.1.1 - - [18/Dec/2021:23:06:30 +0800] "GET / HTTP/1.1" 304 0 "-" "Mozilla/5.0 (Windows NT 10.0; Win64; x64) AppleWebKit/537.36 (KHTML, like Gecko) Chrome/96.0.4664.110 Safari/537.36" "-"
192.168.1.128 - - [18/Dec/2021:23:19:16 +0800] "GET / HTTP/1.0" 200 353 "-" "Mozilla/5.0 (Windows NT 10.0; Win64; x64) AppleWebKit/537.36 (KHTML, like Gecko) Chrome/96.0.4664.110 Safari/537.36" "-"
192.168.1.128 - - [18/Dec/2021:23:19:16 +0800] "GET /favicon.ico HTTP/1.0" 404 555 "http://192.168.1.128/" "Mozilla/5.0 (Windows NT 10.0; Win64; x64) AppleWebKit/537.36 (KHTML, like Gecko) Chrome/96.0.4664.110 Safari/537.36" "-"
192.168.1.128 - - [18/Dec/2021:23:19:18 +0800] "GET / HTTP/1.0" 304 0 "-" "Mozilla/5.0 (Windows NT 10.0; Win64; x64) AppleWebKit/537.36 (KHTML, like Gecko) Chrome/96.0.4664.110 Safari/537.36" "-"
```

（5）大家有没有发现，日志中记录的是 Nginx 反向代理服务器的 IP 地址，而不是客户端的 IP 地址，那如何让后端服务器直接记录客户端的 IP 地址呢？这就需要用到上文介绍的几个辅助配置项。

```
[root@noylinux nginx]# vim conf/nginx.conf
-----省略部分内容-----
location / {
            proxy_set_header Host $http_host;
            proxy_set_header X-Real-IP $remote_addr;
            proxy_set_header X-Forwarded-For $proxy_add_x_forwarded_for;

            proxy_connect_timeout 60s;
            proxy_read_timeout 60s;
            proxy_send_timeout 60s;

            proxy_pass http://192.168.1.130;
    }
-----省略部分内容-----

[root@noylinux nginx]# ./sbin/nginx  -s reload  #重新加载Nginx配置
```

（6）再用机器本身假装用户访问 Nginx 反向代理服务器，这时看后端服务器上的 Nginx 访问日志，日志中记录了客户端的真实 IP 地址。

```
[root@noylinux html]# cat /var/log/nginx/access.log
-----省略部分内容-----
192.168.1.128 - - [18/Dec/2021:23:32:17 +0800] "GET / HTTP/1.0" 304 0 "-" "Mozilla/5.ike Gecko) Chrome/96.0.4664.110 Safari/537.36" "192.168.1.1"
192.168.1.128 - - [18/Dec/2021:23:32:19 +0800] "GET / HTTP/1.0" 304 0 "-" "Mozilla/5.ike Gecko) Chrome/96.0.4664.110 Safari/537.36" "192.168.1.1"
```

注

在真实的企业运维架构环境中，后端服务器只会允许代理服务器访问，用户是无法直接访问后端服务器的。

14.9 Nginx 正向代理

反向代理是代替服务端处理请求，正向代理正好相反，Nginx 正向代理是代替客户端处理请求。

正向代理的主要作用就是代替客户端发送请求给服务端，获得服务端响应数据后再返回给客户端，如图 14-33 所示。从服务端的角度来看，客户端仿佛就是这台 Nginx 正向代理服务器，但事实上并不是，它仅仅是一个中转站而已。

正向代理的实际应用场景也有很多，常见的是匿名访问，例如为了保护自己的隐私，通过正向代理服务器访问某些网站，这样网站的管理员无法得知访问者的真实位置。另一个应用是用作跳板机，很多企业的云服务器都在使用专有网络，没有在允许访问名单里的 IP 地址无法访问服务器，这个时候就需要一台跳板机，通过它来访问专有网络内的服务器。网络上有很多免费的正向代理服务器，甚至有些代理服务器可以让你访问到国外的一些网站，但是切记，千万不要用它来做违法的事情！

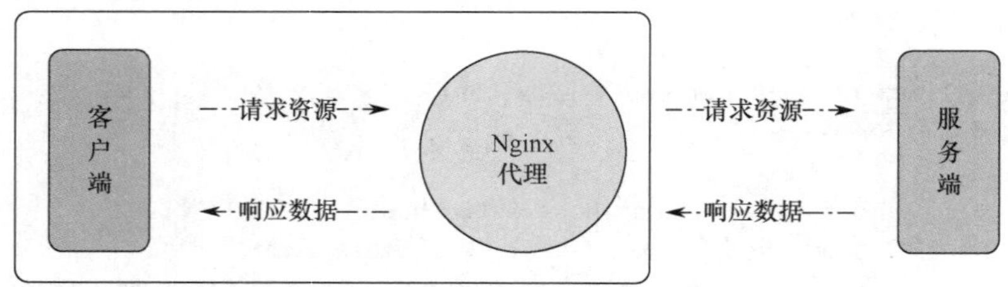

图 14-33　Nginx 正向代理

在 Nginx 主配置文件中配置正向代理的示例如下：

```
location / {
    resolver 114.114.114.114 223.5.5.5;
    resolver_timeout 30s;
    proxy_pass $scheme://$host$request_uri;
}
```

示例中，resolver 用于配置 DNS 服务器地址。可以配置多个，以轮询方式请求；resolver_timeout 用于解析超时时间；proxy_pass $scheme://$host$request_uri 为正向代理核心配置，用于转发客户端请求。

通过 Nginx 正向代理服务器访问网站。

在虚拟机二（192.168.1.130）上搭建一个简单的网站，在虚拟机一（192.168.1.128）上搭建 Nginx 正向代理服务器，Nginx 正向代理案例的架构如图 14-34 所示。我们在机器本身配置正向代理的地址，访问虚拟机二的网站，查看网站的访问日志记录的是谁的 IP 地址。

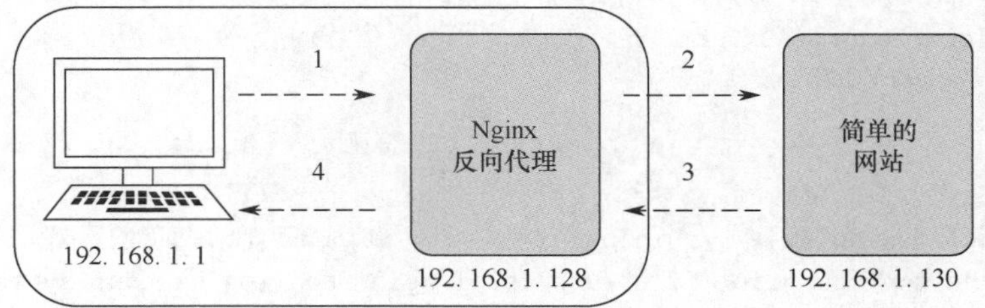

图 14-34　Nginx 正向代理案例的架构

（1）在虚拟机二（192.168.1.130）上搭建一个简单的网站。直接用 DNF 部署 Nginx 服务，再在 Nginx 服务上放一个网站，最后启动 Nginx 服务访问网站，如图 14-35 所示。

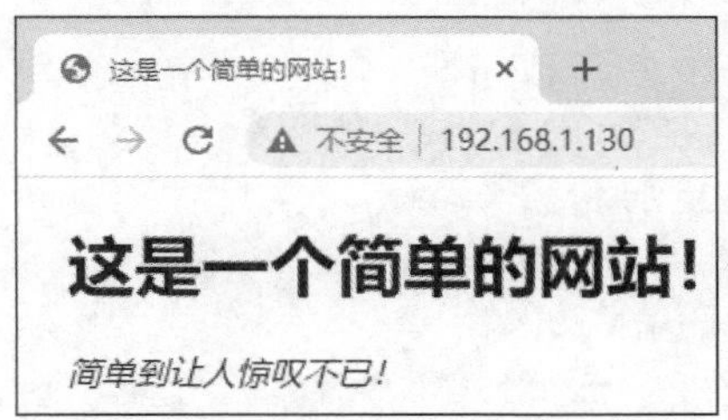

图 14-35　访问网站

（2）在虚拟机一（192.168.1.128）中部署 Nginx 服务并配置正向代理。

```
-----省略编译安装 Nginx 服务步骤-----
[root@noylinux nginx]# vim conf/nginx.conf
user nginx;
pid        logs/nginx.pid;

events {
    worker_connections  1024;
}

http {
    include       mime.types;
    default_type  application/octet-stream;

    sendfile        on;
    keepalive_timeout  65;

    server {
        listen       80;         #端口使用默认的 80 端口
```

```
        server_name  localhost;

        location / {
                resolver        114.114.114.114 223.5.5.5;
                resolver_timeout 30s;
                proxy_pass $scheme://$host$request_uri;
        }

        error_page   500 502 503 504  /50x.html;
        location = /50x.html {
            root   html;
        }
    }
}
[root@noylinux nginx]# ./sbin/nginx    -t    #养成好习惯，每次配置完先检查一下
nginx: the configuration file /usr/local/nginx/conf/nginx.conf syntax is ok
nginx: configuration file /usr/local/nginx/conf/nginx.conf test is successful
[root@noylinux nginx]# ./sbin/nginx    -c  conf/nginx.conf
```

（3）因为使用本地计算机作为客户端，充当用户的角色，所以我们需要为本地计算机（Windows 系统）配置代理，指向 Nginx 正向代理服务器，步骤如图 14-36 所示。

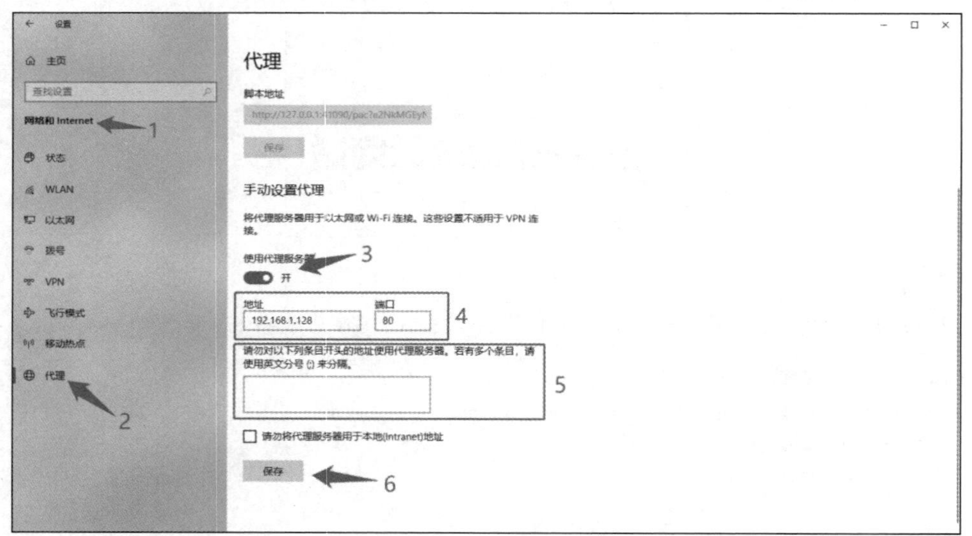

图 14-36　在 Windows 系统上配置代理

（4）计算机本身的代理配置完成后，使用浏览器访问虚拟机二（192.168.1.130）的网站，如图 14-37 所示。再去虚拟机二上查看 Nginx 访问日志，查看访问网站的 IP 地址。

```
[root@localhost nginx]# tail -f /usr/local/nginx/logs/access.log
192.168.1.1 - - [19/Dec/2021:17:01:53 +0800] "GET / HTTP/1.1" 304 0 "-" "Mozilla/5.0 (Windows NT 10.0; Win64; x64) AppleWebKit/537.36 (KHTML, like Gecko) Chrome/96.0.4664.110 Safari/537.36" "-"
192.168.1.128 - - [19/Dec/2021:17:21:22 +0800] "GET / HTTP/1.0" 304 0 "-" "Mozilla/5.0 (Windows NT 10.0; Win64; x64) AppleWebKit/537.36 (KHTML, like Gecko) Chrome/96.0.4664.110 Safari/537.36" "-"
```

图 14-37　客户端通过代理访问网站（计算机使用浏览器访问虚拟机二的网站）

通过访问日志可以看到有两条访问记录。第一条访问记录的客户端 IP 地址是计算机本身，这是因为在步骤一搭建好网站后访问了一下确认网站是否搭建成功；第二条访问记录是在计算机配置了代理后访问的，记录的客户端 IP 地址是 Nginx 正向代理服务器的，说明 Nginx 正向代理配置成功。

因为客户端访问网站时是通过 Nginx 代理服务器访问的，代理服务器将访问的结果再转发给客户端，这样网站的访问日志中记录的来访人员只能是代理服务器。对于网站来说，它并不知道客户端的存在。

14.10　Nginx 负载均衡

上文介绍了 Nginx 的反向代理和正向代理。这两个代理的核心区别就是反向代理代理的是服务器，而正向代理代理的是客户端。其中我们又详细介绍了反向代理的理论知识和如何通过 Nginx 实现反向代理。本节我们通过 Nginx 的反向代理实现另外一个重要的功能——负载均衡，也就是分流。

由图 14-38 的 Nginx 负载均衡效果图可见，本来是将一批用户请求全部发送到一台服务器上处理，在使用负载均衡后，这一批用户请求就会被分摊到多台服务器上处理，在提升处理速度的同时还可以处理更多的用户请求，这样就实现了负载均衡。

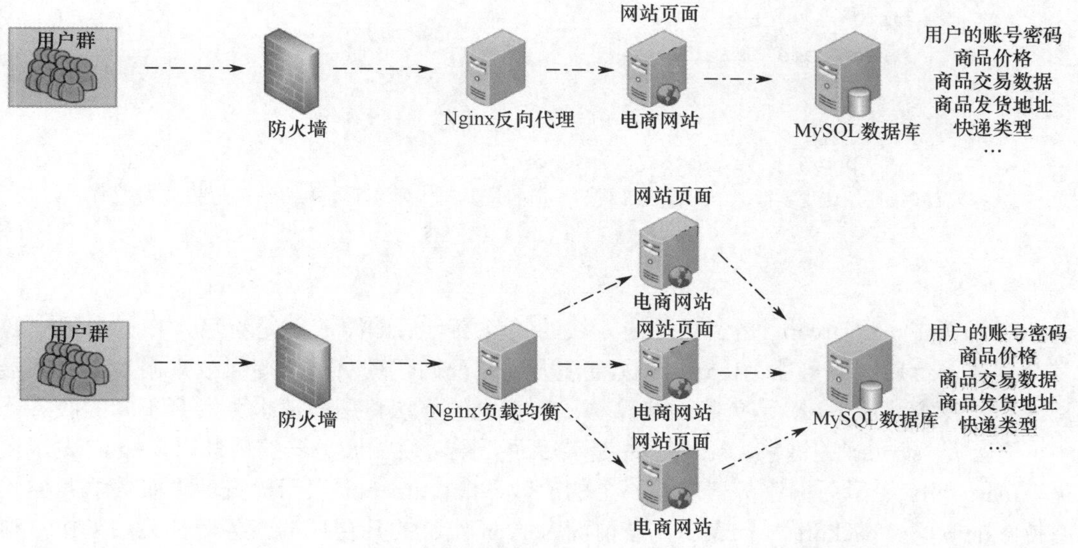

图 14-38　Nginx 负载均衡效果图

负载均衡可以分为以下两种：

（1）一种是通过硬件来实现，常见的硬件有 NetScaler、F5（见图 14-39）。这些商用的负载均衡器的实现效果是最好的，唯一的缺点就是价格昂贵。

（2）一种是通过软件来实现，常见的软件有 LVS、Nginx 和 Apache 等，它们是基于 Linux 操作系统并且开源的负载均衡策略，但是相比硬件实现方法，软件的负载均衡性能相对低一些。

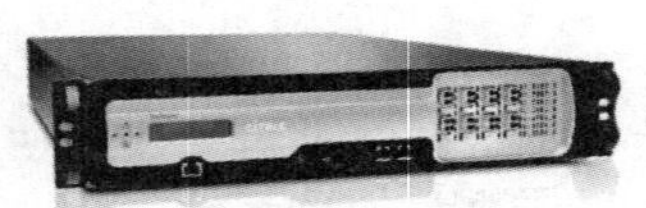

NetScaler

F5

图 14-39　NetScaler、F5

在 Nginx 中，实现负载均衡功能的是自带的一个功能模块—— upstream。upstream 模块的语法格式非常简单，示例如下：

```
upstream  web1  {
#-->web1 是负载均衡组的名称，负载均衡组要定义在 server 模块之外
          ip_hash;
#-->负载均衡算法
          server  192.168.1.1   weight=1  max_fails=2     fail_timeout=2;
          #-->    网站地址      权重为 1  最多错误几次    每次检查持续时间
          server 192.168.1.2  weight=1  max_fails=2  fail_timeout=2;
          server  127.0.0.1:8080  backup;     }
          #-->备用地址


server {
       listen       80;
       server_name  localhost;

location  /  {
            proxy_pass  http://webserver/;
#-->反向代理，这里要改为 upstream 组名，指的是反向代理这个组中的所有元素
           }
      }
```

在示例中，upstream 是负载均衡模块的关键字，后面跟着的是组名，在一个组中通常会存在多台后端服务器，location 配置项会通过反向代理负载均衡组名来向后端服务器调配用户请求。ip_hash 是负载均衡算法，按指定的算法将用户请求分发到不同的服务器中。之后是 server 关键字，server 关键字后面要跟着后端服务器的地址，weight 表示权重，max_fails 表示后端服务器联系不上的次数，fail_timeout 表示检查后端服务器监控状态持续的时间。backup 一行表示，若前面 server 定义的几台后端服务器都无法工作，则使用这一台备用的后端服务器。

> **注**
>
> 后端服务器的地址格式是“IP:端口”，若网站使用默认的 80 端口，可以只使用“IP”。

upstream 模块定义好后，通过 location 配置项中的 proxy_pass 关键字使 upstream 模块生效。proxy_pass 关键字后面是 upstream 组名，含义是反向代理这个组中的所有元素。

在 Nginx 配置文件中定义 upstream 时，定义的位置一定要在 server 模块外，并且建议定义在 http 模块内部。Nginx 支持以下 6 种负载均衡算法：

（1）轮询（round-robin）：Nginx 默认的负载均衡策略。所有的请求按照时间顺序轮流分配到后端服务器上，可以均衡地将用户请求分散到各个后端服务器上，但是并不关心后端服务器的连接数和系统负载。

（2）源地址哈希（ip_hash）：指定负载均衡器按照基于客户端 IP 的分配方式，通过对 IP 的 hash 值进行计算从而选择分配的服务器。简单来讲就是将来自于同一个客户端的请求始终定向到同一个服务器。这是这种算法的一个重要特点，能保证 session 会话的维持。

例如，若无法保持 session 会话，当用户关闭已登录成功的网站页面，再重新打开时，该用户就不是登录状态了，需要再重新输入账号密码进行登录。若保持 session 会话，当用户关闭已登录成功的网站页面，再重新打开时，该用户还保持登录状态。

ip_hash 不能与 backup 同时使用，且当有服务器需要剔除掉时，必须手动停止。

（3）最小连接数（least-conn）：将下一个请求分配到拥有最少活动连接数的后端服务器中。轮询是把用户请求平均分配给各个后端服务器，使它们的负载大致相同。但是有些请求占用的时间很长，会导致其所在的后端负载较高。在这种情况下，least_conn 算法可以达到更好的负载均衡效果。

此算法适用于用户请求处理时间长短不一，造成服务器过载的情况。

（4）加权轮询（weight）：在轮询算法的基础上指定轮询的概率。权重越高被分配的概率越大，适合服务器硬件性能存在一定差距的情况。

（5）响应时间（fair）：按照服务器端的响应时间来分配请求，响应时间短的优先分配。需要安装第三方插件。

（6）URL 分配（url_hash）：按访问 URL 的哈希结果来分配请求，使每个 URL 定向到同一个后端服务器。若同一个资源多次请求，可能会到达不同的服务器上，导致不必要的多次下载，缓存命中率不高和下载资源消耗时间的浪费。而使用 url_hash 算法，可以使得同一个 URL（也就是同一个资源请求）到达同一台服务器，一旦缓存了资源，再次收到相同请求，就可以直接在缓存中读取。

接下来介绍访问网站的整个流程（Nginx 负载均衡），看看在每个阶段中各个服务都发挥了什么作用。

用户群的访问请求在到达网站服务器之前首先会经过防火墙，防火墙会拦截黑客攻击和恶意访问，将恶意请求排除在外，放行正常的访问。

防火墙放行的访问请求到达 Nginx 负载均衡服务器，服务器将访问请求按照之前设置好的算法进行分流，实现负载均衡。

假设按默认的轮询算法分流用户请求，流程大致如下：第一个请求去第一台服务器，第二个请求去第二台服务器，第三个请求去第三台服务器，第四个请求去第一台服务器……类似这样依次轮流把用户请求分发到3台服务器上。

有的朋友可能会问，这么多请求分发到不同的服务器上，访问的网站页面和数据会不会存在不一样的情况？不会的，因为图14-40中的3台电商网站服务器都指向了同一台数据库服务器，这台服务器中部署了数据库服务，各种网站数据，包括商品价格、介绍、时间和账户密码等，都存放在数据库中，3台电商网站服务器提供的不过是网站的页面。

搭建一个小规模的负载均衡架构。

启动4台服务器，1台作为负载均衡服务器，另外3台是电商网站服务器（还未介绍数据库部分的知识，这里先不搭建）。搭建过程如下：在虚拟机一、二、三中通过Nginx服务部署电商网站，模拟3台电商网站服务器；在虚拟机四中搭建Nginx服务并配置负载均衡，负载均衡的对象是这3台电商网站服务器，在Nginx配置文件中设置不同的算法。

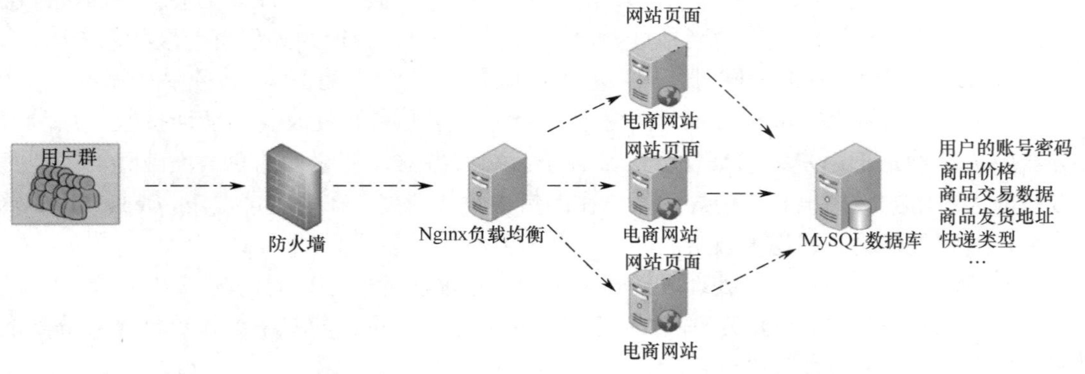

图14-40　访问网站的整个流程（Nginx负载均衡）

注

在企业生产环境中，案例中的3台电商网站是在企业内网中的，用户无法通过互联网直接访问这3个网站，只能通过Nginx负载均衡服务器。

（1）在虚拟机一、二、三中部署Nginx服务，建议使用DNF软件安装包管理器进行安装，分别在3台虚拟机中部署电商网站，最后启动服务器即可。安装Nginx服务的步骤上文已经演示过，这里不再赘述。

```
-----省略部分内容-----
[root@bogon html]# cd /usr/share/nginx/html
[root@bogon html]# pwd
/usr/share/nginx/html
```

```
[root@bogon html]# vim index.html  #将原先的Nginx欢迎界面改成自己的网页
<!DOCTYPE html>
<html>
<head>
<meta charset="utf-8">
<title>电商网站三!</title>
<style>
    body {
        width: 35em;
        margin: 0 auto;
        font-family: Tahoma, Verdana, Arial, sans-serif;
    }
</style>
</head>
<body>
<h1>这是第三个非常简单的电商网站!</h1>


<p><em>简单到让人惊叹不已!!! </em></p>
</body>
</html>

[root@bogon html]# systemctl  start  nginx       #启动Nginx服务
[root@localhost html]# systemctl  stop  firewalld    #别忘了关掉防火墙
```

在 3 台虚拟机中搭建电商网站，完成后的效果如图 14-41 所示。

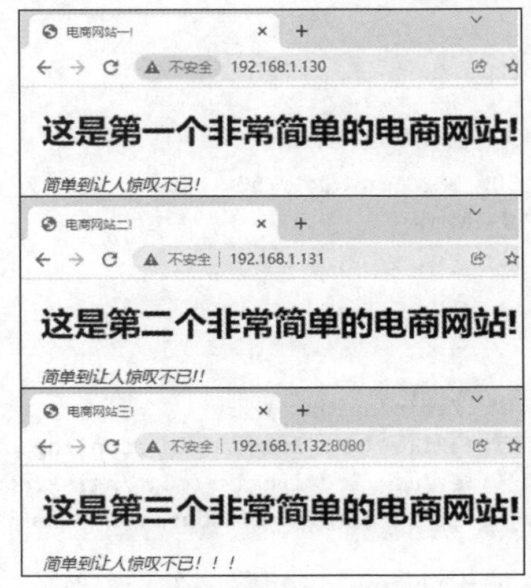

图 14-41　模拟 3 个电商网站

注意看，第三个电商网站使用的不是默认的 80 端口，访问端口被改为 8080，这样做是想演示当网站不用 80 端口访问时，在 upstream 模块中该如何配置。

（2）配置 Nginx 负载均衡服务器。首先在这台服务器中安装 Nginx 服务，然后在主配置文件中配置负载均衡，同时将这 3 台电商网站服务器加入 Nginx 负载均衡中。

```
-----省略部分内容-----
[root@noylinux nginx]# cd /usr/local/nginx
[root@noylinux nginx]# vim conf/nginx.conf
user  nginx;
worker_processes  1;
pid        logs/nginx.pid;

events {
    worker_connections  1024;
}

http {
    include       mime.types;
    default_type  application/octet-stream;
    sendfile        on;
    keepalive_timeout  65;

    upstream web {
   server 192.168.1.130    max_fails=2     fail_timeout=2;
   server 192.168.1.131    max_fails=2     fail_timeout=2;
   sserver 192.168.1.132:8080    max_fails=2     fail_timeout=2;
    }

    server {
        listen       80;
        server_name  localhost;

        location / {
        proxy_pass http://web/;
        }

        error_page   500 502 503 504  /50x.html;
        location = /50x.html {
            root   html;
        }
    }
}
[root@noylinux nginx]# ./sbin/nginx -t
nginx: the configuration file /usr/local/nginx/conf/nginx.conf syntax is ok
nginx: configuration file /usr/local/nginx/conf/nginx.conf test is successful
[root@noylinux nginx]# ./sbin/nginx  -c  conf/nginx.conf
```

在案例中，我们首先编辑 Nginx 主配置文件，然后在 server 模块外定义 1 个 upstream 组，upstream 组的组名叫 web（可以随意命名）。负载均衡的算法使用默认的轮询算法，将 3 个电商网站的访问地址添加到负载均衡中。在 location 配置项中通过 proxy_pass 关键字反向代理 upstream 模块，proxy_pass 关键字后面的格式为 http://upstream 组名/。

至此，Nginx 的负载均衡就配置完成了，通过-t 选项检查配置文件的正确性，没有问题后启动 Nginx 服务。此时使用的是默认的负载均衡算法（轮询），客户端 3 次访问电商网站的结果如图 14-42 所示。

由图 14-42 可以明显看出，轮询算法是将用户请求按照时间顺序轮流分发到后端服务器上。

将默认的算法改成源地址哈希（ip_hash)算法，示例如下：

```
[root@noylinux nginx]# vim conf/nginx.conf
-----省略部分内容-----
    upstream web {
        ip_hash;
        server 192.168.1.130    max_fails=2     fail_timeout=2;
        server 192.168.1.131    max_fails=2     fail_timeout=2;
        server 192.168.1.132:8080   max_fails=2     fail_timeout=2;
}
-----省略部分内容-----
[root@noylinux nginx]# ./sbin/nginx -t
nginx: the configuration file /usr/local/nginx/conf/nginx.conf syntax is ok
nginx: configuration file /usr/local/nginx/conf/nginx.conf test is successful
[root@noylinux nginx]# ./sbin/nginx  -c  conf/nginx.conf
```

示例中只需要对 upstream 模块中的算法进行修改，修改完算法，客户端 3 次访问电商网站的结果如图 14-43 所示。

由图 14-43 可以看出，源地址哈希算法的特点就是将来自于同一个客户端的请求始终定向到同一个服务器，这种特点的优势是始终能维持 session 会话。

图 14-42　客户端 3 次访问电商网站的结果（轮询算法）

图 14-43　客户端 3 次访问电商网站的结果（源地址哈希算法）

最后将算法改为加权轮询（weight)，假设第三台服务器的性能比前两台高（将第三台服务器的网站权重配置高一些），示例如下：

```
[root@noylinux nginx]# vim conf/nginx.conf
-----省略部分内容-----
```

```
    upstream web {
        server 192.168.1.130  weight=1   max_fails=2     fail_timeout=2;
        server 192.168.1.131  weight=1   max_fails=2     fail_timeout=2;
        server 192.168.1.132:8080  weight=5  max_fails=2     fail_timeout=2;
}
-----省略部分内容-----
[root@noylinux nginx]# ./sbin/nginx -t
nginx: the configuration file /usr/local/nginx/conf/nginx.conf syntax is ok
nginx: configuration file /usr/local/nginx/conf/nginx.conf test is successful
[root@noylinux nginx]# ./sbin/nginx  -c  conf/nginx.conf
```

加权轮询算法下，客户端 3 次访问电商网站的结果如图 14-44 所示。

图 14-44　客户端 3 次访问电商网站的结果（加权轮询算法）

由图 14-44 可以看出，加权轮询法是在轮询算法的基础上指定轮询的概率。权重越高被分配的概率越大，特别适合服务器硬件性能参差不齐的情况。

14.11　Nginx 平滑升级（热部署）

平滑升级在企业中应用的次数并不频繁，但是作为 Linux 运维工程师，也必须掌握。

Nginx 从 2002 年问世至今，越来越流行，用户也越来越广泛，同时在社区和开发人员的维护下，Nginx 版本的升级迭代也开启了加速模式，图 14-45 是 Nginx 版本更新发布记录，从图中可以看到，基本上一个月就要更新四五次。

大家试想一下，一旦一个增加了重要功能或者修复严重 Bug 的版本发布，用户大概率会更新这个版本，而且随着版本升级的频率越来越快，用户进行更新的频率也会越来越快。但此时就会出现一个矛盾：企业中正在运行的业务系统是不能停的，例如购物网站，随时都会有很多用户访问，若直接将网站关停进行更新，用户便无法访问，就算发布了系统升级通知，用户会选择访问其他购物网站，这种停服更新的操作是很容易流失用户的。怎么办呢？平滑升级技术就是这一矛盾的最佳解决方案，平滑升级也是 Linux

运维工程师必备的技能之一。

图 14-45 Nginx 版本更新发布记录

平滑升级就是在不停止公司业务或者不停止公司网站的前提下对 Nginx 服务进行版本的升级，而且正在访问的用户也感觉不到升级过程，这就是所谓的 Nginx 无感知升级。

Nginx 平滑升级的过程也非常简单，总体概括如下：

（1）在不停止 Nginx 现有进程的情况下，启动新版本的进程（master 和 worker 进程）。

（2）原有 Nginx 进程处理之前未处理完的用户请求，但不再接受新的用户请求。

（3）新启动的高版本 Nginx 接受并处理新进来的用户请求。

（4）原有 Nginx 进程处理完之前未处理完的用户请求后就关闭所有连接并且退出。

（5）此时服务器上就只存在一个新的高版本的 Nginx 服务了。

一般有在两种情况下需要升级 Nginx：一种是现版本 Nginx 存在高危漏洞，必须升级高版本的 Nginx 来修复；另一种就是要用到 Nginx 新增加的功能模块。

Nginx 一旦运行，可以通过两种方式来进行控制。第一种方式是使用-s 命令行选项再次调用 Nginx。例如，通过 nginx -s stop 命令停止 Nginx 服务；通过 nginx -s signal 命令向主进程发送信号，参数是信号（signal）。-s 命令行选项的参数包括以下几种：

- stop：快速关闭。
- quit：正常关闭。
- reload：重新加载配置，使用新配置启动新的工作进程，正常关闭旧工作进程。
- reopen：重新打开日志文件。

注

stop 的作用是快速停止 Nginx 服务，可能并不保存相关信息；quit 的作用是完整有序地停止 Nginx 服务，并保存相关信息。

第二种方式是向 Nginx 进程发送信号。默认 Nginx 会将其主进程 ID 写入 nginx.pid 文件中，我们可以通过 PID 向 Nginx 主进程发送各种信号来达到控制 Nginx 的目的。Nginx 主进程可以处理的信号如下：

- TERM, INT：立刻退出。
- QUIT：等待工作进程结束后再退出。
- KILL：强制终止进程。
- HUP：重新加载配置文件，使用新的配置启动新的工作进程，正常关闭旧的工作进程。
- USR1：重新打开日志文件。
- USR2：执行升级，并启动新的主进程，实现热升级。
- WINCH：逐步关闭工作进程或正常关闭工作进程。

接下来简单介绍一下如何用发送信号的方式控制 Nginx，语法格式为

kill -信号 进程 id（PID）

例如，kill -QUIT 16396。kill 命令可以将指定的信号根据 PID 发送至指定的程序中，默认的信号为 SIGTERM(15)，也就是将指定的程序终止。

Nginx 平滑升级。

（1）目前在虚拟机中已经运行着一个旧版本的 Nginx（1.16.1）服务，通过-V 命令行选项可以看到 Nginx 的版本号和当初在编译时使用到的编译选项及其他信息。

```
[root@noylinux nginx]# pwd
/usr/local/nginx
[root@noylinux nginx]# ./sbin/nginx  -V #查看 Nginx 的版本号及其他信息
nginx version: nginx/1.16.1
built by gcc 8.5.0 20210514 (Red Hat 8.5.0-4) (GCC)
built with OpenSSL 1.1.1k  FIPS 25 Mar 2021
TLS SNI support enabled
configure arguments: --prefix=/usr/local/nginx
--sbin-path=/usr/local/nginx/sbin/nginx
--conf-path=/usr/local/nginx/conf/nginx.conf
--error-log-path=/usr/local/nginx/log/error.log
-----省略部分内容-----
[root@noylinux nginx]# ps -ef | grep nginx      #查看 Nginx 运行中的进程
root         58903          1  0 22:19 ?           00:00:00 nginx: master
process ./sbin/nginx -c conf/nginx.conf
root      58904   58903  0 22:19 ?        00:00:00 nginx: worker process
root      58909    2366  0 22:20 pts/1    00:00:00 grep --color=auto nginx
```

（2）Nginx 服务正在正常运行，将最新版的 Nginx 源码包（此处使用的版本号为 1.20.2）上传至服务器，解压并进入解压后的目录中。别忘了还有一个在编译 Nginx 时用到的 pcre 压缩包，也需要将它解压。

```
[root@noylinux ~]# tar xf pcre-8.42.tar.gz
[root@noylinux ~]# tar xf nginx-1.20.2.tar.gz
[root@noylinux ~]# cd nginx-1.20.2/
[root@noylinux nginx-1.20.2]#
```

（3）编译新版本的Nginx，注意在编译新版本 Nginx 源码包时，安装路径和编译时的选项需要与旧版保持一致，安装路径和编译选项的信息都可以通过 nginx -V 命令获取，我们直接复制“configure arguments:”中的内容即可。还有一点要嘱咐大家，千万不要执行 make install 命令（正常的安装流程为 ./configure ... → make → make install）。

```
[root@noylinux nginx-1.20.2]# ./configure --prefix=/usr/local/nginx --sbin-path=/usr/local/nginx/sbin/nginx --conf-path=/usr/local/nginx/conf/nginx.conf --error-log-path=/usr/local/nginx/log/error.log --http-log-path=/usr/local/nginx/log/access.log --pid-path=/var/run/nginx/nginx.pid --lock-path=/var/lock/nginx.lock --user=nginx --group=nginx --with-http_ssl_module --with-http_flv_module --with-http_stub_status_module --with-http_gzip_static_module --http-client-body-temp-path=/usr/local/nginx/client_body_temp --http-proxy-temp-path=/usr/local/nginx/proxy_temp --http-fastcgi-temp-path=/usr/local/nginx/fastcgi_temp --http-uwsgi-temp-path=/usr/local/nginx/uwsgi_temp --http-scgi-temp-path=/usr/local/nginx/scgi_temp --with-pcre=/root/pcre-8.42

checking for OS
 + Linux 4.18.0-305.3.1.el8.x86_64 x86_64
checking for C compiler ... found
 + using GNU C compiler
 + gcc version: 8.5.0 20210514 (Red Hat 8.5.0-4) (GCC)
checking for gcc -pipe switch ... found
-----省略部分内容-----
  nginx http uwsgi temporary files: "/usr/local/nginx/uwsgi_temp"
  nginx http scgi temporary files: "/usr/local/nginx/scgi_temp"

[root@noylinux nginx-1.20.2]#
[root@noylinux nginx-1.20.2]# make
make -f objs/Makefile
make[1]: 进入目录“/root/nginx-1.20.2”
cd /root/pcre-8.42 \
&& if [ -f Makefile ]; then make distclean; fi \
-----省略部分内容-----
-ldl -lpthread -lcrypt /root/pcre-8.42/.libs/libpcre.a -lssl -lcrypto -ldl -lpthread -lz \
-Wl,-E
sed -e "s|%%PREFIX%%|/usr/local/nginx|" \
    -e "s|%%PID_PATH%%|/var/run/nginx/nginx.pid|" \
    -e "s|%%CONF_PATH%%|/usr/local/nginx/conf/nginx.conf|" \
    -e "s|%%ERROR_LOG_PATH%%|/usr/local/nginx/log/error.log|" \
    < man/nginx.8 > objs/nginx.8
```

```
make[1]: 离开目录“/root/nginx-1.20.2”
[root@noylinux nginx-1.20.2]#
```

（4）替换二进制文件，此时二进制文件也成为可执行文件，也就是 sbin 目录下的 nginx 命令，建议替换之前先将原先的二进制文件备份。替换时建议使用 cp 命令，而且还要加上-rf 选项进行强制替换。

```
[root@noylinux      nginx-1.20.2]#      cp      /usr/local/nginx/sbin/nginx
/usr/local/nginx/sbin/nginx-bak
[root@noylinux nginx-1.20.2]# cp -rf  objs/nginx   /usr/local/nginx/sbin/
cp：是否覆盖'/usr/local/nginx/sbin/nginx'？ yes
[root@noylinux nginx-1.20.2]#
```

（5）二进制文件替换完毕，执行-t 选项检查 Nginx 服务是否正常。

```
[root@noylinux nginx-1.20.2]# /usr/local/nginx/sbin/nginx  -t
nginx: the configuration file /usr/local/nginx/conf/nginx.conf syntax is ok
nginx: configuration file /usr/local/nginx/conf/nginx.conf test is successful
```

可以明显看到，新版本的 nginx 命令可以正常使用，而且配置文件都很正常。

（6）向 master 进程发送 USR2 信号，Nginx 会启动一个新版本的 master 进程和相对应的 worker 进程，和旧版本的 master 进程一起处理请求。

此时新版本的 master 进程和旧版本的 master 进程会同时存在，旧版本的 master 进程不再接收新的请求，继续处理完现有请求并退出，新版本的 master 进程接收新的用户请求并接替老版本的进程进行服务。

在发送信号之前我们先看一下目前旧版本 Nginx 正在运行的进程，注意看进程 PID 的变化！

```
[root@noylinux nginx-1.20.2]# ps -ef | grep nginx    #目前旧版本 Nginx 的进程
root  58903     1  0 22:19 ?       00:00:00 nginx: master process ./sbin/nginx -
c conf/nginx.conf
root  58904   58903  0 22:19 ?       00:00:00 nginx: worker process
root  65782    2217  0 23:01 pts/0    00:00:00 grep --color=auto nginx

[root@noylinux nginx-1.20.2]# kill -USR2 58903   #向 master 进程发送 USR2 信号

[root@noylinux nginx-1.20.2]# ps -ef | grep nginx
root   58903    1   0  22:19  ?  00:00:00  nginx:  master  process  ./sbin/nginx  -c
conf/nginx.conf
root  58904   58903  0 22:19 ?       00:00:00 nginx: worker process
root   65787   58903   0  23:01  ? 00:00:00  nginx:  master  process  ./sbin/nginx  -c
conf/nginx.conf
root  65788   65787  0 23:01 ?       00:00:00 nginx: worker process
root  65790    2217  0 23:01 pts/0    00:00:00 grep --color=auto nginx

[root@noylinux nginx-1.20.2]#
```

可以看到旧版本的进程依然存在，但是又新启动了两个新版本的Nginx 进程（master

进程和 worker 进程），旧版本 master 进程的 PID 是 58903，新版本 master 进程的 PID 是 65787。

（7）向旧版本的 master 进程发送 WINCH 信号，并逐步关闭自己的工作进程（master 进程不退出），这时所有的用户请求都会由新版本的 master 进程处理。

```
[root@noylinux nginx-1.20.2]# ps -ef | grep nginx
root  58903      1  0 22:19 ?      00:00:00 nginx: master process ./sbin/nginx -c conf/nginx.conf
root  58904  58903  0 22:19 ?      00:00:00 nginx: worker process
root  65787  58903  0 23:01 ? 00:00:00 nginx: master process ./sbin/nginx -c conf/nginx.conf
root  65788  65787  0 23:01 ?      00:00:00 nginx: worker process
root  65790   2217  0 23:01 pts/0   00:00:00 grep --color=auto nginx

[root@noylinux nginx-1.20.2]# kill -WINCH 58903 #向旧版本的 master 进程发送 WINCH 信号

[root@noylinux nginx-1.20.2]# ps -ef | grep nginx   #发送完信号之后所有 Nginx 进程的状态
root  58903   1  0  22:19 ?  00:00:00 nginx: master process ./sbin/nginx -c conf/nginx.conf
root  65787  58903  0 23:01 ? 00:00:00 nginx: master process ./sbin/nginx -c conf/nginx.conf
root  65788  65787  0 23:01 ?      00:00:00 nginx: worker process
root  65874   2217  0 23:06 pts/0   00:00:00 grep --color=auto nginx
[root@noylinux nginx-1.20.2]#
```

如果这时后悔了，需要回退版本继续使用旧版本的 Nginx，可向旧版本的 master 进程发送 HUP 信号，它会重新启动工作进程，而且仍使用旧版配置文件，再使用信号（QUIT、TERM 或 KILL）将新版本的 Nginx 进程杀死。

若想继续进行平滑升级的操作，则可以对旧版本的 master 进程发送信号（QUIT、TERM 或 KILL），使旧版本的 master 进程退出。

```
[root@noylinux nginx-1.20.2]# ps -ef | grep nginx
root  58903  1  0 22:19 ?   00:00:00 nginx: master process ./sbin/nginx -c conf/nginx.conf
root  65787 58903  0 23:01 ?  00:00:00 nginx: master process ./sbin/nginx -c conf/nginx.conf
root  65788  65787  0 23:01 ?      00:00:00 nginx: worker process
root  65874   2217  0 23:06 pts/0   00:00:00 grep --color=auto nginx

[root@noylinux nginx-1.20.2]# kill -QUIT  58903     #向旧版本的 master 进程发送 QUIT 信号

[root@noylinux nginx-1.20.2]# ps -ef | grep nginx   #发送完信号之后所有 Nginx 进程的状态
root  65787   1  0 23:01 ?   00:00:00 nginx: master process ./sbin/nginx -c
```

```
conf/nginx.conf
    root  65788   65787  0 23:01 ?        00:00:00 nginx: worker process
    root  65926    2217  0 23:11 pts/0    00:00:00 grep --color=auto nginx

    [root@noylinux nginx-1.20.2]#
```

（8）目前只剩下新版本的 Nginx 进程在正常运行，旧版本的 Nginx 进程已经全被替换，最后我们再通过 nginx -V 命令验证目前 Nginx 服务的版本信息。

```
    [root@noylinux nginx-1.20.2]# /usr/local/nginx/sbin/nginx -V
    nginx version: nginx/1.20.2
    built by gcc 8.5.0 20210514 (Red Hat 8.5.0-4) (GCC)
    built with OpenSSL 1.1.1k  FIPS 25 Mar 2021
    TLS SNI support enabled
    configure        arguments:        --prefix=/usr/local/nginx        --sbin-
path=/usr/local/nginx/sbin/nginx   --conf-path=/usr/local/nginx/conf/nginx.conf   --
error-log-path=/usr/local/nginx/log/error.log ------省略部分内容-----
```

可以看到，Nginx 程序的版本号已经变成了 1.20.2。整个平滑升级的过程对于用户来说是无感知的，升级过程并没有对网站的访问造成任何影响。

第 15 章

Web 服务器架构系列之 Apache

15.1 引言

Apache HTTP Server（简称 Apache 或 httpd）是 Apache 软件基金会的一个开源的 HTTP 服务项目，同时也曾经是霸占世界用户榜第一的 Web 服务器软件，而且霸占的时间非常久。

Apache 几乎可以运行在所有的计算机平台上，它所支持的操作系统包括 Linux 系列、Windows 系列、MacOS 系列等，由于其跨平台和安全性被广泛使用，是目前最流行的 Web 服务器端软件之一。

Apache 在 1996 年到 2014 年间一直霸占着全球 Web 服务器软件市场份额排名第一的位置，而且在最辉煌的时期全球有 70%的网站都在使用这款软件，可谓是风光一时。

部署 Apache 服务的服务器又称为补丁服务器，为什么这么说呢？原因很简单，Apache 是一款高度模块化的软件，想要给它添加相应的功能只需要添加对应的模块，再让 Apache 主程序加载相应的模块即可，不需要的模块可以不用加载，这就保证了 Apache 的简洁、轻便、稳定、高效，当出现大量用户访问服务器时，可以使用多种复用模式，这保证了服务器能够快速响应客户端的请求。

相比于 Nginx，Apache 又有怎样的优劣势呢？

在处理动静态请求方面，Apache 比较擅长处理动态请求，目前常用的网站大都是动态网站，所以在这方面 Apache 占据优势，而 Nginx 则比较擅长处理静态网站。

在稳定性方面，Apache 的稳定性比 Nginx 稍强，因为 Apache 的 Bug 数量少于 Nginx，这也是意料之中的事情，Apache 的开发始于 1995 年初，而 Nginx 的第一个开源版本诞生于 2004 年。这么一看，Apache 属于“老牌势力”，而 Nginx 属于“新生力量”，Apache 自然更“稳重”一些。

在具备的功能方面，Apache 要多于 Nginx，上文介绍过，Apache 是一款高度模块化的软件，添加对应的模块就能实现相对应的功能，经过多年来各个社区和官方的开发人员添砖加瓦，Apache 的模块非常多，甚至可以这么说：“你能想到的功能模块大都可以找到！”

在高并发处理能力方面，Apache 的高并发处理能力较弱，且耗费的服务器资源多；而 Nginx 的高并发处理能力强，且擅长处理反向代理，均衡负载。

总的来看，Apache 和 Nginx 各有优势，在不同的企业应用场景下所体现出的能力也各有强弱，还是要根据企业实际的应用场景选择合适的服务。

15.2　HTTP 请求过程与报文结构

迄今为止，市面上主流的客户端服务器架构为 C/S 和 B/S 两种，即客户端/服务器端和浏览器端/服务器端。

其中，C/S 模式需要用户单独安装客户端，例如，QQ、微信、迅雷、酷狗等软件，都属于 C/S 架构；而 B/S 模式需要通过浏览器来访问，并且服务器端负责处理全部的逻辑（B/S 模式的客户端固定是浏览器）。

总的来看，C/S 模式和 B/S 模式本质上是相同的，都是客户端与服务器进行通信，只是表现形式不同。

服务器与客户端之间建立连接的常用方式有以下几种：

- FTP：文件传输协议。
- HTTP：（超）文本传输协议。
- HTTPS：安全的文本传送协议，通过 SSL 进行加密。
- P2P：文件传输协议（点到点、端到端）。

本节主要介绍 HTTP 协议，HTTP 协议是一个应用层协议，其报文可以分为请求报文和响应报文两种类型，当客户端访问一个网页时，会先通过 HTTP 协议将请求的内容封装在 HTTP 请求报文中，服务器收到该请求报文后根据协议规范进行报文解析，再向客户端返回响应报文。

一次完整的 HTTP 请求过程大致包括下列步骤：

（1）建立连接：接受或拒绝客户端连接请求。

（2）接受请求：通过网络读取客户端发送过来的 HTTP 请求报文。

（3）处理请求：解析请求报文并进行相应处理。

（4）访问资源：访问请求报文中的相应资源。

（5）构建响应：使用正确的首部生成 HTTP 响应报文。

（6）发送响应：向客户端发送生成的响应报文。

（7）记录日志：将已经完成的 HTTP 事务记录到日志文件中。

请求报文和响应报文的格式如图 15-1 所示。

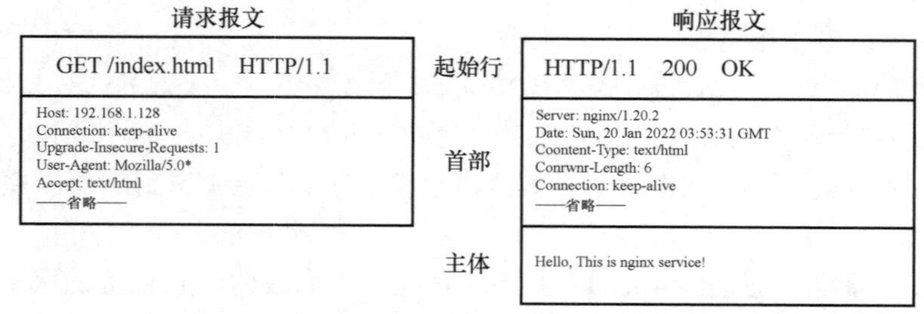

图 15-1　请求报文和响应报文的格式

HTTP 报文由 4 部分组成，分别是起始行、首部、空行和主体。

（1）起始行：对报文进行描述，用来区分请求报文与响应报文。

（2）首部：用来说明客户端、服务器或报文主体的一些信息。

（3）空行：通知服务器/客户端以下不再有请求/响应的头部信息。

（4）主体：请求或响应的数据。

HTTP 请求报文的格式如图 15-2 所示。

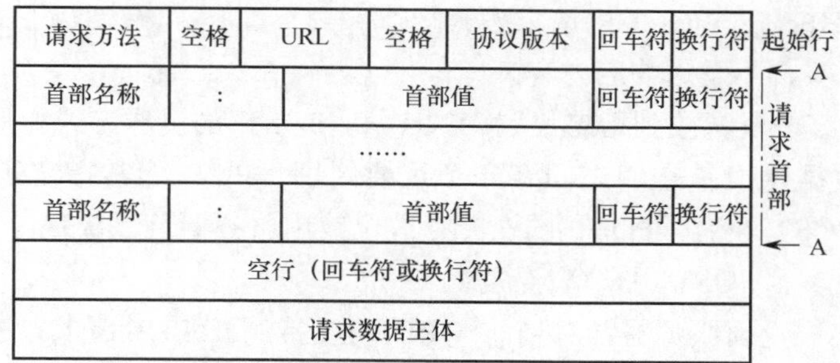

图 15-2　HTTP 请求报文的格式

由图 15-2 可见，在请求报文中，起始行可以分成 3 部分，分别是：

（1）请求的方法（GET/POST/...）；

（2）请求的 URL（/index.html）；

（3）协议版本（HTTP/1.1）。

HTTP 请求报文的起始行和首部。

```
GET /index.html HTTP/1.1
Host: 192.168.1.128
Connection: keep-alive
Cache-Control: max-age=0
Upgrade-Insecure-Requests: 1
User-Agent: Mozilla/5.0 (Windows NT 10.0; Win64; x64) AppleWebKit/537.36 (KHTML, like Gecko) Chrome/96.0.4664.110 Safari/537.36
Accept:
text/html,application/xhtml+xml,application/xml;q=0.9,image/avif,image/webp,image/apng,*/*;q=0.8,application/signed-exchange;v=b3;q=0.9
Accept-Encoding: gzip, deflate
Accept-Language: zh-CN,zh;q=0.9,en;q=0.8
If-None-Match: "61c9de21-6"
If-Modified-Since: Mon, 27 Dec 2021 15:39:13 GMT
```

上述案例中用的请求方法是 GET， HTTP 中共有 8 种请求方法：

➢ GET：从服务器上获取资源。因为传递的参数会直接展示在地址栏中，而某些浏览器或服务器可能会对 URL 的长度做限制，所以 GET 传递的参数长度会受限制，因此 GET 请求不适合用来传递私密数据，也不适合传递大量数据。需要注意的是，使用 GET 方法的 HTTP 请求报文中不会存在“主体”部分。

- POST：向服务器发送需要处理的数据。会把传递的数据封装在 HTTP 请求数据中，以名称/值的形式出现，可以传输大量数据，对数据量没有限制，也不会显示在 URL 中。例如提交表单或上传文件等。需要注意的是，POST 请求可能会导致新的资源建立或已有资源的更改。
- HEAD：HEAD 与 GET 的请求方式相似，只不过服务端接收到 HEAD 请求时只返回响应头，不发送响应内容。
- PUT：将某个资源放到指定位置。PUT 和 POST 的请求方式相似，都是向服务器发送数据，但是它们之间有一个重要区别，PUT 通常指定了资源的存放位置，而 POST 没有，POST 的资源存放位置由服务器自己决定。一般 PUT 用来更改资源，而 POST 用来增加资源。
- OPTIONS：返回服务器针对当前 URL 所支持的 HTTP 请求方法。请求成功的话，会在 HTTP 头中包含一个名为“Allow”的头，其值就是所支持的请求方式，如 GET、POST 等。
- DELETE：请求服务器删除 URL 中所标识的资源。
- TRACE：回显服务器收到的请求，主要用于测试或诊断。在目的服务器端会发起一个“回环”诊断，用来对可能经过代理服务器传送到服务端的报文进行追踪。
- CONNECT：将连接改为管道方式的代理服务器。此方法是 HTTP/1.1 协议预留的，通常用于 SSL 加密服务器的链接与非加密的 HTTP 代理服务器的通信。

在上述请求方法中比较常用的是 GET、POSP、HEAD 三种，其中 GET 和 POST 最本质的区别是，GET 是从服务器上请求数据，而 POST 是向服务器发送数据。

本节使用的是 HTTP/1.1 版本，该版本引入了持久连接（Persistent connection），即 TCP 连接默认不关闭，可以被多个请求复用，不用声明“Connection: keep-alive”，这解决了 HTTP/1.0 版本 keep-alive 的问题。HTTP 各版本的说明如下：

- HTTP/1.0：支持 GET、POST、HEAD 三种 HTTP 请求方式。
- HTTP/1.1：新增加 OPTIONS、PUT、DELETE、TRACE、CONNECT 五种 HTTP 请求方式。
- HTTP/2.0：为解决 HTTP/1.1 版本利用率不高的问题而推出。增加双工模式，不仅客户端能够同时发送多个请求，服务端也能同时处理多个请求，解决了队头阻塞的问题。同时增加了服务器推送功能，即不经请求，服务端主动向客户端发送数据。

当前主流的协议版本还是 HTTP/1.1 版本。

起始行中的内容介绍完我们再来看看请求首部，请求首部由关键字和值组成，每行为一对，其报文首部中所描述的信息如下：

```
Host：指定接收请求的服务器的地址和端口号
Client-IP：指定客户端的 IP 地址
From：指定客户端用户的 E-mail 地址
UA-CPU：显示客户端 CPU 的类型或制造商
UA-OS：显示客户端的操作系统名称及版本
User-Agent：将发起请求的应用程序名称告知服务器
Accept：告诉服务器能够发送哪些数据类型
Accept-Charset：告诉服务器能够发送哪些字符集
Accept-Encoding：告诉服务器能够发送哪些编码方式
Accept-Language：告诉服务器能够发送哪些语言
Range：如果服务器支持范围请求，就请求资源的指定范围
-----省略部分内容-----
```

HTTP 响应报文的格式如图 15-3 所示

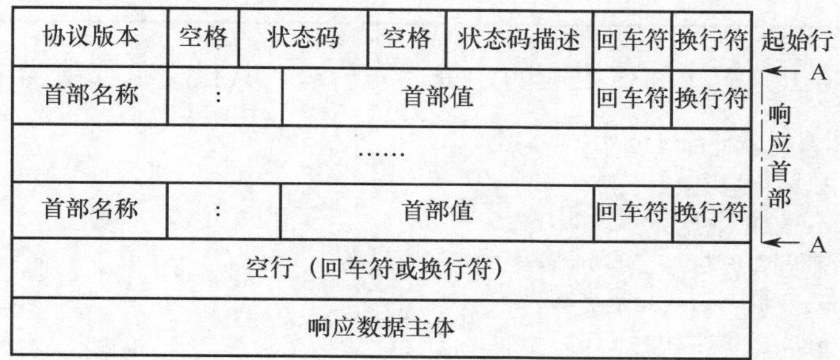

图 15-3　HTTP 响应报文的格式

HTTP 响应报文的起始行和首部。

```
HTTP/1.1 200 OK
Server: nginx/1.20.2
Date: Sun, 02 Jan 2022 04:26:51 GMT
Content-Type: text/html
Content-Length: 30
Last-Modified: Sun, 02 Jan 2022 04:26:47 GMT
Connection: keep-alive
ETag: "61d12987-1e"
Accept-Ranges: bytes
```

由图 15-3 可见，在响应报文中，起始行可以分成 3 部分：

（1）协议版本；

（2）状态码；

（3）状态码描述。

状态码用来确定请求的结果是正确的还是失败的，在 HTTP 协议中状态码被分为了 5 类，具体见表 15-1。

表 15-1　HTTP 协议状态码分类

分类	说　明	案例	说　明
1xx	指示信息类型的信息	100	继续，客户端应当继续发送请求
2xx	成功类型的状态信息，内容请求成功	200	客户端请求成功
		202	服务端成功处理，但未返回内容
3xx	重定向类型的信息，请求的内容存在，但被挪到其他地方	301	永久重定向，请求的资源已经永久地挪到了其他位置
		302	临时重定向，请求的资源临时挪到了其他位置
4xx	客户端错误类型的信息	400	非法请求，可能有语法错误，服务端无法理解
		401	请求未经授权
		403	服务端收到请求，但拒绝提供服务
		404	请求了一个不存在的资源
5xx	服务端错误类型的信息	500	服务端发生不可预期的错误
		503	当前不能处理客户端的请求，一段时间后可能会恢复正常

响应首部也是由关键字和值组成的，每行为一对，其报文首部中描述的信息如下：

```
Server：服务端服务的名称和版本
Content-Length：给出数据长度
Content-type：给出数据类型
Date：提供日期和时间标志，服务器产生响应的日期
Content-Type:数据主体的对象类型
Content-Length:数据主体的长度
Last-Modified：数据最后一次被修改的日期和时间
Connection:允许客户端和服务端指定与请求/响应连接有关的选项
ETag:与此实体相关的实体标记
Accept-Ranges：对此资源来说，服务端可接受的范围类型
-----省略部分内容-----
```

15.3　Apache 的两种安装方式

Apache 的安装方式和 Nginx 一样，分别是通过编译源码包和通过软件包管理器安装二进制包。

编译源码包的方式上文已经介绍过，只要有对应的编译环境，无论什么样的操作系统都可以部署上，而且还可以自定义功能（通过编译选项来控制）。若通过软件包管理器安装二进制包，需要指定对应的操作系统及版本，每种操作系统的不同版本所对应的二进制包也是不一样的，不过这可以通过 Linux 操作系统中的软件包管理器帮助解决。这两种安装方式之间的优缺点在第 9 章已经介绍过，这里再温习一下。

需要注意的是，Apache 的主程序名称叫作 httpd，也就是说安装 httpd 的过程就是安装 Apache 的过程，Apache 是服务的名称，而 httpd 是提供该服务的主程序。

1. 通过软件包管理器安装二进制包

CentOS 7 上使用的软件包管理器是 Yum，而 CentOS 8 和 Rocky 操作系统虽然也可以使用 Yum，但还是推荐大家使用 DNF，这里的演示是在 CentOS 8 系统上进行的，因现在

CentOS 8 停止维护，所以大家使用 Rocky 系统即可，命令执行的过程与结果是一致的。

安装二进制包的过程非常简单，确保服务器连接到网络并配置好了源仓库，接下来输入执行命令“dnf install httpd”即可。

案例

通过软件包管理器安装二进制包。

```
[root@noylinux ~]# cat /etc/centos-release  #查看操作系统版本号
CentOS Linux release 8.4.2105
[root@noylinux ~]# dnf install httpd     #安装 Apache 服务
CentOS Linux 8 - AppStream                2.8 kB/s |   4.3 kB   00:01
CentOS Linux 8 - AppStream                6.2 MB/s |   8.4 MB   00:01
CentOS Linux 8 - BaseOS                   6.5 kB/s |   3.9 kB   00:00
CentOS Linux 8 - BaseOS                   1.7 MB/s |   4.6 MB   00:02
CentOS Linux 8 - Extras                   643  B/s |   1.5 kB   00:02
CentOS Linux 8 - Extras                   15 kB/s  |   10 kB    00:00
#注：上面这一段是在检查和更新 yum 源仓库
依赖关系解决
=============================================================================
 软件包           架构     版本                               仓库      大小
=============================================================================
安装:
 httpd       x86_64   2.4.37-43.module_el8.5.0+1022+b541f3b1   appstream  1.4 M
安装依赖关系:
 apr              x86_64   1.6.3-12.el8                   appstream    129 k
 apr-util         x86_64   1.6.1-6.el8                    appstream    105 k
 centos-logos-httpd  noarch   85.8-2.el8                  baseos   75 k
 httpd-filesystem  noarch  2.4.37-43.module_el8.5.0+1022+b541f3b1  appstream 39 k
 httpd-tools x86_64   2.4.37-43.module_el8.5.0+1022+b541f3b1   appstream  107 k
 mod_http2   x86_64   1.15.7-3.module_el8.4.0+778+c970deab     appstream  154 k
安装弱的依赖:
 apr-util-bdb     x86_64   1.6.1-6.el8                         appstream  25 k
 apr-util-openssl     x86_64   1.6.1-6.el8                     appstream  27 k
启用模块流:
 httpd       2.4
事务概要
=============================================================================
安装  9 软件包

-----省略部分内容-----

已安装:
  apr-1.6.3-12.el8.x86_64
  apr-util-1.6.1-6.el8.x86_64
  apr-util-bdb-1.6.1-6.el8.x86_64
  apr-util-openssl-1.6.1-6.el8.x86_64
  centos-logos-httpd-85.8-2.el8.noarch
```

```
  httpd-2.4.37-43.module_el8.5.0+1022+b541f3b1.x86_64
  httpd-filesystem-2.4.37-43.module_el8.5.0+1022+b541f3b1.noarch
  httpd-tools-2.4.37-43.module_el8.5.0+1022+b541f3b1.x86_64
  mod_http2-1.15.7-3.module_el8.4.0+778+c970deab.x86_64

完毕!

[root@noylinux ~]# rpm -qa|grep httpd          #检查是否安装 Apache
httpd-filesystem-2.4.37-43.module_el8.5.0+1022+b541f3b1.noarch
httpd-tools-2.4.37-43.module_el8.5.0+1022+b541f3b1.x86_64
httpd-2.4.37-43.module_el8.5.0+1022+b541f3b1.x86_64
centos-logos-httpd-85.8-2.el8.noarch
[root@noylinux ~]# httpd -v                    #查看 Apache 的版本
Server version: Apache/2.4.37 (centos)
Server built:   Nov 12 2021 04:57:27

[root@noylinux ~]# apachectl start             #启动 Apache 服务
[root@noylinux ~]# apachectl status            #查看 httpd 程序状态
● httpd.service - The Apache HTTP Server
   Loaded: loaded (/usr/lib/systemd/system/httpd.service; disabled; vendor
preset: disabled)
   Active: active (running) since Tue 2022-01-04 16:05:08 CST; 2s ago
     Docs: man:httpd.service(8)
 Main PID: 32635 (httpd)
   Status: "Started, listening on: port 80"
-----省略部分内容-----
[root@noylinux ~]#
```

至此，Apache 服务就安装完成了，接下来我们通过浏览器访问一下新安装的 Apache 服务，如图 15-4 所示。

图 15-4　HTTP 服务器测试页

图 15-4 是 Apache 的欢迎界面，出现这个页面就表示 Apache 已经安装成功。接下来介绍几个与 httpd 服务控制相关的命令：

（1）httpd 自带的服务控制脚本。

- 启动 Apache 服务：apachectl start。
- 重启 Apache 服务：apachectl restart。

> ➢ 重启 Apache 服务，但不会中断原有的连接：apachectl graceful。
> ➢ 停止 Apache 服务：apachectl stop。
> ➢ 查看状态：apachectl status。
> ➢ 检查配置文件中的语法是否正确：apachectl configtest。

（2）启动 Apache 服务：systemctl start httpd。

（3）重载 Apache 服务：systemctl restart httpd。

（4）停止 Apache 服务：systemctl stop httpd。

（5）开机自启动：systemctl enable httpd。

安装完成后，与 httpd 相关的目录和配置文件的默认分布见表 15-2。

表 15-2　与 httpd 相关的目录和配置文件的默认分布

文件路径	类　型	作　用
/etc/httpd/conf/httd.conf	主配置文件	
/etc/httpd/conf.d/*.conf	扩展配置文件	
/var/www/html/	默认网站根目录	默认存放网站的目录，即网站的根目录
/var/log/httpd/	日志存放目录	httpd 运行时产生的访问日志、错误日志等都在此目录中
/usr/lib64/httpd/modules/	模块文件存放目录	httpd 所有的功能模块默认都存放在此目录中
/etc/httpd/conf.modules.d/	模块配置文件存放目录	单独对某一模块进行配置时需要修改这里对应的配置文件
/usr/share/doc/httpd	文档存放目录	与 httpd 相关的各种文档默认存放在此目录中
/var/cache/httpd	缓存目录	
/usr/share/man	帮助手册	

如果仔细观察安装过程容易发现，Apache 在安装的过程中默认会把工具包 httpd-tools 装上，这个工具包有许多实用的工具：

> ➢ Htpasswd：basic 认证基于文件实现时，用到的账号密码生成工具。
> ➢ apachectl：httpd 自带的服务控制脚本，支持 start、stop、restart 等。
> ➢ rotatelogs：日志滚动工具。
> ➢ suexec：访问某些有特殊权限配置的资源时，临时切换至指定用户运行的工具。
> ➢ ab：压力测试工具。

2. 通过编译源码包安装 Apache 服务

从官网下载最新的稳定版源码包并上传到服务器中。在正式编译安装前需要先将编译时所需的环境准备好，一条简单的安装编译环境的命令如下：

dnf -y install gcc gcc-c++ apr-devel apr-util-devel pcre pcre-devel openssl openssl-devel zlib-devel make redhat-rpm-config

通过编译源码包安装 Apache 服务的具体步骤如下：

（1）安装编译源代码时所需的依赖环境并创建安装目录。

```
[root@noylinux ~]# dnf -y install gcc gcc-c++ apr-devel apr-util-devel pcre pcre-devel openssl openssl-devel zlib-devel make redhat-rpm-config
```

```
依赖关系解决
================================================================================
 软件包                架构         版本                       仓库             大小
================================================================================
安装:
 apr-devel            x86_64   1.6.3-12.el8              appstream        246 k
 apr-util-devel       x86_64   1.6.1-6.el8               appstream        86 k
 gcc                  x86_64   8.5.0-4.el8_5             appstream        23 M
 gcc-c++              x86_64   8.5.0-4.el8_5             appstream        12 M
-----省略部分内容-----

事务概要
================================================================================
安装  35 软件包
升级  22 软件包

-----省略部分内容-----

完毕!
[root@noylinux opt]# mkdir /usr/local/httpd
```

（2）将下载的源码包上传至服务器中，并进行解压。

```
[root@noylinux opt]# ll
总用量 9496
-rw-r--r--. 1 root root 9719976 1月   3 22:50 httpd-2.4.52.tar.gz
[root@noylinux opt]# tar xf httpd-2.4.52.tar.gz
[root@noylinux opt]# cd httpd-2.4.52/
[root@noylinux httpd-2.4.52]# pwd
/opt/httpd-2.4.52
[root@noylinux httpd-2.4.52]#
```

（3）进入解压后的目录下，通过 configure 关键字加编译选项来检测目前操作系统的环境是否支持本次的编译安装。

通过 configure 关键字加编译选项可以检测目前的平台是否符合编译的要求，通过 ./configure --help 命令可以看到所有支持的编译选项及对应的功能解释。

```
[root@noylinux httpd-2.4.52]# ./configure \
> --prefix=/usr/local/httpd \
> --enable-deflate \
> --enable-expires \
> --enable-headers \
> --enable-modules=most \
> --enable-so \
> --with-mpm=worker \
> --enable-rewrite

checking for chosen layout... Apache
checking for working mkdir -p... yes
```

```
-----省略部分内容-----
config.status: executing default commands
configure: summary of build options:

    Server Version: 2.4.52
    Install prefix: /application/apache2.4.6
    C compiler:     gcc
    CFLAGS:          -pthread
    CPPFLAGS:       -DLINUX -D_REENTRANT -D_GNU_SOURCE
    LDFLAGS:
    LIBS:
    C preprocessor: gcc -E

[root@noylinux httpd-2.4.52]#
```

如果检查到当前的平台不符合编译要求，缺少某个软件环境，这里会报错并给出错误提示，我们根据错误提示安装对应的软件环境即可。

（4）若检测到目前的平台符合编译的要求，则进行编译和安装操作。

```
[root@noylinux httpd-2.4.52]# make  && make install
-----省略部分内容-----
mkdir /usr/local/httpd/man
mkdir /usr/local/httpd/man/man1
mkdir /usr/local/httpd/man/man8
mkdir /usr/local/httpd/manual
make[1]: 离开目录"/opt/httpd-2.4.52"

[root@noylinux httpd-2.4.52]# echo $?          #确认编译和安装命令是否执行成功
0
[root@noylinux httpd-2.4.52]# ls /usr/local/httpd/   #安装完成!
bin  build  cgi-bin  conf  error  htdocs  icons  include  logs  man  manual
modules
[root@noylinux httpd-2.4.52]# cd /usr/local/httpd/
[root@noylinux httpd]# ./bin/apachectl start          #启动 Apache 服务
[root@noylinux httpd]# ./bin/httpd -V                 #查看 httpd 的详细信息
Server version: Apache/2.4.52 (Unix)
Server built:   Jan  3 2022 23:51:09
Server's Module Magic Number: 20120211:121
Server loaded:  APR 1.6.3, APR-UTIL 1.6.1
Compiled using: APR 1.6.3, APR-UTIL 1.6.1
Architecture:   64-bit
Server MPM:  worker                          #httpd 采用的多路处理模块(MPM)名称
  threaded:    yes (fixed thread count)
    forked:    yes (variable process count)
```

若在执行启动 Apache 服务的命令时报下列错误：

```
[root@noylinux bin]# ./apachectl   start
AH00558: httpd: Could not reliably determine the server's fully qualified
```

```
domain name, using noylinux.com. Set the 'ServerName' directive globally to suppress this message
    [root@noylinux bin]# cd ..
    [root@noylinux httpd]# vim conf/httpd.conf
```

解决办法：将 Apache 主配置文件 httpd.conf 中“#ServerName www.example.com:80”前面的#去掉，换成自己的域名或 IP 地址。例如，修改为 “ServerName localhost:80 ”或“ ServerName 127.0.0.1:80”。

接下来介绍编译安装时一些常用的编译选项：

- --prefix=PREFIX：指定默认安装目录，如果不指定安装路径则默认安装在/usr/local/apache2 目录下。
- --bindir=DIR：指定二进制可执行文件安装目录。
- --sbindir=DIR：指定可执行文件安装目录。
- --includedir=DIR：指定头文件安装目录。
- --enable-deflate：提供内容的压缩传输编码支持，一般 html/js/css 等内容的站点，使用此参数功能可以大大提高传输速度。
- --enable-expires：允许通过配置文件控制 HTTP 头的“Expires:”和“Cache-Control:”等内容，即对网站图片、js 和 css 等内容，提供在客户端浏览器缓存的设置。
- --enable-headers：提供允许对 HTTP 请求头的控制。
- --enable-modules=most：指定安装 DSO（动态共享对象）动态库用来通信。用 most 命令可以将一些不常用的、不在缺省常用模块中的模块编译进来。
- --enable-so：激活 Apahce 服务的 DSO 支持，即在以后可以以 DSO 的方式编译安装共享模块（这个模块本身不能以 DSO 方式编译）。so 模块是用来提供 DSO 支持的 Apache 核心模块。
- --enable--ssl：SSL/TLS support (mod_ssl)。
- --enable-cgi：支持 CGI 脚本功能。
- --with-mpm=：指定服务器默认支持哪一种 MPM 模块，有 prefork、worker、event 这 3 种。
- --enable-rewrite：提供基于 URL 规则的重写功能，伪静态功能基于它实现。
- --enable-mpms-shared=all：当前平台选择以 MPM 加载动态模块并以 DSO 动态库方式创建。

Apache 的两种安装方式，笔者比较倾向于编译源码包的安装方式，因为可以进行各种自定义，不过其过程会比 Yum/DNF 稍微复杂一些，可以把编译源码包的整个步骤写成 Shell 脚本，以后在安装时只需要执行 Shell 脚本即可。

15.4 Apache 的 3 种工作模型

Apache HTTP 服务器被设计为一个强大的、灵活的、能够在多种平台以及不同环境下工作的服务器。不同的平台和不同的环境经常产生不同的需求，而 Apache 凭借它的模块化设计很好地适应了各种不同环境。这一设计使得 Linux 运维工程师能够在编译和运行时通过载入不同的模块来使得服务器拥有不同的附加功能。

在 Apache2.0 的版本中又将这种模块化的设计延伸到了 Web 服务器的基础功能上。这个版本带有多路处理模块（MPM）的选择，用来处理网络端口绑定、接受客户端请求并指派子进程来处理这些请求。

将模块化设计延伸到 Web 服务器的基础功能上主要有两点好处：

（1）Apache 可以更简洁、更有效地支持各种操作系统。尤其是在 mpm_winnt 中使用本地网络特性代替 Apache1.3 中使用的 POSIX 模拟层后，Windows 版本的 Apache 具有了更好的性能。这个优势借助特定的 MPM 同样可以延伸到其他各种操作系统中。

（2）服务器可以为某些特定的网站环境进行特别的定制。例如，需要更好伸缩性的站点可以选择像 worker 或 event 这样线程化的 MPM，而需要更好稳定性和兼容性以适应一些旧的软件的站点可以使用 prefork。

从用户角度来看，多路处理模块（MPM）更像是 Apache 的一个模块。主要的不同点在于：不论何时，必须有且仅有一个 MPM 被载入到服务器中。

多路处理模块（MPM）必须在编译配置时就进行选择，之前笔者在编译 httpd 源码包时用过选项“--with-mpm=”，它的作用就是指定服务器默认支持哪一种多路处理模块（MPM）。在安装完成 httpd 后，还可以通过 httpd -V 命令查看目前 Apache 采用的是哪种 MPM。

httpd-2.2 版本默认的 MPM 为 prefork，而 httpd-2.4 版本默认的 MPM 是 event，具体可以通过 httpd -V 命令查看。

常用的 MPM 如下：

- prefork：非线程型的、预派生的 MPM。
- worker：线程型的 MPM，实现了一个混合的多线程多处理 MPM，允许一个子进程中包含多个线程。
- event：标准 worker 的实验性变种。
- core：Apache HTTP 服务器核心提供的功能，始终有效。
- mpm_common：收集了被多个 MPM 实现的公共指令。
- beos：专门针对 BeOS 优化过的 MPM。
- mpm_netware：专门针对 Novell NetWare 优化的、线程化的 MPM。
- mpmt_os2：专门针对 OS/2 优化过的、混合多进程的 MPM。
- mpm_winnt：用于 Windows NT/2000/XP/2003 系列的 MPM。

在企业中常见的多路处理模块（MPM）有 3 种，分别是 prefork、worker 和 event。

1. prefork

图 15-5 给出了 prefork 的模型架构，prefork 模型属于多进程模型、两级架构，由主

进程生成和管理子进程，每个子进程都有一个独立的线程响应用户请求。

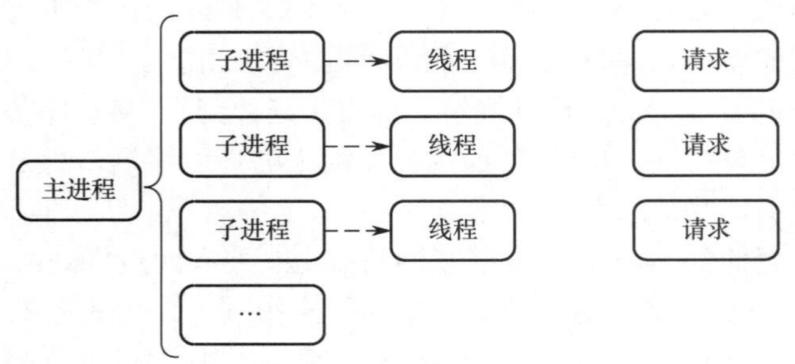

图 15-5　prefork 的模型架构

主进程和子进程的主要作用如下：

- 主进程：负责生成子进程和回收子进程；负责创建套接字、接受用户请求，并将其分配给子进程进行处理。
- 子进程：负责处理分配来的用户请求。

prefork 模型采用的是预派生子进程的方式，其工作流程如下：当 httpd 服务启动后，主进程会预先创建多个子进程，每个子进程只有一个线程，当接收到客户端请求时，prefork 会将请求交给子进程处理，而子进程在同一时刻只能处理单个请求，如果当前的用户请求数量超过预先创建的子进程数，则主进程会再创建新的子进程来处理额外的用户请求。

注

在 prefork 模型中，主进程默认会预先创建 5 个子进程，初始创建的子进程数量可以在配置文件中进行修改。

配置文件中与 prefork 相关的配置如下：

```
<IfModule mpm_prefork_module>
StartServers 5              #初始创建的子进程数量
MinSpareServers 5           #最少预留多少子进程，备用
MaxSpareServers 10          #最多预留多少子进程，备用
MaxRequestWorkers 250       #最多可以允许多少子进程存在
MaxConnectionsPerChild 0    #限制单个子进程在其生存期内要处理的用户连接数，为“0”时子进程将永远不会结束
</IfModule>
```

prefork 模型属于最古老的一种模式，也是最稳定的模式，优缺点很明显，内存占用相对较高，但是比较稳定。适用于用户访问量不是很高的场景，不建议在高并发场景中使用这种模式。

2. worker

图 15-6 给出了 worker 的模型架构，worker 模型属于多进程和多线程混合模型、三级架

构，由主进程生成和管理子进程，每个子进程生成多个线程，通过线程来响应用户请求。

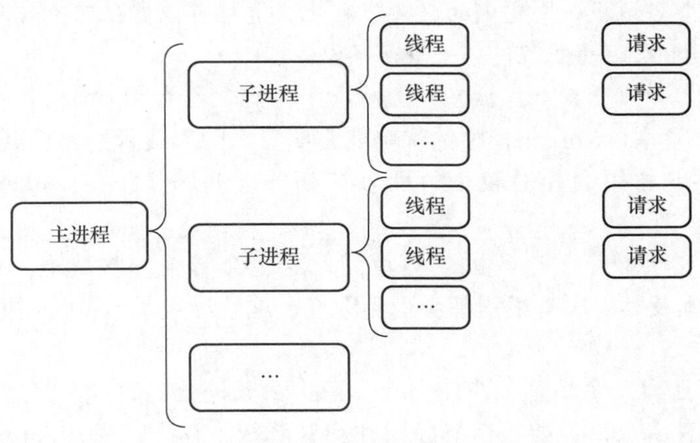

图 15-6　worker 的模型架构

主进程、子进程和线程的主要作用如下：

- 主进程：负责生成子进程；负责创建套接字、接受用户请求，并将其分配给子进程进行处理。
- 子进程：负责生成和管理若干个线程。
- 线程：负责处理分配来的用户请求。

worker 模型采用的是混合多进程的模式，工作流程如下：httpd 服务启动后，主进程会预先创建多个子进程，这些子进程会创建固定数量的工作线程和一个监听线程，监听线程负责监听用户请求并在请求到达时将其传递给工作线程进行处理，各个线程之间独立处理请求，如果现有的线程总数不能满足当前的用户请求数量，则控制进程将会派生新的子进程并生成线程，来处理额外的用户请求。

> **注**
> 在 worker 模型中，主进程默认会预先创建 3 个子进程，每个子进程默认会创建 25 个工作线程，初始创建的子进程和线程数量可以在配置文件中进行更改。

配置文件中与 worker 相关的配置如下：

```
<IfModule mpm_worker_module>
    StartServers            3    #初始创建子进程的数量
MinSpareThreads             75   #最小空闲线程数，若空闲的线程数量小于设定值，Apache 会
                                  自动建立线程
MaxSpareThreads             250  #最大空闲线程数，若空闲的线程数量大于设定值，Apache 会
                                  自动杀掉多余的线程
    ThreadsPerChild         25   #每个子进程创建的线程数量
MaxRequestWorkers           400  #最大工作线程总数
MaxConnectionsPerChild      0    #每个子线程在生命周期内处理的请求数量,到达这个数量子线
                                  程会结束。0 表示不结束
</IfModule>
```

注

Apache 服务会维护一个空闲的服务线程池，这样可以保证客户端的请求到达后不需要等待，直接由空闲的线程进行处理和响应。

相比 prefork 模型，worker 模型的优势非常明显，因为线程通常会共享父进程的内存空间，所以内存的占用会相对较少，而且在高并发的场景下，worker 模型的表现比 prefork 模型更优秀。

由于线程通常会共享父进程的内存空间，这也会带来一些缺陷，假如一个线程崩溃，则整个子进程及其内所有线程都会受到牵连，这就导致了 worker 模型的稳定性不如 prefork 模型。

worker 模型还有一个缺陷，在使用 keep-alive 长连接的时候，某些线程会一直被占用，即使中间没有请求，也要等待到超时才会被释放，这一问题在 prefork 模型下也存在，如果在高并发场景下过多的线程被占据，就会导致无工作线程可用，从而导致客户端没办法正常使用。例如，用浏览器打开网站时迟迟打不开可能就是因为服务端没有空余的处理资源给予响应。

3．event

图 15-7 给出了 event 的模型架构，event 模型目前是 Apache 的最新工作模式，它是基于事件驱动的模型、三级架构，由主进程负责启动子进程，每个子进程都会按照配置文件中的设置创建固定数量的工作线程及一个监听线程，该线程会监听连接请求并在请求到达时将其传递给工作线程进行处理。

event 模型采用的是“多进程+多线程+事件驱动”的模式，它的出现解决了 worker 模型在 keep-alive 场景下长期被占用线程的资源浪费问题，event 模型会在每个进程的线程中加入一个监听线程来管理这些 keep-alive 类型线程，当有请求到达时，将请求传递给工作线程，执行完毕后，又允许它释放/回收。这样一个线程就可以处理多个请求，实现了异步非阻塞，从而增强高并发场景下的请求处理能力。

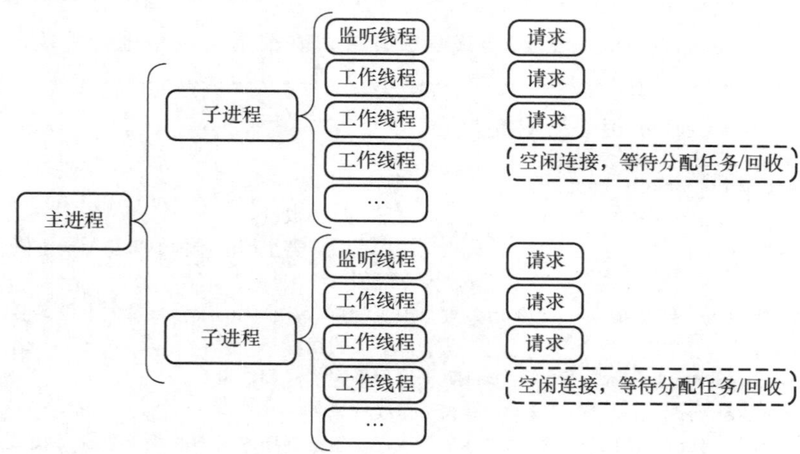

图 15-7 event 的模型架构

配置文件中与 worker 相关的配置如下：

```
<IfModule mpm_event_module>
    StartServers            3     #初始创建子进程的数量
MinSpareThreads             75    #最小空闲线程数，若空闲的线程数量小于设定值，Apache 会
                                   自动建立线程
    MaxSpareThreads         250   #最大空闲线程数，若空闲的线程数量大于设定值，Apache 会
                                   自动杀掉多余的线程
    ThreadsPerChild         25    #每个子进程创建的线程数量
    MaxRequestWorkers       400   #最大工作线程总数
MaxConnectionsPerChild      0     #每个子线程最多处理多少连接请求,超过这个值后子线程结束。
                                   0 表示不结束
</IfModule>
```

Apache 常用的这 3 种工作模式各自具备优缺点，每个企业的业务场景不同也就注定了所采用的模式不同，这就要考验 Linux 运维工程师的技术能力了，必须根据对应的环境选择适合的模型。

15.5 Apache 配置文件解析

上文我们对 Apache 的工作模式进行了详细讲解，本节继续带大家探索 Apache 服务，主要是介绍 Apache 的主配置文件，与上文介绍 Nginx 配置文件一样，笔者会逐行逐句、仔仔细细地展开介绍。

或许有人会问，为什么只介绍主配置文件呢？因为主配置文件里面几乎包含了 Apache 所有的配置，而其他的，例如“.conf”配置文件大都是将主配置文件中的内容拆分成数个小文件来分别管理不同的参数或功能，归根结底还是以主配置文件为主。

这里以 Apache 2.4.52 稳定版本的主配置文件为例进行介绍，通过编译方式安装的主配置文件有 500 多行，而通过 Yum/DNF 安装的只有 300 行左右，不过大家放心，缺少的这些行并不是消失了，而是被拆分成了数个小文件，用来分别管理一些功能，重要的配置项一个都不会少。

> **注**
>
> 配置文件中以“#”开头的行都是注释行，也就是说这些行都是不生效的，想使其生效就需要将行前面的“#”去掉。

（1）ServerRoot "/usr/local/httpd"：Apache 的工作目录（根目录），同时也是安装目录，还记得上文在编译 httpd 源码包时使用的“--prefix=”选项吗？这两者之间是对应关系，不到万不得已千万不要尝试修改，因为有很多文件是与这个路径相对产生的，采用的也是相对路径，相对的就是这个根目录。

（2）Listen 80：该配置项的格式是“Listen IP 地址：端口号”， 其中 IP 地址为可选项，默认监听所有 IP 地址；Apache 默认监听 80 端口，可以通过多次使用该配置项来监听多个端口。

（3）LoadModule *.so：httpd 模块化设计，用来装载模块，示例如下：

```
# Example:
# LoadModule foo_module modules/mod_foo.so
# 关键字       模块名称          相对路径，相对于“ServerRoot”
LoadModule authn_file_module modules/mod_authn_file.so
#LoadModule authn_dbm_module modules/mod_authn_dbm.so
#LoadModule authn_anon_module modules/mod_authn_anon.so
```

（4）设置实际提供服务的子进程的用户和用户组，示例如下：

```
<IfModule unixd_module>
   User daemon   #Apache 默认是以 daemon 用户的身份执行的
   Group daemon  #用户组
</IfModule>
```

（5）ServerAdmin you@example.com：设置管理员邮件地址，当 Apache 服务器发生错误时，邮件地址就会出现在错误页面上。

（6）#ServerName www.example.com:80：设置服务器，用于辨识自己的主机名和端口号，一般在企业生产环境中用来配置域名（此行配置默认未开启/不生效）。

（7）<Directory>和</Directory>：用来封装一组指令，使之仅对某个目录及其子目录生效，这组配置是针对操作系统根目录“/”下所有的访问权限进行控制。默认 Apache 对根目录的访问都是拒绝的。该配置项的示例如下：

```
<Directory />
    AllowOverride none
    Require all denied
</Directory>
```

（8）DocumentRoot "/usr/local/httpd/htdocs"：设置默认网站根目录，也就是网站存放的目录。

（9）通过<Directory>和</Directory>这组指令对默认网站根目录进行访问权限设置，默认对网站的根目录具有访问权限，示例如下：

```
<Directory "/usr/local/httpd/htdocs">
   Options Indexes FollowSymLinks #属于安全方面的设置，防止显示根目录
   AllowOverride None
   Require all granted
</Directory>
```

示例中的各项参数含义如下：

- Options：配置在特定目录中适用哪些特性。Indexes 表示开启目录的索引功能，用浏览器访问时会显示文件列表；FollowSymLinks 表示允许在该目录中使用链接文件；ExecCGI 表示在该目录下允许执行 CGI 脚本；SymLinksIfOwnerMatch 表示当使用符号连接时，只有在符号连接的文件拥有者与实际文件的拥有者相同时才可以访问。

- AllowOverride：允许存在于.htaccess 文件中的指令类型。none 表示不搜索该目录下的.htaccess 文件。
- Require：控制谁能访问。all granted 表示允许所有人访问；all denied 表示拒绝所有人访问。

（10）Apache 的默认首页设置，默认只支持 index.html 首页，如果需要支持其他类型的首页（例如 index.php），可以在此进行添加，并用空格进行分隔。该配置项的示例如下：

```
<IfModule dir_module>
    DirectoryIndex index.html
</IfModule>
```

（11）配置对“.ht*”类型文件的访问控制，可以防止.htaccess 和.htpasswd 文件被删除，默认是拒绝访问网站根目录下所有的“.ht*”文件，示例如下：

```
<Files ".ht*">
    Require all denied
</Files>
```

（12）ErrorLog "logs/error_log"：用来定义错误日志的位置。

（13）LogLevel warn：配置日志级别，控制记录到错误日志的消息数。可选的日志级别包括调试（debug）、普通信息（info）、注意（notice）、警告（warn）、错误（error）、致命（crit）、必须立即采取措施（alert）和紧急（emerg）等。

（14）定义日志内容的显示格式，用不同的代号表示；还定义了访问日志文件的位置和格式（通用日志文件格式）。该配置项的示例如下：

```
<IfModule log_config_module>
    LogFormat "%h %l %u %t \"%r\" %>s %b \"%{Referer}i\" \"%{User-Agent}i\"" combined
    LogFormat "%h %l %u %t \"%r\" %>s %b" common

    <IfModule logio_module>
      # You need to enable mod_logio.c to use %I and %O
      LogFormat "%h %l %u %t \"%r\" %>s %b \"%{Referer}i\" \"%{User-Agent}i\" %I %O" combinedio
    </IfModule>

    CustomLog "logs/access_log" common
</IfModule>
```

示例中，combined 表示混合模式，common 表示通用模式。

（15）URL 重定向、别名、cgi 模块配置说明等相关配置，示例如下：

```
<IfModule alias_module>
    # Example:
    # Alias /webpath /full/filesystem/path
```

```
    ScriptAlias /cgi-bin/ "/usr/local/httpd/cgi-bin/"
</IfModule>
<IfModule cgid_module>

</IfModule>

<Directory "/usr/local/httpd/cgi-bin">
    AllowOverride None
    Options None
    Require all granted
</Directory>

<IfModule headers_module>
    RequestHeader unset Proxy early
</IfModule>
```

（16）主要配置一些 mime 文件支持，同时通过添加一些指令在给定的文件扩展名与特定的内容类型之间建立映射关系。例如，添加对 PHP 文件扩展名的映射关系，示例如下：

```
<IfModule mime_module>
    TypesConfig conf/mime.types
    #AddType application/x-gzip .tgz
    #AddEncoding x-compress .Z
    #AddEncoding x-gzip .gz .tgz
    AddType application/x-compress .Z
    AddType application/x-gzip .gz .tgz
    #AddHandler cgi-script .cgi
    #AddHandler type-map var
    #AddType text/html .shtml
    #AddOutputFilter INCLUDES .shtml
</IfModule>
```

（17）配置错误页面的显示内容，支持 3 种方式：明文、本地重定向、外部重定向。示例如下：

```
# Some examples:
#ErrorDocument 500 "The server made a boo boo."
#ErrorDocument 404 /missing.html
#ErrorDocument 404 "/cgi-bin/missing_handler.pl"
#ErrorDocument 402 http://www.example.com/subscription_info.html
```

（18）#EnableMMAP off：设置是否启动内存映射的功能，属于优化机制。

（19）#EnableSendfile on：该配置项用于控制 httpd 是否可以使用操作系统内核的 sendfile 支持来将文件发送到客户端，也是一种优化机制。

（20）此区域的功能都放在拆分后的辅助配置文件“conf/extra/*.conf”中，这里采用的是相对路径（相对于“ServerRoot”配置项）。这些功能具体包括服务器池管理、多语言错误消息、动态目录列表形式配置、虚拟主机、语言和各种默认设置等，示例如下：

```
# Supplemental configuration
#
# Server-pool management (MPM specific)
#Include conf/extra/httpd-mpm.conf

# Multi-language error messages
#Include conf/extra/httpd-multilang-errordoc.conf

# Fancy directory listings
#Include conf/extra/httpd-autoindex.conf

# Language settings
#Include conf/extra/httpd-languages.conf

# User home directories
#Include conf/extra/httpd-userdir.conf

# Real-time info on requests and configuration
#Include conf/extra/httpd-info.conf

# Virtual hosts
#Include conf/extra/httpd-vhosts.conf

# Local access to the Apache HTTP Server Manual
#Include conf/extra/httpd-manual.conf

# Distributed authoring and versioning (WebDAV)
#Include conf/extra/httpd-dav.conf

# Various default settings
#Include conf/extra/httpd-default.conf

<IfModule proxy_html_module>
Include conf/extra/proxy-html.conf
</IfModule>
```

（21）基于 ssl_module 模块实现 httpd 对 ssl 的支持，也就是设置使用 HTTPS 连接的地方。

```
<IfModule ssl_module>
SSLRandomSeed startup builtin
SSLRandomSeed connect builtin
</IfModule>
```

相比 httpd-2.2 版本，httpd-2.4 版本的配置文件更加趋向于模块化，将主配置文件内容进行了分割，便于配置和管理。

15.6 Apache 虚拟主机

虚拟主机有单独的配置文件，Apache 将虚拟主机的配置单独拆分出来，放到文件

<httpd 安装目录>/conf/extra/httpd-vhosts.conf 中。

我们在修改配置文件之前需要在主配置文件中进行 3 项配置，这 3 项配置是硬性要求，不修改则无法完成虚拟主机的搭建。

（1）注释掉配置项 DocumentRoot "/usr/local/httpd/htdocs"，因为虚拟主机的本质是能够在一台物理主机上虚拟出多个同时运行的站点，多个站点意味着有多个网站根目录，因此需要将主配置文件中的站点根目录注释掉，使其失效。这样 Apache 就从一个中心主机变成了虚拟主机。如果没有注释这行配置，由于主配置文件的优先级高，访问网站还是会被解析到 DocumentRoot 指定的网站目录，虚拟主机无法搭建。

（2）端口号，若想配置基于不同端口的虚拟主机需要用到多个端口号，这就需要修改配置项 Listen 80，用多少个端口号就配置多少个。

（3）上文介绍过关于虚拟主机的配置文件引用，不过默认是被注释的状态，这里要删掉配置项中的“#”，使虚拟主机的配置文件生效，示例如下：

```
# Virtual hosts
#Include conf/extra/httpd-vhosts.conf
```

接下来就要配置虚拟主机的配置文件了，配置文件 httpd-vhosts.conf 本身是一个模板文件，也就是说我们不用再手动逐字逐句地配置了，直接在配置文件的基础上修改即可。

虚拟主机的类型有以下 3 种：

（1）基于域名的虚拟主机：相同 IP 地址，相同端口，不同的域名。

（2）基于端口的虚拟主机：相同 IP 地址，相同域名，不同的端口。

（3）基于 IP 的虚拟主机：相同端口，相同域名，不同的 IP 地址。

配置文件中每一行的作用注释如下：

```
[root@noylinux extra]# pwd
/usr/local/httpd/conf/extra
[root@noylinux extra]# vim httpd-vhosts.conf
<VirtualHost *:80>  #指定监听端口和主机范围（可以通过这里配置基于端口或 IP 的虚拟主机）
    ServerAdmin webmaster@dummy-host.example.com #管理员邮箱
    DocumentRoot "/usr/local/httpd/docs/dummy-host.example.com"    #站点根目录
    ServerName dummy-host.example.com  #站点域名（可以通过这里配置基于域名的虚拟主机）
    ServerAlias www.dummy-host.example.com  #绑定多个域名，用空格进行分隔
    ErrorLog "logs/dummy-host.example.com-error_log" #指定错误日志
    CustomLog "logs/dummy-host.example.com-access_log" common #指定访问日志
</VirtualHost>

<VirtualHost *:80>
    ServerAdmin webmaster@dummy-host2.example.com
    DocumentRoot "/usr/local/httpd/docs/dummy-host2.example.com"
    ServerName dummy-host2.example.com
    ErrorLog "logs/dummy-host2.example.com-error_log"
    CustomLog "logs/dummy-host2.example.com-access_log" common
</VirtualHost>
```

注

每一组<VirtualHost IP:端口号> </VirtualHost> 表示一个虚拟主机，可以配置多组，配置多组表示增加多个虚拟主机。

配置项 ServerAlias 对于刚入门的读者来说有些陌生，一般在企业中会有很多域名，正常情况下若是想将多个域名指向同一站点则需要配置多个虚拟主机，但是有了这个配置项后就不用那么麻烦了，要绑定多少个域名都可以写在配置项 ServerAlias 后面，域名与域名之间用空格隔开即可。

配置多个基于不同端口的虚拟主机。

（1）创建 3 个虚拟主机的网站根目录，每个虚拟主机对应一个网站根目录，并在每个网站根目录下创建简单的网页（html）文件。

```
[root@noylinux htdocs]# cd /usr/local/httpd/htdocs/
[root@noylinux htdocs]# mkdir a b c
[root@noylinux htdocs]# ll
drwxr-xr-x. 2 root root  6 1月   8 22:52 a
drwxr-xr-x. 2 root root  6 1月   8 22:52 b
drwxr-xr-x. 2 root root  6 1月   8 22:52 c
[root@noylinux htdocs]# cat a/index.html
<html><body><h1>This Is  A!</h1></body></html>
[root@noylinux htdocs]# cat b/index.html
<html><body><h1>This Is  B!</h1></body></html>
[root@noylinux htdocs]# cat c/index.html
<html><body><h1>This Is  C!</h1></body></html>
```

（2）打开 Apache 的主配置文件，进行主配置文件中 3 项配置的修改。

```
[root@noylinux htdocs]# cd ..
[root@noylinux httpd]# ls
bin  build  cgi-bin  conf  error  htdocs  icons  include  logs  man  manual
modules
[root@noylinux httpd]# ./bin/apachectl -v          #查看 httpd 的版本号
Server version: Apache/2.4.52 (Unix)
Server built:   Jan  3 2022 23:51:09
[root@noylinux httpd]# vim conf/httpd.conf         #编辑主配置文件
------省略部分内容------
Listen 80
Listen 81
Listen 82
Listen 83
------省略部分内容------
#DocumentRoot "/usr/local/httpd/htdocs"
------省略部分内容------
```

```
# Virtual hosts
Include conf/extra/httpd-vhosts.conf
-----省略部分内容-----
[root@noylinux httpd]#
```

（3）编辑虚拟主机配置文件，添加 3 个虚拟主机，分别监听不同的端口。

```
[root@noylinux httpd]# vim conf/extra/httpd-vhosts.conf
[root@noylinux httpd]# cat conf/extra/httpd-vhosts.conf
<VirtualHost *:81>                                  #监听本机所有 IP 地址的 81 端口
    #ServerAdmin admin@qq.com                       #因为没有邮箱，所以用#注释掉
    DocumentRoot "/usr/local/httpd/htdocs/a"
    ServerName localhost                            #这里用 localhost 代替域名，表示本机
    #ServerAlias www.dummy-host.example.com #因为没有多余域名，所以用#注释掉
    ErrorLog "logs/a-error_log"
    CustomLog "logs/a-access_log" common
</VirtualHost>

<VirtualHost *:82>                                  #监听本机所有 IP 地址的 82 端口
    #ServerAdmin admin@qq.com
    DocumentRoot "/usr/local/httpd/htdocs/b"
    ServerName localhost
    #ServerAlias www.dummy-host.example.com
    ErrorLog "logs/b-error_log"
    CustomLog "logs/b-access_log" common
</VirtualHost>

<VirtualHost *:83>                                  #监听本机所有 IP 地址的 83 端口
    #ServerAdmin admin@qq.com
    DocumentRoot "/usr/local/httpd/htdocs/c"
    ServerName localhost
    #ServerAlias www.dummy-host.example.com
    ErrorLog "logs/c-error_log"
    CustomLog "logs/c-access_log" common
</VirtualHost>
[root@noylinux httpd]#
```

（4）通过 httpd -t 命令对配置文件进行语法检查。

```
[root@noylinux httpd]# ./bin/httpd -t
AH00558: httpd: Could not reliably determine the server's fully qualified domain name, using 192.168.1.128. Set the 'ServerName' directive globally to suppress this message
Syntax OK
```

这里的“AH00558：…”是一条提示，解决的方法也非常简单，默认主配置文件中的'ServerName'配置是被注释掉的，我们使其生效并写上主机名即可。

```
[root@noylinux httpd]# vim conf/httpd.conf
#ServerName www.example.com:80#将这一行的注释去掉，并进行修改
```

```
改成这样即可：ServerName localhost

[root@noylinux httpd]# ./bin/httpd -t   #再次对配置文件进行语法检查，这次没有问题了
Syntax OK
```

（5）启动 httpd 服务并进行检查，依次访问 3 个新建的虚拟主机。

```
[root@noylinux httpd]# ./bin/apachectl start          #启动 httpd 服务

[root@noylinux httpd]# ps -ef | grep httpd       #检查 httpd 的进程
root      8058   1       0 00:05 ?    00:00:00 /usr/local/httpd/bin/httpd -k start
daemon    8059   8058    0 00:05 ?    00:00:00 /usr/local/httpd/bin/httpd -k start
daemon    8060   8058    0 00:05 ?    00:00:00 /usr/local/httpd/bin/httpd -k start
daemon    8061   8058    0 00:05 ?    00:00:00 /usr/local/httpd/bin/httpd -k start

[root@noylinux httpd]# netstat -anpt | grep httpd    #检查 httpd 占用的端口号
tcp6       0        0 :::80       :::*      LISTEN      8058/httpd
tcp6       0        0 :::81       :::*      LISTEN      8058/httpd
tcp6       0        0 :::82       :::*      LISTEN      8058/httpd
tcp6       0        0 :::83       :::*      LISTEN      8058/httpd
```

由图 15-8 可见，3 个虚拟主机都已成功启动了，这里我们只是创建了 3 个简单的 html 文件，在企业实际应用中这就是 3 个不同的网站，而且这 3 个网站的资源是相互隔离的。

图 15-8　3 个虚拟主机成功启动

第 16 章

Web 服务器架构系列之 PHP

16.1 PHP 简介

1994 年，Rasmus Lerdorf 创造了 PHP，PHP 的全称为 PHP Hypertext Preprocessor，翻译过来就是超文本预处理器，PHP 的 Logo 是一头大象（见图 16-1）。

相信很多人应该都听说过：“PHP 是世界上最好的语言！”这个梗曾经火了一段时间，虽然是一种玩笑、一种争论，但也不难看出 PHP 确实是一门非常优秀、值得很多使用者讨论的语言，它的跨平台、开源、学习成本低、开发效率高、性能稳定和生态圈丰富等优势使它成为最受欢迎的 Web 开发语言之一。

图 16-1 PHP 的 Logo

PHP 后端应用程序通常部署在服务器上，专门用来解析 PHP 语言编写的网站。但是要注意，PHP 本身并不能提供 Web 功能，想要提供 Web 功能，就必须借助于 Web 服务器，例如，Nginx、Apache 等。

这里要用到第 14 章介绍的两个架构：LAMP 和 LNMP，两个架构都是用来搭建 PHP 网站的，架构名称中的 L、A、N、M、P 具体含义如下：

- L表示 Linux 操作系统；
- A 表示 Apache，用来提供 Web 服务；
- N 表示 Nginx，用来提供 Web 服务；
- M 表示 MySQL 数据库，用来存储网站数据；
- P 表示 PHP，属于后端服务，用来解析 PHP 请求。

PHP 的常见运行模式有以下 4 种：

（1）Module 模式，也称为动态库方式，其实就是在 Apache 上内置了一个 PHP 解释器，也可以看作是将 PHP 作为 Apache 的一个子模块加载进来运行，这个模块的作用是接收 Apache 传递过来的 PHP 请求，并处理这些请求，最后将处理结果返回 Apache，这样 Apache 既能够提供 Web 服务又能够解析 PHP 请求。

（2）通用网关接口（Common Gateway Interface，CGI）模式，这是早期使用的传统模式，目前已经少有人用了。PHP 服务作为一个独立的应用程序运行，它的作用就像是一座桥，把 Web 服务和独立运行的 PHP 程序连接起来，接收 Web 服务传递过来的 PHP 请求，再将处理结果返回。CGI 的跨平台性能极佳，几乎可以在任何操作系统上实现。不过这种模式有个致命的缺点，即每接收一个用户请求，都要先创建子进程，然后处理请求，处理完后结束这个子进程，这就是 fork-and-execute 模式，这种模式在用户请求数量非常多的时候，会大量挤占操作系统的资源，导致性能下降。子进程的反复加载是导致性能下降的主要原因。

（3）FastCGI 模式，该模式是基于 CGI 的升级版本，也是目前主流的模式，它类似于一个常驻（Long-live）型的 CGI，可以一直运行着，每当 PHP 请求到达时，不必每次都要花费时间去派生（fork）一次，这也就解决了 CGI 模式的缺陷。FastCGI 以独立的进程池运行 CGI 接口，稳定性高；而且 FastCGI 接口方式采用 C/S 结构，可以将 Web 服务器和 PHP 解析服务器分开，安全性强；在性能方面 FastCGI 模式也比前两种模式更好。

（4）CLI 模式，也就是命令行运行模式，通过输入命令的方式来运行 PHP 服务，例如“php -m”命令，可以用来查看 PHP 加载了哪些模块。

接下详细介绍 Module 和 FastCGI 两种模式。

16.2 Module 模式（Apache）

Apache 是一款高度模块化的软件，而 PHP 的 Module 模式就是 PHP 和 Apache 相结合的一种方式，其实就是将 PHP 作为 Apache 的一个子模块加载运行，这样 Apache 既能够提供 Web 服务又能够解析 PHP 请求。

本节主要演示如何将 PHP 通过模块化的方式和 Apache 结合起来，Apache 和 PHP 都采用编译源码包方式进行安装，为什么不用 Yum 或 DNF 软件包管理器安装呢？因为在企业生产环境中，编译源码包安装更符合需求，一是所有相关的文件都可以集中存放在同一目录中，不至于过度分散，便于管理维护；二是编译安装可以更加方便自定义 PHP 服务的功能，支持什么功能、不需要什么功能，都可以通过编译选项来定制，这可以使 PHP 不那么臃肿。

这么解释并不是说通过 Yum/DNF 软件包管理器安装不好，恰好相反，通过 Yum/DNF 软件包管理器安装是最便捷的，只需要执行一条命令即可，可以省下很多时间和精力，但这种方式的定制功能不如编译安装，Yum/DNF 软件包管理器安装方式更适合应用在企业的测试环境中，效率很高。

Apache 的安装过程上文已经演示过，不再赘述。从官网上下载 PHP 源码包，这里用 7 系列的版本进行演示。

在编译 PHP 源代码前，先熟悉一下一些常用的编译选项：

- --prefix=：指定 PHP 的安装路径。
- --with-apxs2=：启用 Module 模式，将它编译成 Apache 的模块。
- --enable-fpm：启用 FastCGI 模式。
- --with-config-file-path=：PHP 配置文件的目录。
- --with-pdo-mysql=：MySQL 支持，指向 MySQL 的编译安装目录，如果没有值或写为 mysqlnd，则将使用 MySQL 本机驱动程序。
- --with-mysqli=：MySQLi 支持，如果没有值或写为 mysqlnd，则将使用 MySQL 本机驱动程序。

> - --with-jpeg-dir：支持 jpeg 格式图片。
> - --with-png-dir：支持 png 格式图片。
> - --with-freetype-dir：自由的、可移植的字体库，能够引用特定字体。
> - --with-iconv-dir：指定 iconv 在系统里的路径，否则会扫描默认路径。
> - --with-zlib-dir:PDO_MySQL：将路径设置为 libz 安装前缀。
> - --with-bz2：包括 bzip2 支持。
> - --with-openssl：支持 openssl 功能。
> - --with-mcrypt：支持加密功能，额外的加密库。
> - --enable-soap：启用 SOAP 支持。
> - --enable-mbstring：启用多字节字符串支持。
> - --enable-sockets：让 PHP 支持基于套接字的通信。
> - --enable-exif：启用 EXIF（来自图像的元数据）支持。

PHP 的编译选项非常多，以上只是其中的一小部分，其他的编译选项需要根据不同的部署需求来进行选择。

接下来开始真正的实战操作，演示所需要的各种源码包都已经放在本书的配套网站上了，大家按需选择即可。

（1）将编译环境部署好，PHP 源代码编译所依赖的环境通过 DNF 安装最为方便，安装依赖环境的命令为

dnf install libxml2 libxml2-devel sqlite-devel bzip2-devel autoconf automake libtool

```
[root@noylinux oniguruma-6.9.4]# dnf  install  libxml2 libxml2-devel  sqlite-devel  bzip2-devel  autoconf automake libtool
软件包 libxml2-2.9.7-9.el8.x86_64 已安装
依赖关系解决
================================================================================
 软件包          架构        版本                 仓库           大小
================================================================================
安装:
 autoconf        noarch      2.69-29.el8          appstream      710 k
 automake        noarch      1.16.1-7.el8         appstream      713 k
 bzip2-devel     x86_64      1.0.6-26.el8         baseos         224 k
 libtool         x86_64      2.4.6-25.el8         appstream      709 k
 libxml2-devel   x86_64      2.9.7-9.el8_4.2      appstream      1.0 M
 sqlite-devel    x86_64      3.26.0-15.el8        baseos         165 k
-----省略部分内容-----
已安装:
  autoconf-2.69-29.el8.noarch          automake-1.16.1-7.el8.noarch
  bzip2-devel-1.0.6-26.el8.x86_64   cmake-filesystem-3.20.2-4.el8.x86_64
  libtool-2.4.6-25.el8.x86_64          libxml2-devel-2.9.7-9.el8_4.2.x86_64
  m4-1.4.18-7.el8.x86_64            perl-Thread-Queue-3.13-1.el8.noarch
  sqlite-devel-3.26.0-15.el8.x86_64  xz-devel-5.2.4-3.el8.x86_64
完毕!
```

（2）上传、解压并编译安装 oniguruma，oniguruma 是一个处理正则表达式的库，之

所以需要安装它，是因为在编译 php7 源码包的过程中，mbstring 的正则表达式处理功能对这个库有依赖性，不装的话会报错。

```
[root@noylinux ~]# tar xf oniguruma-6.9.4.tar.gz
[root@noylinux ~]# cd oniguruma-6.9.4/
[root@noylinux oniguruma-6.9.4]# ./autogen.sh && ./configure --prefix=/usr
Generating autotools files.
libtoolize: putting auxiliary files in '.'.
libtoolize: copying file './ltmain.sh'
-----省略部分内容-----
config.status: executing libtool commands
config.status: executing default commands

[root@noylinux oniguruma-6.9.4]# make && make install
Making all in src
make[1]: 进入目录"/root/oniguruma-6.9.4/src"
make  all-am
make[2]: 进入目录"/root/oniguruma-6.9.4/src"
-----省略部分内容-----
make[2]: 离开目录"/root/oniguruma-6.9.4"
make[1]: 离开目录"/root/oniguruma-6.9.4"
[root@noylinux oniguruma-6.9.4]#
```

（3）编译所依赖的环境都已经准备好了，现在开始上传、解压并编译安装 PHP 源码包。进入解压后的目录下，通过 configure 关键字加编译选项来检测目前操作系统的环境是否支持本次编译安装。

```
[root@noylinux ~]# tar xf php-7.4.9.tar.gz
[root@noylinux ~]# cd php-7.4.9/
[root@noylinux php-7.4.9]# ./configure --prefix=/usr/local/php7 --with-apxs2=/usr/local/httpd/bin/apxs --with-config-file-path=/usr/local/php7/etc --with-pdo-mysql=mysqlnd --with-mysqli=mysqlnd --with-libxml-dir --with-gd --with-jpeg-dir --with-png-dir --with-freetype-dir --with-iconv-dir --with-zlib-dir --with-bz2 --with-openssl --with-mcrypt --enable-soap --enable-gd-native-ttf --enable-mbstring --enable-sockets --enable-exif
configure: WARNING: unrecognized options: --with-libxml-dir, --with-gd, --with-jpeg-dir, --with-png-dir, --with-freetype-dir, --with-mcrypt, --enable-gd-native-ttf

checking for grep that handles long lines and -e... /usr/bin/grep
checking for egrep... /usr/bin/grep -E
checking for a sed that does not truncate output... /usr/bin/sed
-----省略部分内容-----
config.status: creating main/php_config.h
config.status: executing default commands

+--------------------------------------------------------------------+
| License:                                                           |
| This software is subject to the PHP License, available in this     |
| distribution in the file LICENSE. By continuing this installation  |
```

```
| process, you are bound by the terms of this license agreement.      |
| If you do not agree with the terms of this license, you must abort  |
| the installation process at this point.                             |
+---------------------------------------------------------------------+

Thank you for using PHP.
#注：下面的警告表示无法识别这些选项，因为新老版本的更新迭代，有些旧版本的选项在新版本就不支持了
configure: WARNING: unrecognized options: --with-libxml-dir, --with-gd, --with-jpeg-dir, --with-png-dir, --with-freetype-dir, --with-mcrypt, --enable-gd-native-ttf
[root@noylinux php-7.4.9]#
```

（4）检测到目前操作系统的环境符合编译要求后，开始执行编译和安装操作。

```
[root@noylinux php-7.4.9]# make &&  make  install
/bin/sh  /root/php-7.4.9/libtool --silent --preserve-dup-deps --mode=compile cc -Iext/date/lib   -DZEND_ENABLE_STATIC_TSRMLS_CACHE=1   -DHAVE_TIMELIB_CONFIG_H=1   -Iext/date/  -I/root/php-7.4.9/ext/date/  -DPHP_ATOM_INC  -I/root/php-7.4.9/include  -I/root/php-7.4.9/main     -I/root/php-7.4.9     -I/root/php-7.4.9/ext/date/lib     -I/usr/include/libxml2     -I/root/php-7.4.9/ext/mbstring/libmbfl     -I/root/php-7.4.9/ext/mbstring/libmbfl/mbfl  -I/root/php-7.4.9/TSRM  -I/root/php-7.4.9/Zend   -D_REENTRANT -pthread  -I/usr/include -g -O2 -fvisibility=hidden -pthread -Wall -Wno-strict-aliasing  -DZTS  -DZEND_SIGNALS    -c  /root/php-7.4.9/ext/date/php_date.c  -o ext/date/php_date.lo
-----省略部分内容-----
chmod 755 /usr/local/httpd/modules/libphp7.so    #注意！这里就是 PHP 模块的生成位置
[activating module `php7' in /usr/local/httpd/conf/httpd.conf]
Installing shared extensions:     /usr/local/php7/lib/php/extensions/no-debug-zts-20190902/
Installing PHP CLI binary:        /usr/local/php7/bin/
Installing PHP CLI man page:      /usr/local/php7/php/man/man1/
Installing phpdbg binary:         /usr/local/php7/bin/
Installing phpdbg man page:       /usr/local/php7/php/man/man1/
Installing PHP CGI binary:        /usr/local/php7/bin/
Installing PHP CGI man page:      /usr/local/php7/php/man/man1/
Installing build environment:     /usr/local/php7/lib/php/build/
Installing header files:          /usr/local/php7/include/php/
Installing helper programs:       /usr/local/php7/bin/
  program: phpize
  program: php-config
Installing man pages:             /usr/local/php7/php/man/man1/
  page: phpize.1
  page: php-config.1
/root/php-7.4.9/build/shtool install -c ext/phar/phar.phar /usr/local/php7/bin/phar.phar
ln -s -f phar.phar /usr/local/php7/bin/phar
Installing PDO headers:          /usr/local/php7/include/php/ext/pdo/
[root@noylinux php-7.4.9]#
[root@noylinux php-7.4.9]# cp php.ini-production  /usr/local/php7/etc/php.ini
[root@noylinux php-7.4.9]# ls /usr/local/php7/  #查看目录结构
bin  include  lib  php  var
```

至此，PHP 和 Apache 都已经安装完成了，接下来要通过一系列的微调使 Apache 能够引用 PHP 模块处理 PHP 的请求。

（5）既然 PHP 被用作 Aapche 的模块，那就需要检查一下 PHP 模块的存放位置，上文介绍过目录 /usr/local/httpd/modules/ 是 Apache 专门用来存放各种模块的，查看一下：

```
[root@noylinux bin]# ll  /usr/local/httpd/modules/libphp*
-rwxr-xr-x. 1 root root 47938248 1月  13 15:18 /usr/local/httpd/modules/libphp7.so
```

可以看到 PHP 模块是存在的。

还有一种方法是通过 httpd -M 命令查看 Apache 目前载入的模块。

```
[root@noylinux bin]# cd /usr/local/httpd/
[root@noylinux httpd]# ./bin/httpd  -M
AH00558: httpd: Could not reliably determine the server's fully qualified domain name, using fe80::20c:29ff:fe3a:f730. Set the 'ServerName' directive globally to suppress this message
Loaded Modules:
 core_module (static)
 so_module (static)
 http_module (static)
 mpm_worker_module (static)
-----省略部分内容-----
 php7_module (shared)     #看这里
```

（6）将 Apache 和 PHP 进行整合，让 Apache 可以引用 PHP 模块进行工作，这里就需要对 Apache 的主配置文件进行编辑调整。

```
[root@noylinux ~]# cd /usr/local/httpd/
[root@noylinux httpd]# vim conf/httpd.conf

-----省略部分内容-----
#这一行表示载入 PHP 模块，默认是启用的
LoadModule php7_module        modules/libphp7.so

-----省略部分内容-----
#配置 ServerName，改为 ServerName localhost，有域名的可以写域名
#ServerName www.example.com:80

#配置访问权限
<Directory />
    AllowOverride none
    #Require all denied
   Require all granted
</Directory>

-----省略部分内容-----
#增加 index.php 默认首页
<IfModule dir_module>
```

```
    DirectoryIndex index.html  index.php
</IfModule>

-----省略部分内容-----
#增加 PHP 应用的解析模块
AddType application/x-compress .Z
AddType application/x-gzip .gz .tgz
AddType application/x-httpd-php .php
-----省略部分内容-----

[root@noylinux httpd]# ./bin/httpd -t        #对配置文件进行语法检查
Syntax OK
```

（7）最后验证整个配置的正确性，用 PHP 语言编写一个测试网页，通过浏览器进行访问验证，结果如图 16-2 所示。

```
[root@noylinux httpd]# pwd
/usr/local/httpd
[root@noylinux httpd]# echo "<?php phpinfo(); ?>" > htdocs/index.php   #用 PHP 写
一个测试页
[root@noylinux httpd]# ./bin/apachectl start          #启动 httpd 服务
[root@noylinux httpd]# netstat -anpt | grep 80        #验证是否启动成功
tcp6       0      0 :::80       :::*       LISTEN      173134/httpd
```

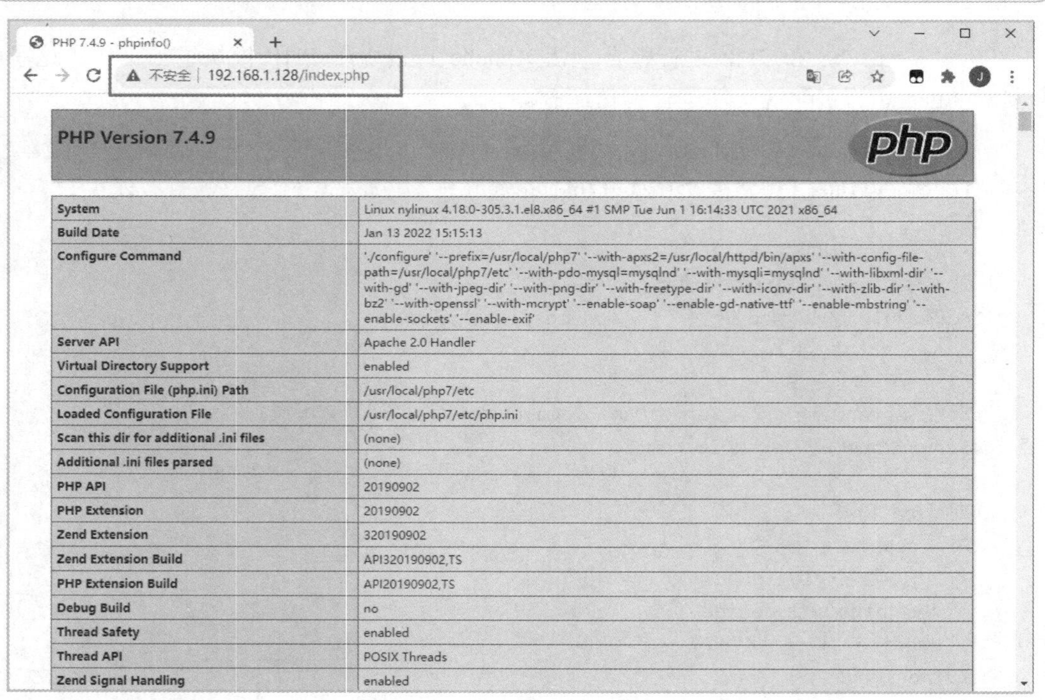

图 16-2　浏览器访问验证结果

可以看到，通过 PHP 语言编写的网页能够正常被 Apache 解析，这也就说明 Apache 和 PHP 模块整合成功了。

16.3 FastCGI 模式（Nginx）

FastCGI 模式是 CGI 模式的升级版本，解决了 CGI 模式的缺陷。PHP 的 Module 模式常用于和 Apache 搭配起来使用，而 FastCGI 模式的最佳拍档则是 Nginx，在 Nginx 主配置文件中有一段配置是专门为 PHP 的 FastCGI 模式设计的，该配置项默认是关闭的，当需要与 PHP 进行搭配时，删除注释符号就能直接启用。

当 PHP 处于 FastCGI 模式时，它是作为一个独立的应用程序去运行的，这个独立的应用程序如果想要对外提供服务必然要占用某个端口，这样别的程序才可以通过这个端口与 PHP 服务通信，在 FastCGI 模式中，PHP 服务默认占用的是 9000 端口。

接下来介绍一下 FastCGI 模式下 PHP 的工作方式，这种工作方式与 Nginx 有些类似。默认 FastCGI 在启动时会先启动一个 Master 进程，读取配置文件和初始化执行环境，接着再启动多个 Worker 进程。当 PHP 请求到达时，Master 进程会将请求传递给某个 Worker 进程，同时立即回去继续监听端口等待下一个请求的到来。这样就避免了重复性的工作，效率相比 CGI 模式提高了很多。而且当 Worker 进程不够用时，Master 进程会根据配置文件中的定义预先启动几个 Worker 进程进行分配。当空闲的 Worker 进程太多时，Master 进程也会将其停掉一些，这样即提高了性能，又节约了服务器资源。

FastCGI 模式默认会启动一个或者多个守护进程对到来的 PHP 请求进行解析，这些进程由 FastCGI 进程管理器管理，php-fpm 和 spawn-fcgi 就是支持 PHP 的两个 FastCGI 进程管理器，这里我们只对 php-fpm 详细介绍。

php-fpm 的全称为 FastCGI Process Manager，是一个第三方的 FastCGI 进程管理器，它当初是作为 PHP 的一个补丁被开发的，开发的初衷就是将 FastCGI 进程管理的功能整合到 PHP 源码包中，从 PHP 5 系列的版本开始已经成功将其整合进 PHP 源码包了，所以只需要在编译安装 PHP 源码包时加上编译选项“--enable-fpm”即可。

php-fpm 提供了更好的 PHP 进程管理方式，可以有效地控制内存和进程、可以平滑重载 PHP 配置，php-fpm 比 spawn-fcgi 具有更多优点，它在处理请求方面更加优秀，尤其在处理高并发方面要比 spawn-fcgi 好很多。

需要注意的是，在 FastCGI 模式下的 PHP 服务需要通过 php-fpm 进行启动（start）、停止（stop）、重启（reload）等操作，而 php-fpm 在 php 5.3.3 版本以后就淘汰了 start | stop | reload 这种操作方式，改用信号控制，常用的信号有以下几种：

- INT：立即终止。
- QUIT：平滑终止。
- USR1：重新打开日志文件。
- USR2：重启。

FastCGI 模式的主要优点就是把动态语言解析和 HTTP Server 分离开来，所以 Nginx 与 php-fpm 经常被部署在不同的服务器上，这样可以分担前端 Nginx 服务器的处理压力，使 Nginx 服务器专心处理静态请求并转发动态请求，而 php-fpm 服务器专心解析 PHP 动态请求。

好！接下来请和我一起来动手部署 Nginx 与 php-fpm。

（1）将所有的源码包上传至服务器，开始编译安装 Nginx 源码包。

```
[root@noylinux opt]# ls -lh
总用量 19M
-rw-r--r--. 1 root root 1.1M 12月 11 19:04 nginx-1.20.2.tar.gz
-rw-r--r--. 1 root root 2.0M 10月 21 2019 pcre-8.42.tar.gz
-rw-r--r--. 1 root root  16M 1月  12 22:46 php-7.4.9.tar.gz
-rw-r--r--. 1 root root  569K 1月 12 23:12 oniguruma-6.9.4.tar.gz
[root@noylinux opt]# tar xf  nginx-1.20.2.tar.gz
[root@noylinux opt]# tar xf  pcre-8.42.tar.gz

-----省略编译安装 Nginx 的步骤，可回看 14.3 节-----

[root@noylinux opt]# cd /usr/local/nginx/                    #进入 Nginx 目录
[root@noylinux nginx]# ls
conf  html  log  sbin
[root@noylinux nginx]# ./sbin/nginx  -c  conf/nginx.conf      #启动 Nginx 服务
[root@noylinux nginx]# ls
client_body_temp  fastcgi_temp  log         sbin        uwsgi_temp
conf              html         proxy_temp  scgi_temp
[root@noylinux nginx]# netstat -anpt | grep nginx
tcp      0    0 0.0.0.0:80        0.0.0.0:*         LISTEN      59700/nginx: master
```

（2）准备 PHP 编译安装前的依赖环境，操作的步骤与 16.2 节一致。通过 DNF 命令安装依赖环境，编译安装 oniguruma 依赖源码包。

```
[root@noylinux opt]# dnf  install  libxml2 libxml2-devel  sqlite-devel   bzip2-devel  autoconf automake libtool  libcurl-devel
Repository extras is listed more than once in the configuration
-----省略部分内容-----
已安装:
  cmake-filesystem-3.20.2-4.el8.x86_64   libtool-2.4.6-25.el8.x86_64
  libxml2-devel-2.9.7-9.el8_4.2.x86_64   sqlite-devel-3.26.0-15.el8.x86_64
  xz-devel-5.2.4-3.el8.x86_64
完毕!

[root@noylinux opt]# tar xf oniguruma-6.9.4.tar.gz
[root@noylinux opt]# cd oniguruma-6.9.4/
[root@noylinux oniguruma-6.9.4]# ./autogen.sh && ./configure --prefix=/usr
-----省略部分内容-----
config.status: executing depfiles commands
config.status: executing libtool commands
config.status: executing default commands

[root@noylinux oniguruma-6.9.4]# make &&  make  install
-----省略部分内容-----
 /usr/bin/mkdir -p '/usr/bin'
 /usr/bin/install -c onig-config '/usr/bin'
```

```
/usr/bin/mkdir -p '/usr/lib64/pkgconfig'
/usr/bin/install -c -m 644 oniguruma.pc '/usr/lib64/pkgconfig'
make[2]: 离开目录"/opt/oniguruma-6.9.4"
make[1]: 离开目录"/opt/oniguruma-6.9.4"
```

（3）编译安装 PHP 源码包，编译的过程与 16.2 节一致，不过编译选项会有变化，需要将"--with-apxs2="换成"--enable-fpm"，表示启用 FastCGI 模式。

```
[root@noylinux oniguruma-6.9.4]# cd ../
[root@noylinux opt]# tar xf php-7.4.9.tar.gz
[root@noylinux opt]# cd php-7.4.9/
[root@noylinux php-7.4.9]# ./configure --prefix=/usr/local/php7-fpm --enable-fpm --with-config-file-path=/usr/local/php7-fpm/etc --with-pdo-mysql=mysqlnd --with-mysqli=mysqlnd --with-libxml-dir --with-gd --with-jpeg-dir --with-png-dir --with-freetype-dir --with-iconv-dir --with-zlib-dir --with-bz2 --with-openssl --with-mcrypt --enable-soap --enable-gd-native-ttf --enable-mbstring --enable-sockets --enable-exif
-----省略部分内容-----
config.status: creating main/php_config.h
config.status: executing default commands

+--------------------------------------------------------------------+
| License:                                                           |
| This software is subject to the PHP License, available in this    |
| distribution in the file LICENSE. By continuing this installation |
| process, you are bound by the terms of this license agreement.    |
| If you do not agree with the terms of this license, you must abort |
| the installation process at this point.                            |
+--------------------------------------------------------------------+

Thank you for using PHP.

configure: WARNING: unrecognized options: --with-libxml-dir, --with-gd, --with-jpeg-dir, --with-png-dir, --with-freetype-dir, --with-mcrypt, --enable-gd-native-ttf

[root@noylinux php-7.4.9]# make && make install
-----省略部分内容-----
Installing shared extensions:  /usr/local/php7-fpm/lib/php/extensions/no-debug-non-zts-20190902/
Installing PHP CLI binary:        /usr/local/php7-fpm/bin/
Installing PHP CLI man page:      /usr/local/php7-fpm/php/man/man1/
Installing PHP FPM binary:        /usr/local/php7-fpm/sbin/
Installing PHP FPM defconfig      /usr/local/php7-fpm/etc/
Installing PHP FPM man page:      /usr/local/php7-fpm/php/man/man8/
Installing PHP FPM status page:   /usr/local/php7-fpm/php/php/fpm/
Installing phpdbg binary:         /usr/local/php7-fpm/bin/
Installing phpdbg man page:       /usr/local/php7-fpm/php/man/man1/
Installing PHP CGI binary:        /usr/local/php7-fpm/bin/
Installing PHP CGI man page:      /usr/local/php7-fpm/php/man/man1/
```

```
Installing build environment:     /usr/local/php7-fpm/lib/php/build/
Installing header files:          /usr/local/php7-fpm/include/php/
Installing helper programs:       /usr/local/php7-fpm/bin/
  program: phpize
  program: php-config
Installing man pages:             /usr/local/php7-fpm/php/man/man1/
  page: phpize.1
  page: php-config.1
/opt/php-7.4.9/build/shtool  install  -c  ext/phar/phar.phar  /usr/local/php7-
fpm/bin/phar.phar
ln -s -f phar.phar /usr/local/php7-fpm/bin/phar
Installing PDO headers:          /usr/local/php7-fpm/include/php/ext/pdo/

[root@noylinux php-7.4.9]# ls /usr/local/php7-fpm/   #查看 PHP 目录结构
bin  etc  include  lib  php  sbin  var
[root@noylinux php7-fpm]# cd etc/  #注：下面的操作属于安装后的微调（PHP 配置文件）
[root@noylinux etc]# pwd
/usr/local/php7-fpm/etc
[root@noylinux etc]# ls
php-fpm.conf.default  php-fpm.d
[root@noylinux etc]# cp php-fpm.conf.default  php-fpm.conf
[root@noylinux etc]# cp /opt/php-7.4.9/php.ini-production  ./php.ini
[root@noylinux etc]# ls
php-fpm.conf  php-fpm.conf.default  php-fpm.d  php.ini
[root@noylinux etc]# cd php-fpm.d/
[root@noylinux php-fpm.d]#
[root@noylinux php-fpm.d]# ls
www.conf  www.conf.default
```

（4）启动 PHP 服务并进行验证。

```
[root@noylinux php-fpm.d]# cd ../../sbin/
[root@noylinux sbin]# pwd
/usr/local/php7-fpm/sbin
[root@noylinux sbin]# ./php-fpm    #通过 php-fpm 进程管理器启动 PHP 服务
[root@noylinux sbin]# netstat  -anpt | grep 9000     #PHP 服务启动后默认监听在 9000
端口
tcp      0     0 127.0.0.1:9000     0.0.0.0:*     LISTEN     306462/php-fpm: mas
[root@noylinux sbin]# ps -ef | grep php#查看 PHP 服务相关的进程，注意看进程名称
root     306462      1  0 15:38 ?     00:00:00 php-fpm: master process (/usr/
localphp7-fpm/etc/php-fpm.conf)
nobody   306463  306462  0 15:38 ?        00:00:00 php-fpm: pool www
nobody   306464  306462  0 15:38 ?        00:00:00 php-fpm: pool www
#通过进程名称可以很好地分辨出主进程（肯定是带 master 字样的是主进程）
[root@noylinux sbin]#
```

（5）配置 Nginx 的 fastcgi_params 文件。由于 Nginx 是 Web 服务器，所以动态请求需要转发给后端的 PHP 服务处理，转发过程中就需要将客户端请求的一些参数也一起传递过去，Nginx 传递这些参数是通过定义 fastcgi_params 文件来实现的。

```
[root@noylinux sbin]# cd /usr/local/nginx/conf/
[root@noylinux conf]# echo '
> fastcgi_param  GATEWAY_INTERFACE  CGI/1.1;
> fastcgi_param  SERVER_SOFTWARE    nginx/$nginx_version;
> fastcgi_param  QUERY_STRING       $query_string;
> fastcgi_param  REQUEST_METHOD     $request_method;
> fastcgi_param  CONTENT_TYPE       $content_type;
> fastcgi_param  CONTENT_LENGTH     $content_length;
> fastcgi_param  SCRIPT_FILENAME    $document_root$fastcgi_script_name;
> fastcgi_param  SCRIPT_NAME        $fastcgi_script_name;
> fastcgi_param  REQUEST_URI        $request_uri;
> fastcgi_param  DOCUMENT_URI       $document_uri;
> fastcgi_param  DOCUMENT_ROOT      $document_root;
> fastcgi_param  SERVER_PROTOCOL    $server_protocol;
> fastcgi_param  REMOTE_ADDR        $remote_addr;
> fastcgi_param  REMOTE_PORT        $remote_port;
> fastcgi_param  SERVER_ADDR        $server_addr;
> fastcgi_param  SERVER_PORT        $server_port;
> fastcgi_param  SERVER_NAME        $server_name;
> '   > fastcgi_params
[root@noylinux conf]#
```

（6）整合 Nginx 和 PHP，使之能够相互搭配工作。

```
[root@noylinux nginx]# pwd
/usr/local/nginx
[root@noylinux nginx]# vim conf/nginx.conf
-----省略部分内容-----
        #增加支持 index.php 首页
        location / {
            root   html;
            index  index.html index.htm  index.php ;
        }
-----省略部分内容-----
        #配置文件中的这一段默认是注释的，删除注释符号进行启用
        #为关于 PHP 的请求做反向代理，关于 PHP 的请求会被反向代理到后端的 PHP 服务中
        location ~ \.php$ {
            root           html;
            fastcgi_pass   127.0.0.1:9000;
            fastcgi_index  index.php;
            fastcgi_param  SCRIPT_FILENAME  /scripts$fastcgi_script_name;
            include        fastcgi_params;
        }
-----省略部分内容-----

[root@noylinux nginx]# ./sbin/nginx  -t          #检查配置文件的语法是否正确
nginx: the configuration file /usr/local/nginx/conf/nginx.conf syntax is ok
nginx: configuration file /usr/local/nginx/conf/nginx.conf test is successful
[root@noylinux nginx]# cd html/
```

```
[root@noylinux html]# echo "<?php phpinfo(); ?>" > index.php#用 PHP 语言写一个测试页
[root@noylinux html]# ls
50x.html  index.html  index.php
[root@noylinux html]# cd ..
[root@noylinux nginx]# ./sbin/nginx  -c conf/nginx.conf     #启动 Nginx 服务
[root@noylinux nginx]# ps -ef | grep nginx
root      306797      1  0 15:57 ? 00:00:00 nginx: master process ./sbin/nginx -c conf/nginx.conf
nobody   306798  306797  0 15:57 ? 00:00:00 nginx: worker process
```

（7）访问 index.php 网页，验证整个配置是否成功，验证结果如图 16-3 所示。

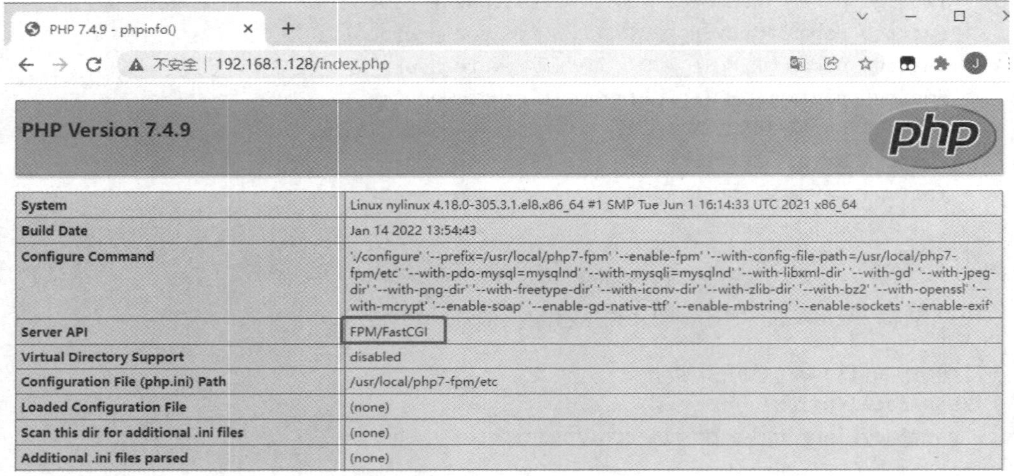

图 16-3　验证配置结果

（8）通过向主进程发送信号的方式关闭 PHP 服务。

```
[root@noylinux sbin]# ps -ef | grep php
root   306462  1  0  15:38  ?   00:00:00  php-fpm:  master  process  (/usr/localphp7-fpm/etc/php-fpm.conf)
nobody    306463  306462  0 15:38 ?  00:00:00 php-fpm: pool www
nobody    306464  306462  0 15:38 ?  00:00:00 php-fpm: pool www

[root@noylinux sbin]# kill QUIT 306462      #向 PHP 主进程发送停止信号

[root@noylinux sbin]# ps -ef | grep php
#再查看与 PHP 相关的进程，发现已经没有了，PHP 服务停止
root        8929    2393  0 23:48 pts/0    00:00:00 grep --color=auto php

[root@noylinux sbin]#
```

16.4　PHP 相关配置文件（FastCGI）

在 PHP 的安装目录下存在 3 个配置文件，分别是 php.ini、php-fpm.conf 和 php-fpm.d

文件夹中的 www.conf，除此之外，还有一个配置文件是 Nginx 与 PHP 做关联的 fastcgi_params。本节主要介绍 PHP 中的这 4 个配置文件。

1. php.ini

php.ini 是 PHP 的核心配置文件，在启动时被读取，此文件的配置项非常多，这里主要介绍一些重要的配置项。

```
;;;;;;;;;;;;;;;;;;;;;
; Language Options ; #语言选项
;;;;;;;;;;;;;;;;;;;;;
#是否启用 PHP 解析引擎
engine = On
#是否使用简介标志
short_open_tag = Off
#浮点型数据显示的有效期
precision = 14
#输出缓冲区大小(字节)，默认为 4096
output_buffering = 4096
#是否开启 zlib 输出压缩
zlib.output_compression = Off
#是否要求 PHP 输出层在每个输出块之后自动刷新数据
implicit_flush = Off
#如果解串器发现有未定义类要被实例化，将会调用 unserialize() 回调函数
unserialize_callback_func =
#将浮点型和双精度型数据序列化存储时，序列化精度指明了有效位数
serialize_precision = -1
#该指令接受一个用逗号分隔的函数名列表，以禁用特定的函数
disable_functions =
#该指令接受一个用逗号分隔的类名列表，以禁用特定的类
disable_classes =

;;;;;;;;;;;;;;;;;
; Miscellaneous ;     #杂项配置
;;;;;;;;;;;;;;;;;
#在网页头部显示 PHP 信息
expose_php = On

;;;;;;;;;;;;;;;;;;;
; Resource Limits ;        #资源限制
;;;;;;;;;;;;;;;;;;;
#每个脚本最大允许执行时间，按秒计。默认为 30 秒
max_execution_time = 30
#每个脚本分析请求数据的最大限制时间(POST, GET, upload)，按秒计
max_input_time = 60
#设定一个脚本所能够申请到的最大内存字节数
memory_limit = 128M

;;;;;;;;;;;;;;;;
```

```
; File Uploads ; #文件上传
;;;;;;;;;;;;;;;;
#是否开启上传功能
file_uploads = On
#最大允许的上传文件大小
upload_max_filesize = 2M
#最大同时可以上传 20 个文件
max_file_uploads = 20

;;;;;;;;;;;;;;;;;;;
; Module Settings ;         #模块设定
;;;;;;;;;;;;;;;;;;;
[Date]
#设置 PHP 的时区
;date.timezone =
```

2. php-fpm.conf

php-fpm.conf 是 php-fpm 进程管理器的配置文件，这个文件中常用的配置项如下。

```
;;;;;;;;;;;;;;;;;;
; Global Options ;    #全局配置
;;;;;;;;;;;;;;;;;;

[global]
#设置 pid 文件的位置，相对路径（相对于 PHP 安装目录）
;pid = run/php-fpm.pid
#记录错误日志的文件，相对路径（相对于 PHP 安装目录）
;error_log = log/php-fpm.log
#指定日志内容的类型。
;syslog.facility = daemon
#系统日志标示，如果跑了多个 fpm 进程，需要用这个来区分日志是谁的
;syslog.ident = php-fpm
#日志等级
;log_level = notice
#设置日志文件单行字符数上限。如果超出此限制，则进行换行处理，默认是 4096 字节
;log_limit = 4096
#日志是否记录缓冲区。设置为 no 表示会直接写入日志文件
;log_buffering = no
#如果子进程在 emergency_restart_interval 设定的时间内收到该参数设定次数
#的 SIGSEGV 或者 SIGBUS 退出信息号，则 fpm 会重新启动。默认值为 0，表示关闭此功能
;emergency_restart_threshold = 0
#用于设定平滑重启的间隔时间，默认值为 0，表示关闭此功能
;emergency_restart_interval = 0
#设置子进程接受主进程复用信号的超时时间，默认值为 0，表示关闭此功能
;process_control_timeout = 0
#控制最大进程数，使用时需谨慎
; process.max = 128
#处理 nice(2)的进程优先级别，范围为－19(最高)到 20(最低)
```

```
; process.priority = -19
#后台执行 fpm，默认为 yes，如果为了调试可以改为 no
;daemonize = yes
#设置文件打开描述符的 rlimit 限制。 默认为系统定义值：1024
;rlimit_files = 1024
#设置核心 rlimit 最大限制值，默认为系统定义值
;rlimit_core = 0
#事件处理机制，默认自动检测
;events.mechanism = epoll
#当 fpm 被设置为系统服务时，多久向系统报告一次状态，单位有 s、m、h
#设置为 0 表示禁用，默认为 10
;systemd_interval = 10

;;;;;;;;;;;;;;;;;;;;
; Pool Definitions ; #进程池配置
;;;;;;;;;;;;;;;;;;;;
#引用 etc/php-fpm.d/*.conf 配置文件，也就是 www.conf 配置文件
include=/usr/local/php7-fpm/etc/php-fpm.d/*.conf
```

3. www.conf

www.conf 是 php-fpm 进程服务的扩展配置文件，此文件会在 php-fpm.conf 配置文件中引入，主要包括用户和用户组设置、进程池配置、慢日志等。

```
[www]
#设置工作进程运行时的用户
user = nobody
#设置工作进程运行时的用户组
group = nobody
#在 FastCGI 模式下，php-fpm 监听的地址（IP+Port）
listen = 127.0.0.1:9000
#backlog 数，可以理解为 TCP 中的半连接数，默认值为 511，-1 表示无限制（由操作系统决定）
;listen.backlog = 511
;listen.owner = nobody
;listen.group = nobody
;listen.mode = 0660
#当支持 POSIX 访问控制列表时，可以使用以下命令进行设置
;listen.acl_users =
;listen.acl_groups =
#允许连接 FastCGI 的地址，设置为 any 表示不限制 IP，建议这里设置为 127.0.0.1，表示只有本
地可访问
#默认值就是只有本地可访问，若需要设置多个 IP 地址，需要用逗号分隔
#若没有设置或为空，则表示任何服务器都可以连接。
;listen.allowed_clients = 127.0.0.1
#指定用于主进程的 nice 值，只有当以 root 用户运行时才有效。pool 进程也会继承该优先级
#-19(最高)到 20(最低)
; process.priority = -19
; process.dumpable = yes
#选择进程池管理器控制子进程的数量的方式，选项有 static、dynamic 和 ondemand
```

```
pm = dynamic
#静态方式下开启的 php-fpm 进程数量，同一时刻最大存活子进程数
pm.max_children = 5
#php-fpm 在启动时等待请求的子进程数量
; 默认值：(min_spare_servers + max_spare_servers) / 2
pm.start_servers = 2
#服务器闲置时最少保持的子进程数量，不够这个数就会创建进程，只适用于 dynamic 模式
pm.min_spare_servers = 1
#服务器闲置时最多保持的子进程数量，超出这个数就会杀掉进程，只适用于 dynamic 模式
pm.max_spare_servers = 3
#子进程闲置多长时间后会被杀掉
#注意：仅当 pm 设置为 ondemand 模式时使用
;默认值：10s
;pm.process_idle_timeout = 10s;
#每个子进程最多处理 500 个请求就被回收，可防止内存泄漏
;pm.max_requests = 500
#php-fpm 状态网页
;pm.status_path = /status
#ping url，可以用来测试 php-fm 是否存活并可以应用
;ping.path = /ping
#ping url 的回应正文返回为 HTTP 200 的 text/plain 格式文本，默认值为 pong
;ping.response = pong
#访问日志位置
;access.log = log/$pool.access.log
#访问日志内容格式
;access.format = "%R - %u %t \"%m %r%Q%q\" %s %f %{mili}d %{kilo}M %C%%"
#慢日志，配合配置项 request_slowlog_timeout 使用
;slowlog = log/$pool.log.slow
#慢日志请求超时时间，设置为 0 表示关闭（off）
;request_slowlog_timeout = 0
#慢日志堆栈跟踪的深度，默认值为 20
;request_slowlog_trace_depth = 20
#设置单个请求的超时终止时间
;request_terminate_timeout = 0
#设置打开文件描述符的 rlimit 限制，默认为系统定义值
;rlimit_files = 1024
#设置核心 rlimit 最大限制值，默认为系统定义值
;rlimit_core = 0
#启动时的 Chroot 目录，所定义的目录需要使用绝对路径
#若没有设置则表示 chroot 不被使用
;chroot =
#改变当前工作目录
;chdir = /var/www
#重定向标准输出和标准错误到错误日志中
;catch_workers_output = yes
#创建 Worker 进程时是否需要清除环境变量
;clear_env = no
#为了安全，限制能执行的脚本后缀
;security.limit_extensions = .php .php3 .php4 .php5 .php7
```

4. fastcgi_params

Nginx 给 php-fpm 传递客户端参数的方式是通过定义 fastcgi_params 文件来实现的，文件中有详细的可传递的所有变量信息，定义的这些变量作用如下。

```
fastcgi_param  GATEWAY_INTERFACE  CGI/1.1;          #CGI 版本号
fastcgi_param  SERVER_SOFTWARE   nginx/$nginx_version;#Nginx 版本号
fastcgi_param  QUERY_STRING      $query_string;     #请求的参数
fastcgi_param  REQUEST_METHOD    $request_method;   #请求的动作(GET,POST)
fastcgi_param  CONTENT_TYPE      $content_type;     #请求头中的 Content-Type 字段
fastcgi_param  CONTENT_LENGTH    $content_length;   #请求头中的 Content-length 字段
fastcgi_param  SCRIPT_FILENAME   $document_root$fastcgi_script_name;#脚本文件请求的
路径
fastcgi_param  SCRIPT_NAME       $fastcgi_script_name;#脚本名称
fastcgi_param  REQUEST_URI       $request_uri;      #请求的地址不带参数
fastcgi_param  DOCUMENT_URI      $document_uri;     #与$uri 相同。
fastcgi_param  DOCUMENT_ROOT     $document_root;    #网站的根目录
fastcgi_param  SERVER_PROTOCOL   $server_protocol;  #请求使用的协议，通常是 HTTP/1.1
fastcgi_param  REMOTE_ADDR       $remote_addr;      #客户端 IP 地址
fastcgi_param  REMOTE_PORT       $remote_port;      #客户端端口号
fastcgi_param  SERVER_ADDR       $server_addr;      #服务器 IP 地址
fastcgi_param  SERVER_PORT       $server_port;      #服务器端口
fastcgi_param  SERVER_NAME       $server_name;      #服务器主机名，通常是域名
```

第 17 章

Web 服务器架构系列之 Tomcat

17.1 Tomcat 简介

在企业中，部署在 Linux 操作系统上的动态网站一般有两种：一种是通过 PHP 语言编写的，经过上文的学习我们知道，用 PHP 语言写的网站必须通过 PHP 服务进行解析才可以使用；另一种则是通过 Java 语言编写的，而用 Java 语言写的网站就需要通过 Tomcat 服务来进行解析了。

不同开发语言编写的网站需要不同的 Web 服务器来进行搭建，而 Tomcat 就是目前应用最广泛的 Java Web 服务器。

Tomcat 最初是由 James Duncan Davidson 在 Sun Microsystems 担任软件工程师期间（1997–2001）开发的，因为他希望将此项目以一个动物的名字命名，而且这种动物能够自己照顾自己，想来想去，最终将其命名为 Tomcat（译为雄猫），而 Tomcat 的 Logo 兼吉祥物也被设计成了一只雄猫的样子（见图 17-1）。后来 Sun Microsystems 于 1999 年将此项目贡献给了 Apache 软件基金会，Tomcat 的名称也自此改成了现在的 Apache Tomcat。

图 17-1　Tomcat 的 Logo

Apache Tomcat 实现了 Oracle 的 Java Servlet 和 JavaServer Pages（JSP）规范，并为 Java 代码运行提供了一个“纯 Java”的 HTTP Web 服务器环境。

和 Apache 软件基金会旗下的其他项目一样，Tomcat 由该基金会的会员和志愿者一起开发维护，并且作为一个被置于 Apache 协议下的开源软件，用户可以根据协议免费获得其源代码及可执行文件。Tomcat 最初在互联网上发行出来的版本是 3.0.x 系列。

17.2 Tomcat 架构剖析

若将整个 Tomcat 应用程序解剖开来，我们会发现它的结构从外向内总共有五层，这五层实现的功能各不相同，且又相互协调。Tomcat 的架构如图 17-2 所示。

1. 服务器（Server）

第一层为服务器（Server），由图 17-2 可以看出，Tomcat 所有的组件都包含在里面，这一层主要负责 Tomcat 的启动、初始化、停止等，同时为第二层（Service）提供运行环境并开放端口让客户端可以访问 Service 集合。1 个 Tomcat 只能拥有 1 个 Server，1 个 Server 维护/管理着多个 Service。

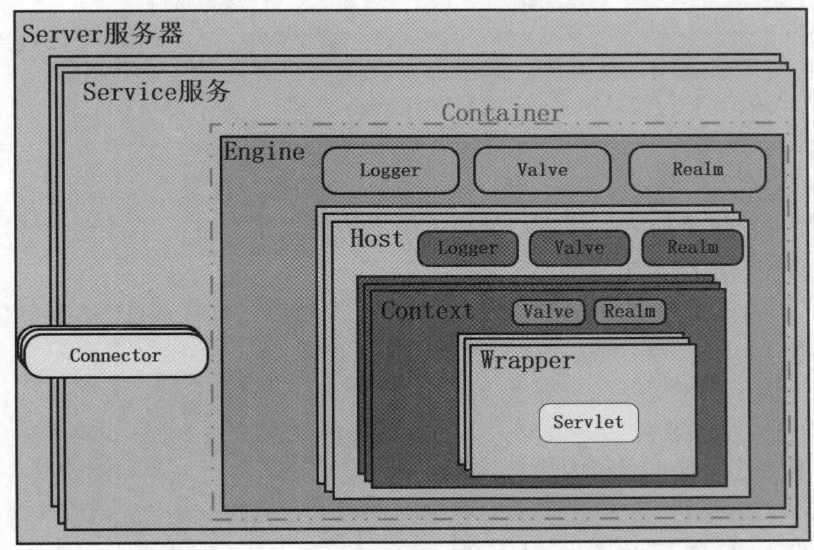

图 17-2 Tomcat 的架构

2. 服务（Service）

第二层为服务（Service），主要负责对外提供服务。1 个服务器中可以存在多个服务，这样能够监听在不同的端口，对外提供不同的服务。服务本身主要由 Connector 组件和 Container 组件两部分组成。其中 Connector 组件可以有多个，而 Container 组件只能有 1 个。

（1）Connector 组件。Connector 组件又叫连接器，主要负责监听指定的端口，用于接收客户端的请求，并将请求封装提交给 Container 组件进行下一步处理，最后将处理结果返回客户端。Connector 组件可以有多个，这也就意味着可以监听多个端口，不同端口对应不同的 Connector 组件，两个典型、常用的 Connector 组件如下：

- Coyote HTTP/1.1 Connector：默认监听 8080 端口，接收用户从浏览器上发过来的 HTTP 请求。
- Coyote AJP/1.3 Connector：默认监听 8009 端口，接收来自其他 WebServer 的 Servlet/JSP 请求。

注

Tomcat 在启动后默认会监听 8080 和 8009 两个端口。

（2）Container 组件。Container 组件主要负责处理 Connector 组件接收的请求，可以把 Container 组件看作 1 个 Servlet 容器，它会根据请求进行一系列的 Servlet 调用。

Container 组件采用的是责任链的设计模式，如果不清楚这种设计模式的，可以先理解为父子关系，因为 Container 组件的内部包含 4 个核心子容器，分别是 Engine、Host、Context 和 Wrapper。由图 17-2 可见，Engine、Host、Context 和 Wrapper 这 4 个核心子容器之间是由上至下的包含/父子关系：Engine 包含 Host，Host 包含 Context，Context 包含 Wrapper。

> **注**
> Servlet 的全称为 Java Servlet，是用 Java 编写的运行在服务器端的程序。其主要功能在于交互式地浏览和修改数据，生成动态 Web 内容。

Engine 又称为引擎，是服务（Service）层中的请求处理组件，它的工作主要是接收 Connector 组件传递来的请求并进行处理，最终将处理完的结果/响应返回。需要注意的是，每个服务中只能有 1 个引擎。

Host 又称为主机，它的主要功能大家应该非常熟悉，这里的 Host 扮演的是虚拟主机的角色。在 Engine 中，可以存在 1 个或多个 Host，每 1 个 Host 都表示为 1 个虚拟主机。虚拟主机的作用主要是负责部署/运行多个 Web 应用程序（1 个 Context 表示 1 个 Web 应用程序），它负责安装、展开、启动和结束这些应用，并且标识这个应用以便能够区分它们，另外还会保存主机的信息。

Context 又称为上下文，主要表示在虚拟主机上运行的 Web 应用程序。Context 是 Host 的子容器，每个 Host 中可以定义任意多的 Context。它主要负责管理容器内部的 Servlet 实例，Servlet 实例在 Context 中是以 Wrapper 的身份出现的。

Wrapper 又称为包装器，每个 Wrapper 中都封装着 1 个 Servlet 实例，它主要负责管理 Servlet 实例的装载、初始化、执行和资源回收等操作。Wrapper 作为最底层的容器，内部不再包含子容器，它就是最小的容器。

总的来说，在 Container 组件中，一个 Engine 容器可以处理 Service 中的所有请求，一个 Host 容器可以处理发向某个虚拟主机的所有请求，一个 Context 容器可以处理某个 Web 应用程序的所有请求。

有的朋友可能会问，了解这些有什么用呢，这些组件搭建完成服务器后不就自行运行了吗。这么想就错了，因为在搭建服务器时必然会接触到 Tomcat 的配置文件，我们调整配置文件调整的就是这些组件的工作方式。Tomcat 的主配置文件 server.xml 中的整体内容构造如图 17-3 所示。

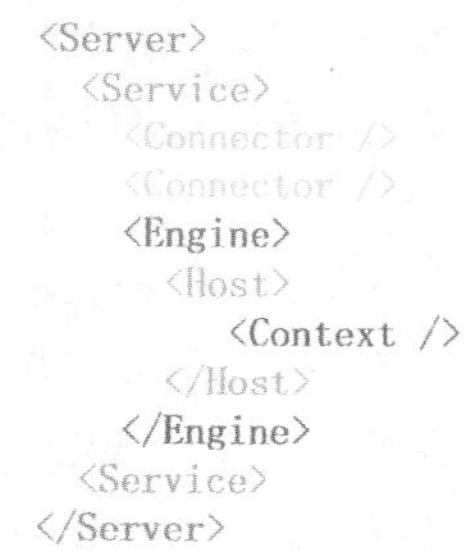

图 17-3　Tomcat 的主配置文件 server.xml 中的整体内容构造

在服务（Service）层中，除了上述核心组件外，还存在着各种支撑组件，这些组件起到了很大的辅助作用，例如以下这些：

- Manager：管理器，用于管理会话，包括重新加载现有 Web 应用程序、监控 JVM 资源等功能。
- Logger：日志器，专门用来管理日志。
- Pipeline：管道组件，配合 Valve 实现过滤器功能。
- Valve：阀门组件，配合 Pipeline 实现过滤器功能。
- Realm：认证授权组件，提供了一种用户密码与 Web 应用的映射关系，从而达到角色安全管理的目的。

接下来介绍这些组件是如何相互协作完成一次完整的请求处理的：

（1）在浏览器中单击网站的某个按钮时，会触发一个事件，这个事件会发送一个

HTTP 请求，该请求会到达 Tomcat 服务器，也就到达了 Server 组件（Server 实例）中。

（2）该请求会被负责监听端口的 Connector 组件监听到（默认监听 8080 端口），获取请求报文后，将其封装成 Request 请求，并将该请求发往 Engine 容器进行下一步处理。

（3）Engine 容器根据请求的 URL 判断使用的是哪一个 Host 容器，找到之后就会将请求发送到指定的 Host 容器中。

（4）指定的 Host 容器接收到请求后，会根据请求中的地址来寻找相对应的 Context 容器进行处理。

（5）Context 容器根据其内部的映射表，获取相应的 Servlet 组件，并构造 HttpServletRequest 对象和 HttpServletResponse 对象，进行业务处理。

（6）Context 容器将处理完的 HttpServletResponse 对象返回 Host 容器。

（7）Host 容器将结果返回 Engine 容器。

（8）Engine 容器将结果返回 Connector 组件。

（9）Connector 组件将响应结果返回客户端。

当响应结果到达客户端时，浏览器就拿到了数据包，接着以 HTTP 协议的格式解包并解析数据，最终浏览器将结果展示在页面上，一个完整的请求处理流程就完成了。

17.3 Tomcat 的二进制包安装方式

Tomcat 一般是通过二进制包的方式安装的，在 Apache Tomcat 的官网上有已经编译好的二进制包，这种安装方式就像在 Windows 系统上安装绿色软件一样，只需要将二进制包下载解压后就能直接能用，不过需要提前预装好 JDK 环境，通过这种方式安装的 Tomcat，它所有相关的文件和目录都会集中在同一个目录下，简单又高效。

一般在企业中安装 Tomcat 也都是通过这种方式安装的，在官网下载二进制包的方法如图 17-4 所示。

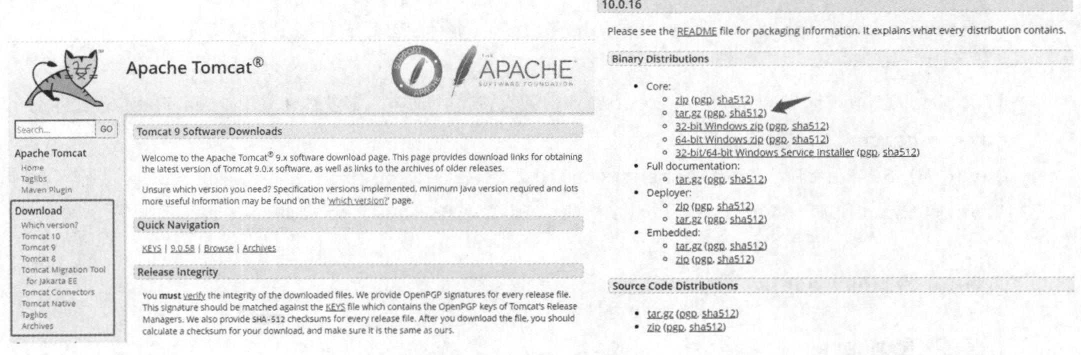

图 17-4　在官网下载二进制包

一般在企业中部署的版本都不太会选择最新版本，除非是遇到特别危险的 Bug 需要通过升级版本的手段来修复。这是因为最新的版本的稳定性、安全性等均存在改进和完善的空间。

所以这里我们放弃 Apapche Tomcat 目前最新版本的 10 系列，选择采用 9 系列的版本为大家进行演示和部署（这两个系列版本的安装方式和操作步骤基本一致）。

1. 安装 JDK 环境

将 Tomcat 和 JDK8 的安装包上传至服务器中，先安装 JDK8，让 Linux 操作系统拥有 JDK 环境，具体步骤如下。

（1）将上传好的 JDK8 二进制包解压，放到/usr/local/目录下。

```
[root@noylinux opt]# ls
apache-tomcat-9.0.58.tar.gz  jdk-8u321-linux-x64.tar.gz

[root@noylinux opt]# tar xf jdk-8u321-linux-x64.tar.gz -C /usr/local/
[root@noylinux opt]# ls /usr/local/
bin  etc  games  include  jdk1.8.0_321  lib  lib64  libexec  sbin  share  src
[root@noylinux opt]#
```

注

大家要养成一个好习惯，但凡安装应用程序，最好就将它安装到/usr/local/下。-C 选项用于指定将压缩包解压到哪个目录下，若不加-C 选项则默认解压到当前目录下。

（2）配置 JDK8 的环境变量，/etc/profile 文件中保存的内容与 Linux 操作系统的环境变量有关，所以我们需要在这个文件中添加关于 JDK8 的环境变量。

```
[root@noylinux opt]# vim /etc/profile        #添加 JDK8 的环境变量
#在文件的末尾插入以下 3 行内容
export JAVA_HOME=/usr/local/jdk1.8.0_321
export CLASSPATH=.:$JAVA_HOME/lib/dt.jar:$JAVA_HOME/lib/tools.jar
export PATH=$JAVA_HOME/bin:$PATH

[root@noylinux opt]# source /etc/profile    #使设置好的环境变量立即生效

[root@noylinux opt]# java -version  #验证设置是否成功，可以看到关于 Java 的命令已经生效
java version "1.8.0_321"
Java(TM) SE Runtime Environment (build 1.8.0_321-b07)
Java HotSpot(TM) 64-Bit Server VM (build 25.321-b07, mixed mode)

[root@noylinux opt]#
```

2. 安装 Tomcat

（1）安装 Tomcat 的过程非常简单，和上面的步骤类似，但省去了设置环境变量的步骤。对上传的 Tomcat 二进制包完成解压操作，还是解压到/usr/local/目录下。

```
[root@noylinux opt]# tar xf apache-tomcat-9.0.58.tar.gz   -C /usr/local/
[root@noylinux opt]# ls /usr/local/
```

```
apache-tomcat-9.0.58  etc    include      lib    libexec  share
bin                   games  jdk1.8.0_321  lib64  sbin     src
[root@noylinux opt]#
```

（2）启动 Tomcat 服务，这里暂时先不修改配置文件，直接使用默认的配置进行启动。

```
[root@noylinux opt]# cd /usr/local/apache-tomcat-9.0.58/bin/   #进入到解压目录下的/bin 目录

[root@noylinux bin]# ls       #注意看，此目录中有 Windows 系统下的各种管理命令(.bat)文件，还有 Linux 操作系统下的各种管理命令(.sh)文件。
bootstrap.jar   ciphers.bat   configtest.bat   digest.sh        setclasspath.sh startup.sh
tool-wrapper.sh  catalina.bat    ciphers.sh      configtest.sh   makebase.bat shutdown.bat
tomcat-juli.jar  version.bat   catalina.sh   commons-daemon.jar  daemon.sh
makebase.sh   shutdown.sh   tomcat-native.tar.gz  version.sh  catalina-tasks.xml
commons-daemon-native.tar.gz  digest.bat   setclasspath.bat   startup.bat   tool-wrapper.bat

[root@noylinux bin]# ./startup.sh  #执行 Tomcat 的启动文件，这是一个 Shell 脚本文件
Using CATALINA_BASE:   /usr/local/apache-tomcat-9.0.58
Using CATALINA_HOME:   /usr/local/apache-tomcat-9.0.58
Using CATALINA_TMPDIR: /usr/local/apache-tomcat-9.0.58/temp
Using JRE_HOME:        /usr/local/jdk1.8.0_321
Using  CLASSPATH:        /usr/local/apache-tomcat-9.0.58/bin/bootstrap.jar:/usr/local/apache-tomcat-9.0.58/bin/tomcat-juli.jar
Using CATALINA_OPTS:
Tomcat started.

[root@noylinux bin]#
```

（3）验证是否启动成功，有两种方式：一种是查看日志；另一种是访问 Web 服务。

```
[root@noylinux bin]# cd ..
[root@noylinux apache-tomcat-9.0.58]# tail -f -n100  logs/catalina.out
-----省略部分内容-----
28-Jan-2022 23:23:51.087 信息 [main] org.apache.coyote.AbstractProtocol.start 开始协议处理句柄["http-nio-8080"]
28-Jan-2022  23:23:51.111  信 息  [main]  org.apache.catalina.startup.Catalina.start [2509]毫秒后服务器启动
```

通过日志可以看出，Tomcat 的 Web 服务默认在 8080 端口上监听，所以直接在浏览器上访问 8080 端口即可，出现图 17-5 所示界面说明安装成功！

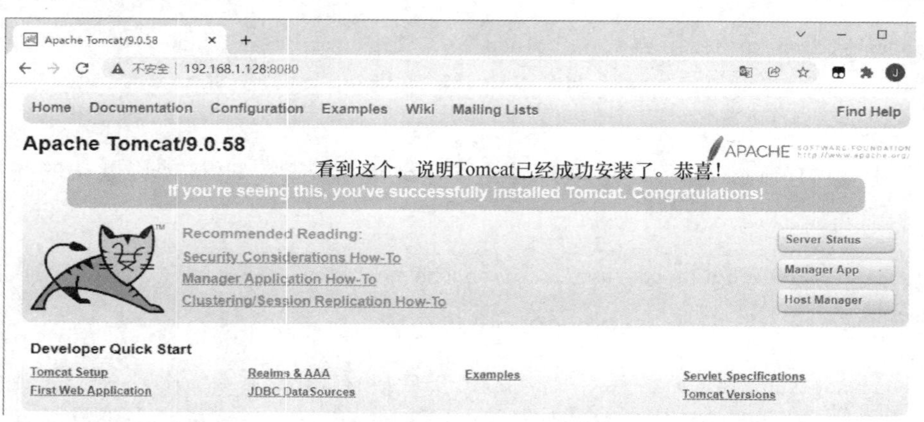

图 17-5　Tomcat 安装成功

17.4　目录结构和主配置文件

在解压后的 Tomcat 目录中会有以下几个文件夹：

（1）bin 目录：用于存放在 Linux 系统和 Windows 系统中对 Tomcat 进行启动、停止等操作的管理脚本。其中以“.sh”结尾的是 Linux 系统下的执行脚本；以“.bat”结尾的是 Windows 系统下的执行脚本。

- catalina.sh：真正启动 Tomcat 的脚本文件。
- startup.sh：启动 Tomcat 的脚本文件，此脚本执行到最后会调用 catalina.sh 文件。
- shutdown.sh：停止 Tomcat。
- version.sh：查看 Tomcat 版本等相关信息。

（2）conf 目录：用于存放各种配置文件。

- server.xml：Tomcat 的主配置文件，主要包含 Service、Connector、Engine、Realm、Valve、Host 等核心组件的配置信息。
- web.xml：遵循 Servlet 规范标准的配置文件，用于配置 Tomcat 支持的文件类型等默认配置信息。
- tomcat-user.xml：Realm 认证时用到的相关角色、用户和密码等信息，主要用来管理 Tomcat 的用户与权限。
- logging.properties：主要用来配置日志文件，包括日志级别、输出格式和存放位置等。
- context.xml：主要用来配置所有 Host 的默认信息，一般不会修改。

（3）lib 目录：用于存放 Tomcat 运行时依赖的各种 Jar 包。

（4）logs 目录：用于存放 Tomcat 运行时的各种日志文件。

（5）webapps 目录：默认的 Java Web 应用程序部署目录（war 包、jar 包等）。

（6）temp 目录：用于存放 Tomcat 在运行时产生的临时文件。

（7）work 目录：用于存放 Tomcat 在运行时的编译后文件，例如 JSP 编译后产生的

class 文件。

接下来对 Tomcat 的主配置文件 server.xml 进行详细介绍。server.xml 主配置文件中的每一个元素都对应了 Tomcat 中的一个组件，通过对文件中的各个元素进行配置，可以实现对 Tomcat 中各个组件的控制，示例如下：

```
##这是 xml 标识，标识该文件是 xml 格式的
<?xml version="1.0" encoding="UTF-8"?>

##指定 8005 端口，这个端口负责监听停止 Tomcat 的请求，也就是"SHUTDOWN"请求
<Server port="8005" shutdown="SHUTDOWN">

## 这是一组 Listener(监听器)定义的组件，一般用于在特定事件发生时执行特定的操作；比如配合上面定义的操作停止 Tomcat
  <Listener className="org.apache.catalina.startup.VersionLoggerListener" />
  <Listener className="org.apache.catalina.core.AprLifecycleListener" SSLEngine="on" />
  <Listener className="org.apache.catalina.core.JreMemoryLeakPreventionListener" />
  <Listener className="org.apache.catalina.mbeans.GlobalResourcesLifecycleListener" />
  <Listener className="org.apache.catalina.core.ThreadLocalLeakPreventionListener" />

##定义了一种全局资源，通过 pathname 这一行可以看出来该配置是通过读取 conf/tomcat-users.xml 文件实现的
  <GlobalNamingResources>
    <Resource name="UserDatabase" auth="Container"
              type="org.apache.catalina.UserDatabase"
              description="User database that can be updated and saved"
              factory="org.apache.catalina.users.MemoryUserDatabaseFactory"
              pathname="conf/tomcat-users.xml" />
  </GlobalNamingResources>

##表示此 Service 的名称，这个名称主要用于在日志中标识此 Service
  <Service name="Catalina">

##定义监听的端口及使用的协议等，端口可以根据企业的需求进行修改
    <Connector port="8080" protocol="HTTP/1.1"
               connectionTimeout="20000" ##等待客户端发送请求的超时时间，单位为 ms
               redirectPort="8443" />        ##若当前使用的是 http，而客户端发过来的却是 https 请求，则将请求转发至 8443 端口

##定义引擎的名称，并指定处理请求的默认虚拟主机
<Engine name="Catalina" defaultHost="localhost">

## Realm 提供了一种用户密码与 Web 应用的映射关系，从而达到角色安全管理的目的
    <Realm className="org.apache.catalina.realm.LockOutRealm">
       <Realm className="org.apache.catalina.realm.UserDatabaseRealm"
              resourceName="UserDatabase"/>
     </Realm>

##定义虚拟主机，每个容器中必须至少定义一个虚拟主机，且必须有一个虚拟主机的名称与在
```

```
Engine 容器中定义的默认虚拟主机名称一致。
        <Host name="localhost"  appBase="webapps"  ##定义虚拟主机的主机名与此主机的
Web 应用程序存放的根目录，默认在 webapps 目录下
            unpackWARs="true" autoDeploy="true"> ##定义是否先对归档格式的 war 包解压
再运行；定义在 Tomcat 运行时，是否对更新的 war 包进行自动重载。

    ##通过 Valve 来生成日志记录，记录其所在容器中处理所有请求的过程，这里把它当成访问日志即
可。Valve 可以与 Engine、Host、Context 进行关联
          ##规定 Valve 的类型和日志存储的位置(logs 目录下)
          <Valve              className="org.apache.catalina.valves.AccessLogValve"
directory="logs"
              ##指定日志文件的前缀与后缀
               prefix="localhost_access_log" suffix=".txt"
              #指定记录日志的格式
               pattern="%h %l %u %t &quot;%r&quot; %s %b" />
        </Host>
      </Engine>
    </Service>
  </Server>
```

配置项 pattern="%h %l %u %t "%r" %s %b"中各项的含义如下：

- %h：远程主机名或 IP 地址。
- %l：远程逻辑用户名，一般用“-”表示，可以忽略。
- %u：授权的远程用户名，如果没有则用“-”表示。
- %t：请求到达的时间。
- %r：请求报文的第一行，即请求方法、协议等内容。
- %s：响应状态码。
- %b：响应的数据量。
- %D：请求处理的时间，单位为 ms（默认没有）。

日志文件的内容如下：

```
[root@noylinux logs]# pwd
/usr/local/apache-tomcat-9.0.58/logs

[root@noylinux logs]# ls
catalina.2022-01-28.log      localhost.2022-01-28.log
catalina.2022-01-29.log      localhost.2022-01-29.log
catalina.out                localhost_access_log.2022-01-28.txt
host-manager.2022-01-28.log  manager.2022-01-28.log

[root@noylinux logs]# cat localhost_access_log.2022-01-28.txt
192.168.1.1 - - [28/Jan/2022:23:31:51 +0800] "GET / HTTP/1.1" 200 11156
192.168.1.1 - - [28/Jan/2022:23:31:52 +0800] "GET /tomcat.css HTTP/1.1" 200 5542
192.168.1.1 - - [28/Jan/2022:23:31:52 +0800] "GET /tomcat.svg HTTP/1.1" 200 67795
192.168.1.1 - - [28/Jan/2022:23:31:52 +0800] "GET /bg-nav.png HTTP/1.1" 200 1401
```

```
192.168.1.1 - - [28/Jan/2022:23:31:52 +0800] "GET /bg-button.png HTTP/1.1" 200 713
192.168.1.1 - - [28/Jan/2022:23:31:52 +0800] "GET /asf-logo-wide.svg HTTP/1.1" 200 27235
192.168.1.1 - - [28/Jan/2022:23:31:52 +0800] "GET /bg-middle.png HTTP/1.1" 200 1918
192.168.1.1 - - [28/Jan/2022:23:31:52 +0800] "GET /bg-upper.png HTTP/1.1" 200 3103
192.168.1.1 - - [28/Jan/2022:23:31:52 +0800] "GET /favicon.ico HTTP/1.1" 200 21630

[root@noylinux logs]#
```

可以看到，每次访问都会在访问日志中产生一条记录，而且每条记录的格式都是按照在配置文件中定义的格式生成的。

第 18 章 数据库系列之 MySQL 与 MariaDB

18.1 数据库的世界

在我们平常的生活中，像超市、银行、农场、餐馆、旅馆、图书馆、学校等这些场所都有数据库的身影，只是我们未曾察觉到。随着互联网的不断发展壮大，数据库的应用场景将越来越广泛。

当我们在超市购物时，眼前所看到的每一件商品的名称、价格、数量等各种信息都已经提前存储在数据库中，所以当拿着商品去收银台结账时，收银员只需要拿扫描枪对着商品的二维码扫一扫，关于商品的名称、价格等信息都会显示在屏幕上，这是因为扫描枪自带的收银系统会根据扫出来的二维码去数据库中查找对应的能够匹配的信息，信息中就包含对应商品的名称、价格、二维码、数量等内容。收银员甚至压根就不知道数据库的存在，也不需要知道数据库运行的原理。

那数据库这种便捷的工具是怎么出现的呢？这就要说到数据管理技术了，谈及此技术离不开数据库管理系统（DBMS），它是数据库的核心软件之一，位于用户与操作系统之间，专门用来建立、使用和维护数据库。

数据管理技术的发展可以简单分为 3 个阶段：

（1）人工管理阶段。20 世纪 50 年代中期以前，在计算机还没有被发明出来的年代，记录数据的工具是算盘和小本本，账本可以称为最早的“数据库”。到了 20 世纪 50 年代中期，计算机刚开始出现，还没有使用磁盘存储数据，用的是磁带、纸带等。这一阶段的数据管理技术有以下特点：

- 数据无法长期保存；
- 数据查询过于烦琐；
- 数据与数据之间无法共享和关联，导致重复数据过多。

（2）文件系统阶段。20 世纪 50 年代后期到 20 世纪 60 年代中期，随着计算机的发展，相继出现了磁盘、磁鼓等直接存取的存储设备，在软件领域还出现操作系统和高级软件，文件系统就是这个时代的产物。数据以文件的形式存储在磁盘中，操作系统中的文件系统就是专门用来管理数据的管理软件。这一阶段的数据管理技术有以下特点：

- 数据以文件的形式可以长期保存在存储设备中；
- 数据由文件系统来进行管理；
- 数据与数据之间无法关联，导致重复数据过多；

- 在数据量大的情况下维护较为困难，会出现不一致的情况；
- 文件与文件之间相互独立，数据关联性弱。

（3）数据库管理系统阶段。20 世纪 60 年代后期，随着计算机的进一步发展和普及，各种软件技术也相继涌现，其中就包括数据库技术，随着数据库技术的出现，数据管理技术也向前迈了一大步，进入数据库管理系统阶段。数据库管理系统克服了文件系统的缺陷，提供了对数据更高级、更有效的管理方式。

在这一阶段，应用程序和数据之间的联系通过数据库管理系统（DBMS）来实现，用户可以在数据库管理系统中建立数据库，再在数据库中建立表，最后将数据存储进表中。这样应用程序和用户都可以直接通过数据库管理系统来查询表中的数据，也可以对表中的数据进行修改、删除等操作。这一阶段的数据管理技术有以下特点：

- 数据库中的所有数据都统一通过数据库管理系统（DBMS）进行管理和控制；
- 数据结构化；
- 数据与数据之间实现共享与关联，减少了数据冗余；
- 为用户提供了接口，方便了对数据的增删查改操作；
- 数据粒度小；
- 数据独立性高（这里的独立性指的是物理独立性和逻辑独立性）。

经过多年的发展，数据管理技术一代比一代方便，一代比一代完善，数据库是数据管理技术在不断发展、不断创新过程中诞生的结晶之一。

MySQL 是一个开源的、典型的关系型数据库管理系统（RDBMS），它的名称是“My”（联合创始人 Ulf Michael Widenius 的女儿的名字缩写）和“SQL”（结构化查询语言的缩写）两者的组合。

MySQL 由于性能高、成本低、可靠性好，已经成为最流行的开源数据库，随着 MySQL 的不断成熟，它也逐渐被应用于更多大规模网站和软件，比如维基百科、Google 和 Facebook 等。非常流行的两个开源软件组合 LAMP 和 LNMP 中的“M”指的就是 MySQL。

MySQL 的 Logo 和吉祥物是一个小海豚（见图 18-1），这个海豚的名字叫 Sakila（塞拉）。

MariaDB 数据库的出现则是因为 Michael Widenius 担心 Oracle 公司收购 Sun 公司之后，MySQL 数据库面临闭源的风险，无法再保持创建时的初衷（开源、免费、共享），会渐渐沦为商人赚钱的工具。所以在 Oracle 宣布收购 Sun 的那一天，Michael Widenius 分叉了 MySQL，推出了 MariaDB 数据库，并带走了一大批 MySQL 开发人员。这段剧情像极了 CentOS Linux 被红帽公司收购之后，CentOS 的创始人 Gregory Kurtzer 为保持初衷又创建了 Rocky Linux。

MariaDB 作为 MySQL 的衍生产品，旨在 GNU 通用公共许可证（GPL）下保持免费和开源。MySQL 数据库的名称中的“My”取自 Michael Widenius 女儿的名字缩写，而 MariaDB 中的“Maria”则是他小孙女的名字，这也算是另一种形式的传承。MariaDB 的 Logo 和吉祥物是一只海豹（见图 18-2）。

图 18-1　MySQL 的 Logo 和吉祥物

图 18-2　MariaDB 的 Logo 和吉祥物

作为衍生产品，MariaDB 本身就是完全兼容 MySQL 的，相对应的版本可以直接进行替换。比如 MySQL 5.1、5.2、5.3、5.5 等系列版本，MariaDB 都有与之相对应的版本号，与 MySQL 保持着高度的兼容性：

- MariaDB 的执行程序、实用工具与 MySQL 同名且互相兼容。
- MySQL 5.x 的数据文件与表定义文件与 MariaDB 5.x 兼容。
- 所有客户端 API 与通信协议相互兼容。
- 所有的配置文件、二进制文件、路径、端口号、套接字等全都一致。
- mysql-client 客户端程序也可以用到 MariaDB 数据库上。

其实这些也都在意料之中，都是从一个“娘胎”里生出来的，顶多也就是“生得早”和“生得晚”的区别。虽然这“两个孩子”刚出生时长相和性格都差不多，但是随着越长越大，各自经历了不同的生活之后，两者之间就开始出现了明显差异，这些差异有好的、也有坏的。以上或许是描述 MySQL 与 MariaDB 之间关系最恰当的比喻。

在“两个孩子”长大的过程中还发生了一系列的故事。自从 Oracel 收购了 Sun 之后，CentOS Linux 在 7 系列版本中将 MySQL 数据库从默认的安装程序列表中移除了，引入了 MariaDB 进行代替。维基百科也在 2013 年正式宣布将从 MySQL 迁移到 MariaDB 数据库上。

虽然目前 MySQL 数据库被逐渐排除在开源这个大圈子之外，但是其影响力还在，MariaDB 想要追赶上 MySQL 的高度还有一段路程要走，据全球知名数据库流行度排行榜网站 DB-Engines 的数据显示，目前 MySQL 数据库全球排名第二名，而 MariaDB 排在第十二名，如图 18-3 所示。

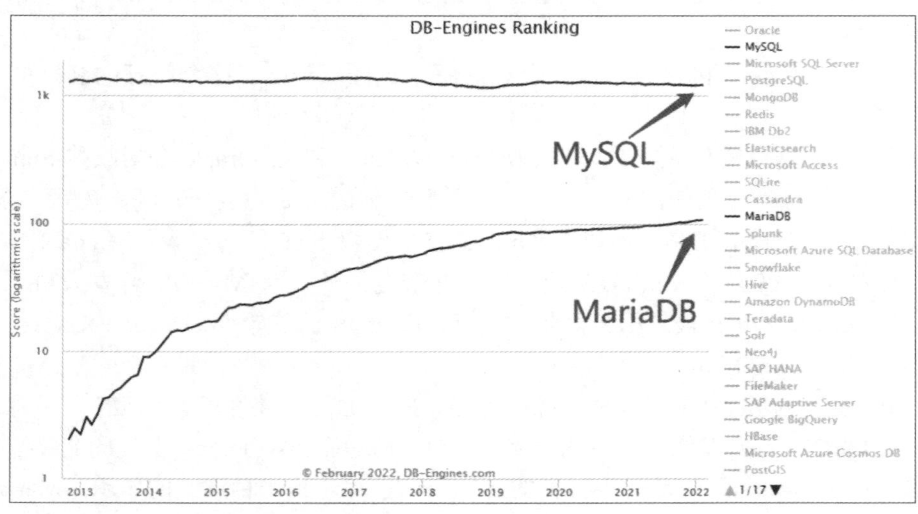

图 18-3　全球数据库评分排名（2022 年 2 月数据）

18.2 数据库系统结构与类型

本节介绍数据库系统的组成部分，数据库系统结构如图 18-4 所示。

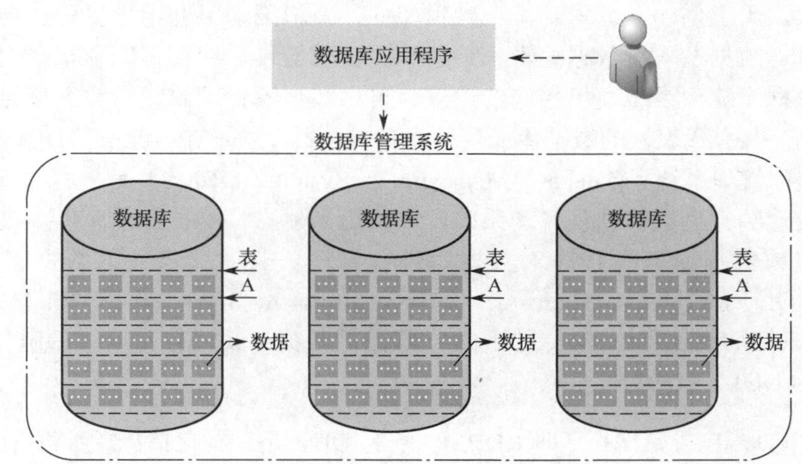

图 18-4　数据库系统结构

数据库系统（Database System，DBS）指的是在计算机中引入数据库技术之后的系统，通常一个完整的数据库系统由用户、数据库应用程序、数据库管理系统和数据库 4 部分组成。

（1）用户：一般是指数据库管理员，负责创建、监控和维护整个数据库，使数据能被有权限的用户有效使用。

（2）数据库应用程序：配合数据库管理系统对数据库中的数据进行访问处理的应用程序，可以通过它来插入、查询、修改或删除表中的数据，起到辅助作用。

（3）数据库管理系统：数据库由数据库管理系统统一管理，数据的插入、修改和检索均要通过数据库管理系统进行。

（4）数据库：用来存储和管理数据的仓库，数据的存储和管理都是通过由行和列组成的二维表来完成的，在一个数据库中可以存在多个二维表。

表 18-1 就是一个简单的二维表。确定一个数值，必须通过行、列两个条件去定位，这是二维表最显著的特征。

表 18-1　简单的二维表

	数　学	英　语	体　育	语　文
小红红	65	85	93	43
小蓝蓝	76	45	38	35
小绿绿	84	25	78	78
小黄黄	96	88	85	68

数据（Data）是通过观测得到的数字性的特征或信息。用通俗易懂的话说，数据就是一种能够描述事物的符号记录。数据的表现形式有很多种，可以是数字、符号、文字等，在数据库中数据是以记录的形式体现的。例如上文提到的超市购物的案例，人们会

关注超市中某个商品的名称、价格、数量等信息，每个商品的这些信息会构成一组数据，而这组数据就可以形成一条记录存储在数据库中。

- 数据库应用程序（DataBase Application）是由程序员通过编程语言编写的应用程序，用于创建、编辑和维护数据库文件及记录，帮助用户更轻松地执行建立记录、数据录入、数据编辑、更新和报告等操作。应用程序会根据用户的操作向数据库管理系统发出相应的请求，再由数据库管理系统对数据库执行相应的操作。具有代表性的数据库应用程序有 Navicat、PhpMyAdmin、DBeaver 等。
- 数据库管理系统（Database Management System，DBMS）是一种为管理数据库而设计的大型电脑软件管理系统，主要用来建立、维护数据库以及提供接口供用户或数据库应用程序对数据库进行管理。具有代表性的数据管理系统有 MySQL、MariaDB、Microsoft Access、Microsoft SQL Server、FileMaker Pro、Oracle Database、PostgreSQL 等。常见的数据库访问接口有 ODBC、JDBC、ADO.NET、PDO。

数据库（DataBase，DB），即 RDBMS 中的 DB，是结构化信息或数据（一般以电子形式长期存储在计算机系统中）的有组织的集合，通常由数据库管理系统来控制。通俗地讲就是按照数据结构来组织、存储和管理数据的仓库。

注

一般在企业中，因为数据库管理系统包含着数据库，所以数据库管理系统和数据库经常会被一起简称为数据库，例如 MySQL 数据库、Oracle 数据库。

随着数据库的应用越来越广泛，种类也变得五花八门了，各种不同类型的数据库也适用于不同的应用场景。

- 关系型数据库：在 20 世纪 80 年代成为主流。关系型数据库中的项被组织为一系列具有列和行的表。关系型数据库技术为访问结构化信息提供了最有效和灵活的方法。
- NoSQL 数据库：也就是非关系型数据库，支持存储和操作非结构化或半结构化数据（与关系型数据库相反）。随着 Web 应用的日益普及和复杂化，NoSQL 数据库得到了越来越广泛的应用。
- 面向对象数据库：以对象的形式表示，这与面向对象的编程相类似。
- 分布式数据库：由位于不同站点的两个或多个文件组成。数据库可以存储在多台计算机上，位于同一个物理位置或分散在不同的网络上。
- 数据仓库：数据仓库是数据的中央存储库，是专为快速查询和分析而设计的数据库。
- 图形数据库：根据实体和实体之间的关系来存储数据。
- OLTP 数据库：一种高速分析数据库，专为多个用户执行大量事务而设计。

以上只是目前使用的几十种数据库中的一小部分（另外还有许多针对具体的科学、

财务或其他功能而定制的数据库)。其中，关系型数据库和非关系型数据库在企业中很常见，应用范围也很广泛。

关系型数据库是依靠关系模型创建的数据库，其目的是将复杂的数据结构归纳为简单的二元关系（也就是二维表形式）。所谓的关系模型就是在二维表的基础上增加一对一、一对多、多对多等关系。简单来说，一个关系型数据库是由二维表以及其之间的联系组成的数据组织。再凝练一下就是，关系型数据库是由多张能够互相关联的二维表组成的数据库。关系型数据库有以下特点：

- 容易理解和维护。使用二维表结构，以行和列的方式进行存储，读取和查询都十分方便。
- 使用方便。采用结构化查询语言（SQL），SQL 获得了各个数据库厂商的支持，成为数据库行业的标准。
- 可实现复杂操作。可通过 SQL 语句在一个表和多个表之间做非常复杂的数据查询。
- 关系型数据库通过关系型数据库管理系统（RDBMS）进行管理，其中 R 是关系（Relational）的意思，表示在数据库中表与表之间的关系。比较具有代表性的关系型数据库有 MySQL、MariaDB、Oracle Database、SQL Server、DB2 和 PostgreSQL 等。

非关系型数据库也称 NoSQL 数据库，NOSQL 的本意是“Not Only SQL”，指的是非关系型的数据库，区别于关系型数据库，具体将在下文详细介绍。

18.3 MySQL 和 MariaDB 的两种安装方式

本节我们将手动安装 MySQL 和 MariaDB 数据库，安装的方式有两种：手动编译源码包和通过软件包管理器安装二进制包。将这两个数据库的两种安装方式都演示一遍会过于冗长，所以这里我们中和一下：

本节将详细演示通过软件包管理器（Yum/DNF）安装 MySQL 二进制包和手动编译 MariaDB 源码包的过程；简单说明通过软件包管理器（Yum/DNF）安装 MariaDB 源码包的过程。

演示用的操作系统是 Rocky Linux 8，其实从 MySQL 安装的角度来看，Rocky Linux 8 和 CentOS Linux 8 之间没什么区别，Rocky Linux 8 系统就是“换了张皮”的 CentOS Linux 8。

1. 通过软件包管理器（Yum/DNF）安装 MySQL 二进制包

（1）从 MySQL 官网下载编译好的二进制包，MySQL 的版本分为多种，一般我们下载的是社区版本的，因为社区版是开源的、免费的。下载步骤如图 18-5 和图 18-6 所示。

单击“Download”按钮后会出现一个界面，建议登录 Oracle Web 账号，若不想登录，则直接单击“No thanks,just start my download.”按钮即可。

MySQL 分为客户端和服务器，也就是传统的 C/S 架构，所以我们要下载 RPM

Bundle 这个二进制包，它里面包含了 MySQL 的客户端工具。

图 18-5　下载 MySQL 社区版本

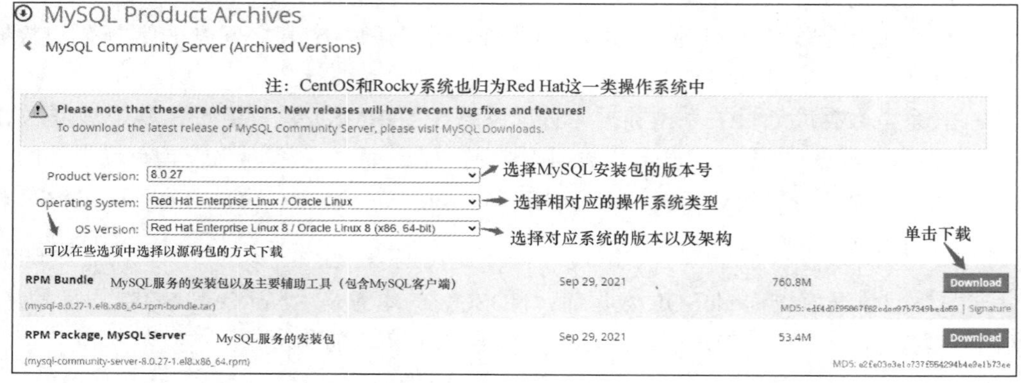

图 18-6　选择 MySQL 安装包版本号、对应的操作系统等

（2）创建文件夹，将下载后的安装包上传至服务器，解压并进行安装。

```
[root@noylinux ~]# cat /etc/rocky-release    #查看当前操作系统的版本信息
Rocky Linux release 8.5 (Green Obsidian)

[root@noylinux ~]# cd /opt/
[root@noylinux opt]# mkdir 123
[root@noylinux opt]# cd 123/
[root@noylinux 123]# ls
 mysql-8.0.27-1.el8.x86_64.rpm-bundle.tar
[root@noylinux 123]# tar xf mysql-8.0.27-1.el8.x86_64.rpm-bundle.tar   #解压到当前目录
[root@noylinux 123]# ls
mysql-8.0.27-1.el8.x86_64.rpm-bundle.tar
mysql-community-client-8.0.27-1.el8.x86_64.rpm
mysql-community-server-8.0.27-1.el8.x86_64.rpm
-----省略部分内容-----

[root@noylinux 123]# dnf localinstall *.rpm #通过 dnf 安装本地的 rpm 包，并自动解决依赖关系
依赖关系解决
```

```
==========================================================================
 软件包                      架构      版本              仓库            大小
==========================================================================
安装:
 mysql-community-client   x86_64   8.0.27-1.el8     @commandline      14 M
 mysql-community-server   x86_64   8.0.27-1.el8     @commandline      53 M

-----省略部分内容-----

完毕!

[root@noylinux 123]# systemctl  start  mysqld          #启动 MySQL 服务
[root@noylinux 123]# systemctl  status  mysqld         #查看 MySQL 服务目前的状态
● mysqld.service - MySQL Server
   Loaded:  loaded  (/usr/lib/systemd/system/mysqld.service;  enabled;  vendor
preset: disa>
   Active: active (running) since Fri 2022-02-04 17:36:43 CST; 12s ago
-----省略部分内容-----

2月 04 17:36:33 noylinux systemd[1]: Starting MySQL Server...
2月 04 17:36:43 noylinux systemd[1]: Started MySQL Server.

[root@noylinux 123]# netstat -anpt | grep 3306     #查看 MySQL 服务启动后占用的端口
tcp6   0   0 :::3306     :::*     LISTEN     38783/mysqld
tcp6   0   0 :::33060    :::*     LISTEN     38783/mysqld
```

MySQL 服务的命令是 mysqld，MySQL 客户端的命令是 mysql。

至此，MySQL 数据库安装且启动完毕，我们通过 MySQL 自带的 MySQL 客户端连接上去，这里有一点要注意，MySQL 安装完毕后，默认会自动产生一个 root@localhost 用户，且随机产生一个密码，此密码生成的位置在日志文件 /var/log/mysqld.log 中。

```
[root@noylinux 123]# cat /var/log/mysqld.log      #查找 root 用户的临时密码
-----省略部分内容-----
2022-02-04T09:36:41.138720Z 6 [Note] [MY-010454] [Server] A temporary password
is generated for root@localhost: 1_?+oas,%/qU
```

通过 MySQL 客户端连接数据库服务器的命令格式为

mysql -h 数据库地址 [-P 端口号] -u 用户名 -p [数据库] [-e "SQL 语句"]

各参数含义如下：

- -h：指定连接数据库服务器的地址。可以写 IP 地址，也可以写主机名，本地连接建议使用 localhost。
- -P：指定连接数据库服务器的端口号。若不使用此选项，客户端默认连接数据库服务器的 3306 端口，这也是 MySQL 和 MariaDB 默认占用的端口号。

- -u：指定连接数据库服务器的用户名。
- -p：输入用户密码，但是不要在这里直接输入密码，否则会提示你不要输入明文密码，此处留空即可。回车之后，密码在提示信息“Enter password：”处输入。
- [数据库]：指定连接到某数据库服务器，自动登录到该数据库中。如果没有指定，默认为 MySQL 系统数据库。
- [-e "SQL 语句"]：指定需要执行的 SQL 语句，登录到数据库服务器之后执行该 SQL 语句，执行完后退出数据库服务器。

（3）登录 MySQL 服务器，重置 root 用户的临时密码。

```
[root@noylinux 123]# mysql  -hlocalhost  -uroot  -p
Enter password:       #输入/var/log/mysqld.log日志文件中的临时密码

Welcome to the MySQL monitor.  Commands end with ; or \g.
Your MySQL connection id is 17
Server version: 8.0.27 MySQL Community Server - GPL

Copyright (c) 2000, 2021, Oracle and/or its affiliates.

Oracle is a registered trademark of Oracle Corporation and/or its
affiliates. Other names may be trademarks of their respective
owners.

mysql> show databases;
#成功登录之后，必须先重置 root 密码，不然就会报错
ERROR 1820 (HY000): You must reset your password using ALTER USER statement
before executing this statement.

#重置密码，将 root 密码改为 Linux123!!!，修改的密码必须符合复杂度要求
mysql> alter USER 'root'@'localhost' IDENTIFIED BY 'Linux123!!!';
Query OK, 0 rows affected (0.01 sec)

#退出 MySQL 客户端
mysql> quit
Bye
[root@noylinux 123]#
```

在命令行中不能直接输入密码。-p 选项为空，回车后再输入密码。

退出数据库服务器的方式很简单，只要在命令行输入“exit”或“quit”即可。

通过 DNF 安装后主要目录和文件的位置和作用如下：

- /usr/lib/systemd/system/mysqld.service：服务启动文件，可以通过输入以下命令启动。

systemctl start mysqld

- /usr/sbin/mysqld：MySQL 服务器二进制文件（命令）。
- /usr/bin/mysql：MySQL 客户端二进制文件（命令）。
- /etc/my.cnf：MySQL 主配置文件。
- /var/lib/mysql：默认的数据存储目录。

还可以通过命令 rpm -ql mysql-community-server 详细查看各个文件的保存位置。

也可以通过 dnf 命令直接安装 MySQL 数据库，命令为

dnf install mysql mysql-server

2. 通过软件包管理器（Yum/DNF）安装 MariaDB 源码包

因为从 CentOS Linux 7 开始的版本默认自带的数据库就是 MariaDB，Rocky Linux 也不例外。所以安装过程非常简单。在安装 Rocky Linux 操作系统时可以选择将 MatiaDB 数据库一起安装上；若操作系统已安装，则可以系统中执行以下命令：

dnf install mariadb mariadb-server

在 Linux 操作系统中，MySQL 与 MariaDB 数据库无法共存，所以只能选择一个。这里我们需要先将刚才安装好的 MySQL 服务停止并卸载，然后再安装 MariaDB 数据库。

```
[root@noylinux 123]# systemctl  stop mysqld
[root@noylinux 123]# dnf remove mysql
依赖关系解决
================================================================================
 软件包                        架构       版本                 仓库            大小
================================================================================
移除:
 mysql-community-client     x86_64    8.0.27-1.el8        @@commandline      72 M
移除依赖的软件包:
 mysql-community-server     x86_64    8.0.27-1.el8        @@commandline      241 M

-----省略部分内容-----

已移除:
   mysql-community-client-8.0.27-1.el8.x86_64        mysql-community-server-8.0.27-
1.el8.x86_64
   mysql-community-server-debug-8.0.27-1.el8.x86_64  mysql-community-test-8.0.27-
1.el8.x86_64
   perl-JSON-2.97.001-2.el8.noarch        perl-Memoize-1.03-420.el8.noarch
   perl-Time-HiRes-4:1.9758-2.el8.x86_64

完毕!
[root@noylinux 123]# rm -rf /var/lib/mysql
[root@noylinux 123]# rm -rf /var/log/mysqld.log
```

MySQL 数据库已经卸载完成，接下来安装 MariaDB 数据库。

```
[root@noylinux ~]# dnf install mariadb mariadb-server
依赖关系解决
================================================================================
 软件包          架构       版本                                    仓库        大小
================================================================================
安装:
 mariadb        x86_64    3:10.3.28-1.module+el8.4.0+427+adf35707  appstream  6.0 M
 mariadb-server x86_64    3:10.3.28-1.module+el8.4.0+427+adf35707  appstream  16 M
安装依赖关系:
 mariadb-common x86_64    3:10.3.28-1.module+el8.4.0+427+adf35707  appstream  62 k

-----省略部分内容-----

完毕!

[root@noylinux ~]# systemctl  start mariadb        #启动 MariaDB 数据库
[root@noylinux ~]# systemctl  status mariadb       #查看 MariaDB 数据库状态
● mariadb.service - MariaDB 10.3 database server
   Loaded:  loaded  (/usr/lib/systemd/system/mariadb.service;  disabled;  vendor
preset: disabled)
   Active: active (running) since Sat 2022-02-05 17:27:58 CST; 3min 18s ago
-----省略部分内容-----

[root@noylinux ~]#
```

3. 手动编译 MariaDB 源码包

接下来我们通过手动编译源码包的方式来安装 MariaDB 数据库，一般通过编译源代码方式安装数据库，都是想自定义数据库功能和数据库安装位置等。

（1）采用手动编译源代码的方式进行安装必须提前配置好编译所依赖的各种环境，这里我们使用 DNF 工具配置编译所需的依赖环境。

```
[root@noylinux opt]# dnf install bison  zlib-devel  libcurl-devel  boost-devel
gcc  gcc-c++  cmake  ncurses-devel  gnutls-devel  libxml2-devel  openssl-devel
libevent-devel  libaio-devel
依赖关系解决
=======================================================================
 软件包            架构          版本             仓库          大小
=======================================================================
安装:
 boost-devel      x86_64     1.66.0-10.el8     appstream    10 M
 gnutls-devel     x86_64     3.6.16-4.el8      appstream    2.2 M
 libaio-devel     x86_64     0.3.112-1.el8     baseos       18 k
 libcurl-devel    x86_64     7.61.1-22.el8     baseos       833 k
-----省略部分内容-----
完毕!
```

（2）上传并解压 MariaDB 源码包，准备安装的目录和所需的用户和组。

```
[root@noylinux opt]# ls
mariadb-10.6.5.tar.gz
[root@noylinux opt]# tar xf mariadb-10.6.5.tar.gz          #解压 MariaDB 源码包
[root@noylinux opt]# cd mariadb-10.6.5/
[root@noylinux mariadb-10.6.5]# mkdir /usr/local/mariadb   #创建 MariaDB 的安装目录
[root@noylinux mariadb-10.6.5]# mkdir /mydata/data -p      #创建数据文件存储目录
[root@noylinux mariadb-10.6.5]# groupadd -g 306 -r mysql   #创建初始化所需的用户和组
[root@noylinux mariadb-10.6.5]# useradd -u 306 -g mysql -r -s /sbin/nologin mysql
[root@noylinux mariadb-10.6.5]# chown mysql:mysql /mydata/data   #改变属主与属组
```

（3）进行预编译，也就是检测目前的平台是否符合编译要求。在预编译 MariaDB 之前，先介绍一下常用的编译选项：

- -DCMAKE_INSTALL_PREFIX=：指定 MariaDB 数据库安装目录。
- -DMYSQL_DATADIR=：指定数据文件存放目录。
- -DMYSQL_USER=：指定用户。
- -DWITH_INNOBASE_STORAGE_ENGINE=1：安装 INNOBASE 存储引擎。
- -DWITH_ARCHIVE_STORAGE_ENGINE=1：安装 ARCHIVE 存储引擎。
- -DWITH_BLACKHOLE_STORAGE_ENGINE=1：安装 BLACKHOLE 存储引擎。
- -DWITH_PARTITION_STORAGE_ENGINE=1：安装 PARTITION 存储引擎。
- -DWITHOUT_MROONGA_STORAGE_ENGINE=1：不安装 MROONGA 存储引擎。
- -DWITH_DEBUG=0：是否启动 DEBUG 功能。
- -DWITH_READLINE=1：启用 READLINE 库支持（提供可编辑的命令行）。
- -DWITH_SSL=system：表示使用系统自带的 SSL 库。
- -DWITH_ZLIB=system：表示使用系统自带的 ZLIB 库。
- -DWITH_LIBWRAP=0：禁用 LIBWRAP 库。
- -DENABLED_LOCAL_INFILE=1：启用本地数据导入支持。
- -DMYSQL_UNIX_ADDR=：指定 sock 文件路径。
- -DDEFAULT_CHARSET=：指定默认的字符集。
- -DDEFAULT_COLLATION=：设定默认的排序规则。

开始预编译。

```
[root@noylinux mariadb-10.6.5]# cmake . \
> -DCMAKE_INSTALL_PREFIX=/usr/local/mariadb/ \
> -DMYSQL_DATADIR=/mydata/data \
> -DMYSQL_USER=mysql \
> -DWITH_INNOBASE_STORAGE_ENGINE=1 \
> -DWITH_ARCHIVE_STORAGE_ENGINE=1 \
> -DWITH_BLACKHOLE_STORAGE_ENGINE=1 \
> -DWITH_PARTITION_STORAGE_ENGINE=1 \
> -DWITHOUT_MROONGA_STORAGE_ENGINE=1 \
> -DWITH_DEBUG=0 \
```

```
> -DWITH_READLINE=1 \
> -DWITH_SSL=system \
> -DWITH_ZLIB=system \
> -DWITH_LIBWRAP=0 \
> -DENABLED_LOCAL_INFILE=1 \
> -DMYSQL_UNIX_ADDR=/usr/local/mariadb/mysql.sock \
> -DDEFAULT_CHARSET=utf8 \
> -DDEFAULT_COLLATION=utf8_general_ci

-- The C compiler identification is GNU 8.5.0
-- The CXX compiler identification is GNU 8.5.0
-----省略部分内容-----
-- Configuring done
-- Generating done
-- Build files have been written to: /opt/mariadb-10.6.5

[root@noylinux mariadb-10.6.5]#
```

（4）使用 make && make install 命令对 MariaDB 进行编译和安装。

```
[root@noylinux mariadb-10.6.5]# make && make  install
[  0%] Built target abi_check
[  0%] Built target INFO_BIN
[  0%] Built target INFO_SRC

-----省略部分内容-----

-- Installing: /usr/local/mariadb/share/aclocal/mysql.m4
-- Installing: /usr/local/mariadb/support-files/mysql.server

[root@noylinux mariadb-10.6.5]# ls /usr/local/mariadb/    #查看其安装目录
bin      include         man          README-wsrep  sql-bench
COPYING  INSTALL-BINARY  mysql-test   scripts       support-files
CREDITS  lib             README.md    share         THIRDPARTY

[root@noylinux mariadb-10.6.5]# cd /usr/local/mariadb/
[root@noylinux mariadb]#
```

（5）安装后需要进行一些基本设置，配置全局变量、初始化数据库文件、准备主配置文件、准备启动脚本等。

配置全局变量，并将 MariaDB 安装目录的属主属组改为 mysql。

```
[root@noylinux mariadb]# echo 'PATH=/usr/local/mariadb/bin:$PATH' > /etc/
profile.d/mysql.sh
[root@noylinux mariadb]# source /etc/profile.d/mysql.sh
[root@noylinux mariadb]# pwd
/usr/local/mariadb
[root@noylinux mariadb]# chgrp mysql ./*
[root@noylinux mariadb]# ll
```

```
drwxr-xr-x. 2 root mysql 4096 2月  6 11:10 bin
-rw-r--r--. 1 root mysql 8782 11月  6 04:03 INSTALL-BINARY
drwxr-xr-x. 4 root mysql 235 2月   6 11:10 lib
drwxr-xr-x. 5 root mysql 42 2月    6 11:10 man
drwxrwxr-x. 9 root mysql 4096 2月  6 11:10 mysql-test
-rw-r--r--. 1 root mysql 2697 11月  6 04:03 README.md
-----省略部分内容-----
```

使用 MariaDB 的初始化脚本，对 MariaDB 进行初始化。

```
[root@noylinux mariadb]# ./scripts/mysql_install_db --datadir=/mydata/data/  --
basedir=/usr/local/mariadb   --user=mysql

Installing MariaDB/MySQL system tables in '/usr/local/mariadb/data/' ...
OK
-----省略部分内容-----

[root@noylinux mariadb]#
```

准备 MariaDB 主配置文件，也就是 my.cnf 文件。早期版本的 MySQL 和 MariaDB 都会提供 my.cnf 配置文件模版，现在已经不提供了，需要手动创建。

```
cat << EOF > /etc/my.cnf
[client]
port            = 3306
socket          = /tmp/mysql.sock

[mysqld]
port            = 3306
socket          = /tmp/mysql.sock

basedir         = /usr/local/mariadb
datadir         = /mydata/data
#skip-external-locking
key_buffer_size = 16M
max_allowed_packet = 1M
sort_buffer_size = 512K
net_buffer_length = 16K
myisam_sort_buffer_size = 8M
skip-name-resolve = 0
EOF
```

为方便启动 MariaDB 服务，将 MariaDB 注册为系统服务，同时配置开机自启动。

```
[root@noylinux mariadb]# cat << EOF > /usr/lib/systemd/system/mysql.service
[Unit]
Description=MariaDB

[Service]
```

```
LimitNOFILE=10000
Type=simple
User=mysql
Group=mysql
PIDFile=/mydata/data/microServer.pid
ExecStart=/usr/local/mariadb/bin/mysqld_safe --datadir=/mydata/data
ExecStop=/bin/kill -9 $MAINPID

[Install]
WantedBy=multi-user.target
EOF

[root@noylinux mariadb]# systemctl daemon-reload#重载 systemctl 服务使
mysql.service 生效
```

这里使用 systemctl 作为服务（非 service）。

（6）启动 MariaDB 服务，并查看其运行状态。

```
[root@noylinux mariadb]# systemctl start mysql.service    #启动 MariaDB 服务
[root@noylinux mariadb]# systemctl status mysql.service   #查看其运行状态
● mysql.service - MariaDB
   Loaded:  loaded  (/usr/lib/systemd/system/mysql.service;  disabled;  vendor
preset: disabled)
   Active: active (running) since Sun 2022-02-06 10:44:24 CST; 54min ago
-----省略部分内容-----

[root@noylinux mariadb]# netstat -anpt | grep mariadb     #查看占用的端口号
tcp      0    0 0.0.0.0:3306    0.0.0.0:*     LISTEN   49945/mariadbd
tcp6     0    0 :::3306         :::*          LISTEN   49945/mariadbd
```

（7）使用 MariaDB 自带的帮助脚本来设置 root 用户的密码、是否运行远程登录、是否删除测试表等。

```
[root@noylinux mariadb]# pwd
/usr/local/mariadb
[root@noylinux mariadb]# ./bin/mariadb-secure-installation
-----省略部分内容-----
##输入 root 用户当前的密码，默认没有密码，直接回车即可
Enter current password for root (enter for none):
OK, successfully used password, moving on...

##切换到 unix_socket 套接字身份验证，输入 n，回车即可
Switch to unix_socket authentication [Y/n] n
 ... skipping.

##是否要重置 root 用户的密码，这里就不重置了（生产环境下必须重置）
```

```
Change the root password? [Y/n] n
 ... skipping.

##删除匿名用户？ 选择“Y”进行删除
Remove anonymous users? [Y/n] Y
 ... Success!

##不允许 root 用户远程登录？安全起见选择“Y”（不允许）
Disallow root login remotely? [Y/n] Y
 ... Success!

##删除测试数据库并访问它？选择“Y”
Remove test database and access to it? [Y/n] Y
 - Dropping test database...
 ... Success!
 - Removing privileges on test database...
 ... Success!

##现在重新加载特权表吗？ 选择“Y”
Reload privilege tables now? [Y/n] Y
 ... Success!

Cleaning up...

All done!  If you've completed all of the above steps, your MariaDB
installation should now be secure.

Thanks for using MariaDB!
```

（8）通过客户端登录 MariaDB 数据库。

```
[root@noylinux mariadb]# mysql #通过自带的客户端工具登录
Welcome to the MariaDB monitor.  Commands end with ; or \g.
Your MariaDB connection id is 10
Server version: 10.6.5-MariaDB Source distribution

Copyright (c) 2000, 2018, Oracle, MariaDB Corporation Ab and others.

Type 'help;' or '\h' for help. Type '\c' to clear the current input statement.

MariaDB [(none)]> show databases;  #查看默认自带的数据库
+--------------------+
| Database           |
+--------------------+
| information_schema |
| mysql              |
| performance_schema |
| sys                |
+--------------------+
```

```
4 rows in set (0.001 sec)
MariaDB [(none)]> quit          #退出客户端
Bye
[root@noylinux mariadb]# systemctl enable  mysql.service        #设为开机自启动
Created symlink /etc/systemd/system/multi-user.target.wants/mysql.service →
/usr/lib/systemd/system/mysql.service.
```

至此，通过手动编译源代码方式的安装就完成了，安装过程比通过软件包管理器安装稍微复杂一些。

安装二进制包的方式其实就是官方替我们将源码包编译好了，直接下载解压就能使用，与在 Windows 系统上安装绿色软件一样。

有些朋友可能会问："我们掌握最简单的方式就可以了呀，何必费半天劲去学习编译源码包的安装方式呢？"学习技术讲究的是先苦后甜，大家试想一下，安装二进制包的方式其实是别人替我们将编译的步骤完成了；而软件包管理器（Yum/DNF）则不光替我们将编译的步骤做了，还将安装的步骤也完成了。这样留给我们学习技术的空间就十分有限了，剩下的操作学会了也只是学习了皮毛，因此笔者建议大家学习就将最难的部分也学透了，只有这样才能真正掌握一门技术。

18.4 主配置文件

上文介绍过，MySQL 和 MariaDB 的主配置文件是相互兼容的，也就是说两者完全可以使用同一个主配置文件（my.cnf），即便这两个数据库无法在操作系统中共存。MySQL 和 MariaDB 对主配置文件 my.cnf 的默认读取位置的顺序为

/etc/my.cnf → /etc/mysql/my.cnf → ~/.my.cnf

主配置文件可以随意放在这 3 个位置中的其中一个，当然了，优先级最高的是 /etc/my.cnf，当数据库从这个位置找到主配置文件后，就不再往下继续寻找了。我们也可以执行以下命令进行查看：

```
[root@noylinux mariadb]# mysqld  --help --verbose
mysqld  Ver 10.6.5-MariaDB for Linux on x86_64 (Source distribution)
Copyright (c) 2000, 2018, Oracle, MariaDB Corporation Ab and others.

Starts the MariaDB database server.

Usage: mysqld [OPTIONS]

##按给定顺序从下列文件读取
Default options are read from the following files in the given order:
/etc/my.cnf  /etc/mysql/my.cnf  ~/.my.cnf
The following groups are read: mysqld server mysqld-10.6 mariadb mariadb-10.6
mariadbd mariadbd-10.6 client-server galera
-----省略部分内容-----
```

接下来介绍主配置文件的内部结构，先看看我们刚安装好的主配置文件内容。

```
[root@noylinux mariadb]# cat /etc/my.cnf
[client]
port            = 3306
socket          = /tmp/mysql.sock

[mysqld]
port            = 3306
socket          = /tmp/mysql.sock

basedir         = /usr/local/mysql
datadir         = /mydata/data
key_buffer_size = 16M
max_allowed_packet = 1M
sort_buffer_size = 512K
net_buffer_length = 16K
myisam_sort_buffer_size = 8M
skip-name-resolve = 0
```

主配置文件（my.cnf）以方括号区分模块作用域，官方名称为选项组。MariaDB 可以从一个或多个选项组中读取配置项。常用的选项组如下：

- [client]：所有 MariaDB 和 MySQL 客户端程序可以读取的选项，包括 MariaDB 和 MySQL 客户端。
- [mysqld]：所有 MariaDB 服务器和 MySQL 服务器可以读取的选项，针对数据库服务端。
- [mariadb]：MariaDB 服务器读取的选项。
- [mariadbd]：MariaDB 服务器读取的选项，从 MariaDB 10.4.6 版本开始可用。
- [mysqld_safe]：读取的选项为 mysqld_safe，包括 MariaDB 服务器和 MySQL 服务器。

选项组里面包含各种配置项，MariaDB 和 MySQL 的配置项非常多，其中在服务端[mysqld]中常用的配置项如下：

- port=：MySQL 或 MariaDB 服务端监听的端口号，默认在 3306 端口上监听。
- socket=：为客户端程序和服务器之间的本地通信指定一个套接字文件。
- user=：选择启动服务的用户。
- basedir=：指定 MySQL 或 MariaDB 的安装目录。
- datadir=：指定数据库数据文件存储的目录。
- log_error=：指定错误日志的位置和日志名称。
- pid-file=：PID 进程文件。
- skip-external-locking：避免 MySQL 的外部锁定，减小出错概率，提高稳定性。
- key_buffer_size=：指定索引缓冲区的大小，它决定了索引处理的速度，尤其是索引读取的速度。
- max_allowed_packet=：MySQL 服务端和客户端在一次传送数据包的过程当中最

大允许的数据包大小。

- sort_buffer_size=：connection 级参数，在每个 connection 第一次需要使用 buffer 的时候，一次性分配的内存。
- net_buffer_length=：每个客户端线程与连接缓存和结果缓存交互，每个缓存最初都被分配大小为 net_buffer_length 的容量。
- myisam_sort_buffer_size=：在 REPAIR TABLE、CREATE INDEX 或 ALTER TABLE 操作中，MyISAM 索引排序使用的缓存大小。
- skip-name-resolve=1：跳过主机名解析，如果这个参数设为 0，则 MySQL 服务在检查客户端连接的时候会解析主机名；如果这个参数设为 1，则 MySQL 服务只会使用 IP 地址。
- max_connections=：允许客户端并发连接的最大数量。
- default-storage-engine=：指定数据库默认使用的存储引擎。

客户端[client]选项组的配置项较少，常用的有以下两个：

- port=：客户端默认连接的端口。
- socket=：用于本地连接的 socket 套接字。

在企业环境中，数据库的主配置文件是需要按照该服务器的硬件配置进行测试调整的，在不同硬件配置的服务器上，数据库主配置文件中的配置项"数值"也会不一样。

18.5 数据库的存储引擎与数据类型

存储引擎对于刚入门的朋友来说可能是个陌生的词汇，那究竟什么是存储引擎呢？数据库的功能是存储数据，这一点是毋庸置疑的，那它是怎么实现存储的呢？数据库会采用各种技术将数据存储在文件中，这些技术能够提供不同的存储机制、索引技巧等功能。这些技术及配套的相关功能在 MySQL/MariaDB 中被称为存储引擎。

简而言之，存储引擎就是一套让我们实现了选择不同方式存储数据、为存储的数据建立索引、查询更新数据等功能的解决方案。

在 MySQL 和 MariaDB 数据库中，像这样的方案有很多种，也就是说，这两个数据库中都默认自带了许多不同的存储引擎，这些存储引擎各具特色，需要我们结合企业的业务场景来进行选择。MySQL 和 MariaDB 数据库经过了这么多年还能够如此受欢迎，除了开源之外，它们为广大用户提供了各种不同的存储和检索数据方案（存储引擎）也是重要原因之一。

输入 SHOW ENGINES 命令，通过客户端连到数据库查看当前数据库所支持的所有存储引擎。

```
[root@noylinux ~]# mysql        #连接到 MariaDB 服务端
Welcome to the MariaDB monitor.  Commands end with ; or \g.
```

```
Your MariaDB connection id is 4
Server version: 10.6.5-MariaDB Source distribution

Copyright (c) 2000, 2018, Oracle, MariaDB Corporation Ab and others.

Type 'help;' or '\h' for help. Type '\c' to clear the current input statement.

MariaDB [(none)]> SHOW ENGINES;
+--------------------+---------+----------------------------------------------+
| Engine             | Support | Comment  | Transactions | XA   | Savepoints |
+--------------------+---------+----------------------------------------------+
| Aria               | YES     |          | NO           | NO   | NO         |
| MRG_MyISAM         | YES     |    省    | NO           | NO   | NO         |
| MEMORY             | YES     |    略    | NO           | NO   | NO         |
| BLACKHOLE          | YES     |    部    | NO           | NO   | NO         |
| MyISAM             | YES     |    分    | NO           | NO   | NO         |
| CSV                | YES     |    内    | NO           | NO   | NO         |
| ARCHIVE            | YES     |    容    | NO           | NO   | NO         |
| InnoDB             | DEFAULT |          | YES          | YES  | YE         |
| PERFORMANCE_SCHEMA | YES     |          | NO           | NO   | NO         |
| SEQUENCE           | YES     |          | YES          | NO   | YES        |
+--------------------+---------+----------------------------------------------+
10 rows in set (0.000 sec)
注：在 Support 列中，YES 表示支持，DEFAULT 表示默认采用的存储引擎

MariaDB [(none)]> quit
Bye
[root@noylinux ~]#
```

接下来介绍几种存储引擎的特点：

- Aria：MariaDB 在 MyISAM 存储引擎的基础上增强改进的版本，支持自动崩溃安全恢复。
- InnoDB：InnoDB 是 MySQL5.5 和 MariaDB10.2 以后版本的默认存储引擎，通常也是首选引擎。它是一个很好的常规事务型存储引擎，除了事务支持之外还引入了行级锁定、外键约束和 B 树索引。
- MRG_MyISAM：Merge 和 MyISAM 的一对组合，Merge 将 MyIsam 引擎中的多个表进行逻辑分组，并将它们作为一个对象引用。但是它的内部没有数据，真正的数据依然是在 MyIsam 引擎的表中，可以直接进行查询、删除、更新等操作。
- MEMORY：将所有数据存储在内存中，以便在需要快速查找、参考和对比其他数据的时候能够得到最快的响应，适合存放临时数据。
- BLACKHOLE：黑洞存储引擎，只接收数据，但是不存储任何数据，因此查询结果都是空的，适用于主从复制环境。

- MyISAM：MySQL/MariaDB 最早的默认存储引擎，拥有较高的插入和查询速度，但不支持事务。在实际使用中建议用 Aria 取代 MyISAM。
- CSV：CSV 存储引擎可以读取和添加数据到以 CSV（逗号分隔值）格式存储的文件中。可以使用 CSV 引擎以 CSV 格式导入/导出其他软件和应用程序之间的数据交换。
- ARCHIVE：用于归档数据，只支持 SELECT 和 INSERT 操作；拥有很好的压缩机制；支持行级锁定和专用缓存区；不支持索引。
- PERFORMANCE_SCHEMA：提供了一种在数据库运行时实时检查服务器的内部执行情况的方法。
- SEQUENCE：允许创建具有给定起始值、结束值和增量的升序或降序数字序列（正整数），在需要时自动创建虚拟的临时表。

存储引擎规定了按什么样的方式去存储数据，虽然最终的结果都是将数据以文件格式存储在操作系统中，但是从数据库的角度来看可大不一样。在数据库层面，数据的存储和管理都是通过由行（Row）和列（Column）组成的二维表来实现的。

二维表中的列（Column）规定了可以存储什么类型的数据以及这个类型的数据最多可以存多少。

可能有人会问："我就是想往数据库中存个数据，为什么一定要指定数据类型呢？"因为在数据库中会有非常多各式各样的数据，这就导致数据库很难高效地管理这些数据。例如，姓名、籍贯、年龄、性别、住址、出生日期等各类数据混合在一起，怎么管理？姓名、籍贯、性别、住址的数据类型是文字，年龄和出生日期是数字，同时姓名的数据长度和住址的数据长度又不一样……各种类型的数据混合在一起就会导致数据库管理的成本非常高，而数据类型的出现使得数据库便于管理和存储，同时还能节省磁盘空间。

所以当我们在数据库中创建表时，需要声明每一列的数据类型。MySQL 和 MariaDB 支持多种数据类型，常用的有字符串（字符）、数字、日期时间和布尔等。

（1）字符串（字符）：

- char(size)：缺省值为 1，最多存储 255 个字符，且字符串长度固定不可变。
- varchar(size)：最多可存储 65535 个字符，字符串长度可变。
- tinytext(size)：最多可存储 255 个字符。
- text(size)：最多可存储 65535 个字符。
- ediumtext(size)：最多可存储 16777215 个字符。
- longtext(size)：最多可存储 4294967295 个（或 4GB 大小的）字符
- binary(size)：固定长度的二进制字符串。
- varbinary(size)：可变长度的二进制字符串。

字符串类型默认情况下不区分大小写，size 表示存储的字符长度。

（2）整数型：

- tinyint：微整型，值的范围为-128 到 127（有符号），或 0 到 255（无符号）。
- smallint：小整型，值的范围为-32768 到 32767（有符号），或 0 到 65535（无符号）。
- mediumint：中等整型，值的范围为-8388608 到 8388607（有符号），或 0 到 16777215（无符号）。
- int：标准整型，值的范围为-2147483648 到 2147483647（有符号），或 0 到 4294967295（无符号）。
- bigint：大整型，值的范围为-9223372036854775808 到 9223372036854775807（有符号），或 0 到 18446744073709551615（无符号）。

（3）浮点数型：

Float：单精度浮点数。
Double：双精度浮点数。

（4）日期时间：

- date：取值范围为 1000-01-01 到 9999-12-31，显示的日期格式为 yyyy-mm-dd。
- datetime：取值范围为 1000-01-01 00:00:00 到 9999-12-31 23:59:59，显示的日期格式为 yyyy-mm-dd hh:mm:ss。
- timestamp：取值范围为 1980-01-01 00:00:01 UTC 到 2040-01-19 03:14:07 UTC，显示的日期格式为 yyyy-mm-dd hh:mm:ss。
- time：取值范围为-838：59：59 到 838：59：59，显示的日期格式为 hh:mm:ss。
- year：取值范围为 1901 到 2155，显示的日期格式为 yyyy。

（5）布尔：

- 0：与 False 相关联。
- 1：与 True 相关联。

MySQL/MariaDB 数据库中的布尔类型 BOOL 或 BOOLEAN，是等同于微整型 tinyint(1)的，数据库本身并没有实现布尔类型，而是借助微整型替代的方式。当在数据库中将某一列的字段属性设置为布尔类型时，都会被默认改为 tinyint(1)。

需要注意的是，定义字段的数据类型对数据库的优化是十分重要的，选择合适的数据类型不仅可以提高操作速度，还能减少占用的磁盘空间。

修改存储引擎的语法格式（针对单个表）为

ALTER TABLE <*表名*> ENGINE=<*存储引擎名*>

关键字 ENGINE 用来指明新的存储引擎。若想修改默认的存储引擎，就需要修改 my.cnf 配置文件，在[mysqld]选项组中添加一条配置：“default-storage-engine=存储引擎名称”。

18.6 SQL 语句命令分类和语法规则

通过 SQL 语句可以对数据库进行一系列操作，主要包括查看、创建、修改、删除、选择等，这些操作属于管理数据库的基础技术，在企业中用得非常频繁。

在介绍这些操作之前，需要先搞懂什么是 SQL 以及怎么去使用它。结构化查询语言（Structured Query Language，SQL）是一种国际标准化的编程语言，主要用于管理关系型数据库并对其中的数据执行各种操作。符合 SQL 标准的主流数据库产品包括：Microsoft SQL Server、Oracle Database、Db2、MySQL 和 PostgreSQL 等。SQL 的特点如下：

- 综合统一：集数据定义语言 DDL、数据操作语言 DML、数据控制语言 DCL 的功能于一体，语法风格统一，可以完成数据库中所有的操作需求。
- 高度非过程化：用 SQL 对数据进行操作时，只需要提出“做什么”，而不需要告诉“怎么做”，存取路径的选择及 SQL 的整个操作过程全都是由系统自动完成的。
- 面向集合的操作方式：SQL 采用集合操作方式，可以对元组的集合进行一次性的查找、插入、删除或更新，且操作（查询）之后的结果也可以是元组的集合。
- 语言结构灵活多变：SQL 既是独立的语言，又是嵌入式语言。作为独立的语言，它能够直接以命令的方式交互使用，用户可以输入 SQL 命令对数据库进行操作；作为嵌入式语言，SQL 语句能够嵌入到 C、C++、Python、Java 等语言中供程序员设计程序时使用。在两种不同的使用方式下，SQL 的语法结构基本上是一致的。
- 语法简单：设计巧妙，完成核心功能的只有那么几个描述性很强的英语单词，语法十分简单。

注

元组（Tuple）是关系型数据库中的基本概念，在二维表中，每行（即数据库中的每条记录）就是一个元组，每列就是一个属性。

根据 SQL 的特性，它所包含的命令的类型可以分为以下 5 种：

（1）数据定义语言（Data Definition Language，DDL）。主要用来创建、修改和删除数据库、表、视图等对象。

- CREATE：创建数据库、表或其他对象（索引、视图、触发器等）。
- DROP：删除数据库、表或其他对象（索引、视图、触发器等）。
- ALTER：修改数据库、表或其他对象（索引、视图、触发器等）。

（2）数据操作语言（Data Manipulation Language，DML）。主要用来添加、更改、删除表中的数据内容或其他对象（索引、视图、触发器等）。

- INSERT：向表中插入数据。

> ➢ UPDATE：更新表中的数据。
> ➢ DELETE：删除表中的数据。

（3）数据查询语言（Data Query Language，DQL）。主要用来从表中获取特定数据。

> SELECT：查询表中的数据。

（4）数据控制语言（Data Control Language，DCL）。主要用来控制对数据库中数据的访问，以及控制用户的权限。

> ➢ GRANT：向用户赋予权限。
> ➢ REVOKE：撤销用户的权限。

（5）事务控制语言（Transaction Control Language，TCL）。主要用来更改某些数据的状态。

> ➢ COMMIT：提交事务。
> ➢ ROLLBACK：回滚事务。

> 只有 DML 语言才具有事务性。

目前大多数数据库都支持通用的 SQL 语句，但是不同的数据库会有各自特有的 SQL 语句特性。本节的内容主要是针对 MySQL/MariaDB 数据库，若在其他数据库上执行，并不能保证所有的都会适用，某些 SQL 语句可能需要进行微调。

接下来介绍 SQL 语句的语法规则。

（1）关键字不区分大小写。也就是说在命令行中无论是用小写还是大写或者大小写混合都是可以的。但是一定要注意，关键字虽然不区分大小写，但存储在表中的数据是区分大小写的。我们往数据库的表中存储一个大写的单词，取出来之后也会是大写的，不区分大小写的仅仅是我们执行的这条 SQL 语句中的关键字。

（2）SQL 语句要以分号“ ；”结尾。在关系型数据库中，SQL 语句是按“条”为单位一条一条执行的，一条 SQL 语句就表示对数据库进行一个操作。

当很多条 SQL 语句整合在一起组成一个 SQL 文件并导入数据库后，应该如何准确找到一条完整 SQL 语句的结尾呢？基于这种情况，我们通常会在每条 SQL 语句结束的地方加一个分号“ ；”来表示该 SQL 语句已经结束了。例如，“MariaDB [(none)]> SHOW DATABASES; ”。

（3）常数的书写方式是固定的。在数据库中免不了要存储字符串、日期或者数字之类的数据，我们将这种在 SQL 语句中直接书写的字符串、日期或者数字等称为常数。常数在数据库中直接书写的时候需要注意以下几点：

> ➢ 字符串：要使用英文单引号括起来，表示这是一个字符串。例如，'database'。
> ➢ 日期：同样需要使用英文单引号括起来，表示这是一个日期。例如，'2023-02-13 '。

数字：不需要使用任何符号标识，直接书写即可。

（4）单词需要用空格或者换行来分隔。在一条完整的 SQL 语句中会出现多个单词，这些单词与单词之间需要用空格或者换行来进行分隔，就如同执行 Linux 操作系统命令一样。若执行没有进行分隔的语句，数据库会因为无法解析而发生错误，结果就是无法正常执行 SQL 语句。连接符或运算符 or、in、and、=、<=、>=、+、－等都需要前后各加上一个空格。

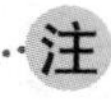

这里的空格必须使用英文空格，而不是中文空格。

大家可能有注意到，本节并没有像介绍 Linux 命令那样直接给出语法格式，而是只讲了执行 SQL 语句时要注意的格式。因为这里仅仅是一个总体概述，接下来笔者会详细介绍怎样执行 SQL 语句。在关系型数据库中最核心的对象有数据库、表、数据，因此 18.7 节~18.9 节将分别介绍对数据库、对表和对数据的管理。

18.7 SQL 语句对数据库的基本操作

数据库相信大家已经非常熟悉了，它就是一个专门用来存储各种数据的仓库，常见的数据库管理系统如图 18-7 所示。每一个仓库都会有一个唯一的名称来标识自己。数据库的名称是由用户自己命名的，这样更有利于让用户直观地掌握每个数据库中都存放了什么数据。

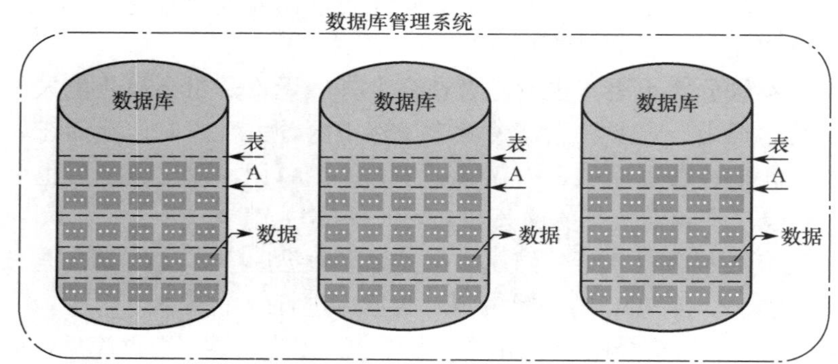

图 18-7　数据库管理系统

在 MySQL/MariaDB 数据库中，通常会有两种类型的数据库，一种是在初始化时由数据库管理系统预先生成的系统数据库；另一种在安装后由用户手动创建的自定义数据库。

通过 SHOW　DATABASES 命令查看所有数据库。

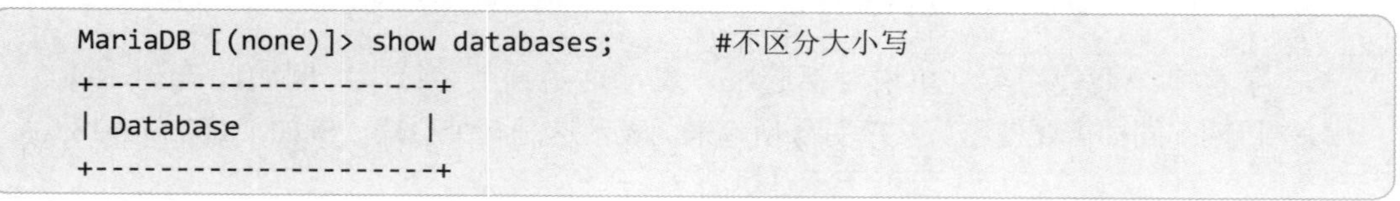

```
MariaDB [(none)]> show databases;        #不区分大小写
+--------------------+
| Database           |
+--------------------+
```

```
| information_schema |
| mysql              |
| performance_schema |
| sys                |
+--------------------+
4 rows in set (0.397 sec)
```

可以看到，系统安装完成后自带了 4 个系统数据库，这些数据库各自的作用如下：

（1）information_schema：存储系统中的一些数据库对象信息，如用户表信息、列信息、权限信息、字符集信息和分区信息等。

（2）mysql：MySQL/MariaDB 的核心数据库，主要存储数据库用户、用户访问权限以及 MySQL/MariaDB 自己需要使用的控制和管理信息等。

（3）performance_schema：主要用于收集数据库服务器性能参数。

（4）Sys：MySQL 5.7 新增加的系统数据库，这个库通过视图的形式将 information_schema 和 performance_schema 结合起来，查询出的数据更容易理解。

创建数据库的是通过 CREATE DATABASE 命令实现的，完整的语法格式如下：

CREATE DATABASE [IF NOT EXISTS] <数据库名> [[DEFAULT] CHARACTER SET <字符集名>] [[DEFAULT] COLLATE <校对规则名>];

[ ] 中的内容是可选的。

语句中每段的具体含义如下：

- CREATE DATABASE：创建数据库的关键命令，固定不变。
- [IF NOT EXISTS]：可选配置，用来避免创建重复名称的数据库。
- <数据库名>：数据库名称。不区分大小写且不能以数字开头，名称尽量做到“见名知意”。
- [[DEFAULT] CHARACTER SET <字符集名>]：指定数据库的字符集，避免数据库中的数据出现乱码的情况。
- [[DEFAULT] COLLATE <校对规则名>]：指定字符集的默认校对规则。

注

字符集是一套符号和编码，在数据库中指定字符集是为了定义数据库存储字符串的方式；校对规则是在字符集内用于比较字符的一套规则。

用最简单的方式创建 test01 数据库。

```
MariaDB [(none)]> create database  test01;        #创建一个数据库
Query OK, 1 row affected (0.001 sec)
```

```
MariaDB [(none)]> create database  test01;      #再一次创建同名数据库
ERROR 1007 (HY000): Can't create database 'test01'; database exists      #提示数据库已存在

MariaDB [(none)]> create database IF NOT EXISTS  test01; #加入 [IF NOT EXISTS] 配置
Query OK, 0 rows affected, 1 warning (0.000 sec)

MariaDB [(none)]> show databases;      #查看当前数据库
+--------------------+
| Database           |
+--------------------+
| information_schema |
| mysql              |
| performance_schema |
| sys                |
| test01             |
+--------------------+
5 rows in set (0.000 sec)
```

可以看到在成功创建数据库后，出现了“Query OK, 1 row affected (0.001 sec)”的提示信息。其中，Query OK 表示命令执行成功，1 row affected 表示只影响了数据库中的一行记录，(0.001 sec) 表示命令执行的时间。

用完整的命令格式创建 test02 数据库。

```
MariaDB [(none)]> create database  if not exists test02
    -> default character set utf8
    -> default collate utf8_general_ci;
Query OK, 1 row affected (0.001 sec)

MariaDB [(none)]> show create database  test02; #查看指定数据库的定义声明
+----------+-----------------------------------------------------------------+
| Database | Create Database                                                 |
+----------+-----------------------------------------------------------------+
| test02   | CREATE DATABASE `test02` /*!40100 DEFAULT CHARACTER SET utf8 */ |
+----------+-----------------------------------------------------------------+
1 row in set (0.000 sec)       #只有1行信息，处理时间为0.00s
```

接下来我们看一下如何修改一个数据库，数据库能够修改的属性只有字符集和校对规则。在 MySQL/MariaDB 中，可以使用 ALTER DATABASE 命令修改已存在的数据库的相关参数，其语法格式为

ALTER DATABASE 数据库名 { [DEFAULT] CHARACTER SET <字符集名> | [DEFAULT] COLLATE <校对规则名>};

注

[ ] 中的内容是可选的。

案例

将已存在的 test01 数据库修改为指定字符集 gb2312，并将默认校对规则修改为 gb2312_unicode_ci。

```
MariaDB [(none)]> show create database test01;  #查看 test01 数据库的指定字符集
+----------+--------------------------------------------------------------------+
| Database | Create Database                                                    |
+----------+--------------------------------------------------------------------+
| test01   | CREATE DATABASE `test01` /*!40100 DEFAULT CHARACTER SET utf8mb3 */ |
+----------+--------------------------------------------------------------------+
1 row in set (0.125 sec)

MariaDB [(none)]> alter database test01
    -> default character set gb2312
    -> default collate gb2312_chinese_ci;
Query OK, 1 row affected (0.001 sec)

MariaDB [(none)]> show create database test01;      #查看 test01 数据库修改后的指
定字符集
+----------+--------------------------------------------------------------------+
| Database | Create Database                                                    |
+----------+--------------------------------------------------------------------+
| test01   | CREATE DATABASE `test01` /*!40100 DEFAULT CHARACTER SET gb2312 */  |
+----------+--------------------------------------------------------------------+
1 row in set (0.000 sec)
```

在 MySQL/MariaDB 中，若需要删除已创建的数据库，可以使用 DROP DATABASE 语句进行删除，但是需要注意，如果数据库被删除了，数据库中的所有数据也将一起被删除。DROP DATABASE 语句的语法格式为

DROP DATABASE [IF EXISTS] 数据库名;

注

[ ] 中的内容是可选的。自定义数据库可以根据需要自行删除，但系统数据库不能随意删除，若把系统数据库也删除了，那 MySQL/MariaDB 将无法正常工作，所以 DROP DATABASE 命令要谨慎使用。

案例

删除已创建的 test01 数据库。

```
MariaDB [(none)]> show databases;
+--------------------+
| Database           |
+--------------------+
| information_schema |
```

```
| mysql              |
| performance_schema |
| sys                |
| test01             |
| test02             |
+--------------------+
6 rows in set (0.210 sec)

MariaDB [(none)]> drop database test01;
Query OK, 0 rows affected (0.137 sec)

MariaDB [(none)]> show databases;
+--------------------+
| Database           |
+--------------------+
| information_schema |
| mysql              |
| performance_schema |
| sys                |
| test02             |
+--------------------+
5 rows in set (0.001 sec)

MariaDB [(none)]> drop database test01;#当删除一个不存在的数据库时，系统会进行报错
提示
ERROR 1008 (HY000): Can't drop database 'test01'; database doesn't exist
##注：如果加上 IF EXISTS 语句，可以防止系统报此类错误
MariaDB [(none)]>
```

如果创建了非常多的数据库，那就需要用到一条专门指定数据库的命令了，当我们想操作某一个数据库时，可以使用此命令指定它，这时 MySQL/MariaDB 就会将此数据库视作默认数据库，接下来对数据库中的表和数据进行的所有操作都是针对于此默认数据库的。指定数据库命令的语法格式为

USE <数据库名>;

指定某个已存在的数据库为默认数据库。

```
MariaDB [(none)]> show databases;
+--------------------+
| Database           |
+--------------------+
| information_schema |
| mysql              |
| performance_schema |
| sys                |
| test02             |
+--------------------+
```

```
5 rows in set (0.001 sec)

MariaDB [(none)]> use test02;
Database changed        ##出现此提示则表示指定数据库成功
MariaDB [test02]>
```

当然了，当我们想操作另一个数据库中的数据时，可以重新通过 UES 命令指向另一个数据库作为默认数据库，默认数据库可以通过 USE 命令随时切换。

18.8 SQL 语句对表的基本操作

在关系型数据库中，数据的存储和管理都是通过由行和列组成的若干个数据表来完成的。我们可以理解为数据都是存储在表中的；反过来说，在关系型数据库中数据是以表为组织单位存储的。

通常用来管理数据的二维表在关系型数据库中简称为表（Table），每个表由多个行和列组成。图 18-8 是一张统计学生成绩信息的表，我已经在这张表中将各个组成部分标注出来了，各部分的作用如下：

- 表头（header）：每列的名称。
- 列（column）：具有相同数据类型的数据的集合。
- 行（row）：每一行用来描述某个人/物的具体信息。
- 值（value）：行的具体信息。
- 键（key）：表中用来识别某个特定的人/物的方法，值在当前列中具有唯一性。

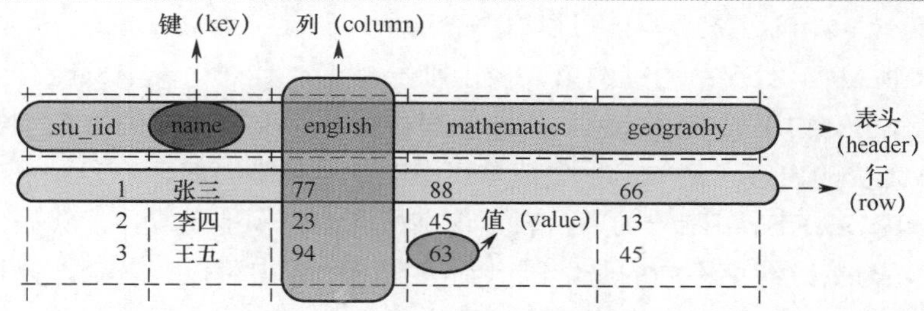

图 18-8　统计学生成绩信息的表

接下来介绍对数据表的一些基本操作，主要包括数据表的创建、查看、修改和删除等。

1. 创建数据表

数据库创建完成后就要创建数据表了，其实创建数据表的过程就是在规定存储什么类型的数据和按什么格式存储。

创建数据表之前要先用 USE 命令指定数据库，这个操作的目的是告诉数据库系统："我要在这个数据库中创建表"。若没有执行这项操作就直接创建数据表，数据库会显示"No database selected"的错误提示。

在 MySQL/MariaDB 数据库中，创建表需要使用 CREATE TABLE 命令，其语法格

式为

```
CREATE TABLE [IF NOT EXISTS] 表名称 (
    字段名称 数据类型[(宽度)]  [字段属性|约束] [索引] [注释],
    字段名称 数据类型 [字段属性|约束] [索引] [注释],
    ...
)[ENGINE=存储引擎] [CHARSET=编码方式];
```

注

[ ] 中的内容是可选的；语句中的逗号一定要是英文的逗号，不能是中文的；最后一行定义字段不能有逗号。

语句中每段的具体含义如下：

- CREATE TABLE：创建表。
- [IF NOT EXISTS]：如果表不存在就创建表（可选）。
- 表名称：要创建的表的名称。命名只能使用小写英文字母、数字、下划线，且必须是英文字母开头；多个单词之间可以用下划线“_”隔开；命名简洁明确；禁止使用大写字母。
- 字段名称：表示列名，也就是表头中的列的名称。
- 数据类型[(宽度)]：指定存储什么类型的数据；[(宽度)]表示指定存储大小（可选）。
- [字段属性|约束]、[索引]、[注释]：这 3 个字段都是可选的，具体有以下配置项可供选择（不区分大小写，可以有多个）：
  - PRIMARY KEY：主键约束，表示唯一标识，且一个表中只能有一个主键。拥有主键约束的字段（列）不能为空，而且不能有重复的值，一般用来约束 ID 之类的内容，例如，学生信息表中的学号是唯一的。
  - UNIQUE KEY：唯一约束，表示该字段下的值不能重复，能够确保列的唯一性。与主键约束不同的是，唯一约束在一个表中可以有多个，并且设置唯一约束的列是允许有空值的，虽然只能有一个空值。
  - FOREIGN KEY：外键约束，目的是保证数据的完成性和唯一性，以及实现一对一或一对多关系。外键约束经常和主键约束一起使用，用来确保数据的一致性。
  - NOT NULL：非空约束，表示该字段下的值不能为空。
  - AUTO_INCREMENT：自增长，只能用于数值列，配合索引使用，默认起始值从 1 开始，每次增加 1。
  - UNSIGNED：数据类型为无符号，值从 0 开始，无负数。
  - ZEROFILL：零填充，当数据的显示长度不够的时候可以使用在数据前补 0 的方式填充至指定长度，字段会自动添加“UNSIGNED”。
  - DEFAULT：表示如果插入数据时没有给该字段赋值，那么就使用默认值。

➢ [ENGINE=存储引擎] [CHARSET=编码方式]：可选，用来指定存储引擎和编码方式，不写等于使用数据库默认指定的存储引擎与编码。在 MySQL/MariaDB 数据库中默认的存储引擎为 InnoDB，默认的编码方式是 utf8。

注 在整张表中，设为自增长约束条件的字段必须是主键。数据宽度和约束条件的关系：数据宽度用于限制数据的存储，约束条件是在宽度的基础之上增加的额外的约束。

接下来就让我们登录到 MariaDB 数据库中创建一个表，这个表根据图 18-8 的学生成绩信息表创建，表头有 ID、学生姓名和英语、数学、地理 3 门课的考试成绩。

```
[root@noylinux ~]# mysql
Welcome to the MariaDB monitor.  Commands end with ; or \g.
Your MariaDB connection id is 3
Server version: 10.6.5-MariaDB Source distribution

Copyright (c) 2000, 2018, Oracle, MariaDB Corporation Ab and others.

Type 'help;' or '\h' for help. Type '\c' to clear the current input statement.

MariaDB [(none)]> create database test01;        #创建数据库
Query OK, 1 row affected (0.000 sec)

MariaDB [(none)]> show databases;
+--------------------+
| Database           |
+--------------------+
| information_schema |
| mysql              |
| performance_schema |
| sys                |
| test01             |
+--------------------------+
5 rows in set (0.001 sec)

MariaDB [(none)]> use test01;               #指定此数据库，在这个库中创建表
Database changed
MariaDB [test01]> create table  stu_score (
    -> stu_id int  not null,
    -> name varchar(20) primary key,
    -> english char(3) not null,
    -> mathematics char(3),
    -> geography char(3) not null
    -> );
Query OK, 0 rows affected (0.004 sec)

MariaDB [test01]>
```

可以看到，我们使用 CREATE TABLE 命令创建了一个名为 stu_score 的表，在这张表中共添加了 5 个字段。其中 stu_id 字段采用 int 数据类型，并且约束条件设置为不允许为空；name 字段表示学生的名字，采用 varchar 数据类型，并且将这个字段设置为主键，也就是说在这张表中，学生的名字是唯一的标识且不允许重复；english 字段表示英语考试的成绩，采用 char 数据类型，字段中的值不允许为空；mathematics 字段表示数学考试成绩，采用 char 数据类型，没有添加任何约束条件；最后一个字段 geography 表示地理考试成绩，采用 char 数据类型，且不允许为空。容易发现，在定义的最后一个字段，结尾是没有逗号的，这个地方最容易被忽视。

2. 查看数据表

创建完数据表后我们紧接着就要去查看这张表，查看的语句有两种：一种是查看在这个数据库中有多少表；另一种是查看指定表的表结构。

（1）查看在数据库中有多少表之前需要先使用 use 命令指定要查看的数据库，然后再使用 show tables 命令进行查看。

```
MariaDB [test01]> show databases;
+--------------------+
| Database           |
+--------------------+
| information_schema |
| mysql              |
| performance_schema |
| sys                |
| test01             |
+--------------------+
5 rows in set (0.001 sec)

MariaDB [test01]> use test01;
Database changed
MariaDB [test01]> show tables;
+---------------------+
| Tables_in_test01    |
+---------------------+
| stu_score           |
+---------------------+
1 row in set (0.000 sec)

MariaDB [test01]>
```

（2）查看指定表的表结构有两个语句：

- 以表格的形式展示表结构：

  DESCRIBE　表名;（简写为 DESC　表名;）

- 以 SQL 语句的形式展示表结构：

  SHOW CREATE TABLE　表名;

先看以表格的形式展示表结构，这种方式会以表格的形式展示表的字段信息，包括字段名、字段数据类型、是否为主键、是否有默认值等。

```
MariaDB [test01]> desc stu_score;
+----------------+-------------+--------+--------+-----------+--------+
| Field          | Type        | Null   | Key    | Default   | Extra  |
+----------------+-------------+--------+--------+-----------+--------+
| stu_id         | int(11)     | NO     |        | NULL      |        |
| name           | varchar(20) | NO     | PRI    | NULL      |        |
| english        | char(3)     | NO     |        | NULL      |        |
| mathematics    | char(3)     | YES    |        | NULL      |        |
| geography      | char(3)     | NO     |        | NULL      |        |
+----------------+-------------+--------+--------+-----------+--------+
5 rows in set (0.002 sec)
```

在这张表格中，各个字段的含义如下：

- Field：字段名称/列名。
- Type：数据类型。
- Null：该列是否允许存储空值。
- Key：该列是否配置了索引，例如，主键（PRI）、唯一索引（UNI）、普通的 b-tree 索引（MUL）等。
- Default：列的默认值，有的话显示其值，没有的话为 NULL。
- Extra：列的其他相关信息，例如 AUTO_INCREMENT(自增长)等。

接着我们再使用 show creat table 命令，以 SQL 语句的形式展示表结构。通过这种方式可以看到更多的信息，例如存储引擎、字符编码等内容，可以在分号前面添加“\g”或者“\G”参数改变内容的展示方式。

```
MariaDB [test01]> show create  table stu_score \G;
*************************** 1. row ***************************
       Table: stu_score
Create Table: CREATE TABLE `stu_score` (
  `stu_id` int(11) NOT NULL,
  `name` varchar(20) NOT NULL,
  `english` char(3) NOT NULL,
  `mathematics` char(3) DEFAULT NULL,
  `geography` char(3) NOT NULL,
  PRIMARY KEY (`name`)
) ENGINE=InnoDB DEFAULT CHARSET=utf8mb3
1 row in set (0.000 sec)
MariaDB [test01]>
```

3. 修改数据表

假如已经创建好了一张数据表，但是由于各种原因需要修改这张表，那就需要用到增加/删除字段的操作。这种情况在企业中很常见，比如企业开发的系统需要增加一个功能，那就需要在目前已创建好的数据表中增加一个字段来为该功能提供数据存储支持。

在 MySQL/MariaDB 数据库中，可以使用 ALTER TABLE 命令来改变现有数据表的结构，例如，增加或删除列（字段）、更改列的数据类型、重新命名列或表等。

ALTER TABLE 命令修改数据表的知识点较多，可以将修改数据表分成两类来学习掌握：一类是增加或删除字段；另一类是修改表以及字段目前的属性。

（1）增加/删除字段。

在一张表中增加新的列（字段），可以在开头、中间、末尾这 3 个位置增加，在这 3 个位置增加列的语句略微会有一些差异。

在表的末尾增加列（字段），其语法格式为

ALTER TABLE 表名 ADD 新字段名称 数据类型[(宽度)] [字段属性|约束] [索引] [注释];

各个字段的含义如下：

- ALTER TABLE：修改表，关键字。
- 表名：要对哪个表进行修改。
- ADD：增加新的列（字段），关键字。
- 新字段名称：新增加的字段的名称。
- 数据类型[(宽度)]：指定新字段要存储的数据类型，宽度可选。
- [字段属性|约束] [索引] [注释]：可选。

案例

在表的末尾增加列（字段）。

```
MariaDB [test01]> desc stu_score;
+---------------+------------+--------+--------+-----------+---------+
| Field         | Type       | Null   | Key    | Default   | Extra   |
+---------------+------------+--------+--------+-----------+---------+
| stu_id        | int(11)    | NO     |        | NULL      |         |
| name          | varchar(20)| NO     | PRI    | NULL      |         |
| english       | char(3)    | NO     |        | NULL      |         |
| mathematics   | char(3)    | YES    |        | NULL      |         |
| geography     | char(3)    | NO     |        | NULL      |         |
+---------------+------------+--------+--------+-----------+---------+
5 rows in set (0.001 sec)

MariaDB [test01]> alter table stu_score add sports char(3) not null;
Query OK, 0 rows affected (0.005 sec)
Records: 0  Duplicates: 0  Warnings: 0

MariaDB [test01]> desc stu_score;
+---------------+------------+--------+--------+-----------+---------+
| Field         | Type       | Null   | Key    | Default   | Extra   |
+---------------+------------+--------+--------+-----------+---------+
| stu_id        | int(11)    | NO     |        | NULL      |         |
```

```
| name          | varchar(20) | NO   | PRI  | NULL      |         |
| english       | char(3)     | NO   |      | NULL      |         |
| mathematics   | char(3)     | YES  |      | NULL      |         |
| geography     | char(3)     | NO   |      | NULL      |         |
| sports        | char(3)     | NO   |      | NULL      |         |
+---------------+-------------+------+------+-----------+---------+
6 rows in set (0.001 sec)
```

如果想在表的开头位置添加新的列（字段），就需要使用 FIRST 关键字，其语法格式为

ALTER TABLE 表名 ADD 新字段名称 数据类型[(宽度)] [字段属性|约束] [索引] [注释] FIRST;

在表的开头位置添加新的列（字段）。

```
MariaDB [test01]> alter table stu_score add id  int(5) not null first;
Query OK, 0 rows affected (0.005 sec)
Records: 0  Duplicates: 0  Warnings: 0

MariaDB [test01]> desc stu_score;
+---------------+-------------+------+------+-----------+---------+
| Field         | Type        | Null | Key  | Default   | Extra   |
+---------------+-------------+------+------+-----------+---------+
| id            | int(5)      | NO   |      | NULL      |         |
| stu_id        | int(11)     | NO   |      | NULL      |         |
| name          | varchar(20) | NO   | PRI  | NULL      |         |
| english       | char(3)     | NO   |      | NULL      |         |
| mathematics   | char(3)     | YES  |      | NULL      |         |
| geography     | char(3)     | NO   |      | NULL      |         |
| sports        | char(3)     | NO   |      | NULL      |         |
+---------------+-------------+------+------+-----------+---------+
7 rows in set (0.001 sec)

MariaDB [test01]>
```

如果想在表的中间某个指定的位置添加新的列（字段），就需要用到 AFTER 关键字。需要注意的是， AFTER 关键字只能在指定字段的后面添加新字段，不能在它的前面添加新字段。其语法格式为

ALTER TABLE 表名 ADD 新字段名称 数据类型[(宽度)] [字段属性|约束] [索引] [注释] AFTER 指定字段;

指定字段表示要在该字段后插入新的字段。

在“english”字段后面插入一个新字段。

```
MariaDB [test01]> alter table stu_score add computer  char(5) not null after english;
Query OK, 0 rows affected (0.005 sec)
Records: 0  Duplicates: 0  Warnings: 0

MariaDB [test01]> desc stu_score;
+----------------+-------------+--------+--------+-------------+---------+
| Field          | Type        | Null   | Key    | Default     | Extra   |
+----------------+-------------+--------+--------+-------------+---------+
| id             | int(5)      | NO     |        | NULL        |         |
| stu_id         | int(11)     | NO     |        | NULL        |         |
| name           | varchar(20) | NO     | PRI    | NULL        |         |
| english        | char(3)     | NO     |        | NULL        |         |
| computer       | char(5)     | NO     |        | NULL        |         |
| mathematics    | char(3)     | YES    |        | NULL        |         |
| geography      | char(3)     | NO     |        | NULL        |         |
| sports         | char(3)     | NO     |        | NULL        |         |
+----------------+-------------+--------+--------+-------------+---------+
8 rows in set (0.001 sec)

MariaDB [test01]>
```

可以看到，在“english”字段后面插入了一个“computer”字段。

删除字段的操作十分简单，使用 DROP 关键字就可以删除指定的字段，其语法格式为

ALTER TABLE 表名 DROP 字段名;

这里的字段名表示将要删除的字段的名称。

案例

删除刚刚新添加的“computer”字段。

```
MariaDB [test01]> alter table stu_score drop computer;
Query OK, 0 rows affected (0.005 sec)
Records: 0  Duplicates: 0  Warnings: 0

MariaDB [test01]> desc stu_score;
+----------------+-------------+--------+--------+-------------+---------+
| Field          | Type        | Null   | Key    | Default     | Extra   |
+----------------+-------------+--------+--------+-------------+---------+
| id             | int(5)      | NO     |        | NULL        |         |
| stu_id         | int(11)     | NO     |        | NULL        |         |
| name           | varchar(20) | NO     | PRI    | NULL        |         |
| english        | char(3)     | NO     |        | NULL        |         |
| mathematics    | char(3)     | YES    |        | NULL        |         |
| geography      | char(3)     | NO     |        | NULL        |         |
| sports         | char(3)     | NO     |        | NULL        |         |
+----------------+-------------+--------+--------+-------------+---------+
```

```
7 rows in set (0.001 sec)

MariaDB [test01]>
```

（2）修改数据表及其属性。

修改数据表及表的某项属性还是得通过 ALTER TABLE 命令，例如修改表名、表中某个字段的名称、数据类型或字符集等。

如果想要修改表的名称，可以通过 RENAME 关键字实现。修改表的名称并不会涉及表的结构，仅仅是将表的名称换一下而已。其语法格式为

ALTER TABLE 旧表名 RENAME TO 新表名;

将现有的表名 stu_score 改成 stu_chengji，再将名称换回来。

```
MariaDB [test01]> show tables;
+--------------------+
| Tables_in_test01   |
+--------------------+
| stu_score          |
+--------------------+
1 row in set (0.000 sec)

MariaDB [test01]> alter table stu_score rename to stu_chengji;
Query OK, 0 rows affected (0.003 sec)

MariaDB [test01]> show tables;
+--------------------+
| Tables_in_test01   |
+--------------------+
| stu_chengji        |
+--------------------+
1 row in set (0.000 sec)

MariaDB [test01]> alter table stu_chengji rename to stu_score;
Query OK, 0 rows affected (0.003 sec)

MariaDB [test01]> show tables;
+--------------------+
| Tables_in_test01   |
+--------------------+
| stu_score          |
+--------------------+
1 row in set (0.001 sec)

MariaDB [test01]>
```

一般在企业中，每个表的名称设计好后就不会再变更了，因为表的名称更改后，之

前代码中与数据库对接的那部分代码也需要随之变更。

修改表的字符集也可以通过 ALTER TABLE 命令实现，其语法格式为

ALTER TABLE *表名* DEFAULT CHARACTER SET *字符集名* DEFAULT COLLATE *校对规则名*;

案例

将表 stu_score 的 utf8 字符集改成 gb2312 字符集。

```
MariaDB [test01]> show create table stu_score \G;
*************************** 1. row ***************************
       Table: stu_score
Create Table: CREATE TABLE `stu_score` (
  `id` int(5) NOT NULL,
  `stu_id` int(11) NOT NULL,
  `name` varchar(20) NOT NULL,
  `english` varchar(10) DEFAULT NULL,
  `shuxue` char(3) DEFAULT NULL,
  `geography` char(3) NOT NULL,
  `sports` char(3) NOT NULL,
  PRIMARY KEY (`name`)
) ENGINE=InnoDB DEFAULT CHARSET=utf8mb3
1 row in set (0.000 sec)

MariaDB [test01]> alter table stu_score default character set gb2312  default
collate gb2312_chinese_ci;
Query OK, 0 rows affected (0.004 sec)
Records: 0  Duplicates: 0  Warnings: 0

MariaDB [test01]> show create table stu_score \G;
*************************** 1. row ***************************
       Table: stu_score
Create Table: CREATE TABLE `stu_score` (
  `id` int(5) NOT NULL,
  `stu_id` int(11) NOT NULL,
  `name` varchar(20) CHARACTER SET utf8mb3 NOT NULL,
  `english` varchar(10) CHARACTER SET utf8mb3 DEFAULT NULL,
  `shuxue` char(3) CHARACTER SET utf8mb3 DEFAULT NULL,
  `geography` char(3) CHARACTER SET utf8mb3 NOT NULL,
  `sports` char(3) CHARACTER SET utf8mb3 NOT NULL,
  PRIMARY KEY (`name`)
) ENGINE=InnoDB DEFAULT CHARSET=gb2312
1 row in set (0.000 sec)

MariaDB [test01]>
```

若想修改表中某个字段的名称，需要用到 CHANGE 关键字，通过 CHANGE 关键字不仅可以修改字段的名称，还可以修改字段的数据类型，其语法格式为

ALTER TABLE 表名 CHANGE 旧字段名 新字段名 新数据类型;

语法格式中的所有部分都不能省略，如果不想更改数据类型，则将其设置成原数据类型即可。

将表中 mathematics 字段的名称修改为 shuxue。

```
MariaDB [test01]> desc stu_score;
+----------------+------------+--------+--------+------------+---------+
| Field          | Type       | Null   | Key    | Default    | Extra   |
+----------------+------------+--------+--------+------------+---------+
| id             | int(5)     | NO     |        | NULL       |         |
| stu_id         | int(11)    | NO     |        | NULL       |         |
| name           | varchar(20)| NO     | PRI    | NULL       |         |
| English        | char(3)    | NO     |        | NULL       |         |
| mathematics    | char(3)    | YES    |        | NULL       |         |
| geography      | char(3)    | NO     |        | NULL       |         |
| sports         | char(3)    | NO     |        | NULL       |         |
+----------------+------------+--------+--------+------------+---------+
7 rows in set (0.001 sec)

MariaDB [test01]> alter table stu_score change mathematics shuxue char(3);
Query OK, 0 rows affected (0.005 sec)
Records: 0  Duplicates: 0  Warnings: 0

MariaDB [test01]> desc stu_score;
+-----------+-------------+--------+--------+------------+---------+
| Field     | Type        | Null   | Key    | Default    | Extra   |
+-----------+-------------+--------+--------+------------+---------+
| id        | int(5)      | NO     |        | NULL       |         |
| stu_id    | int(11)     | NO     |        | NULL       |         |
| name      | varchar(20) | NO     | PRI    | NULL       |         |
| english   | char(3)     | NO     |        | NULL       |         |
| shuxue    | char(3)     | YES    |        | NULL       |         |
| geography | char(3)     | NO     |        | NULL       |         |
| sports    | char(3)     | NO     |        | NULL       |         |
+-----------+-------------+--------+--------+------------+---------+
7 rows in set (0.001 sec)

MariaDB [test01]>
```

笔者不建议大家修改字段的数据类型，因为如果表中已经有数据，修改数据类型可能会影响到现有的数据。

如果只想修改某个字段的数据类型，可以通过 MODIFY 关键字实现，其语法格式为

ALTER TABLE 表名 MODIFY 字段名 数据类型;

案例

将 english 字段的 char 数据类型修改为 varchar 数据类型，并将存储宽度提高。

```
MariaDB [test01]> desc stu_score;
+-----------+-------------+------+-----+---------+-------+
| Field     | Type        | Null | Key | Default | Extra |
+-----------+-------------+------+-----+---------+-------+
| id        | int(5)      | NO   |     | NULL    |       |
| stu_id    | int(11)     | NO   |     | NULL    |       |
| name      | varchar(20) | NO   | PRI | NULL    |       |
| english   | char(3)     | NO   |     | NULL    |       |
| shuxue    | char(3)     | YES  |     | NULL    |       |
| geography | char(3)     | NO   |     | NULL    |       |
| sports    | char(3)     | NO   |     | NULL    |       |
+-----------+-------------+------+-----+---------+-------+
7 rows in set (0.001 sec)

MariaDB [test01]> alter table stu_score modify english varchar(10);
Query OK, 0 rows affected (0.009 sec)
Records: 0  Duplicates: 0  Warnings: 0

MariaDB [test01]> desc stu_score;
+-----------+-------------+------+-----+---------+-------+
| Field     | Type        | Null | Key | Default | Extra |
+-----------+-------------+------+-----+---------+-------+
| id        | int(5)      | NO   |     | NULL    |       |
| stu_id    | int(11)     | NO   |     | NULL    |       |
| name      | varchar(20) | NO   | PRI | NULL    |       |
| english   | varchar(10) | YES  |     | NULL    |       |
| shuxue    | char(3)     | YES  |     | NULL    |       |
| geography | char(3)     | NO   |     | NULL    |       |
| sports    | char(3)     | NO   |     | NULL    |       |
+-----------+-------------+------+-----+---------+-------+
7 rows in set (0.002 sec)

MariaDB [test01]>
```

4. 删除数据表

删除数据表需要通过 DROP TABLE 命令来实现，DROP TABLE 命令可以同时删除多个表或单独删除一个表，其语法格式为

DROP TABLE [IF EXISTS] *表名* [,*表名*, *表名*, ...];

各个字段的含义如下：

- DROP TABLE：删除表，关键字。
- [IF EXISTS]：如果数据表存在则删除，如果要删除的数据表不存在则给出错误提示，并继续执行 SQL 语句。
- 表名：要删除的表的名称，如果有多个，则需要使用英文逗号进行分隔。

在企业环境中，如果要删除数据表，最好先做备份，以免造成无法挽回的损失。删除数据表的示例如下：

```
MariaDB [test01]> show tables;
+------------------+
| Tables_in_test01 |
+------------------+
| stu_score        |
+------------------+
1 row in set (0.001 sec)

MariaDB [test01]> drop table stu_score;
Query OK, 0 rows affected (0.004 sec)

MariaDB [test01]> show tables;
Empty set (0.000 sec)

MariaDB [test01]>
```

18.9 SQL 语句对数据的基本操作

SQL 语句对数据的基本操作有 4 部分，分别是插入数据、查询数据、修改数据和删除数据。

1. 插入数据

创建完数据库和数据表后，接下来就该往表中插入数据了，在 MySQL/MariaDB 数据库中，可以通过 INSERT 语句向数据库已有的数据表中插入一行或者多行数据。

INSERT 语句有两种形式：INSERT...VALUES...语句和 INSERT...SET...语句。

（1）INSERT...VALUES...语句的语法格式为

INSERT INTO 表名 [(列名 1,列名 2,列名 3,列名 n)]
VALUES (值 1,值 2,值 3,值 n),
(值 1,值 2,值 3,值 n);

各字段的含义如下：

- 表名：插入的数据表的名称。
- [(列名 1,列名 2,列名 3,列名 n)]：将数据插入到哪一列，若指定多个列，需要通过英文的逗号进行分隔；若向表中的所有列都插入数据，则可以将所有的列名直接省略，采用“INSERT 表名 VALUES (值 1,值 2,值 3,值 n) ”的形式即可。
- VALUES (值 1,值 2,值 3,值 n)：插入的具体的数据，可以插入多行数据，值的位置会与列的位置依次自动对应。例如，值 1 会被插入到第一列中，值 n 将会被插入到第 n 列中。

（2）INSERT...SET...语句的语法格式为

INSERT INTO 表名 SET 列名 1 = 值 1,列名 2 = 值 2,列名 n = 值 n;

这两种语法格式各具特点，INSERT...SET...语句允许在插入数据时列名和列的值能够成双成对地出现，所呈现出来的效果就是插入的数据与对应的列一目了然；而 INSERT...VALUES ...语句允许一次性插入多条数据，这就省去了多次执行 INSERT 语句的时间，效率更高。

案例

应用 INSERT...SET...语句和 INSERT...VALUES ...语句。

```
##新创建一个数据库，在这个数据库中创建表，用来演示插入数据
MariaDB [(none)]> create database test01;
Query OK, 1 row affected (0.000 sec)

MariaDB [(none)]> use  test01;
Database changed

##新创建一个表，注意：stu_id 和 name 和 english 字段不能为空，其他字段可以
MariaDB [test01]> create table  stu_score (
    -> stu_id int  not null,
    -> name varchar(20) primary key,
    -> english char(3) not null,
    -> mathematics char(3),
    -> geography char(3)
    -> );
Query OK, 0 rows affected (0.006 sec)

##查看表结构
MariaDB [test01]> desc stu_score;
+-----------------+-------------+--------+--------+------------+---------+
| Field           | Type        | Null   | Key    | Default    | Extra   |
+-----------------+-------------+--------+--------+------------+---------+
| stu_id          | int(11)     | NO     |        | NULL       |         |
| name            | varchar(20) | NO     | PRI    | NULL       |         |
| english         | char(3)     | NO     |        | NULL       |         |
| mathematics     | char(3)     | YES    |        | NULL       |         |
| geography       | char(3)     | YES    |        | NULL       |         |
+-----------------+-------------+--------+--------+------------+---------+
5 rows in set (0.001 sec)

##使用 INSERT...VALUES...语句插入多条数据
MariaDB [test01]> insert into stu_score
    -> (stu_id,name,english,mathematics,geography)
    -> values
    -> (1,'小孙','56','44','96'),
    -> (2,'小刘','67','58','74');
Query OK, 2 rows affected (0.001 sec)
Records: 2  Duplicates: 0  Warnings: 0

##使用 INSERT...SET...语句格式插入一条数据
```

```
MariaDB [test01]> insert into stu_score set
    -> stu_id = 3,
    -> name = '小崔',
    -> english = '78',
    -> mathematics = '76',
    -> geography = '48';
Query OK, 1 row affected (0.001 sec)

##此命令专门用来查看表中所有的数据
MariaDB [test01]> select * from  stu_score;
+--------+-------+---------+-------------+-----------+
| stu_id | name  | english | mathematics | geography |
+--------+-------+---------+-------------+-----------+
|      2 | 小刘  | 67      | 58          | 74        |
|      1 | 小孙  | 56      | 44          | 96        |
|      3 | 小崔  | 78      | 76          | 48        |
+--------+-------+---------+-------------+-----------+
3 rows in set (0.001 sec)

MariaDB [test01]>
```

通过 INSERT...VALUES...语句对表中所有的字段都插入数据（插入完整的数据记录），可以省略字段部分内容。

```
##使用 INSERT...VALUES...语句时，省略字段部分内容，对表中所有的字段插入数据（插入完整的数据记录 ）
MariaDB [test01]> insert into stu_score
    -> values
    -> (4,'小狗','76','39','69');
Query OK, 1 row affected (0.001 sec)

##针对某几个字段插入数据（插入一部分数据记录）
MariaDB [test01]> insert into stu_score (stu_id,name,english) values (5,'小猫','88');
Query OK, 1 row affected (0.001 sec)

##查看目前表中的数据
MariaDB [test01]> select * from stu_score;
+--------+-------+---------+-------------+-----------+
| stu_id | name  | english | mathematics | geography |
+--------+-------+---------+-------------+-----------+
|      2 | 小刘  | 67      | 58          | 74        |
|      1 | 小孙  | 56      | 44          | 96        |
|      3 | 小崔  | 78      | 76          | 48        |
|      4 | 小狗  | 76      | 39          | 69        |
|      5 | 小猫  | 88      | NULL        | NULL      |
+--------+-------+---------+-------------+-----------+
```

```
5 rows in set (0.000 sec)

MariaDB [test01]>
```

以上就是通过 INSERT 语句向表中插入数据的具体用法，INSERT 语句的两种语法格式精通一种即可，另一种作为备用，在有特殊需求的时候再使用。

2. 查询数据

通过 SELECT 语句可以查询数据表中的数据，而且查询的方式可以分为好几种类型。这里介绍几种最基础也最常用的查询语句。SELECT 语句的语法格式为

SELECT　{*| 列名 1,列名 2,列名 n}　FROM　表名 1 [,表名 2,表名 n]
[WHERE　条件表达式]
...;

各字段的含义如下：

- {* | 列名 1,列名 2,列名 n}：要查询的字段名称。星号是通配符，表示查询表中所有的字段；列名表示要查询指定的字段，这里可以写多个字段，但是字段名与字段名之间要用英文逗号进行分隔。这两种方式二选一！
- 表名 1 [,表名 2,表名 n]：指定要查询的数据表。可以在多个表中查询，表名与表名之间需要用英文逗号进行分隔。
- [WHERE　条件表达式]：通过指定筛选条件的方式查询数据，可选。
- ...：除此之外还有其他多种可选的查询方式。

案例

查询表中所有字段的数据和指定字段的数据。

```
##查看表的结构
MariaDB [test01]> desc stu_score;
+---------------+-------------+-------+-------+------------+---------+
| Field         | Type        | Null  | Key   | Default    | Extra   |
+---------------+-------------+-------+-------+------------+---------+
| stu_id        | int(11)     | NO    |       | NULL       |         |
| name          | varchar(20) | NO    | PRI   | NULL       |         |
| english       | char(3)     | NO    |       | NULL       |         |
| mathematics   | char(3)     | YES   |       | NULL       |         |
| geography     | char(3)     | YES   |       | NULL       |         |
+---------------+-------------+-------+-------+------------+---------+
5 rows in set (0.001 sec)

##查询表中所有字段中的数据
MariaDB [test01]> select * from stu_score;
+--------+--------+---------+-------------+-----------+
| stu_id | name   | English | mathematics | geography |
+--------+--------+---------+-------------+-----------+
```

```
|        2 | 小刘    | 67       | 58          | 74        |
|        1 | 小孙    | 56       | 44          | 96        |
|        3 | 小崔    | 78       | 76          | 48        |
|        4 | 小狗    | 76       | 39          | 69        |
|        5 | 小猫    | 88       | NULL        | NULL      |
+----------+--------+----------+-------------+-----------+
5 rows in set (0.114 sec)

##查询表中指定字段中的数据
MariaDB [test01]> select name,english from stu_score;
+--------+---------+
| name   | english |
+--------+---------+
| 小刘   | 67      |
| 小孙   | 56      |
| 小崔   | 78      |
| 小狗   | 76      |
| 小猫   | 88      |
+--------+---------+
5 rows in set (0.000 sec)

MariaDB [test01]>
```

接下来的查询语句稍微复杂一些，因为会加上 WHERE 关键字，加上 WHERE 关键字可以实现筛选数据（也就是满足查询条件进行查询）的功能。查询条件的类型有很多种，常见的包括：

- 常见运算符：=、>、<、>=、<=、!=等。
- 区间/范围：BETWEEN...AND...，表示在某一范围内；NOT BETWEEN...AND...，表示不在某一范围内。
- 确定集合：IN，表示包含某元素的数据；NOT IN，表示不包含某元素的数据。
- 是否为空值：IS NULL，判断数据为空值；IS NOT NULL，判断数据不为空值。
- 模糊查询：LINK‘字符串’，表示匹配条件的字符串。支持百分号“%”和下划线“_”通配符。百分号“%”表示任何多个任意字符；下划线“_”表示单个任意字符。NOT LINK‘字符串’，表示不匹配条件的字符串。
- 多条件查询：AND，表示当记录满足所有查询条件时，才会被查询出来；OR，表示当记录满足任意一个查询条件时，就会被查询出来；XOR，表示当记录满足其中一个条件，并且不满足另一个条件时，才会被查询出来。

通过以上查询条件大家应该能够感受到 SELECT 查询语句的多样性和复杂性。但在实际应用中，很多查询条件只有在特定的需求下才会用到，平常只需要通过简单的几条 SQL 语句就能查看指定字段中的数据。

实践各种查询条件。

```
[root@noylinux ~]# mysql
Welcome to the MariaDB monitor.  Commands end with ; or \g.
Your MariaDB connection id is 3
Server version: 10.6.5-MariaDB Source distribution

Copyright (c) 2000, 2018, Oracle, MariaDB Corporation Ab and others.

Type 'help;' or '\h' for help. Type '\c' to clear the current input statement.

MariaDB [(none)]> show databases;
+--------------------+
| Database           |
+--------------------+
| information_schema |
| mysql              |
| performance_schema |
| sys                |
| test01             |
+--------------------+
5 rows in set (0.087 sec)

MariaDB [(none)]> use test01;
Reading table information for completion of table and column names
You can turn off this feature to get a quicker startup with -A

Database changed
MariaDB [test01]> show tables;
+--------------------+
| Tables_in_test01   |
+--------------------+
| stu_score          |
+--------------------+
1 row in set (0.001 sec)

MariaDB [test01]> select * fro stu_score;
ERROR 1064 (42000): You have an error in your SQL syntax; check the manual that corresponds to your MariaDB server version for the right syntax to use near 'fro stu_score' at line 1
MariaDB [test01]> select * from stu_score;
+-----------+--------+-------------+------------+------------+
| stu_id    | name   | english     | mathematics| geography  |
+-----------+--------+-------------+------------+------------+
|     2     | 小刘   | 67          | 58         | 74         |
|     1     | 小孙   | 56          | 44         | 96         |
|     3     | 小崔   | 78          | 76         | 48         |
|     4     | 小狗   | 76          | 39         | 69         |
|     5     | 小猫   | 88          | NULL       | NULL       |
+-----------+--------+-------------+------------+------------+
```

```
5 rows in set (0.105 sec)

MariaDB [test01]>
```

根据表中数据的特性演示各种筛选条件。

```
##筛选出在 mathematics 字段中值大于 50 的数据记录（运算符）
MariaDB [test01]> select * from stu_score where mathematics>50;
+--------+------+---------+-------------+-----------+
| stu_id | name | english | mathematics | geography |
+--------+------+---------+-------------+-----------+
|      2 | 小刘 | 67      | 58          | 74        |
|      3 | 小崔 | 78      | 76          | 48        |
+--------+------+---------+-------------+-----------+
2 rows in set (0.001 sec)

##筛选出在 english 字段中值小于 70 的数据记录（运算符）
MariaDB [test01]> select * from stu_score where english<70;
+--------+------+---------+-------------+-----------+
| stu_id | name | english | mathematics | geography |
+--------+------+---------+-------------+-----------+
|      2 | 小刘 | 67      | 58          | 74        |
|      1 | 小孙 | 56      | 44          | 96        |
+--------+------+---------+-------------+-----------+
2 rows in set (0.001 sec)

##筛选出在 geography 字段中值在 70 至 100 之间的数据记录（区间/范围）
MariaDB [test01]> select * from stu_score where geography between 70 and 100;
+--------+------+---------+-------------+-----------+
| stu_id | name | english | mathematics | geography |
+--------+------+---------+-------------+-----------+
|      2 | 小刘 | 67      | 58          | 74        |
|      1 | 小孙 | 56      | 44          | 96        |
+--------+------+---------+-------------+-----------+
2 rows in set (0.002 sec)

##筛选出在 name 字段中值包含小孙、小猫和小崔的数据记录（确定集合）
MariaDB [test01]> select * from stu_score where name in('小孙','小猫','小崔');
+--------+------+---------+-------------+-----------+
| stu_id | name | english | mathematics | geography |
+--------+------+---------+-------------+-----------+
|      1 | 小孙 | 56      | 44          | 96        |
|      3 | 小崔 | 78      | 76          | 48        |
|      5 | 小猫 | 88      | NULL        | NULL      |
+--------+------+---------+-------------+-----------+
3 rows in set (0.000 sec)

##筛选出在 mathematics 字段中值为空的数据记录（是否为空值）
MariaDB [test01]> select * from stu_score where mathematics is null;
```

```
+--------+------+---------+-------------+-----------+
| stu_id | name | english | mathematics | geography |
+--------+------+---------+-------------+-----------+
|      5 | 小猫 | 88      | NULL        | NULL      |
+--------+------+---------+-------------+-----------+
1 row in set (0.001 sec)

##筛选出在 mathematics 字段中值不为空的数据记录（是否为空值）
MariaDB [test01]> select * from stu_score where mathematics is not null;
+--------+------+---------+-------------+-----------+
| stu_id | name | english | mathematics | geography |
+--------+------+---------+-------------+-----------+
|      2 | 小刘 | 67      | 58          | 74        |
|      1 | 小孙 | 56      | 44          | 96        |
|      3 | 小崔 | 78      | 76          | 48        |
|      4 | 小狗 | 76      | 39          | 69        |
+--------+------+---------+-------------+-----------+
4 rows in set (0.000 sec)

##筛选出在 english 字段中值以 7 开头的数据记录（模糊查询）
MariaDB [test01]> select * from stu_score where english like '7%';
+--------+------+---------+-------------+-----------+
| stu_id | name | english | mathematics | geography |
+--------+------+---------+-------------+-----------+
|      3 | 小崔 | 78      | 76          | 48        |
|      4 | 小狗 | 76      | 39          | 69        |
+--------+------+---------+-------------+-----------+
2 rows in set (0.001 sec)

##筛选出在 name 字段中值以小狗结尾的数据记录（模糊查询）
MariaDB [test01]> select * from stu_score where name like '%狗';
+--------+------+---------+-------------+-----------+
| stu_id | name | english | mathematics | geography |
+--------+------+---------+-------------+-----------+
|      4 | 小狗 | 76      | 39          | 69        |
+--------+------+---------+-------------+-----------+
1 row in set (0.000 sec)

##筛选出在 geography 字段中值大于 50 并且小于 70 的数据记录（多条件查询）
MariaDB [test01]> select * from stu_score where geography>50 and geography<70;
+--------+------+---------+-------------+-----------+
| stu_id | name | english | mathematics | geography |
+--------+------+---------+-------------+-----------+
|      4 | 小狗 | 76      | 39          | 69        |
+--------+------+---------+-------------+-----------+
1 row in set (0.000 sec)

##筛选出在 english 字段中值大 70 并且在 geography 字段中值大于 50 的数据记录（多条件查询）
MariaDB [test01]> select * from stu_score where english>70 and  geography>50;
```

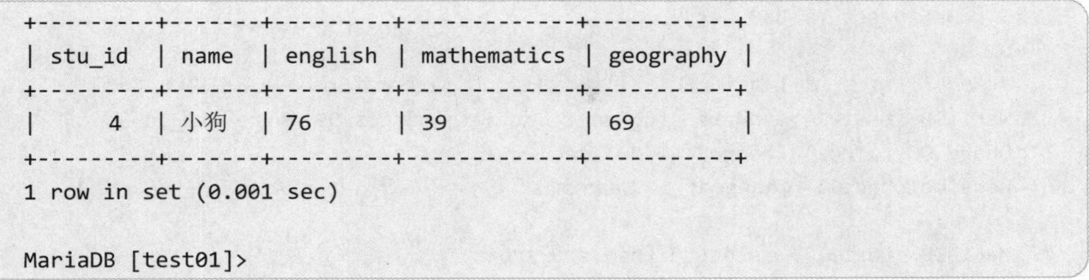

```
+---------+-------+---------+-------------+-----------+
| stu_id  | name  | english | mathematics | geography |
+---------+-------+---------+-------------+-----------+
|      4  | 小狗  | 76      | 39          | 69        |
+---------+-------+---------+-------------+-----------+
1 row in set (0.001 sec)

MariaDB [test01]>
```

一定要记住，查询条件表达式并不是固定的，而是变化的，查询条件与查询条件之间可以随意组合，不同的组合会展现出不同的查询效果，只要逻辑上能说得通就可以随机应变。

3. 修改数据

在 MySQL/MariaDB 数据库中修改数据表中的数据可以直接使用 UPDATE 语句来实现，其语法格式为

```
UPDATE  表名  SET  字段 1=替换内容 [,字段 2=替换内容，...]
[WHERE ... ]
...;
```

各字段的含义如下：

- 表名：指定要修改哪个表中的数据。
- SET：关键字，指定要修改哪个字段中的数据。
- 字段 1=替换内容 [,字段 2=替换内容，...]：具体的字段名和要替换的值，若修改多个字段，可用英文逗号进行分隔。
- [WHERE ...]：可选项，用来指定修改表中符合查询条件的行。若不指定，则默认修改指定字段下的所有数据记录。
- ...：其他辅助选项，例如[ORDER BY ...]、[LIMIT ...]等。

接下来给出两个修改表中数据的示例，注意看其中的区别：

```
##修改 english 字段中的所有值，都将其改为 60
MariaDB [test01]> update stu_score set english=60;
Query OK, 5 rows affected (0.122 sec)
Rows matched: 5  Changed: 5  Warnings: 0

MariaDB [test01]> select * from stu_score;
+---------+-------+---------+-------------+-----------+
| stu_id  | name  | english | mathematics | geography |
+---------+-------+---------+-------------+-----------+
|      2  | 小刘  | 60      | 58          | 74        |
|      1  | 小孙  | 60      | 44          | 96        |
|      3  | 小崔  | 60      | 76          | 48        |
|      4  | 小狗  | 60      | 39          | 69        |
|      5  | 小猫  | 60      | NULL        | NULL      |
+---------+-------+---------+-------------+-----------+
```

```
5 rows in set (0.000 sec)

##修改表中 stu_id=3 那一行的数据记录，将那一行 mathematics 字段中的值改为 99
MariaDB [test01]> update stu_score set mathematics=99 where stu_id=3;
Query OK, 1 row affected (0.001 sec)
Rows matched: 1  Changed: 1  Warnings: 0

MariaDB [test01]> select * from stu_score;
+--------+------+---------+-------------+-----------+
| stu_id | name | english | mathematics | geography |
+--------+------+---------+-------------+-----------+
|      2 | 小刘 | 60      | 58          | 74        |
|      1 | 小孙 | 60      | 44          | 96        |
|      3 | 小崔 | 60      | 99          | 48        |
|      4 | 小狗 | 60      | 39          | 69        |
|      5 | 小猫 | 60      | NULL        | NULL      |
+--------+------+---------+-------------+-----------+
5 rows in set (0.000 sec)

MariaDB [test01]>
```

一般在企业中使用 UPDATE 语句修改数据库时经常会与 WHERE 语句配合起来使用，用来修改指定行的数据记录，修改的行可能是一行，也可能是多行，视 WHERE 查询条件而定。

4. 删除数据

MySQL/MariaDB 数据库中提供了两种删除表中数据的语句，分别是 DELETE 和 TRUNCATE，其中 DELETE 语句用于删除表中一行或多行数据记录，而 TRUNCATE 语句用于清空表中的数据。具体的语法格式为

DELETE FROM　*表名*　[WHERE ...] ...;
TRUNCATE　TABLE　*表名*;

各字段的含义如下：

- DELETE FROM：关键字，用来删除指定表中的某行数据记录。
- TRUNCATE　TABLE：关键字，用来清空表中的所有数据记录。
- 表名：指定要删除哪个表中的数据记录。
- [WHERE ...]：可选项。若加上 WHERE 语句，就能删除指定符合条件的行；若不加 WHERE 语句，则表示删除表中所有的数据记录。
- ...：可选的辅助选项，例如，[ORDER BY ...]、[LIMIT ...]等。

注

一定要注意，DELETE FROM 语句若不搭配 WHERE 关键字使用，将会删除所有的数据记录。

案例

应用 DELETE 语句和 TRUNCATE 语句删除数据。

```
MariaDB [test01]> select * from stu_score;
+--------+------+---------+-------------+-----------+
| stu_id | name | english | mathematics | geography |
+--------+------+---------+-------------+-----------+
|      2 | 小刘 | 60      | 58          | 74        |
|      1 | 小孙 | 60      | 44          | 96        |
|      3 | 小崔 | 60      | 99          | 48        |
|      4 | 小狗 | 60      | 39          | 69        |
|      5 | 小猫 | 60      | NULL        | NULL      |
+--------+------+---------+-------------+-----------+
5 rows in set (0.00 sec)

##删除在 stu_id 字段中值等于 2 的那行数据记录（删除符合查询条件的行）
MariaDB [test01]> delete from stu_score
    -> where stu_id=2;
Query OK, 1 row affected (0.00 sec)

MariaDB [test01]> select * from stu_score;
+--------+------+---------+-------------+-----------+
| stu_id | name | english | mathematics | geography |
+--------+------+---------+-------------+-----------+
|      1 | 小孙 | 60      | 44          | 96        |
|      3 | 小崔 | 60      | 99          | 48        |
|      4 | 小狗 | 60      | 39          | 69        |
|      5 | 小猫 | 60      | NULL        | NULL      |
+--------+------+---------+-------------+-----------+
4 rows in set (0.00 sec)

##删除表中所有的数据记录
MariaDB [test01]> delete from stu_score;
Query OK, 4 rows affected (0.00 sec)

MariaDB [test01]> select * from stu_score;
Empty set (0.00 sec)

##临时插入两条数据用于演示 truncate table 语句
MariaDB [test01]> insert into stu_score
    ->      (stu_id,name,english,mathematics,geography)
    ->      values
    ->      (1,'小孙','56','44','96'),
    ->      (2,'小刘','67','58','74');
Query OK, 2 rows affected (0.00 sec)
Records: 2  Duplicates: 0  Warnings: 0

MariaDB [test01]> select * from stu_score;
```

```
+---------+-------+---------+-------------+-----------+
| stu_id  | name  | english | mathematics | geography |
+---------+-------+---------+-------------+-----------+
|       2 | 小刘  | 67      | 58          | 74        |
|       1 | 小孙  | 56      | 44          | 96        |
+---------+-------+---------+-------------+-----------+
2 rows in set (0.00 sec)

##清空 stu_score 表中所有的数据
MariaDB [test01]> truncate table stu_score;
Query OK, 0 rows affected (0.01 sec)

MariaDB [test01]> select * from stu_score;
Empty set (0.00 sec)

MariaDB [test01]>
```

由上述案例可见，DELETE 语句和 TRUNCATE 语句都能够实现清除表中所有数据记录的功能，虽然从逻辑上说，TRUNCATE 语句与 DELETE 语句作用相同，但是在某些情况下，两者在使用上还是有所区别的，例如：

- 按指定条件删除：DELETE 语句可以附带 WHERE 关键字，所以能够实现按指定条件删除；而 TRUNCATE 语句只能清空整个表。
- 事务回滚：DELETE 语句是数据操作型语言（DML），操作时原数据会被放到 rollback segment 中，所以支持回滚；而 TRUNCATE 语句是数据定义型语言（DDL），操作时不会进行存储，所以不支持事务回滚；
- 清理速度：DELETE 语句删除数据记录的过程是一行一行逐行删除的，虽然速度慢，但因为支持事务回滚，安全性会相对高一些；TRUNCATE 语句则是直接删除原先的表，再重新创建一个表结构完全一样的新表，这种方式速度快，但安全性低。
- 返回值：DELETE 语句在删除数据记录结束后会返回删除的行数；而 TRUNCATE 只会返回 0，没有任何实际意义。

所谓的事务回滚就是在删除数据后，能够配合着事件找回原先删除的数据，在 MySQL/MariaDB 数据库中包括下列与事务相关的命令（事务控制语言 TCL）：

- 开启事务：

  TART TRANSACTION;

- 提交事务：

  COMMIT;

- 事务回滚：

  ROLLBACK;

修改数据的命令会自动触发事务，例如，INSERT、UPDATE、DELETE。

案例

在开启事务支持的情况下，使用 DELETE 语句和 TRUNCATE 语句删除数据记录。

```
##查看表中的数据记录
MariaDB [test01]> select * from stu_score;
+---------+-------+---------+-------------+-----------+
| stu_id  | name  | english | mathematics | geography |
+---------+-------+---------+-------------+-----------+
|       2 | 小刘  | 67      | 58          | 74        |
|       1 | 小孙  | 56      | 44          | 96        |
+---------+-------+---------+-------------+-----------+
2 rows in set (0.01 sec)

##开启事务支持
MariaDB [test01]> start transaction;
Query OK, 0 rows affected (0.01 sec)

##通过 DELETE 语句删除表中的所有数据记录
MariaDB [test01]> delete from stu_score;
Query OK, 2 rows affected (0.00 sec)

##确认一遍，数据确实都删除了
MariaDB [test01]> select * from stu_score;
Empty set (0.00 sec)

##执行事务回滚
MariaDB [test01]> rollback;
Query OK, 0 rows affected (0.00 sec)

##再次查看表，发现刚才被删除的数据又被恢复了
MariaDB [test01]> select * from stu_score;
+---------+-------+---------+-------------+-----------+
| stu_id  | name  | english | mathematics | geography |
+---------+-------+---------+-------------+-----------+
|       2 | 小刘  | 67      | 58          | 74        |
|       1 | 小孙  | 56      | 44          | 96        |
+---------+-------+---------+-------------+-----------+
2 rows in set (0.00 sec)

##通过 TRUNCATE 语句再次清空表中的数据记录
MariaDB [test01]> truncate table stu_score;
Query OK, 0 rows affected (0.00 sec)

##确认一遍，数据确实都删除了
MariaDB [test01]> select * from stu_score;
Empty set (0.00 sec)

##再次执行事务回滚
MariaDB [test01]> rollback;
```

```
Query OK, 0 rows affected (0.00 sec)

##可以看到 TRUNCATE 语句是不支持事务回滚的
MariaDB [test01]> select * from stu_score;
Empty set (0.00 sec)

MariaDB [test01]>
```

最后总结一下与删除相关的命令的适用场景：

- DROP：删除表。
- TRUNCATE：清空表中所有的数据记录。
- DELETE：删除表中的指定数据记录。

18.10 数据库的用户管理

本节主要介绍 MySQL/MariaDB 数据库的用户管理，管理的方面包括用户的创建、查看、修改、删除和权限等内容。

从 18.4 节到现在为止我们都在用 root 用户进行登录和数据库操作，这里使用的 root 用户与 Linux 操作系统上的 root 用户性质是一样的，当安装好 MySQL/MariaDB 数据库后，默认会自带一个 root 用户，这个 root 用户就是超级管理员，拥有所有权限，包括创建用户、删除用户和修改用户密码等。

在 MySQL/MariaDB 数据库中并不只存在一个 root 用户，它是多用户数据库，并且可以为不同的用户指定不同的权限。

在 MySQL/MariaDB 的 mysql 系统数据库中存在 4 个控制权限的表，分别是 user 表、db 表、tables_priv 表和 columns_priv 表。其中 user 表非常关键，里面存储着用户账户信息和全局级别（所有数据库）权限，输入指令查看 user 表的结构：

```
MariaDB [(none)]> use mysql;
Reading table information for completion of table and column names
You can turn off this feature to get a quicker startup with -A

Database changed
MariaDB [mysql]> desc user;
+--------------------+---------------+------+-----+----------+-------+
| Field              | Type          | Null | Key | Default  | Extra |
+--------------------+---------------+------+-----+----------+-------+
| Host               | char(255)     | NO   |     |          |       |
| User               | char(128)     | NO   |     |          |       |
| Password           | longtext      | YES  |     | NULL     |       |
| Select_priv        | varchar(1)    | YES  |     | NULL     |       |
| Insert_priv        | varchar(1)    | YES  |     | NULL     |       |
| Update_priv        | varchar(1)    | YES  |     | NULL     |       |
-----省略部分内容-----
| max_statement_time | decimal(12,6) | NO   |     | 0.000000 |       |
+--------------------+---------------+------+-----+----------+-------+
```

```
47 rows in set (0.002 sec)

MariaDB [mysql]>
```

这张表的前三行决定了用户是否能成功登录数据库，其中 Host 字段表示主机限制，只允许此用户在哪里登录数据库服务器（本地或其他）；User 字段表示用户名；Password 字段表示密码。这 3 个字段是在创建用户时必须确定的。

后面以“_priv”结尾的字段是专门用来配置用户权限的（全局级别），这些字段规定了用户允许对数据库进行哪些操作，不允许对数据库进行哪些操作。

在 MySQL/MariaDB 数据库中对用户权限的验证分为两个阶段。第一阶段验证此用户是否有权限登录数据库服务器（用户名、密码、主机限制），因为在创建用户时会加上主机限制，所以只允许在指定的地方进行登录；第二阶段验证登录数据库后的每一步操作是否有权限进行。例如要查询某个表中的数据，若没有对这个表的查询权限则系统会拒绝这一操作。

在 MySQL/MariaDB 数据库中权限的级别可以分为以下 3 类：

（1）全局级别权限：作用于整个数据库系统/数据库服务器。user 表中启用的所有权限都是全局级别的，适用于所有数据库。

（2）数据库级别权限：作用于某个指定的数据库或所有数据库。

（3）数据库对象级别权限：作用于数据库中的对象，例如，表、视图、存储过程等。

具体的权限见表 18-2。

表 18-2　MySQL/MariaDB 数据库中的权限

权限名称	权限级别	权限说明
create	数据库、表	允许创建新的数据库和表
drop	数据库、表	允许删除现有数据库和表
grant option	数据库、表	允许将自己的权限再授权给其他用户
references	数据库、表	在 MySQL 5.7.6 版本之后引入，表示允许创建外键
alter	表	允许修改表的结构
delete	表	允许删除表中的数据记录
index	表	允许创建和删除索引
insert	表	允许在表里插入数据
select	表	允许查询表中的数据
update	表	允许修改表中的数据
create view	视图	允许创建视图
show view	视图	允许查看视图
alter routine	存储过程	允许修改或者删除存储过程、函数
create routine	存储过程	允许创建存储过程、函数的权限
execute	存储过程	允许执行存储过程和函数
file	服务器主机上的文件访问	文件访问权限
create temporary tables	服务器管理	允许创建临时表
lock tables	服务器管理	允许使用 LOCK TABLES 命令阻止对表的访问/修改（锁表）
create user	服务器管理	允许创建、修改、删除、重命名用户

（续表）

权限名称	权限级别	权限说明
proccess	服务器管理	允许查看数据库中的进程信息
reload	服务器管理	允许执行刷新和重新加载数据库所用的各种内部缓存的特定命令
replication client	服务器管理	允许执行 show master status、show slave status、show binary logs 等命令
replication slave	服务器管理	允许 slave 主机通过此用户连接 master 主机以便建立主从复制关系
show databases	服务器管理	允许通过执行 show databases 命令查看所有的数据库名
shutdown	服务器管理	允许关闭数据库实例
super	服务器管理	允许执行一系列数据库管理命令，包括强制关闭某个连接命令、创建复制关系命令和 create/alter/drop server 等命令
usage	创建新用户之后的默认权限，其本身代表连接登录数据库权限	

接下来介绍如何在数据库中创建一个用户，MySQL/MariaDB 数据库中提供了 3 种创建用户的方法：

（1）使用 CREATE USER 语句创建用户。

（2）使用 GRANT 语句创建用户。

（3）在 mysql.user 表中添加用户（不推荐）。

先看第一种方式，通过 CREATE USER 语句直接创建数据库用户，其语法格式为

CREATE USER 'username'@'hostname' IDENTIFIED BY '密码';

各字段的含义如下：

- CREATE USER：关键字，创建用户。
- 'username'：用户名。
- @：分隔符，固定不变。
- 'host'：表示主机名称，用来做主机限制，即允许用户在什么地方登录。这里可以写 localhost（本地）、ip 地址或%（任何地方）。
- IDENTIFIED BY：用于指定用户密码，可省略但不建议。
- '密码'：用户密码。

创建单个用户和一次性创建多个用户。

```
MariaDB [mysql]> create user "xiaosun"@"localhost"  identified by "qwer1234";
Query OK, 0 rows affected (0.126 sec)

##查看数据库中有哪些用户
MariaDB [mysql]> select user,host,password from user;
+------------+-----------+-------------------------------------------+
| User       | Host      | Password                                  |
+------------+-----------+-------------------------------------------+
```

```
| mariadb.sys | localhost |                                           |
| root        | localhost | *2491CA5000A9614AA28C39036702D965584486EC |
| mysql       | localhost | invalid                                   |
| xiaosun     | localhost | *D75CC763C5551A420D28A227AC294FADE26A2FF2 |
+-------------+-----------+-------------------------------------------+
6 rows in set (0.001 sec)

##查看已经授权给用户的权限信息（USAGE 表示该用户对数据库没有任何权限）
MariaDB [mysql]> show grants for 'xiaosun'@'localhost';
+------------------------------------------------------------------------+
| Grants for xiaosun@localhost                                           |
+------------------------------------------------------------------------+
| GRANT USAGE ON *.* TO `xiaosun`@`localhost` IDENTIFIED BY PASSWORD 'xxx' |
+------------------------------------------------------------------------+
1 row in set (0.000 sec)

##一次性创建多个用户，用户与用户之间用英文逗号进行分隔
MariaDB [mysql]> create user "xiaosun1"@"localhost"  identified by "qwer1234",
    -> "xiaosun2"@"localhost" identified by "qwer1234",
    -> "xiaosun3"@"localhost" identified by "qwer1234",
    -> "xiaosun4"@"localhost" identified by "qwer1234";
Query OK, 0 rows affected (0.002 sec)

MariaDB [mysql]> select user,host,password from user;
+-------------+-----------+-------------------------------------------+
| User        | Host      | Password                                  |
+-------------+-----------+-------------------------------------------+
| mariadb.sys | localhost |                                           |
| root        | localhost | *2491CA5000A9614AA28C39036702D965584486EC |
| mysql       | localhost | invalid                                   |
| xiaosun     | localhost | *D75CC763C5551A420D28A227AC294FADE26A2FF2 |
| xiaosun1    | localhost | *D75CC763C5551A420D28A227AC294FADE26A2FF2 |
| xiaosun2    | localhost | *D75CC763C5551A420D28A227AC294FADE26A2FF2 |
| xiaosun3    | localhost | *D75CC763C5551A420D28A227AC294FADE26A2FF2 |
| xiaosun4    | localhost | *D75CC763C5551A420D28A227AC294FADE26A2FF2 |
+-------------+-----------+-------------------------------------------+
11 rows in set (0.001 sec)

MariaDB [mysql]>
```

可以看到存储在数据库中的用户密码是经过哈希值加密的。

通过 CREATE USER 语句虽然可以一次性创建多个用户，但是没办法同时配置用户权限，每次新创建的用户拥有的权限都很少，它们只能执行一些不需要权限的操作。这样就导致创建用户之后还得手动配置用户权限。

鉴于 CREATE USER 语句不能在创建用户的同时配置权限，MySQL/MariaDB 数据库又提供了 GRANT 语句。

使用 GRANT 语句创建用户的语法格式为

GRANT 权限 ON 数据库.表 TO ‘username’@‘hostname’ IDENTIFIED BY ‘密码’;

各字段的含义如下：

- GRANT：创建用户/赋予权限的关键字。
- 权限：新用户所具备的权限。可以写多个权限，权限与权限之间用英文逗号进行分隔；若想创建管理员用户，可以在这里写“ALL”，表示具备所有权限。
- ON：关键字。
- 数据库.表：新用户的权限范围，即只能在指定的数据库和表上使用赋予的权限。其中“*.*”表示所有数据库下的所有表。
- TO：关键字。
- username’@‘hostname’ IDENTIFIED BY‘密码’：与 CREATE USER 语句中的含义一样。

创建用户之后最好通过 FLUSH PRIVILEGES 命令刷新一下权限表，重新读取用户信息。

案例

通过 GRANT 语句创建用户并赋予权限。

```
MariaDB [mysql]> show databases;
+--------------------+
| Database           |
+--------------------+
| information_schema |
| mysql              |
| performance_schema |
| sys                |
| test01             |
+--------------------+
5 rows in set (0.001 sec)

##新建 xiaoliu1 用户，并使此用户对 test01 数据库拥有 select、create、alter、delete 权限
MariaDB [mysql]> grant select,create,alter,delete on test01.* to "xiaoliu1"@"localhost" identified by "qwer1234";
Query OK, 0 rows affected (0.107 sec)

##新建 xiaoliu2 用户，并使此用户对 test01 数据库拥有所有权限
MariaDB [mysql]> grant all on test01.* to "xiaoliu2"@"localhost" identified by "qwer1234";
Query OK, 0 rows affected (0.001 sec)

##新建 xiaoliu3 用户，并使此用户对所有数据库拥有所有权限（管理员用户）
MariaDB [mysql]> grant all on *.* to "xiaoliu3"@"localhost" identified by "qwer1234";
Query OK, 0 rows affected (0.001 sec)

##新建 xiaoliu4 用户，并使此用户对所有数据库拥有 select、create、alter、delete 权限
```

```
MariaDB [mysql]> grant select,create,alter,delete on *.* to "xiaoliu4"@"localhost" identified by "qwer1234";
Query OK, 0 rows affected (0.000 sec)

MariaDB [mysql]> flush privileges; ##每次创建用户或更新权限之后记得刷新权限表
Query OK, 0 rows affected (0.000 sec)
```

通过上述案例可以看到，通过 GRANT 语句创建的 xiaoliu1 和 xiaoliu2 用户属于数据库级别，而之后创建的 xiaoliu3 和 xiaoliu4 用户属于全局级别。mysql 系统数据库的 user 表中存储着用户账户信息以及全局级别（所有数据库）权限，查看用户权限有以下这几种方法：

- 查看全局级别用户的权限信息，语法格式为

  SELECT * FROM mysql.user WHERE user='用户名' \G;

- 查看数据库级别用户的权限信息，语法格式为

  SELECT * FROM mysql.db WHERE user='用户名' \G;

- 通用查看用户权限信息，语法格式为

  SHOW GRANTS FOR '用户名'@'主机地址';

案例

使用 3 种方法查看用户权限。

```
MariaDB [mysql]> use mysql;
Database changed

MariaDB [mysql]> SELECT * FROM mysql.db WHERE user='xiaoliu1' \G;
*************************** 1. row ***************************
                 Host: localhost
                   Db: test01
                 User: xiaoliu1
          Select_priv: Y
          Insert_priv: N
          Update_priv: N
          Delete_priv: Y
          Create_priv: Y
            Drop_priv: N
-----省略部分内容-----
1 row in set (0.001 sec)


MariaDB [mysql]> SELECT * FROM mysql.user WHERE user='xiaoliu3' \G;
*************************** 1. row ***************************
                  Host: localhost
                  User: xiaoliu3
              Password: *D75CC763C5551A420D28A227AC294FADE26A2FF2
           Select_priv: Y
```

```
          Insert_priv: Y
          Update_priv: Y
          Delete_priv: Y
          Create_priv: Y
            Drop_priv: Y
-----省略部分内容-----
1 row in set (0.000 sec)

MariaDB [mysql]> show grants for "xiaoliu4"@"localhost";
+----------------------------------------------------------+
| Grants for xiaoliu4@localhost                            |
+----------------------------------------------------------+
| GRANT SELECT, DELETE, CREATE, ALTER ON *.*               |
|  TO `xiaoliu4`@`localhost` IDENTIFIED BY                 |
|  PASSWORD '*D75CC763C5551A420D28A227AC294FADE26A2FF2'    |
+----------------------------------------------------------+
1 row in set (0.000 sec)

MariaDB [mysql]>
```

在 MySQL/MariaDB 数据库中，可以通过 RENAME USER 语句对一个或多个已经存在的用户账号进行重命名操作，其语法格式为

RENAME USER　旧用户　TO　新用户;

各字段的含义如下：旧用户，数据库中已经存在的用户名；新用户，新用户名。

案例

修改用户名。

```
MariaDB [mysql]> use mysql;
Database changed

MariaDB [mysql]> select user,host from user;
+------------+-----------+
| user       | host      |
+------------+-----------+
| root       | 127.0.0.1 |
| root       | ::1       |
| root       | localhost |
| xiaoliu1   | localhost |
| xiaoliu2   | localhost |
| xiaoliu3   | localhost |
| xiaoliu4   | localhost |
| xiaosun    | localhost |
| xiaosun1   | localhost |
| xiaosun2   | localhost |
| xiaosun3   | localhost |
| xiaosun4   | localhost |
| root       | noylinux  |
+------------+-----------+
```

```
13 rows in set (0.001 sec)

MariaDB [mysql]> rename user "xiaosun"@"localhost" to "xiaosun666"@"localhost";
Query OK, 0 rows affected (0.000 sec)

MariaDB [mysql]> select user,host from user;
+------------+-----------+
| user       | host      |
+------------+-----------+
| root       | 127.0.0.1 |
| root       | ::1       |
| root       | localhost |
| xiaoliu1   | localhost |
| xiaoliu2   | localhost |
| xiaoliu3   | localhost |
| xiaoliu4   | localhost |
| xiaosun1   | localhost |
| xiaosun2   | localhost |
| xiaosun3   | localhost |
| xiaosun4   | localhost |
| xiaosun666 | localhost |
| root       | noylinux  |
+--------------+------------+
13 rows in set (0.000 sec)
```

不止修改用户的语法简单，删除用户的语法格式也非常简单，在 MySQL/MariaDB 数据库中，可以通过 DROP USER 语句删除一个或多个用户，并撤销其权限，其语法格式为

DROP USER　用户名 1　[,用户名 2,用户名 3,用户名 n];

其中，用户名就是要删除的用户账号，若需要通过 DROP USER 语句一次性删除多个用户，用户名与用户名之间通过英文逗号进行分隔。

同时删除多个用户。

```
MariaDB [mysql]> use mysql;
Database changed
MariaDB [mysql]> select user,host from user;
+------------+------------+
| user       | host       |
+------------+------------+
| root       | 127.0.0.1  |
| root       | ::1        |
| root       | localhost  |
| xiaoliu1   | localhost  |
| xiaoliu2   | localhost  |
| xiaoliu3   | localhost  |
| xiaoliu4   | localhost  |
```

```
| xiaosun1    | localhost  |
| xiaosun2    | localhost  |
| xiaosun3    | localhost  |
| xiaosun4    | localhost  |
| xiaosun666  | localhost  |
| root        | noylinux   |
+-------------+------------+
13 rows in set (0.001 sec)

MariaDB [mysql]> drop user "xiaosun1"@"localhost",
    -> "xiaosun2"@"localhost",
    -> "xiaosun3"@"localhost",
    -> "xiaosun4"@"localhost";
Query OK, 0 rows affected (0.000 sec)

MariaDB [mysql]> select user,host from user;
+-------------+------------+
| user        | host       |
+-------------+------------+
| root        | 127.0.0.1  |
| root        | ::1        |
| root        | localhost  |
| xiaoliu1    | localhost  |
| xiaoliu2    | localhost  |
| xiaoliu3    | localhost  |
| xiaoliu4    | localhost  |
| xiaosun666  | localhost  |
| root        | noylinux   |
+-------------+------------+
9 rows in set (0.000 sec)

MariaDB [mysql]>
```

假如数据库管理员在给某个用户授权完成后突然发现赋予的权限有点过多，因为普通用户的权限越大，误操作的概率也就越高。例如，在企业中数据库管理员基本上不会给普通用户赋予删除（DELETE）权限，因为那样会在一定程度上影响到数据库的安全性。有没有什么方法能够撤销用户现有的权限呢？

在 MySQL/MariaDB 数据库中，可以通过 REVOKE 语句撤销用户目前已被赋予的某些权限，其语法格式为

REVOKE 权限 ON 数据库.表　FROM 'username'@'hostname';

可以看出，REVOKE 语句与 GRANT 语句的语法差不多，只不过将关键字“TO”换成了“FROM”。如果要撤销多个权限，则权限与权限之间需要通过英文逗号进行分隔。

案例

通过 REVOKE 语句撤销某个用户权限。

```
MariaDB [mysql]> use  mysql;
Database changed
MariaDB [mysql]> SELECT * FROM mysql.user WHERE user='xiaoliu4' \G;
*************************** 1. row ***************************
                  Host: localhost
                  User: xiaoliu4
              Password: *D75CC763C5551A420D28A227AC294FADE26A2FF2
           Select_priv: Y
           Insert_priv: N
           Update_priv: N
           Delete_priv: Y                 ##注意看这个权限
           Create_priv: Y
             Drop_priv: N
-----省略部分内容-----
1 row in set (0.001 sec)

MariaDB [mysql]> revoke delete on *.* from "xiaoliu4"@"localhost";
Query OK, 0 rows affected (0.000 sec)

MariaDB [mysql]> flush privileges;      ##建议刷新一下权限表
Query OK, 0 rows affected (0.000 sec)

MariaDB [mysql]> SELECT * FROM mysql.user WHERE user='xiaoliu4' \G;
*************************** 1. row ***************************
                  Host: localhost
                  User: xiaoliu4
              Password: *D75CC763C5551A420D28A227AC294FADE26A2FF2
           Select_priv: Y
           Insert_priv: N
           Update_priv: N
           Delete_priv: N              ##此用户的删除权限已被删除
           Create_priv: Y
             Drop_priv: N
-----省略部分内容-----
1 row in set (0.001 sec)

MariaDB [mysql]>
```

若想要将某个用户的所有权限都给删除，就使用下面的语法格式：

REVOKE ALL PRIVILEGES, GRANT OPTION FROM ‘username’@‘hostname’;

案例

撤销用户现有的所有权限。

```
MariaDB [(none)]> use mysql;
Database changed

##查看之前创建的 xiaoliu3 用户
```

```
MariaDB [mysql]>  SELECT * FROM mysql.user WHERE user='xiaoliu3' \G;
*************************** 1. row ***************************
                  Host: localhost
                  User: xiaoliu3
              Password: *D75CC763C5551A420D28A227AC294FADE26A2FF2
           Select_priv: Y
           Insert_priv: Y
           Update_priv: Y
           Delete_priv: Y
           Create_priv: Y
             Drop_priv: Y
           Reload_priv: Y
         Shutdown_priv: Y
          Process_priv: Y
-----省略部分内容-----
1 row in set (0.00 sec)

MariaDB [mysql]> revoke all privileges,grant option from "xiaoliu3"@"localhost";
Query OK, 0 rows affected (0.00 sec)

MariaDB [mysql]>  SELECT * FROM mysql.user WHERE user='xiaoliu3' \G;
*************************** 1. row ***************************
                  Host: localhost
                  User: xiaoliu3
              Password: *D75CC763C5551A420D28A227AC294FADE26A2FF2
           Select_priv: N
           Insert_priv: N
           Update_priv: N
           Delete_priv: N
           Create_priv: N
             Drop_priv: N
           Reload_priv: N
         Shutdown_priv: N
          Process_priv: N
-----省略部分内容-----
1 row in set (0.00 sec)

MariaDB [mysql]>
```

18.11 数据库的备份与恢复

在一家企业中，数据库属于重中之重，为什么这么说呢？ 企业中的数据库就好比行军打仗中的粮仓和武器库，没有了粮仓和武器库，这仗肯定是打不下去的，所以像数据库这种“军事重地”可得好好保护起来。

有一段时间频频曝出企业内部人员删库跑路的新闻，这种操作使得企业损失惨重，甚至有些企业因为数据被删而倒闭。因此，对数据库通过一些技术手段保护起来变得越来越重要，这样就算出现了被删库的情况，也能在最短的时间内及时恢复数据。

能够损坏数据库的可不仅仅是人为因素，意外断电、硬盘突然损坏、不小心的误操作、黑客入侵等，都可能会造成数据的丢失。所以为了保护数据库及数据，必须未雨绸缪，及早对数据库采取一些技术保护手段。

对数据库进行保护的技术手段有很多，备份就是其中的一种，也是目前最行之有效的方案之一。我们为了数据安全会提前对数据库进行备份，这样即便某一天真的出现了数据丢失的情况，我们也能够及时将数据完好无损地恢复。

本节重点介绍对 MySQL/MariaDB 数据库的备份与恢复，根据备份的方法可以分为 3 种类型：

（1）热备份（Hot Backup）：备份时读写都不受影响。

（2）温备份（Warm Backup）：备份时仅可进行读操作。

（3）冷备份（Cold Backup）：离线备份，备份时读写操作都不可以进行。

根据备份数据库的内容可以分为以下两种类型：

（1）完全备份：备份整个数据库。

（2）部分备份：备份部分数据库，又可分为增量备份和差异备份。增量备份仅备份上次完全备份以来变化的数据；差异备份仅备份上次备份或增量备份以后变化的数据。

备份的内容，除了表数据，还包括数据库配置文件、二进制日志和事务日志等。

不同的存储引擎的备份也是有所差异的，例如，MyISAM 存储引擎不支持热备份，只能用温备份和冷备份；而数据库默认使用的 InnoDB 存储引擎对热备份、温备份和冷备份全都支持。

几种主流的数据库备份工具如下：

- mysqldump：MySQL/MariaDB 自带的逻辑备份工具，支持所有的存储引擎，可进行温备份、完全备份、部分备份等，特别是对 InnoDB 存储引擎能够进行热备份。
- cp：Linux 操作系统的拷贝命令，也可以充当物理备份工具，备份过程是直接对数据库的数据文件进行复制，从而达到备份的目的。
- xtrabackup：物理热备份工具，能够实现增量备份。只能备份 InnoDB 和 XtraDB 两种存储引擎的表数据，对 MyISAM 存储引擎不支持。
- ibbackup：商业工具，备份速度快，支持热备份，但价格非常昂贵。

这里主要介绍 mysqldump，它是 MySQL/MariaDB 自带的逻辑备份工具，不需要额外安装其他辅助工具。

mysqldump 的备份原理是通过协议连接到 MySQL/MariaDB 数据库，再将需要备份的数据查询出来，接着将查询出来的数据转换成对应的 insert 语句，这些 insert 语句会集中存储在一个 SQL 文件中，这样就完成了数据的备份。当我们需要还原这些数据时，只要将这个 SQL 文件再导入数据库中即可，这样就完成了数据的还原。mysqldump 备份时的语法格式如下：

- 单个库：

  mysqldump [选项] 数据库名 [表名] > 文件名.sql

- 多个库：

  mysqldump --databases 数据库名 数据库名 数据库名 > 文件名.sql

- 所有库：

  mysqldump [选项] --all-databases > 文件名.sql

各字段的含义如下：

- [选项]：辅助选项。
- 数据库名：要备份的数据库名称。
- [表名]：可选项，表示要备份数据库中的哪些表，可以指定多个数据表。若不写该参数，则表示备份整个数据库。
- 右箭头 >：表示将要备份的数据库和表写入指定的备份文件中。
- 文件名.sql：备份文件的名称，文件的位置可以用相对路径也可以用绝对路径。文件的后缀名要用“.sql”，这样可以起到见名知意的作用。

常用的选项如下：

- --host / -h：指定要连接的数据库 IP 地址。
- --port / -p：指定要连接的数据库端口号，默认使用 3306。
- --user / -u：指定登录数据库时要使用的用户名。
- -- password / -p：指定用户的密码。
- --databases：指定要备份的数据库，多个数据库之间要用空格进行分隔。
- --all-databases：备份所有数据库。
- --lock-tables：备份前锁定所有数据表。
- --no-create-db：禁止生成创建数据库语句。
- --force：当出现报错时仍然继续备份操作。
- --compatible：导出的数据将和其他数据库或旧版本的 MySQL 相兼容。

案例

备份单个数据库。

```
[root@noylinux ~]# mysql
-----省略开头的介绍内容-----

MariaDB [(none)]> show databases;
+--------------------+
| Database           |
+--------------------+
| information_schema |
| mysql              |
| performance_schema |
| sys                |
| test01             |
+--------------------+
```

```
5 rows in set (0.108 sec)

MariaDB [(none)]> use test01;
Reading table information for completion of table and column names
You can turn off this feature to get a quicker startup with -A

Database changed
MariaDB [test01]> show tables;
+--------------------+
| Tables_in_test01   |
+--------------------+
| stu_score          |
+--------------------+
1 row in set (0.001 sec)

MariaDB [test01]> quit;
Bye

##知道了有哪些数据库和表，接下来就开始备份
##一定要注意，-p 选项后面不要跟密码，留空即可，否则会提示不要输入明文密码
##这里的./表示生成的 SQL 文件在当前目录下，使用的是相对路径，也可以使用绝对路径
[root@noylinux ~]# mysqldump -uroot -p test01 > ./test01.sql      ##备份 test01
数据库
Enter password:       ##在这里输入数据密码
[root@noylinux ~]# ll
-rw-r--r--. 1 root root 2134 2月  26 22:32 test01.sql
[root@noylinux ~]#
[root@noylinux ~]# cat test01.sql       ##查看数据库备份文件
-- MariaDB dump 10.19  Distrib 10.6.5-MariaDB, for Linux (x86_64)
--
-- Host: localhost    Database: test01
-- ------------------------------------------------------
-- Server version    10.6.5-MariaDB

/*!40101 SET @OLD_CHARACTER_SET_CLIENT=@@CHARACTER_SET_CLIENT */;
/*!40101 SET @OLD_CHARACTER_SET_RESULTS=@@CHARACTER_SET_RESULTS */;
/*!40101 SET @OLD_COLLATION_CONNECTION=@@COLLATION_CONNECTION */;
/*!40101 SET NAMES utf8mb4 */;
/*!40103 SET @OLD_TIME_ZONE=@@TIME_ZONE */;
/*!40103 SET TIME_ZONE='+00:00' */;
/*!40014 SET @OLD_UNIQUE_CHECKS=@@UNIQUE_CHECKS, UNIQUE_CHECKS=0 */;
/*!40014    SET    @OLD_FOREIGN_KEY_CHECKS=@@FOREIGN_KEY_CHECKS,    FOREIGN_KEY_
CHECKS=0 */;
/*!40101 SET @OLD_SQL_MODE=@@SQL_MODE, SQL_MODE='NO_AUTO_VALUE_ON_ ZERO' */;
/*!40111 SET @OLD_SQL_NOTES=@@SQL_NOTES, SQL_NOTES=0 */;

--
-- Table structure for table `stu_score`
--
```

```
DROP TABLE IF EXISTS `stu_score`;
/*!40101 SET @saved_cs_client     = @@character_set_client */;
/*!40101 SET character_set_client = utf8 */;
CREATE TABLE `stu_score` (
  `stu_id` int(11) NOT NULL,
  `name` varchar(20) NOT NULL,
  `english` char(3) NOT NULL,
  `mathematics` char(3) DEFAULT NULL,
  `geography` char(3) DEFAULT NULL,
  PRIMARY KEY (`name`)
) ENGINE=InnoDB DEFAULT CHARSET=utf8mb3;
/*!40101 SET character_set_client = @saved_cs_client */;

--
-- Dumping data for table `stu_score`
--

LOCK TABLES `stu_score` WRITE;
/*!40000 ALTER TABLE `stu_score` DISABLE KEYS */;
INSERT INTO `stu_score` VALUES (2,'小刘','60','58','74'),(1,'小孙','60','44','96'),(3,'小崔','60','99','48'),(4,'小狗','60','39','69'),(5,'小猫','60',NULL,NULL);
/*!40000 ALTER TABLE `stu_score` ENABLE KEYS */;
UNLOCK TABLES;
/*!40103 SET TIME_ZONE=@OLD_TIME_ZONE */;

/*!40101 SET SQL_MODE=@OLD_SQL_MODE */;
/*!40014 SET FOREIGN_KEY_CHECKS=@OLD_FOREIGN_KEY_CHECKS */;
/*!40014 SET UNIQUE_CHECKS=@OLD_UNIQUE_CHECKS */;
/*!40101 SET CHARACTER_SET_CLIENT=@OLD_CHARACTER_SET_CLIENT */;
/*!40101 SET CHARACTER_SET_RESULTS=@OLD_CHARACTER_SET_RESULTS */;
/*!40101 SET COLLATION_CONNECTION=@OLD_COLLATION_CONNECTION */;
/*!40111 SET SQL_NOTES=@OLD_SQL_NOTES */;

-- Dump completed on 2022-02-26 22:32:25
```

备份文件的开头记录了数据库的名称、版本和主机地址，在整个文件中以“--”开头的都表示注释说明，以“/*!”和“*/”开头的内容在其他数据库中也会被视为注释，从而忽略，这样可以提高数据库的可移植性。

案例

备份多个数据库。

```
##备份多个数据库
[root@noylinux ~]# mysqldump -uroot -p  --databases test01 mysql  > ./many.sql
[root@noylinux ~]# ll
-rw-r--r--. 1 root root 1788108 2月  26 22:55 many.sql
```

案例

备份所有数据库。

```
##备份所有的数据库
[root@noylinux ~]# mysqldump -uroot -p --all-databases > ./all.sql
Enter password:
[root@noylinux ~]# ll
-rw-r--r--. 1 root root 1788102 2月  26 22:57 all.sql
[root@noylinux ~]#
```

仔细观察备份文件就会发现，备份多个数据库和备份所有数据库这两种方式所生成的备份文件中都存在创建数据库的 SQL 语句。而备份单个数据库所生成的备份文件中没有与创建数据库相关的 SQL 语句，这就表示通过备份单个数据库生成的备份文件若想要恢复数据，必须恢复到一个已存在的数据库中，可以先通过 CREATE DATABASE 语句创建一个空数据库，再将备份文件恢复到这个空数据库中。

在 MySQL/MariaDB 数据库中，可以通过 mysql 命令恢复备份的数据。mysql 命令可以依次完整地执行备份文件中的所有 SQL 语句，这样就能够将备份文件中所备份的内容（数据库、表、数据等）完全恢复到指定的数据库中。用来恢复数据的 mysql 命令格式为

mysql -u 用户名 -p [数据库名] < 文件名.sql

各字段的含义如下：

- -u：指定用户名。
- -p：指定用户密码。
- [数据库名]：可选配置项，表示要将数据恢复到哪个数据库中。若备份文件中包含创建数据库的 SQL 语句（备份多个、所有数据库），则可以不写。
- 左箭头 <：表示将备份文件恢复到数据库中。
- 文件名.sql：备份文件的名称。

案例

将备份文件恢复到数据库中（在恢复之前需要先将目前已备份的数据库删除）。

```
[root@noylinux ~]# mysql
-----省略开头的介绍内容-----

##删除原先备份的 test01 数据库
MariaDB [(none)]> drop database test01;
Query OK, 1 row affected (0.094 sec)

##成功删除 test01 数据库
MariaDB [(none)]> show databases;
```

```
+--------------------+
| Database           |
+--------------------+
| information_schema |
| mysql              |
| performance_schema |
| sys                |
+--------------------+
4 rows in set (0.000 sec)

##创建一个空数据库用于恢复数据，新创建的数据库可以任意命名
MariaDB [(none)]> create database test01;
Query OK, 1 row affected (0.001 sec)

MariaDB [(none)]> quit
Bye
[root@noylinux ~]# ll
-rw-r--r--. 1 root root    2134 2月  26 22:32 test01.sql

##将 test01.sql 备份文件恢复到 test01 数据库中
[root@noylinux ~]# mysql -uroot -p test01 < test01.sql
Enter password:
[root@noylinux ~]# mysql
-----省略开头的介绍内容-----

##查看数据库，已经恢复成功了
MariaDB [(none)]> show databases;
+--------------------+
| Database           |
+--------------------+
| information_schema |
| mysql              |
| performance_schema |
| sys                |
| test01             |
+--------------------+
5 rows in set (0.000 sec)

MariaDB [(none)]> use test01;
Reading table information for completion of table and column names
You can turn off this feature to get a quicker startup with -A

Database changed
MariaDB [test01]> show tables;
+--------------------+
| Tables_in_test01   |
+--------------------+
| stu_score          |
+--------------------+
```

```
1 row in set (0.000 sec)

##再查看表中的数据，数据都在，完好无损
MariaDB [test01]> select * from stu_score;
+--------+--------+---------+-------------+-----------+
| stu_id | name   | english | mathematics | geography |
+--------+--------+---------+-------------+-----------+
|      2 | 小刘   | 60      | 58          | 74        |
|      1 | 小孙   | 60      | 44          | 96        |
|      3 | 小崔   | 60      | 99          | 48        |
|      4 | 小狗   | 60      | 39          | 69        |
|      5 | 小猫   | 60      | NULL        | NULL      |
+--------+--------+---------+-------------+-----------+
5 rows in set (0.000 sec)

MariaDB [test01]>
```

需要注意的是，如果要恢复带有创建数据库 SQL 语句的备份文件，例如多个数据库备份和所有数据库备份，就要使用以下命令格式：

mysql -uroot -p < all.sql

可以看到在这个语法格式中，已经不需要指定数据库名称了，这是因为在数据恢复的过程中会根据备份文件中的 CREATE DATABASE 语句创建数据库，所以指定数据库这一步可以省略。

第 19 章

数据库系列之 Redis

19.1 Redis 简介

目前企业中最流行的数据库模型主要有两种：关系型数据库和非关系型数据库，18 章详细介绍了典型的关系型数据库——MySQL 和 MariaDB，本章将给介绍非关系型数据库中的佼佼者——Redis。

有朋友可能会问：既然都学了关系型数据库了，还有学习非关系型数据库的必要吗？一般来说，存储数据使用关系型数据库就够了，但是对于高并发、高性能的环境，关系型数据库的处理还有所欠缺，有需求空缺就会有市场产品来填补，非关系型数据库就是这样应运而生的。

非关系型数据库也被称为 NoSQL 数据库，NoSQL 的含义最初表示为“Non-SQL”，后来有人转解为“Not only SQL”。2009 年，在亚特兰大举行过一场“no:sql(east) ”的讨论会，在这场讨论会上提出的口号叫“select fun, profit from real_world where relational=false”。因此，对 NoSQL 最普遍的解释是“非关联型的”，强调的是键值存储和面向文档数据库的优点，是传统关系型数据库的一个有效补充，而不是反对关系型数据库。

非关系型数据库经过多年的发展已经出现了很多种类，常见的有以下几种：

- 键值（Key-Value）存储：每个单独的项都存储为键值对，可以通过 key 值快速查询到其 value 值。键值存储是所有 NoSQL 数据库中最简单的数据库，也是在缓存系统中应用范围最广的。代表产品有 Redis、MemcacheDB 等。
- 文档（Document-Oriented）存储：旨在将半结构化数据存储为文档，文档包括 XML、YAML、JSON、BSON、Office 文档等。代表产品有 MongoDB、Apache CouchDB 等。
- 列（Column-oriedted）存储：以列簇的方式存储，将同一列数据存在一起，查找速度快，可扩展性强，更容易进行分布式扩展。代表产品有 Hbase、Cassandra 等。
- 图形（Graph）存储：将数据以图的方式储存，是图形关系的最佳存储方案。代表产品有 Neo4J、FlockDB 等。

远程字典服务（Remote Dictionary Server，Redis）是意大利人 Salvatore Sanfilippo 使用 C 语言编写开发的，为保证效率，它将数据以键值对的形式缓存在内存中，所以又称为缓存数据库。

Redis 之所以应用这么广泛，除了免费开源，还因为它具备以下特性：

- 基于内存实现数据存储，读写速度超级快，测试数据显示它的读取速度约为 110000 次/s，写速度约为 81000 次/s。
- 支持通过硬盘实现数据的持久存储。
- 支持丰富的数据类型。
- 支持主从同步，即 Master-Slave 主从复制模式。
- 支持多种编程语言。

为了存储不同类型的数据（Value），Redis 提供了以下 5 种基本数据结构：

（1）字符串（String）：Redis 最基本的数据类型，是二进制安全的字符串，意味着不仅能够存储字符串，还可以包含任何数据，例如图片或者序列化的对象等，一个字符串类型的值最多能够存储 512 MB 大小的数据。

（2）哈希散列（Hash）：一个键值对的集合，可以理解为由 string 类型的 key 值和 value 值组成的映射表，key 值就是 key 值本身，但 value 值却是一个键值对（Key-Value）。

（3）链表（List）：底层实际上是个链表，可以按照插入顺序进行排序，例如添加一个元素到列表的头部或者尾部，其特点是有序且可以重复。

（4）集合（Set）：String 类型的无序集合，其特点是无序且不可重复。

（5）有序集合（Zset）：和 Set 类型一样，也是 String 类型的集合，但它是有序的。

Redis 的应用场景有很多，但应用最广泛的是在数据缓存（提高访问速度）系统方面。由图 19-1 可见，数据缓存系统会将一些在短时间内不发生变化，且会被频繁访问的数据（或者需要耗费大量资源生成的内容）放到 Redis 缓存数据库中，这样就可以让应用程序能够快速高效地读取它们。

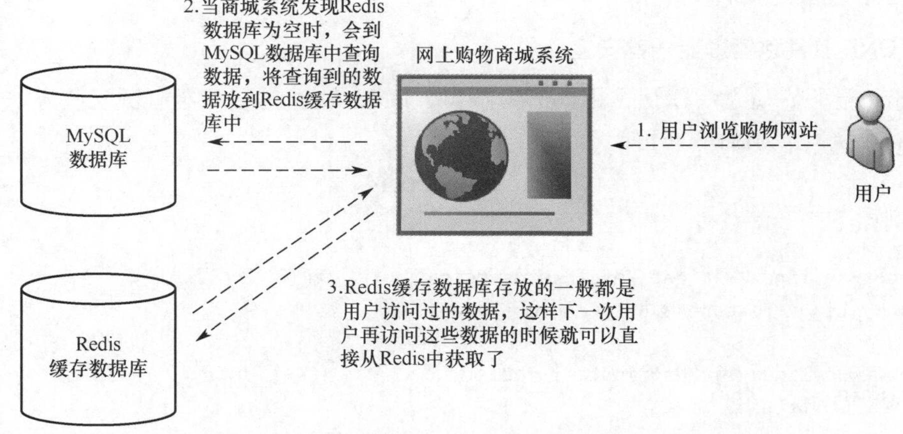

图 19-1　Redis 在数据缓存系统中的应用

在图 19-1 中，假如没有 Redis 缓存数据库，商城系统会直接去 MySQL 数据库中查询数据，并将结果返回用户。增加 Redis 缓存数据库后，查询数据的流程就变了，商城系统会先去 Redis 缓存数据库中查找数据，若没有，再去 MySQL 数据库中查询，查询到结果后会在 Redis 中存一份，下一次就可以直接从 Redis 中取用了。因为 Redis 是直接将数据存储在内存中，而 MySQL 是将数据存储在硬盘中，相对而言，操作内存中的数据要比操作硬盘中的数据快。究竟有多快呢，举例说明：

- 固态硬盘读写速度大概是 300MB/s；
- 机械硬盘读写速度大概是 100MB/s；
- DDR4 内存的读写速度大约 50GB/s。

通过数据的对比，大家应该能想象到内存的读写速度有多快，这也是 Redis 缓存数据库被广泛应用于各大企业运维架构的原因，只要将那些被频繁访问的数据存储到 Redis 缓存数据库中，就能大幅提高用户访问速度，降低网站的负载和 MySQL/MariaDB 数据库的读取频率。

Redis 将数据全部存储在内存中，这样虽然大大提高了处理数据的速度，但也会带来安全性问题，一旦 Redis 服务器发生意外情况，例如突然宕机或断电等，内存中的数据将会全部丢失。因此必须有一种方案能够保证 Redis 储存的数据不会因为突发状况导致丢失，这就是 Redis 的数据持久化存储机制，数据的持久化存储是 Redis 的重要特性之一。

Redis 的持久化存储功能可以将内存中的数据以文件形式保存在硬盘中，用来避免发生突发状况导致数据丢失。当 Redis 服务重启时，就可以利用之前持久化存储的文件恢复数据。

19.2 Redis 的两种部署方式

本节介绍如何手动安装 Redis 数据库，安装方式有两种：DNF 软件包管理器一键安装和手动编译安装源码包。源码包可以去 Redis 官网下载，也可以访问本书配套网站，笔者已经为大家提前下载好了。

1. DNF 软件包管理器一键安装

Redis 服务启动之后默认占用 6379 端口。DNF 软件包管理器一键安装方法非常简单，只需要执行一条命令即可：

dnf install redis

示例如下：

```
[root@noylinux ~]# cat /etc/centos-release      ##查看操作系统版本
Rocky Linux release 8.5 (Green Obsidian)

[root@noylinux ~]# dnf install redis
依赖关系解决
==========================================================================
 软件包      架构    版本                                仓库         大小
==========================================================================
安装:
 redis      x86_64  5.0.3-5.module+el8.5.0+657+2674830e   appstream    926 k
```

```
启用模块流:
 redis              5

事务概要
================================================================================
安装  1 软件包

-----省略部分内容-----

已安装:
  redis-5.0.3-5.module+el8.5.0+657+2674830e.x86_64

完毕!

[root@noylinux ~]# systemctl  start redis            ##启动 Redis 服务
[root@noylinux ~]# netstat -anpt | grep 6379         ##查看 Redis 运行进程
tcp  0   0   127.0.0.1:6379    0.0.0.0:*       LISTEN      3145/redis-server 1
[root@noylinux ~]#
```

Redis 数据库安装完成后可通过下列命令进行管理：

- systemctl　start redis：启动服务。
- systemctl　stop redis：停止服务。
- systemctl　restart redis：重启服务。
- systemctl　enable redis：开机自启。
- systemctl　disable redis：关闭开机自启。
- systemctl　status redis：查看服务状态。

通过 DNF 安装的 Redis 数据库，其主要文件/目录的安装位置如下：

- 主配置文件：/etc/redis.conf。
- 服务端启动命令：/usr/bin/redis-server。
- 客户端命令：/usr/bin/redis-cli。
- 性能测试工具：/usr/bin/redis-benchmark。
- AOF 文件修复工具：/usr/bin/redis-check-aof。
- RDB 文件检查工具：/usr/bin/redis-check-rdb。
- RDB 文件默认存储目录：/var/lib/redis，RDB 持久化存储功能可以将 Redis 中所有数据生成快照并以二进制文件的形式保存到硬盘中。
- 日志文件目录：/var/log/redis。

2．手动编译安装源码包

手动编译安装源码包需要依赖编译环境，这些依赖环境可以通过 DNF 软件包管理器一键安装：

dnf install gcc gcc-c++ make

将编译 Redis 源码包的依赖环境准备好，示例如下。

```
[root@noylinux ~]# dnf install gcc gcc-c++ make
软件包 gcc-8.5.0-3.el8.x86_64 已安装
软件包 gcc-c++-8.5.0-3.el8.x86_64 已安装
软件包 make-1:4.2.1-10.el8.x86_64 已安装
依赖关系解决
==============================================================
 软件包            架构         版本              仓库          大小
==============================================================
升级:
 cpp              x86_64   8.5.0-4.el8_5     appstream     10 M
 gcc              x86_64   8.5.0-4.el8_5     appstream     23 M
 gcc-c++          x86_64   8.5.0-4.el8_5     appstream     12 M
 gcc-gdb-plugin   x86_64   8.5.0-4.el8_5     appstream     117 k
 libgcc           x86_64   8.5.0-4.el8_5     baseos        78 k
 libgomp          x86_64   8.5.0-4.el8_5     baseos        205 k
 libstdc++        x86_64   8.5.0-4.el8_5     baseos        452 k
 libstdc++-devel x86_64   8.5.0-4.el8_5     appstream     2.0 M

事务概要
==============================================================
升级  8 软件包

-----省略部分内容-----
  验证    : libstdc++-8.5.0-4.el8_5.x86_64              15/16
  验证    : libstdc++-8.5.0-3.el8.x86_64                16/16

已升级:
  cpp-8.5.0-4.el8_5.x86_64              gcc-8.5.0-4.el8_5.x86_64
  gcc-c++-8.5.0-4.el8_5.x86_64          gcc-gdb-plugin-8.5.0-4.el8_5.x86_64
  libgcc-8.5.0-4.el8_5.x86_64           libgomp-8.5.0-4.el8_5.x86_64
  libstdc++-8.5.0-4.el8_5.x86_64        libstdc++-devel-8.5.0-4.el8_5.x86_64

完毕!
```

手动编译源码包。

```
[root@noylinux ~]# cd /opt/
[root@noylinux opt]# ll
总用量 2420
-rw-r--r--. 1 root root 2476542 3月   2 22:04 redis-6.2.6.tar.gz

##对源码包进行解压缩
[root@noylinux opt]# tar xf redis-6.2.6.tar.gz

##进入解压后的目录中
[root@noylinux opt]# cd redis-6.2.6/

##进行编译与安装操作，结合逻辑与(&&)符号可以通过一条命令搞定
## 选项 PREFIX= 用来指定 Redis 的安装目录
```

```
[root@noylinux redis-6.2.6]# make  &&  make install PREFIX=/usr/local/redis
make[1]: 进入目录"/usr/local/redis-6.2.6/src"
    CC Makefile.dep
-----省略部分内容-----
    INSTALL redis-server
    INSTALL redis-benchmark
    INSTALL redis-cli
make[1]: 离开目录"/opt/redis-6.2.6/src"

##没有任何报错，到这一步就算安装成功了
[root@noylinux src]# cd ..

##将 Redis 的配置文件拷贝到/usr/local/redis/目录下
[root@noylinux redis-6.2.6]# cp redis.conf   /usr/local/redis/

##给大家看看编译安装后的目录是什么样子。
[root@noylinux redis-6.2.6]# ls /usr/local/redis/
bin  redis.conf
[root@noylinux redis-6.2.6]# ls /usr/local/redis/bin/
redis-benchmark  redis-check-rdb  redis-sentinel
redis-check-aof  redis-cli        redis-server

##编辑 Redis 配置文件，将 daemonize no 配置改成 daemonize yes，保存即可
[root@noylinux redis-6.2.6]# vim  /usr/local/redis/redis.conf
-----省略部分内容-----
daemonize yes                   ##注：在配置文件的第 258 行

##修改完成后，就要启动 Redis 服务了
##在使用 redis-server 命令启动 Redis 服务时，需要指定配置文件，最后的 & 符号表示后台运行
[root@localhost redis]# cd /usr/local/redis/
[root@localhost redis]# ./bin/redis-server  redis.conf &
[1] 125191       ##这里的提示信息指的是 Redis 进程的 PID 号

##查看 Redis 进程
[root@localhost redis-6.2.6]# ps -ef | grep redis
root  125192  1  0 11:24 ?  00:00:00 /usr/local/redis/bin/redis-server 127.0.0.1:6379
root     125200 119752  0 11:25 pts/1    00:00:00 grep --color=auto redis

##查看 6379 端口是否被 Redis 占用
[root@localhost redis-6.2.6]# netstat -anpt | grep 6379
tcp    0     0 127.0.0.1:6379      0.0.0.0:*        LISTEN      125192/redis-server
tcp6   0    0 ::1:6379            :::*          LISTEN      125192/redis-server
```

至此，通过手动编译源码包的方式安装 Redis 数据库就完成了，用这种方式安装可以自定义程序文件的位置，我们将所有的程序文件及配置文件都存放到/usr/local/redis/目录中，维护起来比较简单，在安装时大家也可以按个人习惯自定义安装位置。

启动 Redis 数据库的命令太长，而且也不是通过常规的 systemctl start|stop|restart|status redis 命令管理服务，这里可以将其优化一下。

```
[root@localhost ~]# vim /usr/lib/systemd/system/redis.service

[Unit]
Description=Redis persistent key-value database
After=network.target
After=network-online.target
Wants=network-online.target
##注意 Redis 命令文件的位置，请根据实际安装位置进行修正
[Service]ExecStart=/usr/local/redis/bin/redis-server  /usr/local/redis/redis.conf
  --protected-mode no
ExecStop=/usr/local/redis/bin/redis-cli  shutdown
#Restart=always
Type=forking
#User=redis
#Group=redis
RuntimeDirectory=redis
RuntimeDirectoryMode=0755

[Install]
WantedBy=multi-user.target

[root@localhost ~]# systemctl daemon-reload      ##使配置生效
[root@localhost ~]# systemctl  start  redis      ##启动 Redis 服务
[root@localhost ~]# systemctl  status redis      ##查看 Redis 服务状态
● redis.service - Redis persistent key-value database
   Loaded:  loaded  (/usr/lib/systemd/system/redis.service;  disabled;  vendor
preset: disabled)
   Active: active (running) since
-----省略部分内容-----

##再次查看 Redis 进程
[root@localhost ~]# ps -ef | grep redis
root    126861     1   0  13:31  ?     00:00:00  /usr/local/redis/bin/redis-server
127.0.0.1:6379
root  126876 119752  0 13:31 pts/1    00:00:00 grep --color=auto redis

##再次查看 6379 端口是否被 Redis 占用
[root@localhost ~]# netstat -anpt | grep 6379
tcp    0   0 127.0.0.1:6379       0.0.0.0:*       LISTEN      126861/redis-server
tcp6       0      0 ::1:6379       :::*          LISTEN      126861/redis-server

##将 Redis 服务设置为开机自启动
[root@localhost ~]# systemctl  enable redis
Created  symlink  from  /etc/systemd/system/multi-user.target.wants/redis.service
to /usr/lib/systemd/system/redis.service.

##将 Redis 服务设置为禁止开机自启动
[root@localhost ~]# systemctl  disable redis
Removed symlink /etc/systemd/system/multi-user.target.wants/redis.service.
```

```
##编辑 /etc/profile/ 文件，在文件结尾添加一行配置，将 Redis 的所有命令添加到 PATH 变量中
##这样做的好处是可以在系统的任意位置都能执行 Redis 命令

[root@localhost ~]# vim /etc/profile
------省略部分内容-----
PATH=/usr/local/redis/bin/:$PATH

##使其生效
[root@localhost ~]# source /etc/profile

##随意找个位置执行 Redis 命令，可以使用 Tab 键进行命令补全
[root@localhost ~]# redis-server --version
Redis server v=6.2.6 sha=00000000:0 malloc=jemalloc-5.1.0 bits=64
build=f303b5a6203c0b94
```

这样设置之后，不论是启动还是停止等操作都可以通过常规的 systemctl start|stop|restart|status redis 命令管理服务，同时还将 Redis 服务的各种命令全局化了。

在企业环境中，一台服务器中会部署很多服务，这么多服务的程序文件和配置文件，如果不进行规整管理的话，会变得错综复杂。建议大家通过编译编代码的方式进行安装，这样可以将程序文件集中到一起，容易维护。

通过软件包管理器一键安装的方式也会自动规整文件，不过是将某一类文件归到同一个文件夹下，例如，/etc/目录专门存放各种服务的配置文件，但凡安装某个服务，软件包管理器都会将该服务的配置文件安装到/etc/目录下。

19.3 Redis 的基本操作命令

Redis 命令用于在 Redis 服务器上执行各种操作，Redis 命令执行的方式与 Linux 差不多，都是在命令行上执行，不过 Redis 命令是通过命令行工具来执行的。

redis-cli 是 Redis 自带的命令行工具，Redis 安装完成后即可直接使用，不需要安装额外的软件程序。通过 redis-cli 客户端连接 Redis 服务器的语法格式为

redis-cli [-h host] [-p port] [-a password]

各字段的含义如下：

- redis-cli：客户端工具，如果从本地登录，并且未设置登录密码，可以直接通过此命令登录，不需要附加任何选项。
- [-h host]：用于指定远程 Redis 服务器的 IP 地址，若 Redis 在本地则不需要。
- [-p port]：用于指定 Redis 远程服务器的端口号，若连接端口是默认的 6379，则可以忽略该选项。
- [-a password]：若 Redis 服务器设置了密码，则需要输入，若没有则不用管。

案例

本地连接与远程连接 Redis 服务器命令的区别。

```
##从本地可以直接通过命令登录，不需要选项
[root@localhost ~]# redis-cli
127.0.0.1:6379> quit

##远程登录需要指定Redis服务器地址和端口号
[root@localhost ~]# redis-cli  -h 127.0.0.1 -p 6379
127.0.0.1:6379> quit
[root@localhost ~]#
```

以上只是连接 Redis 服务器的命令，连接到 Redis 服务器之后还会伴随着各种操作，这些操作也需要通过命令完成。对 Redis 数据库的各种操作，包括服务器相关命令和对各种类型数据的操作，值得注意的是，对数据进行操作的这些命令可以按照数据类型进行分类，不同类型的数据会有一套不同的操作命令。

所有命令中关键字的大小写并不区分，在命令行中使用大写或小写的含义一致；如果忘记命令，可以通过 Tab 键进行补全操作。

1. 键值相关命令

常用的键值相关命令如下：

- keys*：返回库中所有的键，模糊匹配，my*、m*y…都可以。
- exists 键：确认一个键是否存在。
- del 键：删除一个键。
- expire 键 数字（秒）：对一个已存在的键设置过期时间。
- persist 键：取消为键设置的过期时间。
- ttl 键：获取键的有效时长，－1 表示此键已经过期。
- randomkey：随机返回键空间值的一个键。
- move：将当前数据库中的键转移到其他数据库中。
- select 数字：选择数据库，默认进入 0 数据库，默认有 16 个数据库。
- rename 键名 键新名：重命名键。
- type 键：返回键的类型。

2. Redis 服务器相关命令

常用的 Redis 服务器相关命令如下：

- Ping：测试连接是否正常。
- select 数字(0~15)：选择数据库，Redis 数据库编号为 0～15，可以选择任意一个数据库来进行数据存取。
- dbsize：返回当前数据库中键的数目。
- info：获取服务器的信息和统计。
- config key：实时传输与存储收到的请求。

- flushdb：删除当前数据库中的所有的键。
- flushall：删除所有数据库中的所有的键。

3. 字符串（String）数据类型

常用的字符串（String）数据类型相关命令如下：

- set key value：设置 key 值对应的 String 类型的 value 值，若键存在，那么对应的值会覆盖原有的值。
- setnx key value：设置 key 值对应的 String 类型的 value 值，若键存在则返回 0，不存在则插入。
- setex key seconds value：设置 key 值对应的 String 类型的 value 值，并指定此键值对应的有效期（默认单位为秒）。
- mset key value…：批量设置多个 key 的值，成功返回 OK，失败返回 0。
- msetnx key value…：批量设置多个 key 的值，成功返回 OK，失败返回 0。不会覆盖已经存在的键值对。
- get key：获取值。
- getset key value：将 key 的值设为 value，并返回 key 在被设置之前的旧值。
- mget key key key…：批量获取多个 key 的值，若对应 key 不存在则返回(nil)。
- incr key：对 key 的值做++操作，并返回新的值。
- incrby key increment：同 incr 类似，加指定值，key 不存在则会添加 key，并认为原来的 value 值是 0。
- decr key：对 key 的值做--操作，并返回新的值。
- decrb key increment：同 incr 类似，减指定值，key 不存在则会添加 key，并认为原来的 value 值是 0。
- append key value：给指定 key 值的字符串追加 value 值，返回新字符串的长度。

示例如下：

```
##通过 Redis 客户端连接本地 Redis 服务器
[root@noylinux ~]# redis-cli

##测试连接是否正常，返回 PONG 表示连接成功
127.0.0.1:6379> ping
PONG

##插入 String 类型的数据
127.0.0.1:6379> set str1 hello,noylinux!
OK

##返回库中所有的 key
127.0.0.1:6379> keys *
1) "str1"

##获取指定 key 所对应的值
```

```
127.0.0.1:6379> get str1
"hello,noylinux!"

##替换对应 key 的值，并返回此 key 的旧值
127.0.0.1:6379> getset  str1 hi,noylinux!
"hello,noylinux!"
127.0.0.1:6379> get str1
"hi,noylinux!"
127.0.0.1:6379> set str2 hello,word!
OK
127.0.0.1:6379> keys *
1) "str1"
2) "str2"

##批量获取多个 key 的值，若对应 key 不存在则返回(nil)
127.0.0.1:6379> mget str1 str2 str3
1) "hi,noylinux!"
2) "hello,word!"
3) (nil)

##删除指定 key
127.0.0.1:6379> del str2
(integer) 1
127.0.0.1:6379> keys *
1) "str1"

##清空当前数据库中所有的 key
127.0.0.1:6379> flushdb
OK
```

4. 哈希散列（Hash）数据类型

常用的哈希散列（Hash）数据类型相关命令如下：

- hset key field value：设置哈希表中某个字段的值。
- hsetnx key field value：仅在字段尚未存在于哈希表的情况下，设置它的值。
- hmset key field value [field value …]：同时将多个字段—值设置到哈希表中。
- hget key field：返回哈希表中给定字段的值。
- hmget key field [field …]：返回哈希表中一个或多个字段的值。
- hexists key field：检查给定字段是否存在于哈希表中，存在则返回 1。
- hlen key：返回指定哈希表中字段的数量。
- hdel key field [field …]：删除哈希表中指定字段的值。
- hkeys key：返回哈希表中的所有字段。

示例如下：

```
##设置一个 hash 表，若 key 不存在则先创建
127.0.0.1:6379> hset hash1 name1 xiaoliu name2 xiaosun name3 xiaozhang
```

```
(integer) 3

##返回指定 hash 表中的所有的 field
127.0.0.1:6379> hkeys hash1
1) "name1"
2) "name2"
3) "name3"

##获取指定 hash 表中的值
127.0.0.1:6379> hget hash1 name2
"xiaosun"

##返回指定 hash 表中 field 的数量
127.0.0.1:6379> hlen hash1
(integer) 3

##获取 hash 表中 field 的值
127.0.0.1:6379> hmget hash1 name1 name2 name3 name4
1) "xiaoliu"
2) "xiaosun"
3) "xiaozhang"
4) (nil)

##同时设置 hash 的多个 field 与值，且对应到 hash 表的 key 中
127.0.0.1:6379> hmset hash2 age1 43 age2 66 age3 55 age4 78
OK

##返回 hash 的所有 field
127.0.0.1:6379> hkeys hash2
1) "age1"
2) "age2"
3) "age3"
4) "age4"

127.0.0.1:6379> hmget hash2 age1 age2 age3 age4
1) "43"
2) "66"
3) "55"
4) "78"

##删除 hash 表 key 中指定的 field 的值
127.0.0.1:6379> hdel hash2 age1 age2
(integer) 2
127.0.0.1:6379> hmget hash2 age1 age2 age3 age4
1) (nil)
2) (nil)
3) "55"
4) "78"
```

```
##清空当前数据库中所有的 key
127.0.0.1:6379> flushdb
OK
127.0.0.1:6379> keys *
(empty array)
127.0.0.1:6379>
```

5. 链表（List）数据类型

常用的链表（List）数据类型相关命令如下：

- lpush key value [value …]：将一个或多个值插入链表的表头，若有多个则按从左到右的顺序依次插入。
- rpush key value [value …]：将一个或多个值插入链表的表尾，若有多个则按从左到右的顺序依次插入。
- linsert key BEFORE|AFTER pivot value：将值插入链表中，位于 pivot 之前或之后。
- lrange key start stop：返回链表中指定区间内的元素，区间以偏移量 start 和 stop 指定。
- lset key index value：设置链表中指定下标的元素值，可用于替换。第一个下标为 0，依次增加。
- lrem key count value：根据参数 count 的值，移除列表中与 value 相同的元素。count > 0 表示从表头开始搜索，移除 count 个与 value 相同的元素。count < 0 表示从表尾开始，移除与 value 相同的元素，数量为 count 的绝对值。count = 0 表示移除表中所有与 value 相同的元素。
- ltrim key start stop：保留从 start 到 stop 之间的值，未保留的全部删除。
- lpop key：从表的头部删除元素，并返回删除的元素。
- rpop key：从表的尾部删除元素，并返回删除的元素。
- lindex key index：返回名称为 key 的链表中 index 位置的元素。
- llen key：统计链表的长度。

示例如下：

```
##插入一个链表结构的数据，key 为 l1，value 为 a1 a2 a3
127.0.0.1:6379> lpush l1 a1 a2 a3
(integer) 3

##显示这个链表的长度
127.0.0.1:6379> llen l1
(integer) 3

##取链表中的值
##在链表结构的数据中，value 的下标是从 0 开始的，-1 表示最后一个
127.0.0.1:6379> lrange l1 0 -1
1) "a3"
2) "a2"
3) "a1"
```

```
##在 key 对应的链表的头部添加字符串元素
127.0.0.1:6379> lpush l1 b1 b2 b3
(integer) 6
127.0.0.1:6379> lrange l1 0 -1
1) "b3"
2) "b2"
3) "b1"
4) "a3"
5) "a2"
6) "a1"

##在 key 对应的链表的尾部添加字符串元素
127.0.0.1:6379> rpush l1 c1 c2 c3
(integer) 9
127.0.0.1:6379> lrange l1 0 -1
1) "b3"
2) "b2"
3) "b1"
4) "a3"
5) "a2"
6) "a1"
7) "c1"
8) "c2"
9) "c3"

##从表的尾部删除元素，并返回删除的元素
127.0.0.1:6379> rpop l1
"c3"
127.0.0.1:6379> lrange l1 0 -1
1) "b3"
2) "b2"
3) "b1"
4) "a3"
5) "a2"
6) "a1"
7) "c1"
8) "c2"

##从表的头部删除元素，并返回删除的元素
127.0.0.1:6379> lpop l1
"b3"
127.0.0.1:6379> lrange l1 0 -1
1) "b2"
2) "b1"
3) "a3"
4) "a2"
5) "a1"
6) "c1"
7) "c2"
```

```
##从某个键中删除N个与其他值相同的值（count<0表示从尾部删除，count=0表示全部删除）
127.0.0.1:6379> lrem l1 1 a3
(integer) 1
127.0.0.1:6379> lrange l1 0 -1
1) "b2"
2) "b1"
3) "a2"
4) "a1"
5) "c1"
6) "c2"

##设置链表中指定下标的元素值，用于替换
##第一个下标为0，依次增加
127.0.0.1:6379> lset l1 1 b111111
OK
127.0.0.1:6379> lrange l1 0 -1
1) "b2"
2) "b111111"
3) "a2"
4) "a1"
5) "c1"
6) "c2"

##返回名称为key的链表中index位置的元素
127.0.0.1:6379> lindex l1 1
"b111111"
127.0.0.1:6379> lindex l1 0
"b2"
```

6. 集合（Set）数据类型

常用的集合（Set）数据类型相关命令如下：

- sadd key member [member …]：向名称为key的集合中添加一个或多个元素。
- srem key member [member …]：删除名称为key的集合中的元素。
- spop key ：随机弹出并删除集合中的一个元素。
- srandmember key [count]：随机返回键或集合中的一个元素，但不删除该元素。
- sdiff key [key …]：返回集合的全部元素，该集合是所有给定集合之间的差集。
- sinter key [key …]：返回集合的全部元素，该集合是所有给定集合的交集。
- sunion key [key …]：返回集合的全部元素，该集合是所有给定集合的并集。
- smove source destination member：从第一个集合中移除一个元素，并移动到第二个集合中。
- smembers key：返回集合中所有的元素。
- scard key：返回集合中元素的数量。

示例如下：

```
##向名称为 key 的集合中添加元素
##集合是 String 类型的无序集合，集合中所有的元素是唯一的
127.0.0.1:6379> sadd s1 mysql redis mongodb oracle mysql mysql mysql mysql
(integer) 4

##查看集合中元素的个数
127.0.0.1:6379> scard s1
(integer) 4

##返回集合中所有的元素
127.0.0.1:6379> smembers s1
1) "redis"
2) "mongodb"
3) "mysql"
4) "oracle"
127.0.0.1:6379> sadd s2 mysql nginx apache tomcat oracle
(integer) 5
127.0.0.1:6379> smembers s2
1) "tomcat"
2) "mysql"
3) "nginx"
4) "apache"
5) "oracle"

##返回所有给定键的交集
127.0.0.1:6379> sinter s1 s2
1) "mysql"
2) "oracle"

##返回两个键中元素的差集并且保存到一个键中
127.0.0.1:6379> sinterstore s3 s1 s2
(integer) 2
127.0.0.1:6379> smembers s3
1) "oracle"
2) "mysql"

##随机返回键或者集合中一个或多个元素，但不删除该元素
##最后的 2 表示随机 2 次
127.0.0.1:6379> srandmember s1 2
1) "mysql"
2) "mongodb"
127.0.0.1:6379> srandmember s1 2
1) "mysql"
2) "redis"

##随机弹出并删除集合中的元素
##最后的 3 表示随机三次
127.0.0.1:6379> spop s2 3
1) "oracle"
```

```
2) "apache"
3) "tomcat"
127.0.0.1:6379> smembers s2
1) "nginx"
2) "mysql"

##删除名称为 key 的集合中指定的元素
127.0.0.1:6379> srem s2 nginx
(integer) 1
127.0.0.1:6379> smembers s2
1) "mysql"

##返回两个键中元素的并集并且保存到一个键中
127.0.0.1:6379> sunion s1 s2
1) "oracle"
2) "mysql"
3) "mongodb"
4) "redis"

##从第一个集合中移除一个元素，并移动到第二个对应的集合中
127.0.0.1:6379> smembers s2
1) "mysql"
127.0.0.1:6379> smembers s1
1) "redis"
2) "mongodb"
3) "mysql"
4) "oracle"
127.0.0.1:6379> smove s1 s2 redis
(integer) 1
127.0.0.1:6379> smembers s2
1) "redis"
2) "mysql"
127.0.0.1:6379> smembers s1
1) "mongodb"
2) "mysql"
3) "oracle"
```

7. 有序集合（Zset）数据类型

常用的有序集合（Zset）数据类型相关命令如下：

- zadd key score member [[score member] [score member] …]：向键中的元素添加顺序，用于排序，若元素存在，则更新其顺序。
- zrem key member [member …]：删除有序集合中指定的元素。
- zrank key member：返回键中元素的排名（按下标从小到大排序），排完序后找索引值。
- zrevrank key member：返回键中元素的排名（按下标从大到小排序），排完序后找索引值。

- zrangebyscore key min max [WITHSCORES] [LIMIT offset count]：先升序排序，再返回给定范围内的元素。
- zcount key min max：计算在有序集合中指定区间的元素个数。
- zcard key：返回集合中所有元素的个数。
- zremrangebyrank key start stop：删除集合中排名在给定范围中的元素（按索引来删除）。
- zremrangebyscore key min max：删除集合中排名在给定范围中的元素（按顺序来删除）。
- zrange key start stop [WITHSCORES]：在集合中取元素。start 与 stop 为索引，从第一个到最后一个（升序）。 WITHSCORES 为输出顺序号。
- zrevrange key start stop [WITHSCORES]：在集合中取元素。start 与 stop 为索引，从最后一个到第一个（降序）。WITHSCORES 为输出顺序号。

示例如下：

```
##插入有序集合
##向键中的元素添加顺序，用于排序，若元素存在，则更新其顺序
127.0.0.1:6379> zadd z1 1 one 2 two 3 there
(integer) 3
127.0.0.1:6379> zadd z2 1 1 2 2 3 3
(integer) 3

##在集合中取元素。0 与-1 为索引，从第一个到最后一个（升序）
127.0.0.1:6379> zrange z1 0 -1
1) "one"
2) "two"
3) "there"
127.0.0.1:6379> zrange z2 0 -1
1) "1"
2) "2"
3) "3"

##返回集合中所有元素的个数
127.0.0.1:6379> zcard z1
(integer) 3
127.0.0.1:6379> zcard z2
(integer) 3

##计算在有序集合中指定区间的元素个数
127.0.0.1:6379> zcount z1 0 2
(integer) 2
127.0.0.1:6379> zcount z2 0 2
(integer) 2

##删除集合中指定的元素
127.0.0.1:6379> zrem z1 one two
(integer) 2
127.0.0.1:6379> zrange z1 0 -1
1) "there"
```

第 20 章

使用 LNMP 架构搭建 DzzOffice 网盘

20.1 LNMP 架构简介

本章真正的目的其实并不是搭建 DzzOffice 网盘本身，而是借助搭建网盘的过程帮助大家熟悉 LNMP 架构。

前面的章节已经将 Linux 操作系统、Nginx、MySQL/MariaDB、PHP 介绍得差不多了，接下来就是如何将这些服务一起使用，做到融会贯通。

图 20-1 是 LNMP 基础架构的工作流程图，也是我们本章要手动搭建的架构。架构中的 Nginx 专门用来将网站运行起来，对外提供访问。网站可以分成静态资源和动态资源（也可以称为静态文件和动态文件），Nginx 可以处理静态资源，但解析不了动态资源。所以当用户通过浏览器访问网站时，所产生的静态资源请求会由 Nginx 本身来进行处理，而对于动态资源请求，Nginx 会将其转发给后端的 PHP 服务进行处理。

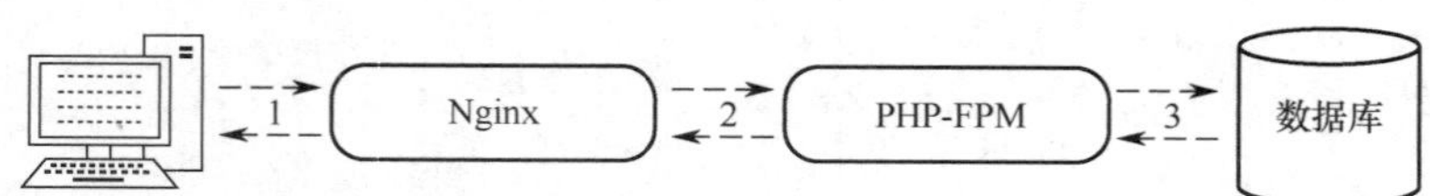

图 20-1 LNMP 基础架构的工作流程

PHP 服务会一直等待动态资源请求的到来，接收到动态资源请求后，先分析请求的内容，若请求与数据查询有关，则 PHP 会在 MySQL/MariaDB 数据库中查询指定的数据，将查询到的结果响应给 Nginx，Nginx 再将结果反馈给用户（浏览器）。

MySQL/MariaDB 数据库默认会开放 3306 端口，开放该端口的目的是等待其他应用程序发送操作数据的请求，请求中会包含 SQL 语句。数据库本身就是一个数据仓库，这个仓库除了提供存储数据的功能之外，还会对外提供一系列服务，比如对数据的增、删、查、改等。

以上就是 LNMP 架构的工作原理，所有的网站也都是基于这个原理设计的。互联网上有很多开源的网盘系统，这里选择 DzzOffice，它是一套开源办公套件，适合企业、团队用来搭建自己的类似“Google 企业应用套件”“微软 Office365”的企业协同办公平台。主要功能包括在线协同办公，公告、文件分享管理，文件基本操作，云盘存储支持等。功能灵活强大，并且为企业私有部署，安全可靠。选择 DzzOffice 的主要原因是它开放源代码、操作界面简洁易用，并且需要在 LNMP 架构的基础上进行安装和使用，有利于我们了解、掌握 LNMP 架构。

20.2 搭建过程

按上文介绍的方法将 Nginx、PHP 和 MariaDB 在 Rocky Linux 操作系统上安装部署好。

```
[root@noylinux /]# ps -ef | grep MySQLd
MySQL   3399      1  0 21:24 ?    00:00:05 /usr/libexec/MySQLd --basedir=/usr
[root@noylinux /]# ps -ef | grep php
root  149635  1  0 21:46 ?  00:00:00 php-fpm: master process (/usr/local/php7-fpm/etc/php-fpm.conf)
nobody  149636  149635  0 21:46 ?   00:00:00 php-fpm: pool www
nobody  149637  149635  0 21:46 ?   00:00:00 php-fpm: pool www
[root@noylinux /]# ps -ef | grep nginx
root    149920       1  0 22:01 ?   00:00:00 nginx: master process ./sbin/nginx -c conf/nginx.conf
nginx   149921  149920  0 22:01 ?   00:00:00 nginx: worker process
[root@noylinux /]# netstat -anpt | grep 3306
tcp6   0   0 :::3306      :::*            LISTEN     3399/MySQLd
[root@noylinux /]# netstat -anpt | grep 9000
tcp    0   0 127.0.0.1:9000    0.0.0.0:*        LISTEN     149635/php-fpm: mas
[root@noylinux /]# netstat -anpt | grep 80
tcp       0      0 0.0.0.0:80     0.0.0.0:*     LISTEN     149920/nginx: maste
```

Nginx、PHP、MariaDB 安装完成后，先将 Nginx 与 PHP 之间打通（具体步骤见 16.3 节），配置完成后的效果如图 20-2 所示。

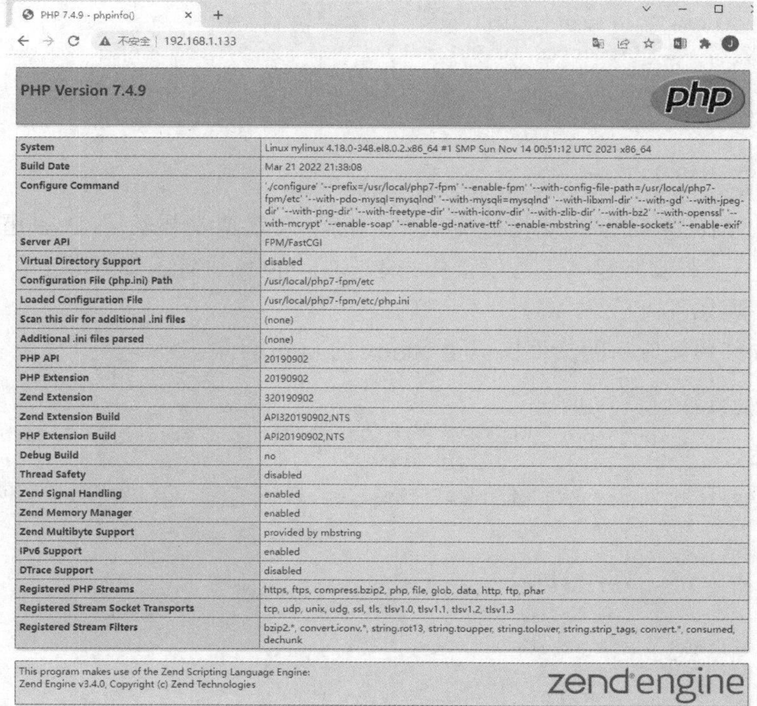

图 20-2　将 Nginx 与 PHP 之间打通

Nginx 与 PHP 之间打通之后，剩下的就是连接 MariaDB 数据库了，操作也非常简单，只需要创建一个用户即可，其目的是让 DzzOffice 网盘系统能够有权限自动创建数据库并导入 SQL 文件，示例如下：

```
[root@noylinux ~]# MySQL
Welcome to the MariaDB monitor.  Commands end with ; or \g.
Your MariaDB connection id is 8
Server version: 10.3.28-MariaDB MariaDB Server

Copyright (c) 2000, 2018, Oracle, MariaDB Corporation Ab and others.

Type 'help;' or '\h' for help. Type '\c' to clear the current input statement.

MariaDB [(none)]> show databases;
+--------------------+
| Database           |
+--------------------+
| information_schema |
| MySQL              |
| performance_schema |
+--------------------+
3 rows in set (0.031 sec)

MariaDB [(none)]> grant all on *.* to "dzzoffice"@"localhost" identified by
"qwer1234";
Query OK, 0 rows affected (0.002 sec)

MariaDB [(none)]> flush privileges;
Query OK, 0 rows affected (0.001 sec)

MariaDB [(none)]> quit
Bye
[root@noylinux ~]#
```

至此，LNMP 基础架构就搭建完成了，接下来就是安装部署 DzzOffice 网盘。从 DzzOffice 官网下载安装包（也可以直接去本书配套网站进行下载）并上传至服务器中，安装的具体步骤如下。

（1）将安装包解压后的文件拷贝至 Nginx 的 html 目录下。

```
[root@noylinux opt]# ll
-rw-r--r--. 1 root root 19581039 3月  21 22:04 dzzoffice-2.02.1.tar.gz

[root@noylinux opt]# tar xf dzzoffice-2.02.1.tar.gz        ##解压安装包

[root@noylinux opt]# ls
dzzoffice-2.02.1  dzzoffice-2.02.1.tar.gz

[root@noylinux opt]# cd dzzoffice-2.02.1/

#将解压后的所有文件拷贝至 Nginx 的 html 目录下
[root@noylinux dzzoffice-2.02.1]# cp -rf *  /usr/local/nginx/html/
```

```
cp：是否覆盖'/usr/local/nginx/html/index.php'？ yes

[root@noylinux dzzoffice-2.02.1]# cd /usr/local/nginx/html/

[root@noylinux html]# ls
50x.html    config           dzz          index.php   misc.php   short.php  user.php
admin       core             favicon.ico              install    oauth.php  static
admin.php   crossdomain.xml  htaccess_default.txt  INSTALL.md  README.md  UPDATE.md
avatar.php  data             index.html               misc       share.php  user

[root@noylinux html]# ../sbin/nginx  -s reload        #重载 Nginx
```

（2）通过浏览器访问 Nginx（http://服务器 IP 地址/），出现 DzzOffice 安装的欢迎界面，如图 20-3 所示。单击“开始安装”按钮。

图 20-3 DzzOffice 安装的欢迎界面

（3）开始安装后，DzzOffice 网盘系统会对刚部署的 LNMP 进行环境检查，查看是否符合安装要求，如图 20-4 所示。

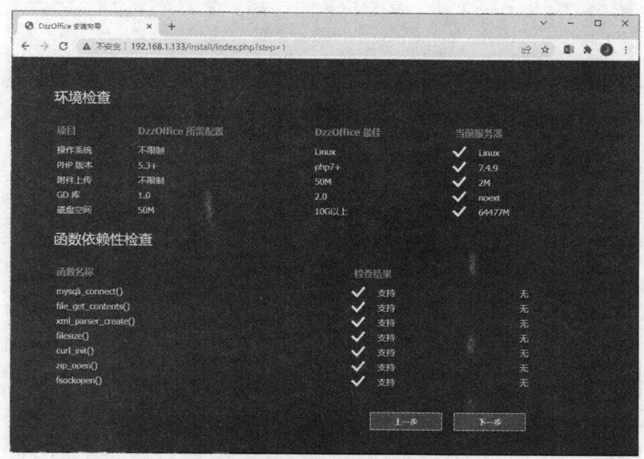

图 20-4 环境检查

（4）单击“下一步”按钮，对安装目录中目录、文件的权限进行检查，如图 20-5 所示。若不符合要求则需要单独对某个目录或文件进行授权。因为我们之前没进行授权操作，所以这里需要对目录、文件手动授予权限，按照界面提示进行授权即可。

图 20-5　目录、文件权限检查

（5）单击“下一步”按钮，对数据库进行操作，填写数据库信息，如图 20-6 所示。填写完成之后单击“下一步”按钮，开始验证数据库的地址、用户名、密码，验证无误则自动创建数据库并导入数据，如图 20-7 所示。若验证有误则需要重新填写。

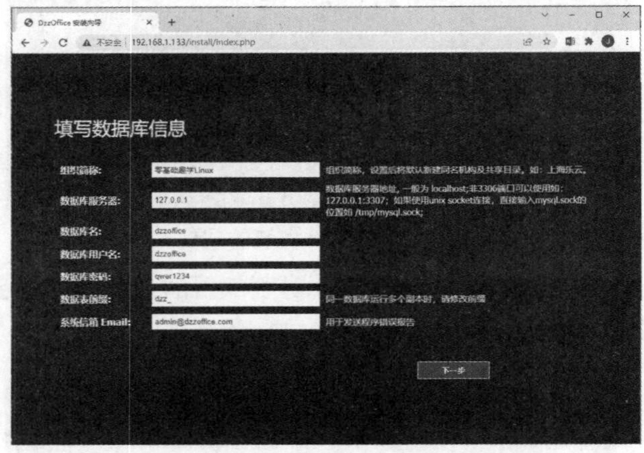

图 20-6　填写数据库信息

图 20-7　自动创建数据库并导入数据

数据库信息填写完成后可以发现，MariaDB 中多了一个数据库，这就是 DzzOffice 自动创建的，而且数据库中已经创建好了表和数据，数据库信息如下：

```
[root@noylinux ~]# MySQL
Welcome to the MariaDB monitor.  Commands end with ; or \g.
Your MariaDB connection id is 13
Server version: 10.3.28-MariaDB MariaDB Server

Copyright (c) 2000, 2018, Oracle, MariaDB Corporation Ab and others.

Type 'help;' or '\h' for help. Type '\c' to clear the current input statement.

MariaDB [(none)]> show databases;
+--------------------+
| Database           |
+--------------------+
| dzzoffice          |
| information_schema |
| MySQL      |
| performance_schema |
+--------------------+
4 rows in set (0.000 sec)

MariaDB [(none)]> use dzzoffice;
Reading table information for completion of table and column names
You can turn off this feature to get a quicker startup with -A

Database changed
MariaDB [dzzoffice]> show tables;
+--------------------+
| Tables_in_dzzoffice|
+--------------------+
| dzz_admincp_session|
| dzz_app_market     |
-----省略部分内容-----
| dzz_usergroup      |
| dzz_usergroup_field|
| dzz_vote           |
| dzz_vote_item      |
| dzz_vote_item_count|
| dzz_wx_app         |
+--------------------+
87 rows in set (0.001 sec)

MariaDB [dzzoffice]>
```

（6）填写管理员信息，包括登录邮箱、管理员用户名和登录密码等，如图 20-8 所示。管理员是整个网盘系统中权限最高的用户，一般此用户由 Linux 运维工程师来维护。

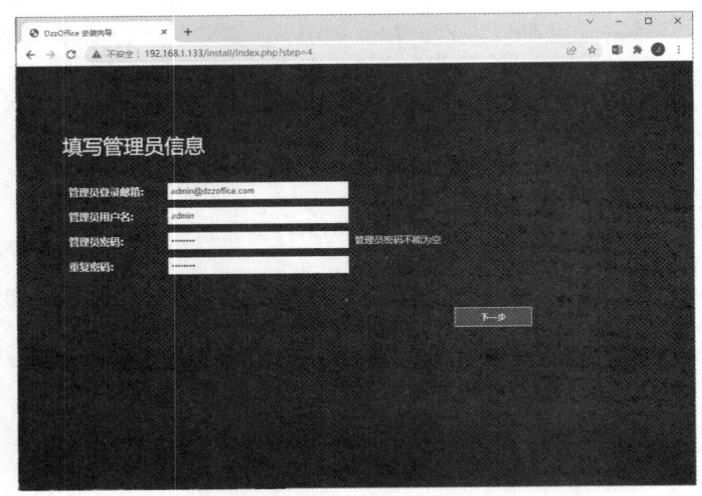

图 20-8　填写管理员信息

（7）安装完成，如图 20-9 所示。单击“进入首页”按钮。

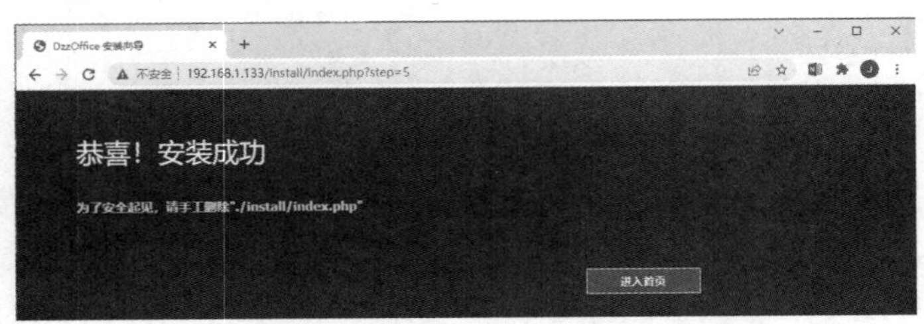

图 20-9　安装成功

（8）输入刚创建好的管理员用户名和密码，如图 20-10 所示。

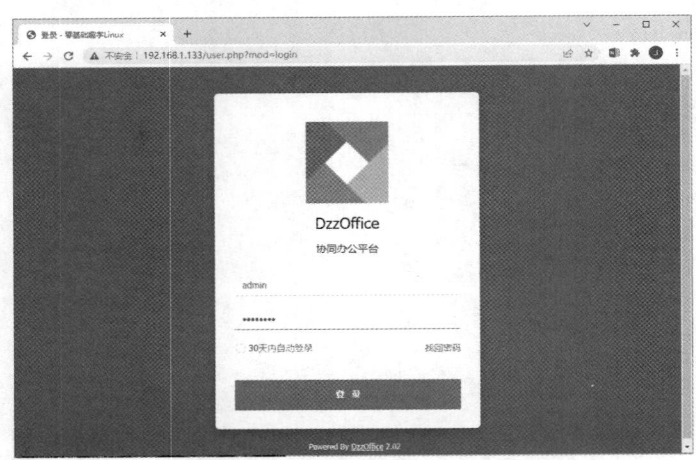

图 20-10 输入刚创建好的管理员用户名和密码

（9）按照页面提示信息完成两条指定操作，如图 20-11 所示。应用市场用于安装 DzzOffice 中的功能，包括首页、网盘、任务板、讨论板、文档、表格、PPT 和记录等，大家按实际需求选择安装即可。

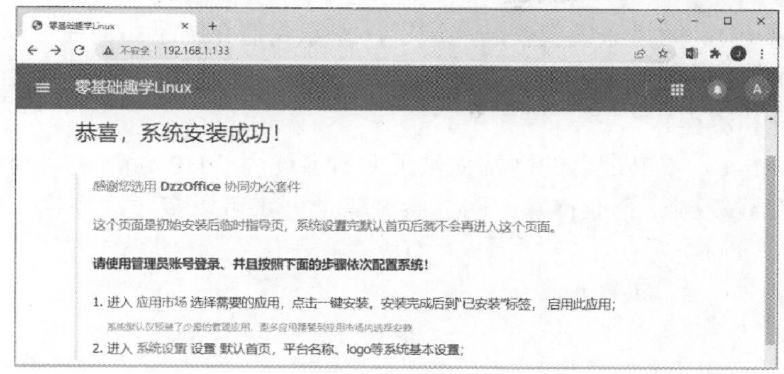

图 20-11　按照页面提示信息完成两条指定操作

配置好的效果图（首页展示图）如图 20-12 所示。

图 20-12　配置好的效果图（首页展示图）

网盘界面的效果图如图 20-13 所示。通过网盘可以非常方便地完成文件的上传和下载，若想上传文件，可直接从桌面将文件拖动到网盘界面，还能对文件进行分享、编辑权限、重命名、编辑等操作，也可以针对企业中各个部门实现文件共享、协同办公等功能。

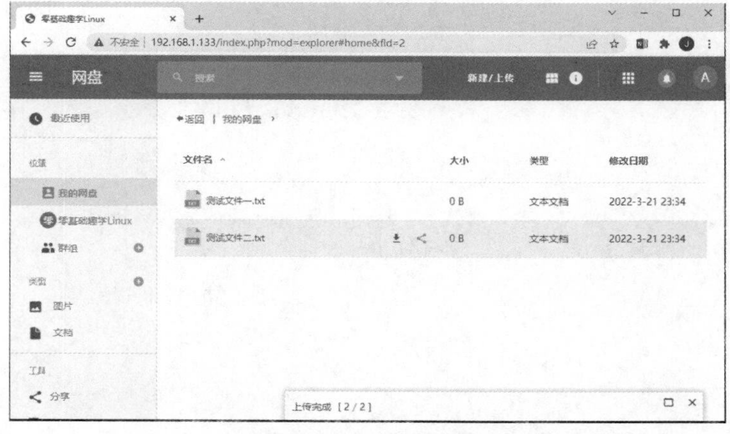

图 20-13　网盘界面的效果图

至此，DzzOffice 网盘系统就安装完成了，本章我们介绍了如何在 LNMP 架构的基础上搭建 DzzOffice 网盘系统，其实不光是 DzzOffice 网盘系统，各类网站、博客等也是类似的搭建原理和流程。

不止 DzzOffice，本书配套的网站提供了非常多使用 PHP 编写的各种类型的网站，例如，博客、在线视频、企业官网、网上商城等，大家可以多尝试搭建，在实践中磨砺技术水平。

第 21 章 常见的企业服务系列之 FTP

21.1 FTP 工作原理

从本章开始，笔者将逐步介绍几种常用的企业服务，这些企业服务主要是用来辅助整套运维框架和员工日常办公的。例如本章介绍的文件共享服务，该功能能够很大程度提高办公效率，并且还有助于节省 Linux 运维工程师的维护成本。

有了文件共享服务后，只需要一条 URL 就能将共享文件拉取下来，省时省力；在开发网站的时候，通过文件共享服务可以将网页或程序传到 Web 服务器上。

常见的文件共享服务有以下几种：

- FTP：文件共享服务，工作在应用层，允许用户以文件操作的方式（如文件的增、删、改、查、传送等）与另一主机相互通信。
- RPC：远程过程调用，能够让位于不同主机上的两个进程基于二进制的格式实现数据通信。
- NFS：网络文件系统，允许一个系统在网络上与他人共享目录和文件。
- Samba：是 CIFS/SMB 协议的实现，能够实现跨平台文件共享，共享的机制比较底层。

文件传输协议（File Transfer Protocol，FTP）是 TCP/IP 协议组中的协议之一。可以这样理解，FTP 既是用于在网络上进行文件传输的一套标准协议，又是一类工具的统称。作为工具，FTP 是目前因特网历史最悠久的网络工具，基于不同的操作系统会有各种不同的 FTP 工具，而这些 FTP 工具在开发的时候都遵守同一种协议（FTP）来实现文件传输。

一套完整的 FTP 工具分为服务端和客户端，服务端搭建在服务器上提供 FTP 服务，FTP 服务默认监听在 TCP 21 端口上，主要用来存储文件。用户可以使用 FTP 客户端，通过 FTP 协议访问位于 FTP 服务器上的资源，并将文件下载到本地，服务器也可以允许客户端将本地文件上传至服务器。

一个完整的 FTP 文件传输需要建立两种类型的连接：一种为文件传输命令，称为 FTP 控制连接；另一种实现真正的文件传输，称为 FTP 数据连接。

（1）控制连接：当客户端希望与 FTP 服务器建立上传下载的数据传输时，它会向服务器的 TCP 21 端口发起一个建立连接的请求，FTP 服务器接受来自客户端的请求，完成连接的建立，这样的连接就称为 FTP 控制连接。此连接会一直在线，等待着客户端的请求。

（2）数据连接：当 FTP 控制连接建立之后，客户端就会发起数据的上传/下载请求，接着就开始传输文件了，传输文件的连接称为 FTP 数据连接。当客户端发起数据传输请求时，才打开这个连接，当数据传输完成后，关闭这个连接，按需打开，按需关闭。

其实数据连接的过程就是 FTP 传输数据的过程，它有两种传输模式：主动模式（PORT）和被动模式（PASV）。这两种模式都是从服务器的角度出发的：服务器主动连接客户端，就是主动模式；服务器处于监听状态，等待客户端连接，就是被动模式。

主动模式（PORT）：客户端向 FTP 服务器的 21 端口发送一条连接请求，FTP 服务器接受连接，这时就建立起了一条控制链路。当需要传输数据时，客户端就在控制链路上用 PORT 命令告诉 FTP 服务器："我已开放了某端口，快来连接我吧"。于是 FTP 服务器就从 20 端口向客户端已开放的端口发送一条连接请求，当客户端接受请求之后，数据链路就建成了，可以传输数据了。

被动模式（PASV）：客户端向 FTP 服务器的 21 端口发送一条连接请求，FTP 服务器接受连接，这时就建立起了一条控制链路。当需要传输数据时，FTP 服务器就在控制链路上用 PASV 命令告诉客户端："我已开放了某端口，快来连接我吧"。于是客户端就向 FTP 服务器已开放的端口发送一条连接请求，当 FTP 服务器接受请求之后，数据链路就建成了，可以传输数据了。

看到以上描述可能有读者会疑惑，不是只占用 21 端口吗，为什么图 21-1 中又多出了 20 端口和随机端口？有的资料会解释为 FTP 服务器使用 TCP 的 20 和 21 端口，这是不太准确的，甚至会误导大家，实际上，FTP 服务在主动模式下会将 TCP 的 21 端口用于控制连接，将 TCP 的 20 端口用于数据连接；而在被动模式下，21 端口还是用来进行控制连接，但用于数据连接的端口却变成了随机端口。所以，Linux 运维工程师在设计防火墙规则时一定要了解 PORT 和 PASV 两种模式的工作原理。

FTP 服务器默认工作在 PORT 模式下。

PORT 和 PASV 这两种模式哪一种好呢？其实 PORT 和 PASV 之间最大的区别就是数据端口连接方式不同，站在网络安全的角度来看，PORT 模式会更安全一些，因为它使用的是固定端口，更有利于防火墙对服务器端口的防护；而 PASV 模式是为了解决黑客偷偷抓取数据的隐患，因为在 PORT 模式中，20 端口是固定的，用来传输数据，比较容易被类似 sniffer 的嗅探器嗅探到，改成随机端口会大大提高窃取数据的难度。

当然了，在企业中，一套完整的运维架构不是裸机运行的，还会有很多网络安全工具与企业内部服务搭配起来使用，例如将 FTP 服务与防火墙结合起来使用，会大大提升运维架构的安全性。

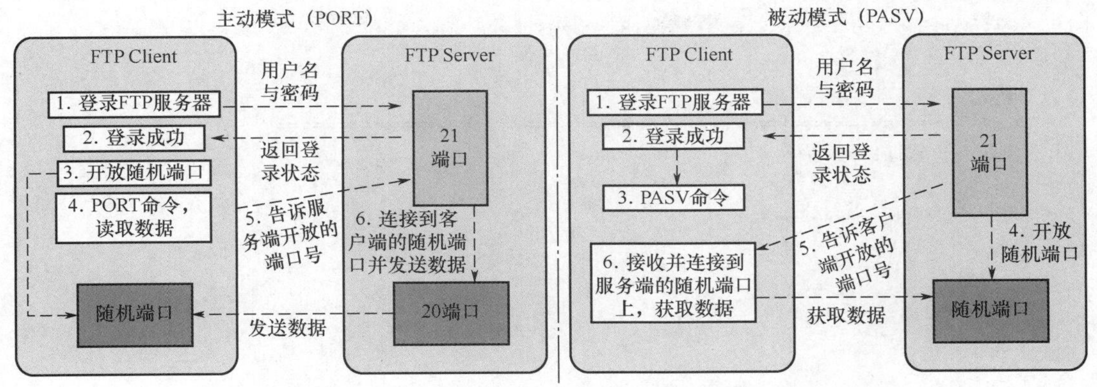

图 21-1　主动模式（PORT）和被动模式（PASV）

21.2 FTP 服务的安装部署

能够实现 FTP 服务的工具有很多，在 Linux 操作系统中，默认自带的 FTP 工具为 vsftp。vsftp 的全称叫 Very Secure FTP，是一款完全免费的、开放源代码的 FTP 服务器软件，其特点有小巧轻快、安全易用、稳定、支持虚拟用户、支持带宽限制等。目前 vsftp 的市场应用十分广泛，很多国际性的大公司和自由开源组织都在使用，例如，Red Hat、Debian、CentOS、Suse、Ubuntu、Rocky Linux 等。

vsftp 工具拥有用户验证和设置文件权限的功能，这使得 Linux 运维工程师可以更好地进行管理，例如管控用户对文件的下载权限、上传权限和读权限等。vsftpd 服务（由 vsftp 工具提供）允许用户使用 3 种方式进行登录：

（1）匿名用户模式：任何人都可以不需要验证方式直接登录连接，访问的目录在 /var/ftp 下，一般用来分享不重要的文件。

（2）本地用户模式：使用本地用户登录，访问目录是登录用户的家目录，配置较简单。

（3）虚拟用户模式：建立单独的用户数据库文件，虚拟用户用口令进行验证。

vsftp 工具的安装过程也非常简单，若通过 dnf/yum 软件包管理器安装，则使用命令 dnf -y install vsftpd 即可，而且这条命令适用于 Red Hat、CentOS、Fedora 和 Rocky Linux 操作系统。

在 Rocky Linux 操作系统上安装 vsftp 工具。

```
[root@noylinux ~]# dnf -y install vsftpd

依赖关系解决
============================================================
 软件包      架构       版本              仓库            大小
============================================================
安装：
```

```
 vsftpd    x86_64    3.0.3-34.el8   appstream     180 k

事务概要
=============================================================
安装  1 软件包

-----省略部分内容-----

已安装:
  vsftpd-3.0.3-34.el8.x86_64

完毕!
[root@noylinux ~]# systemctl  start vsftpd        #启动 vsftpd 服务

[root@noylinux ~]# ps -ef | grep vsftpd           #查看 vsftpd 进程
root   39422   1  0 14:41 ?     00:00:00 /usr/sbin/vsftpd /etc/vsftpd/vsftpd.conf
root   39424  4039  0 14:41 pts/0    00:00:00 grep --color=auto vsftpd

[root@noylinux ~]# netstat -anpt | grep vsftpd         #查看其占用的端口号
tcp6       0      0 :::21      :::*           LISTEN     39422/vsftpd
[root@noylinux ~]#
```

vsftp 工具安装完成后，其主要配置文件路径如下：

- /usr/sbin/vsftpd：可执行文件（主程序）。
- /usr/lib/systemd/system/vsftpd.service：启动脚本。
- /etc/vsftpd/vsftpd.conf：主配置文件。
- /etc/pam.d/vsftpd：PAM 认证文件。
- /etc/vsftpd/ftpusers：禁止使用 vsftp 的用户列表文件。
- /etc/vsftpd/user_list：禁止或允许使用 vsftp 的用户列表文件。
- /var/ftp：匿名用户主目录。

主配置文件中每一行配置的含义如下：

```
[root@localhost ~]# cd /etc/vsftpd/
[root@localhost vsftpd]# ls
ftpusers  user_list  vsftpd.conf  vsftpd_conf_migrate.sh
[root@localhost vsftpd]# cat vsftpd.conf
#这个主配置文件是一个模板文件，并没有包含 vsftp 的所有配置选项
#可以通过 man 手册全面了解 vsftp 的所有功能

#是否允许匿名登录 FTP 服务器，设置为 YES 表示允许，为 NO 表示不允许
#匿名用户登录后会进入/var/ftp/目录下
#若想关闭匿名用户登录，只需要在此选项前面加上“#”注释掉即可
anonymous_enable=YES

#是否允许本地用户登录 FTP 服务器，设置为 YES 表示允许，为 NO 表示不允许
#本地用户登录后会进入用户家目录下
```

```
    local_enable=YES

    #是否允许本地用户对 FTP 服务器中的文件具备写权限，默认设置为 YES（允许），设置为 NO 表示不
允许
    write_enable=YES

    #本地用户上传文件的权限掩码
    local_umask=022

    #是否允许匿名用户上传文件，需要先将 write_enable 设置为 YES
    #anon_upload_enable=YES

    #是否允许匿名用户创建新文件夹
    #anon_mkdir_write_enable=YES

    #是否显示目录说明文件
    dirmessage_enable=YES

    #是否生成上传/下载文件的日志记录
    #默认日志文件位置：/var/log/vsftpd.log
    xferlog_enable=YES

    #是否启用 20 端口作为固定的数据端口
    connect_from_port_20=YES

    #设定是否允许改变上传文件的属主
    #chown_uploads=YES
    #设置改变上传文件的属主为谁，输入系统用户
    #chown_username=whoever

    #设置日志文件位置，默认是/var/log/vsftpd.log
    #xferlog_file=/var/log/xferlog

    #是否以标准 xferlog 格式书写传输日志文件
    xferlog_std_format=YES

    #设置数据传输中断间隔时间，默认空闲的用户会话中断时间为 600s
    #idle_session_timeout=600

    #设置数据连接超时时间，默认数据连接超时时间为 120s
    #data_connection_timeout=120
    #
    #使用特殊用户 ftpsecure，把 ftpsecure 视作一般访问用户
    #所有连接 FTP 服务器的用户都具有 ftpsecure 用户名
    #nopriv_user=ftpsecure

    #是否识别异步 ABOR 请求
    #async_abor_enable=YES
```

```
#是否以 ASCII 方式传输数据
#在默认情况下，服务器会忽略 ASCII 方式的请求，启用此选项将允许服务器以 ASCII 方式传输数据
#ascii_upload_enable=YES
#ascii_download_enable=YES

#登录 FTP 服务器时显示的欢迎信息
#ftpd_banner=Welcome to blah FTP service.
#
#email 黑名单设置。
#deny_email_enable=YES
#黑名单文件位置，需手动创建
#banned_email_file=/etc/vsftpd/banned_emails

#是否将所有用户都限制在自己的主目录中，YES 为启用，默认为 NO（禁用）
#chroot_local_user=YES

#是否启动限制用户的名单，YES 为启用，NO 为禁用
#chroot_list_enable=YES
#是否限制在主目录下的用户名单
#chroot_list_file=/etc/vsftpd/chroot_list

#是否允许递归查询，默认为关闭
#ls_recurse_enable=YES

#是否以独立运行的方式监听服务
listen=NO

#设定是否支持 IPv6
listen_ipv6=YES

#设置 PAM 外挂模块提供的认证服务所使用的配置文件名，即/etc/pam.d/vsftpd 文件
pam_service_name=vsftpd

#是否开启用户列表访问控制
userlist_enable=YES

#是否使用 tcp_wrappers 作为主机访问控制方式
tcp_wrappers=YES
```

接下来我们就将 vsftp 工具的本地用户登录模式实践一遍，具体步骤如下。

（1）创建用户。

```
[root@noylinux ~]# useradd noylinux
[root@noylinux ~]# passwd noylinux
更改用户 noylinux 的密码
新的密码:
无效的密码: 密码少于 8 个字符
重新输入新的密码:
passwd: 所有的身份验证令牌已经成功更新
[root@noylinux ~]#
```

在 Windows 上进行验证，任意打开一个文件夹，在地址栏中输入 FTP 服务器地址，回车即可，如图 21-2 所示。其语法格式为

ftp://FTP 服务器 IP 地址/

图 21-2　在地址栏中输入 FTP 服务器地址

（2）通过 Windows 文件夹管理器连接到 FTP 服务器。

（3）连接完成后，在空白区域右键单击登录，如图 21-3 所示。

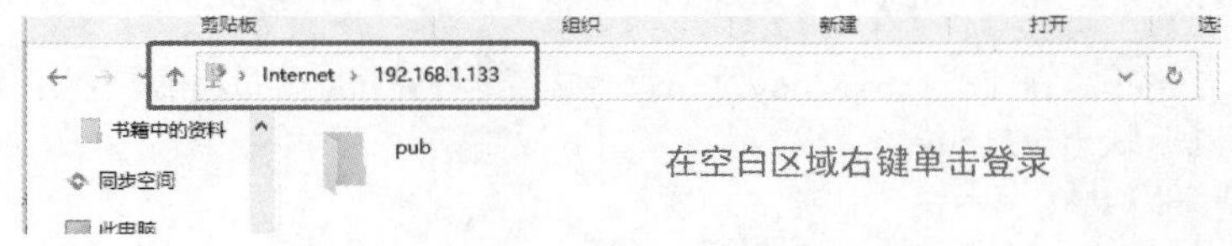

图 21-3　在空白区域右键单击登录

（4）输入刚创建的用户名与密码，单击“登录”按钮，如图 21-4 所示。

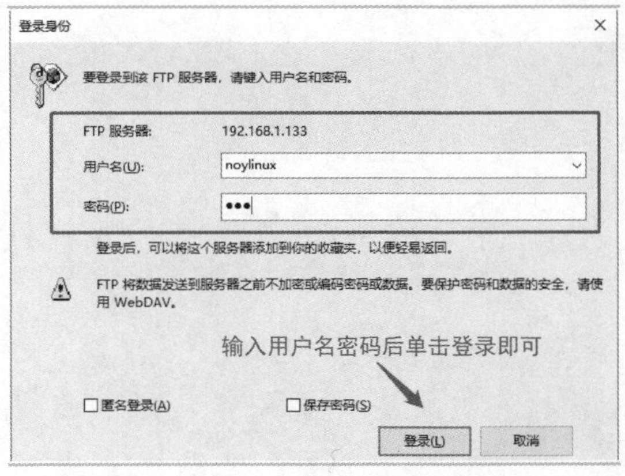

图 21-4　输入刚创建的用户名与密码

（5）使用本地用户模式登录到 FTP 服务器，如图 21-5 所示。此时 Windows 文件夹管理器就相当于一个 FTP 客户端，可以在这里上传文件、下载文件、删除文件等。

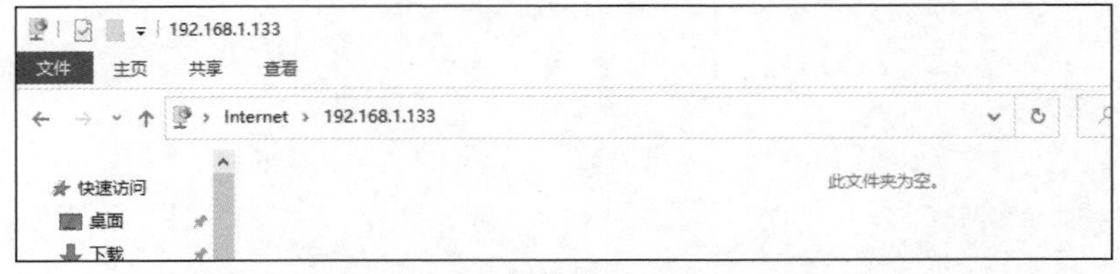

图 21-5　使用本地用户模式登录到 FTP 服务器

我们拖动上传一个新文件夹测试一下，如图 21-6 所示。

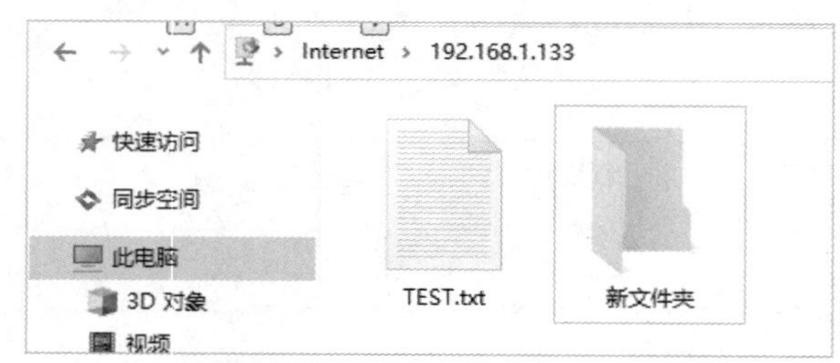

图 21-6　拖动上传一个新文件夹

注意，此时所在的位置就是 noylinux 用户的家目录，当往这里上传一个文件夹后，在 Linux 操作系统中的 noylinux 用户家目录中就出现了一个测试文件，示例如下。

```
[root@noylinux ~]# cd /home/noylinux/        #打开 noylinux 用户的家目录
[root@noylinux noylinux]# ls
新文件夹   TEST.txt
[root@noylinux noylinux]# cat TEST.txt
测试 FTP 服务的文件!!!!!!!
[root@noylinux noylinux]#
```

第 22 章 常见的企业服务系列之 DNS

22.1 DNS 工作原理

说起 DNS 服务，大家可能并不熟悉，但是在我们平常上网的过程中总会有域名系统（Domain Name System，DNS）的身影出现。DNS 服务的作用非常简单，就是根据域名查找出对应的 IP 地址。我们可以把它想象成一本巨大的通讯录，每个人名都会对应一个电话号码（每个域名都会对应一个 IP 地址）。

各位在上网的过程中是否产生过这样的疑惑，为什么我们在浏览器中输入类似“www.baidu.com”的地址就能打开百度的网站？在前面的学习过程中我们知道，访问某台服务器其实用的都是 IP 地址，那域名是怎么一回事呢？

早期，人们访问某个网站都是通过 IP 地址来访问的，类似于“192.168.4.23”的形式。但随着互联网的发展速度越来越快，各式各样的网站也越来越多，再用 IP 地址的方式访问网站已经非常吃力了。每个网站对应的就是一串 IP 地址，想要浏览某个网站就得和以前用座机一样，专门拿出个通讯录来查找该网站对应的 IP 地址，这样上网的资源和时间成本实在是太高了。

基于这样的情况，DNS 服务，也就是域名系统，被开发出来。让 DNS 服务发挥通讯录的作用，人们只需要记住某个域名，在上网的时候在浏览器中输入域名，由 DNS 服务自动将域名翻译为对应的 IP 地址，翻译的过程在后台自动完成。

域名的出现是为了方便人们记忆，记住一串有规律的字符比记住一串数字要简单得多。以域名“www.baidu.com”为例（见图 22-1），一个完整的域名是由两个或者两个以上的部分组成的，各部分之间用英文的句号“.”来分隔，最后一个“.”的右边部分称为顶级域名（TLD，也称为一级域名），最后一个“.”的左边部分称为二级域名（SLD），二级域名的左边部分称为三级域名，依此类推，每一级的域名控制它下一级域名的分配。

```
www. baidu. com
 ↗      ↑      ↖
三级域名  二级域名  顶级域名
```

图 22-1 单个域名的结构

每一级的域名都由英文字母和数字组成，域名不区分大小写，每级长度不能超过 63 个字节，一个完整的域名不能超过 255 个字节，一般域名的长度都是在 7～20 个字符左右。

以上是单个域名的结构，从全局来看，DNS 服务采用的是层级式树状结构的命名方法，其组织模型如图 22-2 所示。

在图 22-2 中，每个节点都是由一台或多台 DNS 服务器组成的，上层 DNS 服务器知道下层服务器的位置，但下层不知道上层位置。单独一台 DNS 服务器不可能知道全球所有的域名信息，所以域名系统就是一个分布式数据库系统，域名到 IP 地址之间的解析可以由若干个 DNS 服务器共同完成。每一个站点维护自己的信息数据库，并运行一个服务器程序供互联网上的客户端查询。由于是分布式系统，即使单个服务器出现故障，也不会导致整个系统失效，这消除了单点故障的隐患。

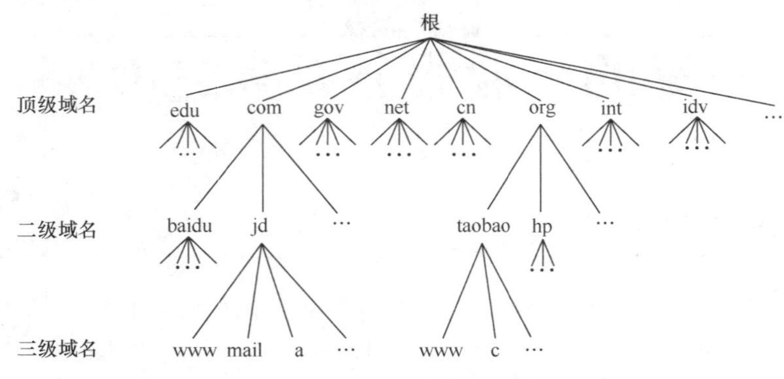

图 22-2　DNS 服务的组织模型

在 DNS 中，域的本质其实是一种管理范围的划分，最大的域是根域名，向下可以划分为顶级域、二级域、三级域、四级域等，每一级的域名控制它下一级域名的分配。

（1）根域名，互联网的顶级域名解析服务由根域名服务器来完成，根域名服务器对网络安全、运行稳定至关重要，被称为互联网的“中枢神经”。

（2）顶级域名，顶级域一般有两种划分方法，按国家划分和按组织性质划分。

- 国家顶级域名（national Top-Level Domainnames，nTLDs）：200 多个国家都按照 ISO3166 国家代码的规定分配了顶级域名，例如中国是.cn、美国是.us、英国是.uk、日本是.jp 等。
- 国际顶级域名（international Top-Level Domainnames，iTDs）：按照组织性质来进行划分，比如商业组织用.com、教育机构用.edu、非营利组织用.org、政府部门用.gov、公司或企业用.biz、网络服务机构用.net、军事部门用.mil 等。

（3）二级域名，顶级域名下面是二级域名，网上能够注册的域名基本都是二级域名，它们由企业和 Linux 运维人员管理。

（4）三级域名，是二级域名的延伸，一般由网站管理员自己命名，三级域名由字母、大小写和连接符号 3 部分组成，网站管理员可以根据自己网站的特点进行选择。例如，有个域名为 abcd.com，如果公司是做邮箱服务的可以叫 mail.abcd.com，如果是做网站的可以叫 www.abcd.com……

上文介绍过，图 22-2 中的每个节点都是由一台或多台 DNS 服务器组成的，那么在一个节点或者一个区域中可以存在多种类型的 DNS 服务器，它们之间相互协助、相辅相成，提高工作效率。DNS 服务器按工作形式主要可分为以下几种类型：

- 主 DNS 服务器（Primary Name Server）：特定域所有信息的权威性信息源，从域管理员构造的本地磁盘文件中加载域信息，该文件（也称为区域文件）包含着该服务器具有管理权的一部分域结构的最精确信息。主 DNS 服务器是一种权威性服务器，因为它可以以绝对的权威回答对其管辖域的任何查询。

- 辅助 DNS 服务器（Secondary Name Server）：可以协助主 DNS 服务器提供域名查询服务，在主机很多的情况下，可以有效分担主 DNS 服务器的压力。它可以从主 DNS 服务器中复制一整套域信息。区域文件是从主 DNS 服务器中复制出来的，并作为本地磁盘文件存储在辅助 DNS 服务器中。这种复制称为“区域文件复制”。在辅助 DNS 服务器中有一个所有域信息的完整拷贝，可以权威地回答对该域的查询。因此，辅助 DNS 服务器也称作权威性服务器。配置辅助 DNS 服务器不需要生成本地区域文件，因为可以从主 DNS 服务器中下载。
- 高速缓存服务器（Caching-only Server）：可运行 DNS 服务器软件，但是没有域名数据库软件。它从某个远程服务器取得每次域名服务器查询的结果，一旦取得一个，就将它放在高速缓存中，以后查询相同的信息时就用它予以回答。高速缓存服务器不是权威性服务器，因为它提供的所有信息都是间接信息。对于高速缓存服务器，只需要配置一个高速缓存文件，但最常见的配置还包括一个回送文件。
- 转发服务器：当本地 DNS 服务器无法对 DNS 客户端的解析请求进行本地解析时，可以允许本地 DNS 服务器转发 DNS 客户端发送的查询请求到其他的 DNS 服务器。此时本地 DNS 服务器又称为转发服务器（不会缓存数据）。

从本地计算机向 DNS 服务器查询的方式有两种，分别是递归查询和迭代查询。

（1）递归查询：本地请求，由所请求的 DNS 服务器（本地直接管理）直接返回的答案叫权威答案。只需发送一次请求就能得到最终结果。

（2）迭代查询：需要发出 *n* 次查询才能得到最终结果。

图 22-3 给出的是一种典型的迭代查询。当主机不知道某个域名所对应的位置时，会先查询计算机中的 hosts 文件，hosts 文件中若没有，就查找本地 DNS 服务器的缓存（DNS 服务器缓存时间需要设置，最多为 1 天），缓存上没有，则查找 DNS 服务器的数据文件，若还是没有，本地 DNS 服务器会直接请求根域名服务器，根域名服务器会告知负责这个区域的 DNS 服务器位置，再由发送请求的本地 DNS 服务器进行查找。根域名服务器只会告知负责的 DNS 服务器，并不负责解析。查询到 DNS 服务器后，再直接交给管理查询客户端的 DNS 服务器。因此，配置 DNS 服务器需要配置好根域名服务器的位置。

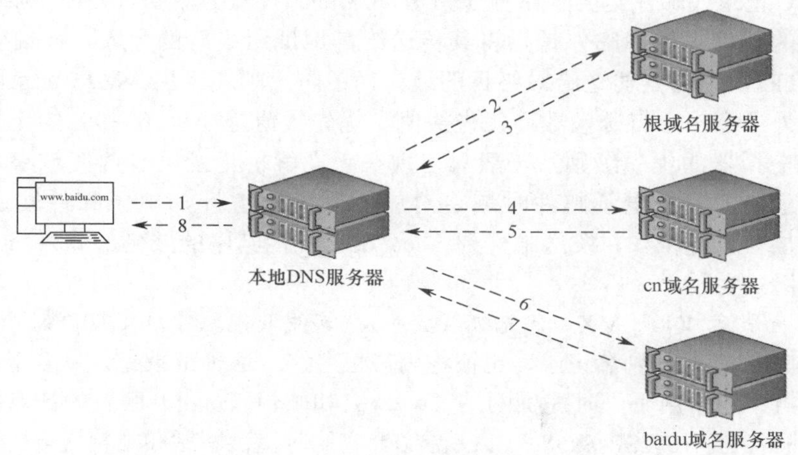

图 22-3　典型的迭代查询

DNS 服务本身可以提供两种功能：一种是正向解析，另一种是反向解析。

（1）正向解析：从 FQDN（域名）===>IP，客户端查询域名所对应的 IP 地址，一个域名可以对应多个 IP 地址。

（2）反向解析：从 IP===>FQDN，客户端查询 IP 地址所对应的域名，一个 IP 地址可以对应多个域名。

正反向解析是完全不同的两棵解析树，不必在同一个服务器上，正反向区域记录也没必要完全对应。

在 DNS 服务器的缓存表中，每一个对应关系都称为一个记录（Record），而记录根据本身所实现的功能不同可以分为不同的记录类型，DNS 服务器有 6 种常用的记录类型：

（1）A（address）记录：正向解析的记录，将域名转换成 IP 地址的记录。语法格式为

完整主机名（FQDN） IN A IP 地址

（2）指针记录（PTR）：反向解析的记录，将 IP 地址转换成域名的记录。语法格式为

IP 地址 IN PTR 主机名（FQDN）

（3）SOA 记录（起始授权机构）：该记录表明 DNS 服务器是 DNS 域中数据表的信息来源，在创建新区域时，记录自动创建，且是 DNS 数据库文件中的第一条记录。一个区域解析库有且仅有一个 SOA 记录，且必须为解析库的第一条记录。SOA 记录语法格式为

区域名（当前） 记录类型 SOA 主域名服务器（FQDN） 管理员邮件地址
（序列号 刷新间隔 重试间隔 过期间隔 TTL）

在管理员邮件地址中，使用英文句号“.”代替符号“@”。

（4）NS 记录：用于向下授权。标识某一个区域内“最高长官”（SOA）是谁，在一个区域内只能有一个 SOA 记录，而 NS 记录可以有多个。NS 记录的语法格式为

区域名 IN NS 完整域名（FQDN）

（5）MX 记录（邮件交换器）：它规定了域名的邮件服务器要么处理，要么向前转发有关该域名的邮件。处理邮件是指将其传送给其地址所关联的个人，向前转发邮件是指通过 SMTP 协议将其传送给最终目的地。为了防止邮递路由，MX 记录除了邮件交换器的域名外还有一个特殊参数：优先级值。优先级值是一个 0～99 的无符号整数，它给出邮件交换器的优先级别，一般只出现在正向解析记录里（数值越小，优先级越大）。MX 记录了发送电子邮件时域名对应的服务器地址，电子邮件发送使用的是 SMTP 应用层协议。例如，发送邮件到 abc@qq.com，其中的域名部分为 qq.com。MX 记录的语法格式为

区域名 IN MX 优先级（数字） 邮件服务器名称（FQDN）

（6）CNME 记录：别名记录，也被称为规范名字。这种记录允许将多个名字映射到同一台计算机，通常用于同时提供网站（www）和邮箱（mail）服务的计算机。例如，有一台计算机名为“r0WSPsSx58.”（A 记录），它同时提供网站和邮箱服务，为了便于用户访问服务，可以为该计算机设置两个别名：www 和 mail 。CNME 记录的语法格式为

别名 IN CNAME 主机名

A 记录和指针记录必须分开存放。

22.2 DNS 服务的安装部署

在 Linux 中用来提供 DNS 服务的软件包叫“bind”，软件安装好之后所启动的进程叫“named”，该进程所提供的协议叫“DNS”。

DNS 服务的安装过程非常简单，只需要通过 Yum/DNF 软件包管理器执行 dnf install bind 命令，将 bind 软件包安装到 Linux 操作系统上，示例如下。

```
[root@noylinux ~]# dnf install bind
依赖关系解决
================================================================================
 软件包       架构         版本                    仓库                  大小
================================================================================
安装:
 bind        x86_64    32:9.11.26-6.el8       appstream              2.1 M

事务概要
================================================================================
安装 1 软件包

-----省略部分内容-----

已安装:
  bind-32:9.11.26-6.el8.x86_64

完毕!
[root@noylinux ~]# systemctl   start   named      #启动 DNS 服务,

[root@noylinux ~]# ps -ef | grep named                #查看 DNS 服务进程
named  51365  1  0 09:41 ?  00:00:00 /usr/sbin/named -u named -c /etc/named.conf
root    51373    4039  0 09:41 pts/0    00:00:00 grep --color=auto named

[root@noylinux ~]# netstat -anpt | grep named      #查看 DNS 服务占用的端口
tcp        0      0 127.0.0.1:53        0.0.0.0:*      LISTEN      51365/named
tcp        0      0 127.0.0.1:953       0.0.0.0:*      LISTEN      51365/named
tcp6       0      0 ::1:53              :::*           LISTEN      51365/named
tcp6       0      0 ::1:953             :::*           LISTEN      51365/named
[root@noylinux ~]#
```

DNS 服务启动之后默认占用 53 端口来做 DNS 解析，另外的 953 端口是 RNDC（Remote Name Domain Controller）的端口，RNDC 是一个远程管理 DNS 服务工具，通过这个工具可以在本地或远程了解当前服务器的运行状况，也可以对服务器进行关闭、重载、刷新缓存、增加删除 zone 等操作。

DNS 服务安装完成后，其主要配置文件路径如下。

- /etc/named.conf：主配置文件，bind 进程的工作属性和区域定义。
- /etc/rndc.key：远程域名服务控制器（秘钥文件）。
- /etc/rndc.conf：远程域名服务控制器（配置信息）。
- /var/named/：区域数据文件目录。
- /var/named/named.ca：存放的是全球的根域名服务器。
- /var/named/named.localhost：专门将 localhost 解析为 127.0.0.1。
- /var/named/named.loopback：专门将 127.0.01 解析为 localhost。
- /var/log/named.log：日志文件。
- /usr/lib/systemd/system/named.service：服务文件。
- /etc/resolv.conf：Linux 操作系统配置文件，主要用来配置 DNS 服务器的指向。

主配置文件中每一行配置的含义如下。

```
[root@noylinux ~]# vim  /etc/named.conf
options {
   ####监听在哪一个端口（any 表示监听所有 IP 地址的 53 端口）
   listen-on port 53 { 127.0.0.1; };
   ##监听 IPv6 的 53 端口
   listen-on-v6 port 53 { ::1; };
   ##数据文件目录路径
   directory     "/var/named";
   dump-file     "/var/named/data/cache_dump.db";
   statistics-file "/var/named/data/named_stats.txt";
   memstatistics-file "/var/named/data/named_mem_stats.txt";
   secroots-file "/var/named/data/named.secroots";
   recursing-file    "/var/named/data/named.recursing";

##定义允许查询的 ip 地址，any 代表所有 ip
   allow-query     { localhost; };

   ##是否迭代查询，一般只有缓存 DNS 服务器开启
   recursion yes;

   ##是否使用秘钥
   dnssec-enable yes;
   ##是否确认秘钥
   dnssec-validation yes;

   managed-keys-directory "/var/named/dynamic";

   pid-file "/run/named/named.pid";
   session-keyfile "/run/named/session.key";

   include "/etc/crypto-policies/back-ends/bind.config";
};

##缓存文件的配置
```

```
logging {
        channel default_debug {
                file "data/named.run";
                severity dynamic;
        };
};

##根 zone 文件的配置
##zone 表示这是个 zone 配置，引号中间为配置的 zone，IN 为固定格式
zone "." IN {
##包含多种类型，常用的包括：hint 表示根 DNS 服务器，master 表示主 DNS 服务器，slave 表示从 DNS 服务器
    type hint;
    ##对应的 zone 文件的位置
    file "named.ca";
};

##读取以下两个文件
include "/etc/named.rfc1912.zones";
include "/etc/named.root.key";
```

除了要了解主配置文件之外，还需要知道/var/named/目录下的所有 zone 文件。正常在企业中配置 DNS 服务器，需要我们手动编写一个 zone 文件。

一次完整的 DNS 服务器配置的大致过程为：搭建 DNS 服务器，解析域名 baidx.com，这里的 baidx.com 是我们凭空捏造的域名，通过 DNS 服务器可以将这个域名指向任何一个 IP 地址，当用户通过搭建的 DNS 服务器访问 baidx.com 域名时，就会访问指定的 IP 地址。

需要注意的是，如果这个演示过程由我们来完成，就是一次正常的 DNS 服务器维护，若这个过程由黑客来完成，就可能是一次域名劫持攻击。域名劫持是互联网攻击的一种方式，通过攻击 DNS 服务器或伪造 DNS 服务器的方法，把目标网站域名解析到错误的 IP 地址从而使得用户无法访问目标网站，或者蓄意要求用户访问指定 IP 地址（网站）。

可以将这里所用的域名 baidx.com 换成某个知名网站的域名，实验效果会更好！

DNS 服务器配置的具体步骤如下：

（1）修改主配置文件，增加关于 baidx.com 域名的 zone 配置（正向解析）。

```
[root@noylinux ~]# vim /etc/named.conf
-----省略部分内容-----

##增加关于 baidx.com 域名的 zone 配置（正向解析）
zone "baidx.com" IN {
        type master;                ##类型为主 DNS 服务器
        file "baidx.com.zone";      ##对应的 zone 文件名
};
```

（2）在/var/named/目录下创建第一步中定义的 zone 文件。

```
[root@noylinux ~]# cd /var/named/
[root@noylinux named]# ls
data     named.ca     named.localhost  slaves
dynamic  named.empty  named.loopback

##直接拷贝一个模板，改成对应的 zone 文件名称
[root@noylinux named]# cp named.localhost   baidx.com.zone

[root@noylinux named]# vim baidx.com.zone

$TTL 1D      ##生存周期
##定义 SOA 记录      主 DNS 服务器     管理员邮箱地址
@       IN SOA      baidx.com     root.baidx.com. (
                                          0        ; serial   ##序列号
                                          1D       ; refresh  ##刷新间隔
                                          1H       ; retry    ##重试间隔
                                          1W       ; expire   ##过期间隔
3H )     ; minimum ##无效记录缓存时间
##从这里开始就可以写针对此域名的各种类型的记录
##可以写 A 记录、NS 记录等，记录格式在上文已经介绍过，可以按照对应的语法格式填写
        IN NS    www
        IN NS    mail
www     IN A     192.168.1.130
mail    IN A     192.168.1.130

##检查配置文件中的语法错误
[root@noylinux named]# named-checkconf
[root@noylinux named]# named-checkzone  baidx.com /var/named/baidx.com.zone
zone baidx.com/IN: loaded serial 0
OK
[root@noylinux named]#
```

笔者这里将 www.baidx.com 和 mail.baidx.com 对应到 192.168.1.130 服务器上，在这个服务器上搭建一个网站页面。如果用户通过该 DNS 服务器访问这两个域名，将直接转到 192.168.1.130 服务器上的网页。

注

可以想象一下，假设这两个域名本来指向的是某个导航网站，而用户通过 DNS 服务器访问这两个域名，访问成功的并不是导航网站，而是另一个网站。其实黑客的 DNS 劫持就是通过修改 DNS 服务器上域名与 IP 地址的对应关系，来达到让用户访问指定网站的目的。

（3）修改新创建的 zone 文件的权限和属组。

```
[root@noylinux named]# ll
-----省略部分内容-----
```

```
-rw-r-----. 1 root  root   211 3月  13 16:09 baidx.com.zone
[root@noylinux named]#  chown :named baidx.com.zone
[root@noylinux named]# chmod o=  baidx.com.zone
[root@noylinux named]# ll
-----省略部分内容-----
-rw-r-----. 1 root  named  211 3月  13 16:09 baidx.com.zone
```

（4）让 DNS 服务重新加载配置文件。

```
[root@noylinux named]# systemctl  reload named
```

（5）使用 dig 命令验证刚才设置的域名。

```
[root@noylinux named]# dig -t A www.baidx.com

; <<>> DiG 9.11.26-RedHat-9.11.26-6.el8 <<>> -t A www.baidx.com
;; global options: +cmd
;; Got answer:
;; ->>HEADER<<- opcode: QUERY, status: NOERROR, id: 41728
;; flags: qr aa rd ra; QUERY: 1, ANSWER: 1, AUTHORITY: 2, ADDITIONAL: 2

;; OPT PSEUDOSECTION:
; EDNS: version: 0, flags:; udp: 1232
; COOKIE: d5010828799f372eabbc530f622da75bfe6db932eec3440f (good)
;; QUESTION SECTION:
;www.baidx.com.           IN   A

;; ANSWER SECTION:
www.baidx.com.       86400    IN   A    192.168.1.130

;; AUTHORITY SECTION:
baidx.com.       86400    IN   NS   mail.baidx.com.
baidx.com.       86400    IN   NS   www.baidx.com.

;; ADDITIONAL SECTION:
mail.baidx.com.      86400    IN   A    192.168.1.130

;; Query time: 0 msec
;; SERVER: 127.0.0.1#53(127.0.0.1)
;; WHEN: 日 3月 13 16:12:11 CST 2022
;; MSG SIZE  rcvd: 135

[root@noylinux named]#
```

通过 dig 命令可以查询到域名对应关系是否配置成功。

（6）找一台主机，让主机的 DNS 服务地址指向这台 DNS 服务器，这样就达到了用户通过 DNS 服务器查找域名对应关系的目的。直接在 Linux 操作系统上修改 DNS 服务的指向。

```
[root@noylinux named]# vim /etc/resolv.conf ##修改本系统的 DNS 服务指向
# Generated by NetworkManager
search localdomain
##指向到本机所搭建的 DNS 服务，这样这台机器所访问的域名都会经过这台 DNS 服务器来解析
nameserver 127.0.0.1

[root@noylinux named]# nmcli c reload ens33   ##重新加载网卡，让配置生效

[root@noylinux named]# ping www.baidx.com     ##测试一下此域名对应的 IP 地址，已生效
PING www.baidx.com (192.168.1.130) 56(84) bytes of data.
64 bytes from 192.168.1.130 (192.168.1.130): icmp_seq=1 ttl=64 time=0.722 ms
64 bytes from 192.168.1.130 (192.168.1.130): icmp_seq=2 ttl=64 time=0.721 ms
64 bytes from 192.168.1.130 (192.168.1.130): icmp_seq=3 ttl=64 time=0.572 ms
64 bytes from 192.168.1.130 (192.168.1.130): icmp_seq=4 ttl=64 time=0.596 ms
^C
--- www.baidx.com ping statistics ---
4 packets transmitted, 4 received, 0% packet loss, time 3102ms
rtt min/avg/max/mdev = 0.572/0.652/0.722/0.076 ms
[root@noylinux named]#
```

（7）在 Linux 操作系统的桌面上用浏览器直接访问域名，效果如图 22-4 所示。

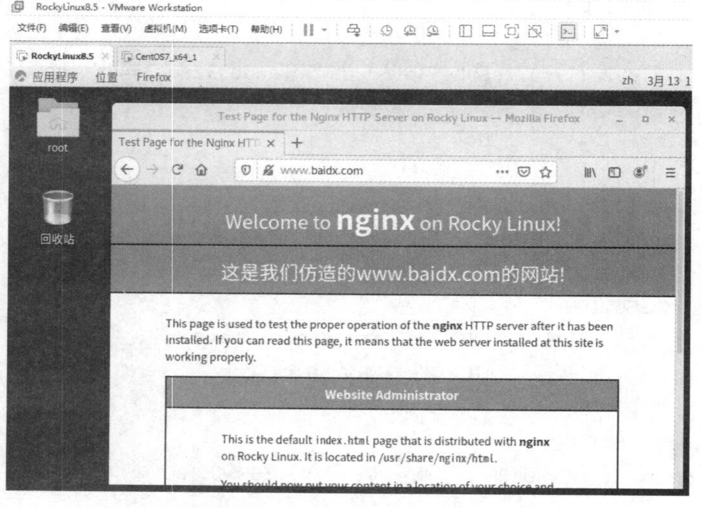

图 22-4　用浏览器直接访问域名

至此，一台 DNS 服务器已经搭建完成了，剩下的步骤就是完善 DNS 服务内部的域名对应记录。综上所述，任何一台网络设备只要将 DNS 服务指向指定的 DNS 服务器，则所有的域名请求都会在该服务器进行解析。国内有很多公共的 DNS 服务器，这里给大家推荐几个：

- 114DNS：114.114.114.114。
- AliDNS：223.5.5.5。
- Baidu Public DNS：180.76.76.76。

Tencent Public DNS：119.29.29.29。

第 23 章

常见的企业服务系列之 DHCP

23.1 DHCP 工作原理

动态主机配置协议（Dynamic Host Configuration Protocol，DHCP）是一个局域网的网络协议，使用 UDP 协议工作。DHCP 是从 BOOTP（Bootstrap Protocol）演变而来的，在 BOOTP 协议的基础上引进了租约、续租等功能，成为现在的 DHCP。

DHCP 主要有两个用途：第一个是为企业/家庭内部网络自动分配 IP 地址；第二个是为企业中的 Linux 运维工程师提供集中管理网络的条件。

早期在电脑还未推广的时候，人们都是通过手动设置 IP 地址的方式上网，那时候，每到一个新地方，接入不同的网络，都得重新设置 IP 地址，十分麻烦。基于这种情况就出现了 BOOTP，BOOTP 被创造出来就是为连接到网络中的设备自动分配地址，经过一段时间的技术更新迭代，BOOTP 被 DHCP 取代。相比 BOOTP，DHCP 功能更强大，而且引进了租约、续租等功能。

目前，基本上家家户户都在使用 DHCP 服务，互联网上能买到的所有路由器大都带有 DHCP 功能，而且还都是默认开机自启动的。为什么 DHCP 服务会如此受路由器厂商宠幸？这是因为它极大地简化了路由器的操作，调试简单，使用方便。

在企业中使用的路由器与家用的还是不同，因为企业中的员工太多，家用路由器的性能难以支撑，容易造成卡顿、连不上网等现象。那怎么办呢？进行路由器的功能分离：路由器专门用来提供网络连接和路由管理，DHCP 功能被单独剥离出来做成 DHCP 服务器，对外提供 DHCP 服务，这样就能够为更多的人提供上网服务。

DHCP 服务在企业中的应用也比较广泛，因为它能自动配置设备的网络参数，包括 IP 地址、子网掩码、网关地址、DNS 服务器等。DHCP 服务还统一了 IP 地址的分配，方便网络管理。接下来简单介绍 DHCP 服务器在企业中的工作过程：

（1）最初客户端并没有设置任何 IP 地址信息，客户端以广播的方式发送信息寻找 DHCP 服务器。

（2）此时，网络中有 DHCP 服务器收到了信息，它会提供 IP 地址、网关等地址信息。

（3）客户端获得的 IP 地址是有租约期限的，不是永久的。到期后，DHCP 服务器将回收 IP 地址给其他客户端使用。

（4）当客户端的 IP 地址租期到期后，可以续租。DHCP 续租的时间都比较早，可以自定义。

（5）当客户端的 IP 地址使用期限到达续租时间后，若 DHCP 服务器不响应，IP 地址可继续使用。

（6）当客户端的 IP 地址使用期限到达一半时间后，再去寻求 DHCP 服务器续租，若服务器不响应，那就继续用。

（7）若客户端的 IP 地址使用期限到达总租期的 3/4 时间，再去寻求 DHCP 服务器续租，若服务器不响应，还接着用。

（8）若到达最后的时间段，DHCP 服务器依然不响应，则这个 IP 地址就不要了，重新再寻找新的 DHCP 服务器。

（9）还是使用广播方式寻找新的 DHCP 服务器。

（10）若找到多个 DHCP 服务器，哪一个响应速度快，就使用该 DHCP 服务器。

DHCP 协议报文采用 UDP 方式封装，服务器（DHCP Server）监听的端口号是 67，客户端（DHCP Client）的端口号是 68。服务器与客户端之间通过发送和接收 UDP 67 和 UDP 68 端口的报文进行协议交互。

服务器与客户端的通信协商过程如图 23-1 所示，具体可分为 4 个阶段，即发现阶段、提供阶段、请求阶段和确认阶段。

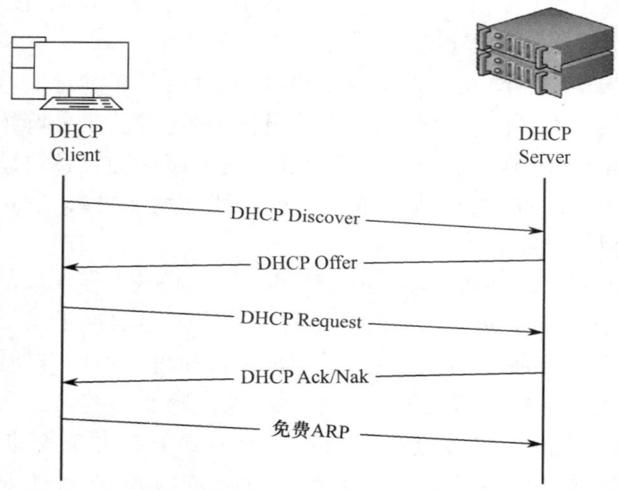

图 23-1　服务器（DHCP Server）与客户端（DHCP Client）的通信协商过程

（1）发现阶段。假设一台新电脑（客户端）开机后发现未设置 IP 地址等网络信息，那它就会在本地网络中广播一个 DHCP Discover 报文，目的是寻找能够分配 IP 地址的 DHCP 服务器。

（2）提供阶段。DHCP 服务器收到客户端广播的 DHCP Discover 报文后，会响应 DHCP Offer 报文，DHCP Offer 报文中包含了客户端 IP 地址、客户端 MAC 地址、租约过期时间、服务器的识别符及其他信息参数。客户端通过对比 DHCP Discover 报文和 DHCP Offer 报文中的 xid 字段是否相同来判断 DHCP Offer 报文是不是发给自己的。

（3）请求阶段。如果网络中有多个 DHCP 服务器存在，那么它们接收到客户端请求之后都会响应一个 DHCP Offer 报文，而客户端会全部接收这些响应报文，但是，客户端最终只会选择最先收到的 DHCP Offer 报文。

客户端接收到最先发送过来的 DHCP Offer 报文后，会广播 DHCP Request 报文，这个报文是为了告诉其他的 DHCP 服务："我已经选择了某 DHCP 服务器，无须再响应了"。如果客户端并没有收到来自 DHCP 服务器的 DHCP Offer 报文，那它就会重新发送 DHCP Discover 报文。

（4）确认阶段。当 DHCP 服务器收到 DHCP Request 报文后，会发送 DHCP Ack 报文作为回应，DHCP Ack 报文中包含关于客户端的网络参数。响应的 DHCP Ack 报文和之前发送的 DHCP Offer 报文内的网络参数不能有冲突，若存在冲突，会发送一个 DHCP Nak 报文。

客户端收到了来自 DHCP 服务器的 DHCP Ack 报文，会再发送一个免费 ARP 报文进行探测，目的是确认这个 IP 地址有没有被别人使用，如果没有，就直接使用这个 IP 地址。

接下来介绍关于租约的问题。

从整个通信协商过程来看，DHCP 服务器拥有 IP 地址的所有权，而客户端只有 IP 地址的使用权，别忘了在响应的 DHCP Offer 报文中还有一个租约过期时间。IP 地址的租约时间默认都是 24 h，这个时间可以自定义。在租期内，客户端可以使用此 IP 地址，租约到期后不能再使用，但是可以在还未到期时向 DHCP 服务器申请续租。

客户端申请续租一般会在两个时间内发起，第一次是租期一半的时候发起一次，若 DHCP 服务器未响应，则第二次会在租期到达 3/4 的时候再发起一次，如果直到租约到期还未收到 DHCP 服务器的响应报文，那客户端会停止使用原来的 IP 地址，再从发现阶段重新走一遍流程。

除了以上通信报文之外，再介绍几个常见的通信报文：

- DHCP Decline 报文：如果 DHCP 服务器给分配的 IP 地址被其他客户端使用了，则客户端会发送这个报文来拒绝分配的 IP 地址，让 DHCP 服务器重新发送一个新的地址。
- DHCP Release 报文：当客户端想要释放当前获得的 IP 地址时，会向 DHCP 服务器发送这个报文，DHCP 服务器收到该报文后，就会将这个 IP 地址分配给其他客户端使用。
- DHCP Inform 报文：当客户端通过手动配置的方式获得 IP 地址后，还想向 DHCP 服务器获取更多的网络参数，例如，网关地址、DNS 服务器地址等，就会向 DHCP 服务器发送此报文。

最后问一个问题：DHCP 报文交互过程的最后，终端为什么要对外发送一个免费 ARP 报文？

客户端最后对外进行一次免费 ARP 请求，对整个 VLAN 进行广播，告知网络中的各个终端，自己将要使用这个 IP 地址，如果有人回应了，那证明这个 IP 地址存在冲突的可能。如果没有回应，则证明在网络中这个 IP 地址是唯一的，可以正常使用。

当客户端收到回应后，发现 IP 地址可能冲突，就会释放自己已获取的 IP 地址，并通过 DHCP Decline 报文与服务器协商取消并重新获取新的 IP 地址以避免冲突。免费 ARP 在这里起到避免 IP 地址冲突的重要作用。

23.2 DHCP 服务的安装部署

DHCP 服务器有 3 种给客户端分配 IP 地址的机制：

（1）自动分配方式（Automatic Allocation）：DHCP 服务器可以为指定客户端保留永久性的 IP 地址，一旦客户端第一次成功从 DHCP 服务器中租用到了这个 IP 地址，就可以永久使用该地址。

（2）动态分配方式（Dynamic Allocation）：DHCP 服务器给客户端分配具有时间限制的 IP 地址（租约），时间到期或客户端明确表示放弃该地址后，该地址回收，回收后还可以被其他的客户端使用。

（3）手动分配方式（Manual Allocation）：客户端的 IP 地址是由网络管理员手动设置的，DHCP 服务器只是将指定的 IP 地址告诉客户端而已（不推荐）。

注

在这 3 种地址分配方式中，只有动态分配方式可以重复性回收使用客户端不用的 IP 地址。

DHCP 的安装过程与 DNS、FTP 服务类似，都非常简单，通过 Yum/DNF 软件包管理器安装，只需要指定一条命令即可：

dnf -y install　dhcp-server

或

yum -y install　dhcp

接下来我们先安装 DHCP 服务，通过 Yum/DNF 软件包管理器安装时，要安装 dhcp-server 工具，工具安装完成后用 dhcpd（服务名称）来启动，示例如下：

```
[root@localhost ~]# dnf  -y  install dhcp-server
依赖关系解决
================================================================================
 软件包             架构         版本                    仓库        大小
================================================================================
安装:
 dhcp-server        x86_64       12:4.3.6-45.el8          baseos      529 k
安装依赖关系:
 bind-export-libs   x86_64       32:9.11.26-6.el8         baseos      1.1 M
 dhcp-common        noarch       12:4.3.6-45.el8          baseos      206 k
 dhcp-libs          x86_64       12:4.3.6-45.el8          baseos      147 k

事务概要
================================================================================
安装 4 软件包

-----省略部分内容-----

已安装:
  bind-export-libs-32:9.11.26-6.el8.x86_64    dhcp-common-12:4.3.6-45.el8.noarch
```

```
    dhcp-libs-12:4.3.6-45.el8.x86_64                dhcp-server-12:4.3.6-45.el8.x86_64

  完毕!
  [root@localhost ~]#
```

DHCP 服务安装完成后，其主要配置文件路径如下：

- /etc/dhcp/dhcpd.conf：主配置文件（空）。
- /usr/share/doc/dhcp-server/dhcpd.conf.example：主配置文件的模板文件。
- /usr/lib/systemd/system/dhcpd.service：启动命令文件。
- /var/lib/dhcpd/dhcpd.leases：租约文件。

DHCP 服务安装完成后的第一件事就是配置主配置文件，先打开主配置文件。

```
[root@noylinux ~]# cat /etc/dhcp/dhcpd.conf
#
# DHCP Server Configuration file.
#   see /usr/share/doc/dhcp-server/dhcpd.conf.example
#   see dhcpd.conf(5) man page
#
[root@noylinux ~]#
```

可以看到主配置文件中除了一些注释信息之外什么都没有，其实“秘密”就在这几行注释信息中，通过注释信息可以获得主配置文件的配置模板文件的位置，我们只需要将这个模板文件拷贝过来覆盖现在的主配置文件，再在这个模板文件的基础上修改即可。

```
    [root@noylinux ~]# cp /usr/share/doc/dhcp-server/dhcpd.conf.example
/etc/dhcp/dhcpd.conf
    cp：是否覆盖'/etc/dhcp/dhcpd.conf'？ yes
    [root@noylinux ~]#
```

原有的空主配置文件被换成了模板配置文件，对这个模板文件进行修改。

```
[root@noylinux ~]# vim /etc/dhcp/dhcpd.conf

##DNS 服务器的名称（全局）
option domain-name "example.org";
##配置 DNS 服务器地址（全局）
option domain-name-servers 114.114.114.114,223.5.5.5;

##默认租约时间，单位为秒（全局）
default-lease-time 600;
##最长租约时间，单位为秒（全局）
max-lease-time 7200;

##设置 DNS 更新方式
#ddns-update-style none;

##表示权威服务器
```

```
#authoritative;

##指定日志设备
log-facility local7;

##注：从“{”开始到最后一个“}”结束表示子网属性。DHCP 服务主要是配置大括号中的内容。一个配置文件可以存在多个子网属性
##所分配的 IP 地址是 192.168.0.0 网段的，其子网掩码为 255.255.255.0
subnet 192.168.0.0 netmask 255.255.255.0 {
  range 192.168.0.10  192.168.0.254;  ##分配的 IP 地址范围为 192.168.0.10~192.168.0.254
  option routers 192.168.0.2;                    ##默认网关
  option broadcast-address 192.168.0.255;        ##广播地址
  default-lease-time 600;                        ##默认租约时间，单位为秒（局部）
  max-lease-time 7200;                           ##最长租约时间，单位为秒（局部）
}

##为某一个机器分配固定的 IP 地址模板
## noylinux-1 为主机名，随意命名
#host noylinux-1 {
   ##绑定的客户端 MAC 地址
#  hardware ethernet 08:00:07:26:c0:a5;
   ##分配给客户端的固定 IP 地址
#  fixed-address 192.168.0.5;
#}
##意思是：我们给 mac 地址为 08:00:07:26:c0:a5 的客户端分配的固定 IP 地址为 192.168.0.5
```

注

在主配置文件中设置的 IP 地址网段要与本机网段一致的情况下才能启动 DHCP 服务。

主配置文件修改完毕之后就可以启动 DHCP 服务了，启动 DHCP 服务的命令与上文介绍的其他服务类似。

```
[root@noylinux ~]# systemctl  start dhcpd    #启动 DHCP 服务

[root@noylinux ~]# ps -ef | grep dhcpd       #查看其运行进程
dhcpd  16550 1  0 16:46 ?  00:00:00 /usr/sbin/dhcpd -f -cf /etc/dhcp/dhcpd.conf -user dhcpd -group dhcpd --no-pid

[root@noylinux ~]# netstat -anp | grep dhcp   #DHCP 服务默认占用 UDP 协议的 67 号端口
udp        0      0 0.0.0.0:67            0.0.0.0:*                 16550/dhcpd
```

服务器启动后，我们通过客户端进行实验，看看是否能通过 DHCP 服务器自动获取 IP 地址等网络信息。客户端无论选用 Linux 还是 Windows 都可以，甚至用手机都是没有问题的，前提条件是与 DHCP 服务器处于同一个局域网中。

图 23-2 是 CentOS 7 系统的桌面网络设置界面，该主机与 DHCP 服务器处于同一个局域网中，按照图中的步骤将获取网络的方式改为通过 DHCP 获取，重启网卡。

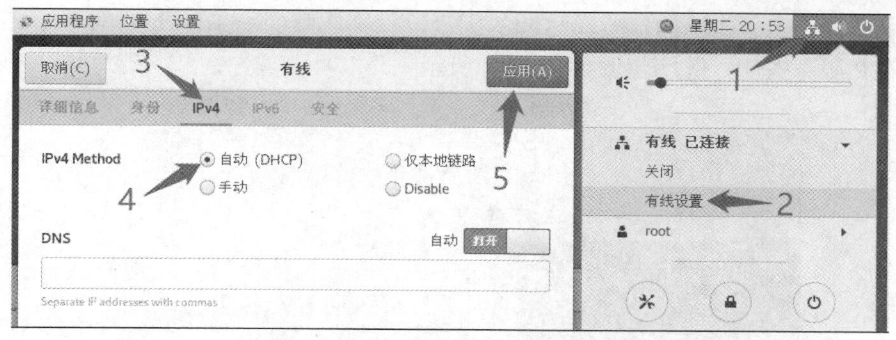

图 23-2　CentOS 7 桌面网络设置界面

这时客户端就会按照 23.1 节中介绍的流程寻找 DHCP 服务器，经过一系列的报文协商后，客户端就获取到了 DHCP 服务器发过来的 IP 地址及其他网络信息，由图 23-3 可见，客户端获取了 IP 地址、网关地址（默认路由）、DNS 等信息。

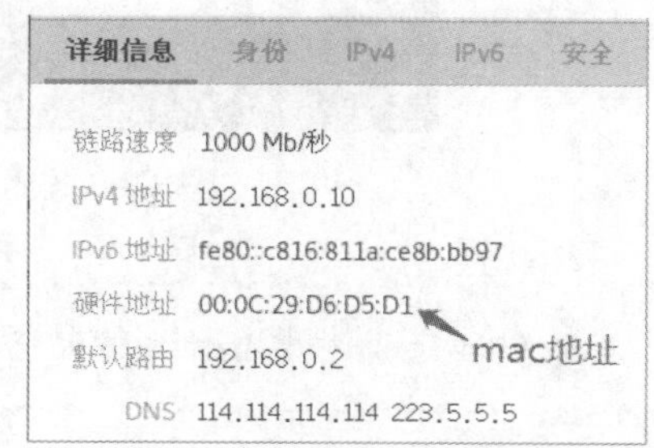

图 23-3　客户端获取的 IP 地址及其他网络信息

注意看网卡的 MAC 地址，在 DHCP 服务器上存在一个租约文件，这个租约文件中记录了关于分配出去的 IP 地址及对应的客户端信息，查看这个文件中的内容：

```
[root@noylinux ~]# cat /var/lib/dhcpd/dhcpd.leases

# The format of this file is documented in the dhcpd.leases(5) manual page.
# This lease file was written by isc-dhcp-4.3.6

# authoring-byte-order entry is generated, DO NOT DELETE
authoring-byte-order little-endian;

server-duid "\000\001\000\001*\240\303N\000\014)#Y\035";

lease 192.168.0.10 {     ##注意这里，这就是刚才分配出去的 IP 地址记录
  starts 2 2022/08/30 12:50:43;
  ends 2 2022/08/30 13:00:43;
  cltt 2 2022/08/30 12:50:43;
  binding state active;
  next binding state free;
  rewind binding state free;
  hardware ethernet 00:0c:29:d6:d5:d1;    ##重点在这里！记录了客户端网卡的 MAC 地址
}                                        ##这里的 MAC 地址正好与图 23-2 中客户端的 MAC 地址对应

[root@noylinux ~]#
```

若使用 VMware 虚拟机进行实验需要注意一点，VMware 的网卡驱动是自带 DHCP 服务的，也就是说若再额外安装 1 个 DHCP 服务器，在一个局域网中就会出现 2 个

DHCP 服务器。为了排除影响实验过程的因素，保证实验的准确性，需要将 VMware 自带的 DHCP 服务关闭，关闭步骤如图 23-4 所示。

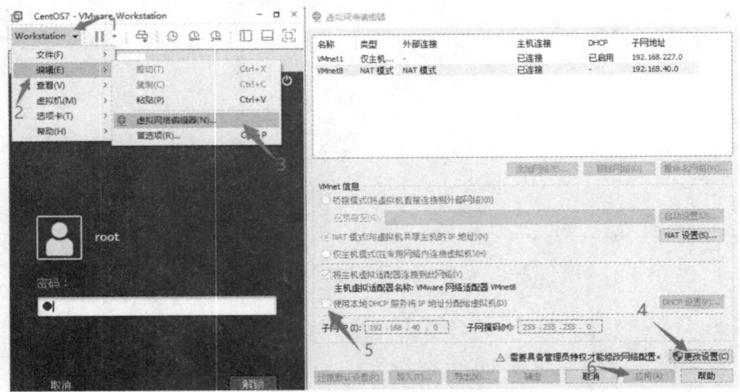

图 23-4 关闭 VMware 自带的 DHCP 服务

实验中别忘了考虑 Linux 防火墙因素。